ENSEIGNEMENT PRIMAIRE SUPÉRIEUR

LEÇONS ÉLÉMENTAIRES
DE PHYSIQUE

A L'USAGE DES ÉCOLES PRIMAIRES SUPÉRIEURES

AVEC

DE NOMBREUX EXERCICES NUMÉRIQUES

PAR

C. HARAUCOURT

Professeur au Lycée et à l'École des Sciences de Rouen

PARIS

LIBRAIRIE CLASSIQUE DE F.-E. ANDRÉ-GUÉDON

15, RUE SÉGUIER, 15

Près la Fontaine Sa...-Michel

LEÇONS ÉLÉMENTAIRES
DE PHYSIQUE

OUVRAGES DE M. C. HARAUCOURT

Agrégé de l'Université, Professeur au Lycée et à l'École des Sciences de Rouen.

Cours élémentaire de physique à l'usage des *Lycées*, des *Collèges*, des candidats aux baccalauréats, et de tous les établissements d'Instruction, contenant de nombreux exercices numériques résolus et à résoudre. *Quatrième édition* revue et corrigée, 1 v. in-8, br........... 6 »

Leçons élémentaires de physique, à l'usage des Écoles primaires supérieures, avec de nombreux exercices numériques. *Douzième édition*. 1 vol. in-12, cartonné................................ 3 »

Cours de physique, à l'usage de l'Enseignement secondaire des jeunes filles et des candidats au brevet supérieur, d'après les programmes officiels. *Troisième édition*. 1 vol. in-8, broché................ 4 »

Notions de chimie (*Programme du* 10 *août* 1886), à l'usage des élèves de l'Enseignement spécial.

Troisième année (Métalloïdes). *Cinquième édition*. 1 vol. in-8, br. 2 »

Quatrième année (Métaux). *Quatrième édition*. 1 vol. in-8, br. 2 50

Cinquième année (Chimie organique). *Cinquième édition*. 1 vol. in-8, broché... 1 80

Chacun de ces trois ouvrages est augmenté des manipulations exigées par les programmes du 10 août 1886.

Cours élémentaire de chimie, comprenant les métalloïdes et leurs composés, les métaux et leurs sels, les corps organiques et leurs applications, à l'usage des Lycées et Collèges, des Ecoles normales primaires et des aspirants au brevet supérieur. *Quatrième édition*. 1 vol. in-8, broché.. 4 »

Leçons élémentaires de chimie, à l'usage des Écoles primaires supérieures. *Douzième édition*. 1 vol. in-12, cartonné... 2 ».

Leçons de chimie, à l'usage des candidats au brevet supérieur. 1 volume in-8, broché.............................. 3 50

Premières leçons de chimie, rédigées conformément au programme du 2 août 1880, à l'usage des élèves de la classe de sixième et des classes primaires supérieures, 1 vol. in-12, broché............ 1 »

Leçons élémentaires d'Histoire naturelle, à l'usage des écoles primaires supérieures. *Cinquième édition*. 1 vol. in-12, cart.... 2 »

Notions élémentaires de sciences physiques et naturelles, à l'usage du Cours supérieur des écoles primaires, des Cours complémentaires et des candidats au brevet élémentaire. *Seizième édition*. 1 vol. in-12, cartonné.. 2 40

OUVRAGES DE M. RENÉ LEBLANC

Les sciences physiques à l'école primaire et dans les classes préparatoires. 365 expériences faciles à exécuter et très concluantes.

Première partie (**Physique**). *Cinquième édition*. 1 vol. in-12, broché.. 1 50

Deuxième partie (**Chimie**). *Cinquième édition*. 1 vol. in-12, broché 1 50

Première et deuxième partie réunies en 1 vol. in-12, cartonné.. 3 »

Ouvrage adopté pour les Écoles de la ville de Paris.

Manipulations de chimie, leçons pratiques à l'usage des élèves des établissements d'Enseignement spécial, professionnel et primaire supérieur. *Quatrième édition*. 1 vol. in-12, broché.............. 1 50

Paris. — Imp. E. Capiomont et Cie, rue des Poitevins, 6.

ENSEIGNEMENT PRIMAIRE SUPÉRIEUR

LEÇONS ÉLÉMENTAIRES

DE PHYSIQUE

A L'USAGE DES ÉCOLES PRIMAIRES SUPÉRIEURES

AVEC

DE NOMBREUX EXERCICES NUMÉRIQUES

PAR

C. HARAUCOURT

Professeur au Lycée et à l'École des Sciences de Rouen

DOUZIÈME ÉDITION

PARIS

LIBRAIRIE CLASSIQUE DE F.-E. ANDRÉ-GUÉDON

15, RUE SÉGUIER, 15

Près la Fontaine Saint-Michel

1890

PROGRAMME ARRÊTÉ PAR LE CONSEIL SUPÉRIEUR

EN JUILLET 1885

Notions usuelles sur les trois états des corps, les propriétés de liquides et des gaz, la pression atmosphérique, le b romètre.

Notions expérimentales sur les effets de la chaleur, le thermomètre le vent, la pluie, la neige, sur les principaux phénomènes électriques, le paratonnerre.

Équilibre des liquides, vases communiquants. Presse hydraulique, corps flottants, usages des aréomètres.

Loi de Mariotte. Manomètres. Pompes. Siphon.

Dilatation des corps par la chaleur. Applications. Conductibilité et applications.

Sources de chaleur. Chauffage des corps solides ou liquides et de l'air des appartements ou des ateliers.

Changements d'état : fusion, évaporation, ébullition, distillation. Emploi de la vapeur comme force motrice.

Phénomènes électriques. Piles, applications de l'électricité, galvanoplastie, lumière électrique.

Aimants, emploi de la boussole. Electro-aimants. Télégraphe.

Production des sons. Écho.

Réflexion de la lumière, miroir plan, miroir concave.

Images des objets par les lentilles; usages de la loupe, du microscope, des lunettes.

Notions de mécanique physique. Mouvements. Forces. Idée du travail des forces.

Moteurs à vapeur.

Applications industrielles particulières à la contrée.

Les deux premiers paragraphes de ce programme se rapportent à la première année d'enseignement des écoles primaires supérieures. Les élèves viennent de l'école primaire; ils ont été initiés à l'observation de quelques phénomènes naturels sans liens nécessaires entre eux; il s'agit de les leur présenter à nouveau avec leur dépendance mutuelle et dans leur ordre logique; il faut pour cela des leçons expérimentales et simples sur les phénomènes les plus intéressants de la physique.

Le reste du programme s'applique à la deuxième et à la troisième année sans indiquer d'une manière particulière ce qui convient à l'une et à l'autre. Le maître reste libre de distribuer les matières d'après les développements qu'il croit utile de donner aux industries locales.

Mais l'enseignement doit rester simple et gradué, appuyé sur l'expérience, débarrassé des théories abstraites, appliqué aux notions les plus intéressantes et les plus utiles; il a été défini dans un rapport adressé par le ministre au président de la République, au moment de la première réorganisation de l'enseignement primaire supérieur.

D'une part on veut qu'il reste primaire, d'autre part on veut qu'il soit professionnel.

Qu'il reste primaire, c'est la première indication qui se dégage de l'expérience. Il ne faut pas qu'il s'isole et vise à une sorte d'existence à part. Si haut et si loin qu'on doive aller, il est bon qu'on s'appuie toujours de quelque façon sur l'école populaire. Si l'enseignement primaire supérieur affectait de s'en séparer par ses programmes, par le choix des maîtres, par le recrutement des élèves, par le ton général des études ou par le niveau des examens, il perdrait le meilleur de sa substance et à vrai dire il n'aurait plus de raison d'être...

Les écoles primaires supérieures qui existent ou qui naissent aujourd'hui se sont organisées de manière à former le large couronnement d'une éducation primaire menée à bien et non pas le commencement stérile d'un autre cycle d'études qui n'aboutiraient pas. C'est aux méthodes primaires qu'elles empruntent l'esprit de leurs programmes, qui est d'affermir le savoir plus encore que de l'étendre, de l'approfondir et non de le disperser.

Nous nous sommes inspiré de ces considérations si nettes et si sensées dans la rédaction de ces *Leçons élémentaires* et dans la distribution des sujets d'études entre les deux dernières années d'enseignement. Tout en gardant à chaque leçon un caractère élémentaire et expérimental, nous avons voulu graduer les notions d'après l'âge et le développement intellectuel des élèves.

C'est ainsi que nous avons placé en deuxième année les applications de l'équilibre des liquides et des gaz et les applications de l'électricité, parce que les premières n'exigent que les éléments du calcul et que les autres se recommandent par leur caractère expérimental et par leur utilité.

Nous avons reporté en troisième année les notions de mécanique physique, les applications de la chaleur qui donnent lieu à des problèmes un peu plus difficiles où le calcul algébrique est d'un grand secours et la description des divers organes de la machine à vapeur, le moteur le plus répandu et le plus utile.

Des exercices numériques et gradués accompagnent tous les chapitres et peuvent être utilement donnés en devoirs.

H.

LEÇONS ÉLÉMENTAIRES
DE PHYSIQUE

PREMIÈRE ANNÉE

CHAPITRE PREMIER

LES TROIS ÉTATS DES CORPS

1. Corps et matière. — Nous savons tous, sans aucune étude préalable, qu'il existe autour de nous un grand nombre d'objets différents les uns des autres par leur forme, par leurs dimensions, par l'impression qu'il font sur nos sens. Nous reconnaissons au toucher et à la vue une pierre, un morceau de fer, une flaque d'eau; et si nous ne voyons pas l'air qui nous entoure, nous constatons cependant sa présence par les mouvements qu'il imprime aux arbres et par la difficulté de marcher contre le vent. Tous ces objets tangibles, dont chacun occupe une portion de l'espace à l'exclusion de tout autre, nous les appelons des **corps**, et nous donnons le nom général de **matière** à la substance dont ils sont formés.

2. Les corps se présentent sous trois états. — Tous les corps n'opposent pas la même résistance au toucher : la main ne peut pas entamer une pierre, tandis qu'elle se meut facilement dans l'eau et bien plus librement encore dans l'air. Ces différences ont fait partager les corps en trois grands groupes, que l'on appelle les **trois états de la matière,** et dont la pierre, l'eau et l'air nous offrent les types

Les uns, ce sont les **corps solides** (ou plus simplement les **solides**), opposent une résistance plus ou moins grande à la rupture, il faut un certain effort pour les diviser; ils ont une forme qu'ils gardent quand on les a façonnés; les différentes parties dont ils sont composés adhèrent fortement les unes aux autres, puisqu'il suffit de fixer un point du corps pour que tout le corps le soit; ainsi sont les pierres, les métaux, le bois, etc... Les autres, les corps **liquides,** n'ont pas de forme propre; ils prennent celle du vase solide dans lequel on les renferme; on les divise sans difficulté; les parties qui les forment sont très mobiles et glissent facilement les unes sur les autres : tels sont l'eau, l'alcool, l'éther, etc. Enfin, le troisième groupe comprend les **corps gazeux** ou les **gaz** qui ressemblent à l'air, qui n'ont ni forme, ni volume, et qui remplissent toujours tout l'espace qui leur est offert

Tous les corps se présentent sous l'un de ces trois états; et selon les circonstances, le même corps peut posséder tantôt l'un, tantôt l'autre.

3. **Les solides.** — Les solides ont tous pour propriété commune d'avoir une forme déterminée et un volume qui reste à peu près le même. Mais ils sont bien différents les uns des autres et chacun d'eux affecte des propriétés particulières. Ainsi les uns se brisent facilement à la main ou par un léger coup de marteau, comme la craie et le marbre; d'autres résistent davantage comme le grès, les silex; d'autres enfin ne peuvent être pulvérisés que difficilement comme l'agate, le cristal de roche. Certains métaux peuvent être étalés en lames par l'action d'un corps lourd, d'autres allongés en fils très fins, d'autres réduits en limaille; dans tous les cas, ils ont changé de forme sous la pression qu'ils ont subie.

mais s'ils n'ont pas toujours gardé exactement le même volume, ils ont peu varié.

4. Les liquides. — Les liquides n'ont pas de forme propre, mais ils conservent toujours leur volume : qu'on les mette dans un grand ou un petit vase, qu'on les presse d'un poids énorme, qu'on leur fasse subir n'importe quelle action mécanique, ils ont un volume invariable : on dit qu'ils sont *incompressibles*. Ils sont peu variés d'aspect : l'eau et le pétrole sont les liquides naturels les plus répandus; presque tous les autres, le vin, la bière, l'alcool, procèdent de l'eau et lui ressemblent plus ou moins.

5. Les gaz. — Le caractère saillant des gaz, c'est de n'avoir ni forme, ni volume, d'occuper tantôt un petit espace, tantôt un grand, en un mot, de remplir toujours tout le volume qui leur est offert.

Mais si tout le monde sait ce que sont les solides et les liquides, il n'en est pas de même des gaz, et il importe ici d'appeler l'expérience à notre aide.

Voici d'abord une preuve que la même quantité de gaz qui remplit un petit espace peut également remplir entièrement un espace beaucoup plus grand. On prend deux ballons très inégaux; on met dans chacun d'eux une égale parcelle d'iode et on les chauffe (fig. 1). Le corps solide, légèrement chauffé, produit une belle vapeur violette; il y en a une égale quantité dans chaque ballon; et la vapeur occupe tout le grand ballon, comme elle remplit le petit.

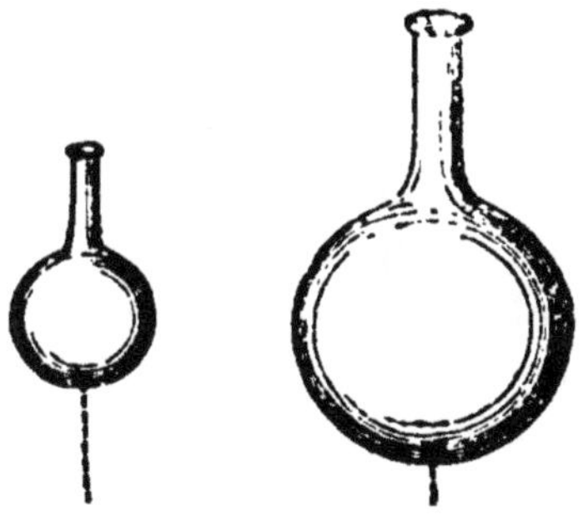

Fig. 1. — Une même quantité de gaz remplit deux ballons inégaux.

Si tous les gaz étaient colorés comme cette vapeur d'iode, on constaterait leur présence aussi facilement que celle des solides ou des liquides; ainsi on reconnaît le chlore à sa couleur verte, et le gaz que produit l'eau-forte jetée sur le cuivre, à sa coloration rouge brun.

Mais la plupart des gaz sont incolores, et par suite invisibles. Quand ils ont une odeur, elle suffit à les révéler; c'est ainsi qu'en entrant dans une chambre, on sent si un flacon d'éther ou d'alcali y est resté débouché, ou s'il s'est produit une fuite de gaz d'éclairage. Il faut d'autres moyens pour constater l'existence des gaz qui sont, comme l'air, incolores et inodores. En voici quelques-uns.

Fig. 2. — L'air s'oppose à l'ascension de l'eau dans une cloche.

On pose un bouchon sur l'eau d'une terrine ou d'une cuve, et on descend verticalement au-dessus du bouchon une cloche que l'on tient par le bouton (fig. 2), ou un grand verre renversé que l'on tient par son pied; on voit le bouchon descendre comme poussé par le contenu invisible de la cloche. Incline-t-on celle-ci, des bulles de gaz s'élèvent en bouillonnant dans l'eau.

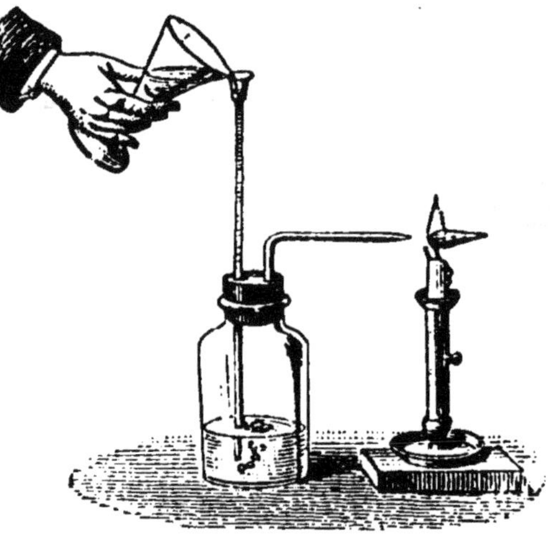

Fig. 3. — L'air chassé par l'eau, incline la flamme d'une bougie.

On monte un flacon à deux tubulures avec un tube à entonnoir plongeant jusqu'au fond dans l'une, et un tube recourbé et effilé dans l'autre (fig. 3). On place une bougie allumée près de l'extrémité du tube effilé; puis on verse de l'eau dans le flacon par le tube à entonnoir; on voit la flamme de la bougie s'incliner sous l'action du jet de gaz que l'eau fait sortir en prenant sa place dans le flacon.

Les gaz sont éminemment **compressibles;** leur volume peut être de beaucoup réduit. On le montre à l'aide du *briquet à air* (fig. 4). C'est un tube de verre épais bouché à une de ses extrémités, et dans lequel peut se mouvoir un piston qui ferme exactement. On enlève le piston et on le remet dans le tube; on enferme ainsi au-dessous de lui un certain volume d'air: il suffit de presser sur la tige du piston pour rendre ce volume de plus en plus petit.

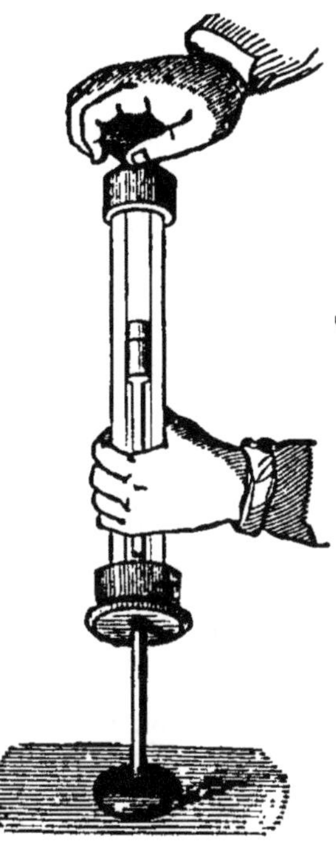
Fig. 4. — L'air peut être comprimé.

Cette même expérience peut aussi prouver que les gaz sont **élastiques,** qu'ils tendent à reprendre leur premier volume lorsqu'ils ont été comprimés. Si, en effet, on lâche le piston après l'avoir enfoncé dans le tube, il est vivement repoussé par le gaz.

Enfin, si dans une petite encoche de l'extrémité du piston on place un morceau d'amadou et qu'on enfonce très brusquement le piston, l'amadou prend feu, d'où le nom de *briquet* donné à l'appareil.

6. Remarque sur les trois états des corps. — Nous venons de définir séparément chacun des trois états. Certains corps paraissent intermédiaires entre les solides et les liquides : ce sont les corps mous ou pâteux. D'un autre côté, nous pouvons remarquer que les liquides et les gaz ont une propriété commune, l'extrême mobilité de leurs parties, qui les a fait grouper sous la même appellation de *fluides*. Les liquides, à leur tour, partagent avec les solides la propriété d'être incompressibles. Nous pouvons donc considérer les liquides comme formant une sorte d'état intermédiaire et de passage entre les deux états extrêmes, représentés d'un côté par les solides, de l'autre par les gaz.

Le même corps peut passer successivement par les trois états. — L'eau nous en offre un frappant exemple : elle est solide en glace, l'hiver ; elle est liquide en tous temps dans les rivières et les mers, et elle se trouve toujours en vapeur dans l'atmosphère. Le soufre qui est habituellement solide devient liquide et passe même à l'état de vapeur quand on le chauffe. Nous reviendrons plus tard en détail sur ces intéressantes transformations.

Questionnaire.

1. Qu'appelle-t-on corps? — 2. Quels sont les trois états des corps? — 3. Citer les caractères des solides. — 4. Quelles sont les propriétés saillantes des liquides? — 5. Citer les caractères des gaz. — 6 Montrer que le même corps peut se présenter sous les trois états.

Devoir.

Indiquer les moyens à l'aide desquels on peut montrer l'existence des gaz incolores.

CHAPITRE II

DIRECTION DE LA PESANTEUR CENTRE DE GRAVITÉ. — CHUTE DES CORPS.

7. Tous les corps tombent. — En quelque lieu que l'on soit, si l'on tient à la main une pierre, un morceau de bois, un corps quelconque, aussitôt que l'on cesse de le soutenir, il se dirige vers la terre. Tous les corps abandonnés à eux-mêmes tombent vers la terre. C'est un fait connu de tout le monde pour les corps solides et les corps liquides; il existe aussi pour les gaz ; et si la fumée, les nuages, un ballon, s'élèvent au lieu de descendre et semblent ainsi faire exception à la loi générale, leur ascension momentanée dans l'air ressemble à celle du bouchon de liège qui, placé au fond d'un vase d'eau remonte à la surface, tandis qu'il tombe comme un corps quelconque dans un vase vide.

8. **La pesanteur.** — Aucun corps ne peut se mettre de lui-même en mouvement; il faut donc une cause qui dirige vers la terre les corps non soutenus; cette cause est appelée **la pesanteur.**

La pesanteur est une force; on doit donc pouvoir lui trouver les trois qualités que l'on reconnaît aux forces : la direction, le point d'application et l'intensité.

9. **Direction de la pesanteur.** — La direction de la pesanteur est celle d'un corps qui tombe librement; elle est donnée par un corps lourd suspendu à un fil flexible qui est fixé par son autre extrémité, autrement dit par le **fil à plomb** (fig. 5). On peut vérifier facilement qu'il en est ainsi. On tient un corps comme une petite bille près de l'extrémité supérieure d'un fil à plomb et on le laisse tomber, il suit en tombant la direction du fil et il vient frapper sur le corps lourd que le fil suspend.

Fig. 5. Fil à plomb.

Fig. 6. — Vérification de la verticalité d'un mur.

La direction du fil à plomb porte le nom de **verticale;** l'expérience prouve qu'elle est perpendiculaire à la surface d'une nappe d'eau ou du mercure d'un large vase; cette dernière surface est dite **horizontale.**

Ces deux directions, la verticale et l'horizontale, se

rencontrent dans toutes nos constructions; les arêtes des murs sont verticales; les planchers ont leur surface horizontale; dès lors le fil à plomb est indispensable aux constructeurs pour établir la verticalité d'un mur (fig. 6); il peut même servir, comme dans le niveau de maçon, pour trouver si un plan est horizontal.

Nous savons que la terre est sensiblement sphérique, et que la surface des eaux qui la couvrent en partie, sphérique dans son ensemble, peut être regardée comme plane sur une petite étendue, parce qu'elle se confond avec le plan tangent mené en ce point. Nous en concluons que la direction suivant laquelle les corps tombent est, en chaque point de notre globe, perpendiculaire au plan tangent en ce point. La verticale d'un lieu va donc passer par le centre de la terre, et *les corps tombent comme s'ils étaient attirés vers le centre de la terre.*

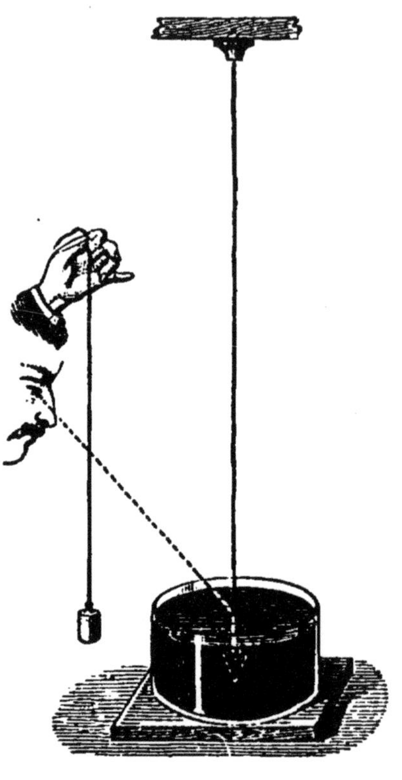

Fig 7. — Deux fils à plomb voisins sont parallèles.

Il résulte de cette remarque que dans des lieux voisins, deux fils à plomb doivent être considérés comme parallèles, à cause du grand éloignement du centre de la terre (fig. 7); mais deux verticales assez éloignées l'une de l'autre font un angle; si elles sont diamétralement opposées, elles déterminent les antipodes.

10. Point d'application de la pesanteur. — Centre de gravité. — Si l'on prend un corps solide et qu'on le réduise en morceaux, chacun des fragments tombera comme le corps entier s'il est abandonné à lui-même. La pesanteur agit donc sur les différentes parties d'un corps, aussi bien quand elles sont séparées que lorsqu'elles sont réunies pour former un tout. Il faut donc se représenter l'action de la pesanteur sur un corps comme un ensemble de forces, appliquées à chacune des parcelles du corps t parallèles entre elles comme le sont des verticales voisines. L'ensemble de ces forces agit comme le ferait une seule force appliquée en un point particulier; cette force qui représente l'effet de toutes les actions de la pesanteur se nomme le **poids** du corps, et son point d'application prend le nom de **centre de gravité.**

Ainsi quand un corps tombe, le mouvement lui est imprimé par l'action de la pesanteur sur chacun de ses éléments, ou par une force qui est le poids du corps appliquée au centre de gravité. Dès lors, pour empêcher la chute, il faut contrebalancer cette résultante par une force de bas en haut, c'est pourquoi l'on peut dire que le poids d'un corps, c'est l'effort qu'il faut lui opposer pour l'empêcher de tomber.

11. Action de la pesanteur sur les corps en repos. — Équilibre. — Quand les corps sont soutenus de manière à ne pas tomber, la pesanteur n'agit pas moins sur eux comme sur ceux qui tombent : elle exerce une *tension*, comme dans le cas d'une balle de plomb suspendue à un fil; une *flexion*, comme dans le cas des fruits faisant ployer la branche qui les porte; une *pression*, quand le corps repose sur un obstacle fixe.

Si le corps est en repos, c'est que la pesanteur est contrebalancée; on dit qu'il y a **équilibre ;** et il y a lieu d'étudier séparément l'équilibre des corps suspendus et celui des corps reposant sur un plan.

12. Équilibre des corps suspendus. — Quand un corps est suspendu par un point ou par un axe fixe, il faut, pour que la pesanteur soit contrebalancée, ou bien que le centre de gravité du corps soit directement soutenu, ou bien que le corps soit soutenu par un point situé sur la verticale passant par le centre de gravité. Trois cas peuvent se présenter : le corps peut en effet être fixé par un point situé soit au-dessous, soit au-dessus du centre de gravité, et soit au centre de gravité même.

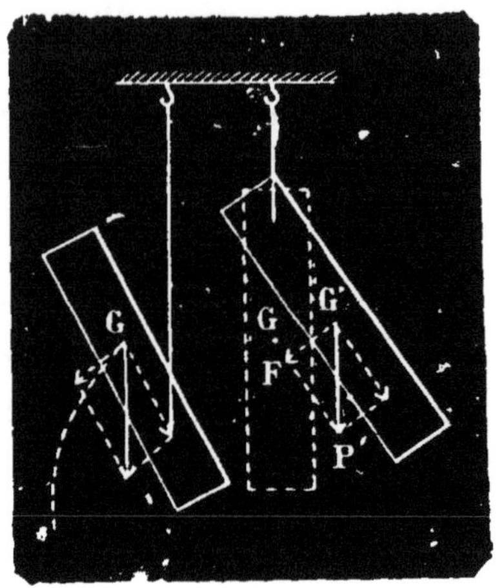

Fig. 8. — Modes de suspension d'un corps.

Dans le premier cas, lorsque le corps est suspendu par un point situé au-dessous du centre de gravité, si on dérange tant soit peu le corps, il tourne jusqu'à ce que le centre de gravité, qui tend toujours à descendre, soit venu en dessous du point de suspension; on dit que l'équilibre est **instable.**

Dans le second cas, l'équilibre est **stable,** si on écarte le corps de sa position pour amener G en G', la pesanteur tend à ramener le corps dans la verticale; il y revient en effet après quelques oscillations (fig. 8).

Enfin, si le centre de gravité se trouve au point de suspension, la pesanteur est constamment détruite par la réaction du support, le corps est en équilibre dans toutes les positions, l'équilibre est indifférent.

On démontre ces propriétés avec différents appareils, comme un bouchon dans lequel on a planté obliquement deux fourchettes, ou un cône dans lequel on a planté deux

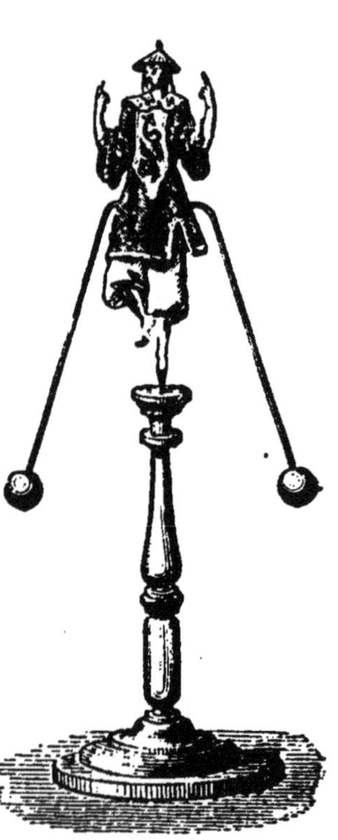
Fig. 9. — Équilibriste en position stable.

tiges terminées par des boules que l'on peut relever plus ou moins, ou encore avec l'équilibriste des cabinets de physique (fig. 9).

13. Équilibre des corps reposant sur un plan. — Lorsqu'un corps repose sur un plan par un seul point, l'équilibre est stable si le centre de gravité est sur la verticale de ce point et le plus bas possible; ainsi un œuf est en équilibre quand il repose sur le côté, tandis qu'on ne peut pas le faire tenir sur un des bouts, parce que le centre de gravité est alors plus loin de la base et qu'il tend toujours à descendre.

Lorsque le corps repose sur un plan par plusieurs points, il est en équilibre si la verticale du centre de gravité tombe dans le polygone formé en réunissant les points d'appui. On conçoit, en effet, que la pesanteur presse le corps contre ses points d'appui et il faut que la résultante passe dans le polygone formé par ces points.

Mais l'équilibre n'existe plus si la verticale du centre de gravité tombe en dehors du polygone de base; le corps bascule alors autour d'un des côtés de ce polygone. Ce cas se présente avec un guéridon à trois pieds (fig. 10) que l'on incline jusqu'à ce qu'un fil à plomb suspendu en son milieu, sorte du triangle formé par les points d'appui, ou encore avec une table dont les pieds sont près du centre et très peu écartés; la table bascule quand on la charge d'un poids.

Fig. 10. — Guéridon que l'on incline jusqu'à ce qu'il tombe, en soulevant un de ses pieds.

La stabilité d'un corps est donc en général d'autant plus grande que son centre de gravité est plus bas.

14. Détermination expérimentale du centre de gravité. — Les conditions d'équilibre d'un corps suspendu donnent un moyen pratique pour trouver par l'expérience le centre de gravité d'un corps. On suspend le corps à un fil par un de ses points; et quand le corps est en équilibre, le centre de gravité se trouve dans le prolongement du fil; on a ainsi une première ligne droite qui contient le centre de gravité. On suspend alors le corps par un autre de ses points et on marque la nouvelle direction du fil de suspension : le centre de gravité se trouve à la rencontre des deux lignes ainsi tracées.

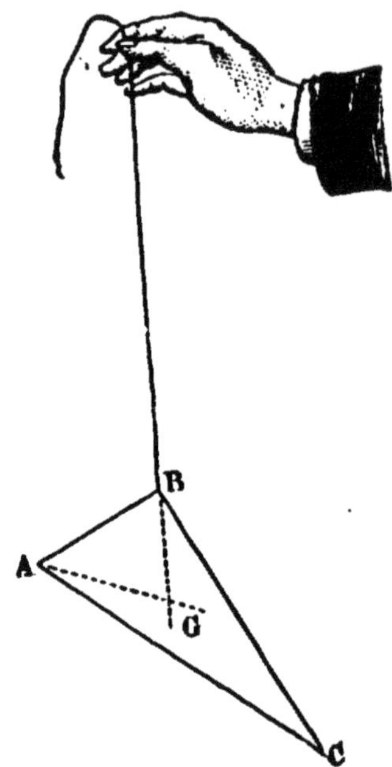

Fig. 11. — Détermination du centre de gravité d'une équerre.

Cette expérience est très facile à réaliser sur un corps très mince comme une équerre à dessin (fig. 11); elle serait moins facile pour un corps d'un volume un peu considérable.

Quand le corps est homogène, la position du centre de gravité ne dépend que de la forme du corps. Si le corps est symétrique autour d'un point, comme une sphère, le centre de gravité est en ce point. Si le corps est symétrique autour d'un axe, le centre de gravité est sur cet axe.

15. Tous les corps tombent également vite dans le vide. — Avant d'arriver à la mesure de l'intensité de la pesanteur, il faut chercher quel mouvement cette force imprime aux corps.

L'observation ordinaire ferait croire que la pesanteur n'agit pas de la même manière sur tous les corps, qu'elle imprime un mouvement plus rapide aux uns qu'aux autres. Ainsi une balle de plomb arrive à terre avant une plume abandonnée en même temps qu'elle, un disque de métal tombe plus vite qu'un égal disque de papier, la feuille de papier roulée en boule avant la même feuille étalée.

L'observation attentive montre que c'est la résistance de l'air qui ralentit le mouvement de certains corps, plus que le mouvement des autres. Si donc on supprime la résistance de l'air, deux corps très différents tomberont également vite. C'est ce que l'on peut constater si l'on prend un disque métallique comme une pièce de cinq francs, et un disque de papier d'un égal diamètre; si l'on tient le premier horizontalement, qu'on pose sur lui le second, et qu'on les abandonne, ils arriveront à terre au même instant; le disque de métal aura supprimé la résistance que l'air opposait au disque de papier.

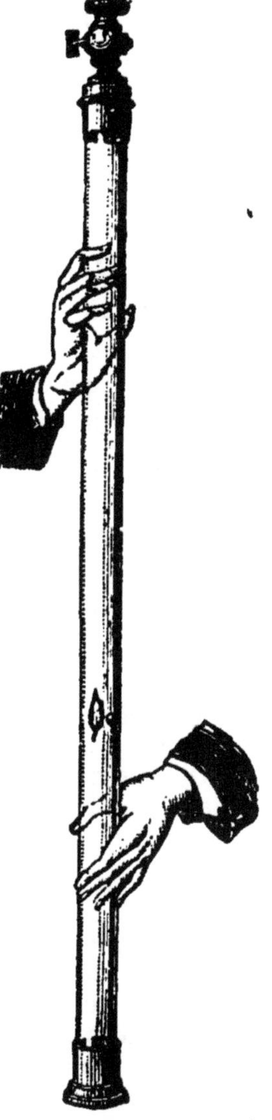

Fig. 12. — Tube pour montrer la chute des corps dans le vide.

Si c'est bien l'air qui ralentit les corps dans leur chute, tous les corps doivent tomber également vite dans le vide. C'est ce que l'expérience vérifie. On a dans un long tube (fig. 12) des corps très différents : balle de plomb, morceaux de liège, fragments de papier, barbes de plumes, etc.; on retourne brusquement le tube de manière à le mettre vertical et l'on voit les différents corps qu'il contient s'échelonner dans leur chute. Si l'on enlève l'air du tube et qu'on recommence l'expérience, tous les corps arrivent en même temps; et si on laisse rentrer l'air, le premier phénomène se renouvelle.

Ainsi, dans le vide, l'action de la pesanteur est la même sur chaque corps, la pesanteur doit donc être une force constante en grandeur dans un même lieu comme elle est constante dans sa direction.

Au lieu d'étudier la chute des corps dans le vide sur un corps quelconque, on l'étudie dans l'air en prenant un corps lourd de petit volume, sur lequel la résistance de l'air est très faible. L'expérience montre qu'un corps, en tombant, parcourt $4^m,90$ dans la première seconde de sa chute,

4 fois $4^m,90$ dans 2 secondes,
9 fois $4^m,90$ — 3 secondes,
16 fois $4^m,90$ — 4 secondes,

et qu'en général le chemin parcouru est le produit de $4^m,90$ par le *carré* du nombre de secondes qu'a duré la chute. C'est ce que l'on exprime en disant que *les espaces parcourus par un corps qui tombe sont proportionnels aux carrés du temps employé à les parcourir.*

L'observation de la chute directe d'un corps qui tombe est difficile à faire exactement pendant plusieurs secondes, à cause de la grandeur des espaces parcourus. Nous verrons plus tard comment les physiciens ont tourné cette difficulté.

Exercices.

1. On laisse tomber un corps du haut d'une flèche et il met 6 secondes à arriver à terre, quelle est la hauteur de la flèche?
2. On laisse tomber un corps dans un puits de $705^m,6$ de profondeur, combien de secondes durera la chute du corps?

Questionnaire.

Quelle est la direction que les corps suivent en tombant, quel nom lui donne-t-on, comment la détermine-t-on?

Comment définit-on l'horizontale? Quels sont les usages du fil à plomb et du niveau de maçon?

Quand dit-on qu'un corps est en équilibre? Que faut-il pour l'équilibre stable d'un corps suspendu? Comment montre-t-on qu'un corps qui repose sur un plan n'est plus en équilibre quand la verticale de son centre de gravité ne rencontre plus sa base d'appui?

Comment peut-on déterminer le centre de gravité d'un corps très mince, comme une équerre à dessin?

Tous les corps tombent-ils également vite dans le vide, comment le prouve-t-on? Pourquoi les corps ne tombent-ils pas également vite dans l'air?

Quel est le chemin parcouru par un corps qui tombe librement pendant 1, 2, 3 secondes?

Devoir.

Comment trouve-t-on la direction que les corps suivent en tombant et quel intérêt y a-t-il à connaître cette direction?

CHAPITRE III

LE POIDS. — LA BALANCE

16. Le poids. — Si l'on supporte successivement avec la main un certain nombre de corps différents, on juge que l'effort à développer est plus grand pour les uns que pour les autres; on dit que les uns sont plus lourds ou pèsent plus que les autres, et on est conduit à chercher pour chacun d'eux l'effort à faire pour les soutenir; cet effort, c'est le **poids**, autrement dit la force avec laquelle un corps presse l'obstacle qui l'empêche de tomber.

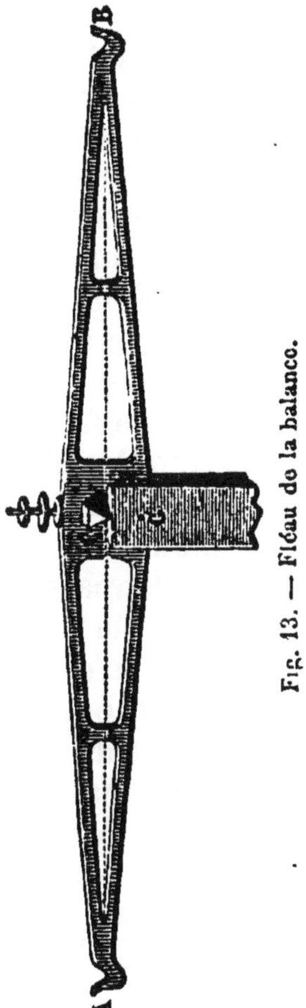

Fig. 13. — Fléau de la balance.

17. Unité de poids. — On a adopté, comme unité de poids, le **gramme**, qui est le poids d'un centimètre cube d'eau distillée, dans le vide et à 4° de température. On lui donne pour l'usage la forme d'un cylindre de laiton ou d'une petite feuille de platine, et on lui a fait des multiples en laiton ou en fonte et des sous-multiples en platine.

18. Principe de la balance. — La balance est un instrument destiné à comparer le poids d'un corps quelconque à celui des poids gradués qui produisent le même effet. Elle se compose essentiellement d'une tige rectiligne, rigide, appelée le **fléau** (fig. 13), portant en son milieu un axe C qui repose sur un plan fixe. Si les trois points ACB sont en ligne droite, que le centre de gravité du fléau soit un peu en dessous de l'axe, l'équilibre de l'appareil sera stable· et si les deux *bras de levier* AC et CB sont égaux, l'appareil prendra de lui-même la position horizontale. Si alors on suspend deux poids égaux, l'un en A, l'autre en B, le fléau restera horizontal.

L'axe qui repose sur le plan fixe, est un prisme d'acier présentant inférieurement son arête, c'est le **couteau**; le plan d'appui est en acier ou en agate.

Aux deux extrémités des bras égaux du fléau sont suspendus deux plateaux; si ces plateaux sont de même poids, le fléau prend la position horizontale, — et pour juger de cette dernière position, une aiguille verticale, portée par le fléau, présente son extrémité libre devant un petit cadran fixe divisé.

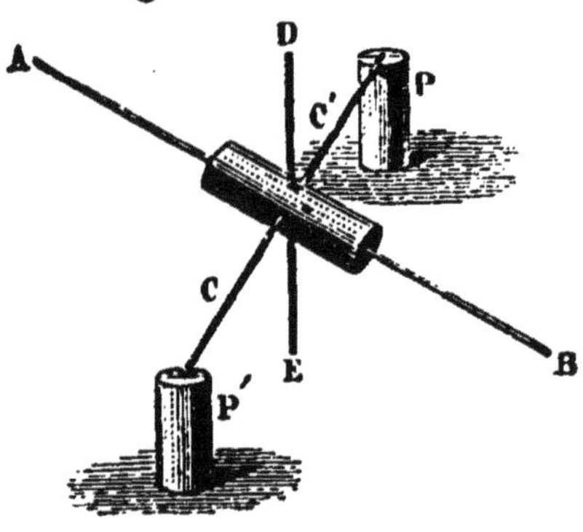

Fig. 14. — Appareil simple pour montrer que le fléau d'une balance est en équilibre stable quand le centre de gravité est au-dessous de l'axe de suspension.

On montre facilement, à l'aide de l'appareil très simple représenté par la fig. 14, que le fléau n'est en équilibre stable que quand son centre de gravité est au-dessous de l'axe de suspension. Le fléau est figuré par un bouchon de liège traversé dans sa longueur par une aiguille à tricoter AB, et perpendiculairement à cette première direction par une seconde aiguille DE. L'axe de suspension est formé de deux bouts d'aiguille C et C', reposant sur deux verres ou deux petits billots PP. Si l'on enfonce l'aiguille DE de manière que la branche E soit la plus longue, l'appareil oscille, mais il reprend vite une position d'équilibre où AB est hori zontale; le centre de gravité est alors au-dessous de CC'. On remonte peu à peu l'aiguille DE, de manière à relever le centre de gravité et à le rapprocher de l'axe CC'; et quand on l'a placé au-dessus de CC', le fléau AB bascule et tourne autour de son axe.

19. Balances ordinaires. — Les balances ordinaires sont de diverses formes, ou bien à plateaux

Fig 15. — Balance Roberval.

suspendus, comme dans la balance des cabinets de physique qui sert aux expériences d'hydrostatique, ou bien à plateaux supportés comme dans la balance Roberval (fig. 15), qui est d'un emploi courant dans les laboratoires pour les pesées ordinaires et dans le commerce où l'on n'a pas besoin d'une bien grande approximation.

Une balance est *juste* quand elle donne exactement le poids des corps. Elle est *sensible* quand le fléau s'incline d'une manière appréciable lorsqu'il y a une légère différence de poids entre les charges des deux plateaux.

Une bonne balance doit avoir son fléau horizontal quand il n'y a rien dans les deux plateaux, aussi quand on met deux poids égaux dans chacun des deux plateaux; c'est cette dernière épreuve surtout que font les vérificateurs.

20. Méthode de la double pesée. — On s'exposerait à commettre des erreurs dans le poids des corps si l'on se contentait de la pesée simple qui consiste à mettre le corps à peser dans l'un des plateaux et des poids dans l'autre, jusqu'à ce qu'on ait obtenu l'horizontalité du fléau.

Lorsqu'on veut avoir exactement le poids d'un corps avec une balance quelconque suffisamment sensible, on emploie la méthode de Borda.

On met le corps dans l'un des plateaux et on lui fait équilibre en mettant dans l'autre plateau des corps quelconques, comme des grains de plomb, qui constituent la *tare*. Puis sans toucher à la tare, on enlève le corps et on le remplace par des poids marqués jusqu'à ce que l'équilibre soit rétabli. Les poids marqués mis ainsi à la place du corps représentent exactement le poids du corps à l'approximation que peut donner la balance. Il a fallu réellement deux opérations pour obtenir le poids, aussi cette méthode est-elle appelée *méthode des doubles pesées.*

Il peut arriver que l'on ait fréquemment à peser des corps dont les poids sont très peu différents, par exemple 4 grammes, 6 grammes, 8 grammes de différentes substances. Si l'on appliquait à chaque corps la méthode précédente, il faudrait deux opérations pour chacun d'eux. Mais on peut abréger les diverses pesées en faisant une fois pour toutes, pour différents poids, des tares qui restent près de la balance, et qui permettent d'obtenir en une seule opération avec exactitude le poids d'un corps donné.

Les tares sont de petites fioles de verre contenant des grains de plomb, bouchées et marquées du poids auquel elles font équilibre. On a, je suppose, une tare de 10 grammes, et on veut peser un corps de moins de 10 grammes, soit de 5 à 6 grammes, par exemple. On met la tare dans le plateau où elle a été faite, puis dans l'autre le corps, et à côté de celui-ci des poids marqués jusqu'à ce que l'équilibre soit obtenu. Il faudrait 10 grammes pour équilibrer la tare ; si l'on n'en a mis que 4, c'est que le corps pèse 6 grammes.

Veut-on avoir 6gr,5 d'une substance? On met sur un

plateau la tare de 10 grammes; sur l'autre, d'abord 3gr,5, puis, peu à peu, ce qu'il faut de la substance pour amener l'équilibre; et l'on a ainsi, exactement, les 6gr,5 que l'on a voulu peser.

Ces deux exemples suffisent pour montrer l'utilité des tares et pour indiquer comment on fait rapidement des pesées exactes.

Questionnaire.

Qu'est-ce que le poids d'un corps? Quelle est la pièce principale de la balance et comment est-elle suspendue? Où la balance doit-elle avoir son centre de gravité? Comment s'assure-t-on qu'une balance est juste? Comment doit-on peser un corps?

Devoir.

Dire en quoi consiste la méthode de la double pesée et comment il faut l'appliquer dans le cas où l'on veut peser successivement deux corps.

CHAPITRE IV

POIDS SPÉCIFIQUES

21. Les corps pris sous le même volume n'ont pas le même poids. — On entend dire souvent, dans le langage courant, que le plomb est plus lourd que le fer, le fer plus lourd que le bois, le mercure plus lourd que l'eau, l'eau plus lourde que l'huile. On sait bien, quand on parle ainsi, que tel bloc de bois d'assez grande dimension pèse beaucoup plus qu'un petit morceau de fer ou de plomb; mais on veut entendre par là que, si l'on prend un morceau de plomb et qu'on lui compare un morceau de fer ou un de bois de même grosseur, on trouvera le premier plus lourd que le second et celui-ci plus lourd que le troisième. On veut donc comparer les uns aux autres des échantillons de *même volume*.

Cette comparaison peut être rendue très saisissante par

des exemples. On prend quatre fioles égales : on remplit l'une de mercure, la seconde d'acide sulfurique, la troisième d'eau, la dernière d'alcool; il suffit de les soulever successivement pour constater très nettement leur différence de poids. Veut-on connaître exactement le poids de chacune, on les met l'une après l'autre sur la balance, on leur fait successivement équilibre avec des poids marqués, et on note le poids de chacune d'elles.

La même démonstration peut aussi être faite facilement pour les corps solides. On taille des cubes égaux de diverses substances, plomb, cuivre, bois, cire, paraffine, liège; on les met successivement sur la balance, et on leur trouve des poids très différents.

Ces différences qui existent entre les poids des corps pris sous le même volume peuvent servir à distinguer les corps entre eux. Ainsi, bien que l'aspect du platine soit très semblable à celui de l'étain, on ne peut pas confondre au toucher ces deux métaux, parce que le premier pèse beaucoup plus que l'autre à volume égal. On distinguerait de même un morceau d'or d'un morceau égal de cuivre doré, une pierre précieuse d'une imitation qui en a toutes les apparences. On conçoit donc bien que les physiciens aient cherché depuis longtemps à déterminer les rapports qui existent entre les poids des différentes substances prises sous le même volume.

22. Comparaison des corps par le poids de l'unité de volume. — Pour comparer les corps les uns aux autres sous le rapport des poids, nous pourrions prendre un volume quelconque du premier corps, puis le même volume de chacun des autres corps, chercher le poids de chacun, puis dresser une table de ces poids; dans cette table apparaîtraient les rapports qui lient les uns aux autres les poids des corps pris sous un même volume.

Mais au lieu de prendre un volume quelconque, il est beaucoup plus commode et plus simple de prendre l'unité de volume. On aura ainsi pour chaque corps le *poids de l'unité de volume*, c'est cette quantité que les physiciens appellent le **poids spécifique.** La table des poids spécifiques, tout en accusant les mêmes rapports que la précédente, aura un avantage de plus : elle permettra de calculer très facilement le poids d'un volume donné d'un corps et réciproquement le volume occupé par un poids connu du corps.

Ainsi, en adoptant pour unité de volume le centimètre cube, nous aurons pour les poids spécifiques des substances suivantes :

Eau.	1 gram	Fer.	$7^{gr},7$
Mercure	$13^{gr},6$	Cuivre	$8^{gr},8$
Acide sulfurique.	$1^{gr},8$	Argent. . . .	$10^{gr},4$

Et si nous voulons connaître à l'aide de cette table le poids de 40, 80, V, centimètres cubes de fer ou d'argent, nous écrirons :

$$P = 40 \times 7,7 \quad ; \quad 80 \times 7,7 \quad ; \quad V \times 7,7$$

$$40 \times 10,4 \quad ; \quad 80 \times 10,4 \quad ; \quad V \times 10,4.$$

Et si nous appelons V le volume en centimètres cubes, p le poids spécifique, P le poids en grammes, nous pourrons écrire :

$$P = V \times p,$$

d'où nous tirons :

$$p = \frac{P}{V}.$$

Ce qui nous permet de définir le poids spécifique le *quotient du poids en grammes d'un corps par son volume en centimètres cubes.*

23. Le poids spécifique est le rapport du poids d'un corps au poids du même volume d'eau. — Le poids spécifique entendu comme nous venons de le présenter dépend de l'unité de volume adoptée, c'est le poids en grammes du centimètre cube ou le poids en kilogrammes du décimètre cube du corps. Mais si nous convenons de comparer tous les corps à l'eau, 1 centimètre cube d'eau pesant 1 gramme, 1 décimètre cube pesant 1 kilogramme, le nombre qui exprime le poids spécifique d'un corps exprime aussi le nombre de fois que le centimètre cube du corps pèse plus que le centimètre cube d'eau, que le décimètre cube du corps pèse plus que le décimètre cube d'eau, en général le nombre de fois que le corps pèse plus que l'eau sous le même volume; c'est *le rapport du poids d'un corps au poids du même volume d'eau.*

Dans le langage ordinaire, quand on compare deux substances différentes mais de mêmes dimensions, par exemple une boule de liège et une autre de fer, on constate que l'une est beaucoup plus légère que l'autre. On admet que la matière est plus concentrée, plus condensée dans la seconde, dans le fer que dans le liège; c'est ce qu'on exprime en disant que le fer est plus **dense** que le liège ou qu'il a une **densité** plus considérable.

Dans le langage scientifique, la densité n'a pas la même définition que le poids spécifique, et cependant l'usage emploie ces deux mots l'un pour l'autre et l'on dit couramment « table des densités » comme on dirait table des poids spécifiques.

24. Utilité de la connaissance des poids spécifiques ou densités. — Les exemples abondent pour montrer l'utilité qu'il y a de connaître la densité des corps. Citons-en un seul, la possibilité de trouver le poids d'un corps dont on peut facilement connaître le volume. Un grand bloc de marbre mesure 2 mètres de long, $0^{m},80$ de large, $0^{m},60$ d'épaisseur. Son volume est :

$$2 \times 0{,}80 \times 0{,}60 = 0^{mc},960 \text{ décimètres cubes.}$$

La densité du marbre est 2,7. C'est dire que le décimètre cube pèse $2^{kg},7$.

Le poids du bloc est :

$$960 \times 2{,}7 = 2592 \text{ kilogrammes.}$$

C'est ici le lieu de faire remarquer que dans le calcul du poids à l'aide du volume, si le volume est exprimé en centimètres cubes, on obtient le poids en grammes pour les solides et les liquides, et si le volume est exprimé en décimètres cubes, le poids est indiqué en kilogrammes, etc.

25. Détermination des poids spécifiques ou densités. — Principe de la méthode. — Nous avons donné deux définitions simples du poids spécifique : c'est le quotient du poids d'un corps par son volume, ou bien c'est le rapport du poids d'un corps au poids du même volume d'eau.

D'après la première, pour trouver le poids spécifique, il faut connaître le poids du corps, puis son volume, et diviser l'un par l'autre les deux nombres.

D'après la seconde, c'est encore le poids du corps qu'il faudra chercher, puis le poids d'un égal volume d'eau, et diviser le poids du corps par le poids de l'eau.

Dans tous les cas, la base de la recherche sera la connaissance exacte du poids du corps.

26. Poids spécifique des solides. — Cas particulier : le corps a une forme géométrique. — Prenons comme premier cas celui d'un corps dont on peut avoir le volume par la mesure de ses dimensions.

Soit une petite règle de fer. Nous cherchons son poids par la méthode des doubles pesées et nous trouvons :

$$P = 616 \text{ grammes}$$

Nous mesurons ses trois dimensions qui sont 20, 2 et 2 centimètres.

Le volume calculé est :

$$V = 20 \times 2 \times 2 = 80^{cc}.$$

La densité :

$$D = \frac{P}{V} = \frac{616}{80} = 7,7.$$

Telle est la densité du fer.

27. Cas général : le corps a une forme quelconque. — On aura toujours le poids par une double pesée. Reste à trouver, soit le volume du corps, soit le poids d'un égal volume d'eau. Chercher l'une de ces deux dernières quantités revient à chercher l'autre, puisque le poids et le volume de l'eau sont exprimés tous deux par le même nombre.

Voici d'abord des méthodes qui ne sont peut-être pas très rigoureuses mais qui ont l'avantage d'être partout d'une application facile :

1° *On dispose d'une éprouvette graduée en centimètres cubes.* — Prenons un fragment de marbre, faisons sur la balance sa tare d'abord, sa pesée ensuite, nous aurons exactement son poids.

Soit :

$$P = 67^{gr},5.$$

Mettons de l'eau dans l'éprouvette graduée jusqu'à la division 50 et plongeons-y le fragment de marbre; le niveau de l'eau s'élève à la division 75.

Le volume du morceau de marbre est :

$$V = 25^{cc}.$$

La densité :

$$D = \frac{P}{V} = \frac{67,5}{25} = 2,7.$$

2° *On dispose d'un verre ordinaire, peu large et à bords bien dressés.* — On pose sur le verre un carton plan portant une épingle noircie qui plonge dans le verre, et on met de l'eau dans le verre jusqu'à ce que le niveau du liquide affleure la pointe de l'épingle (fig. 16), c'est-à-dire jusqu'à ce que l'image de la pointe vue dans le liquide touche à cette pointe. On dispose, de plus, d'une pipette graduée en fractions de centimètres cubes.

On a pesé convenablement le corps. Soit le même

fragment de marbre que dans l'expérience précédente.

Le poids :

$$P = 67^{gr},5.$$

On met le marbre dans le verre, le niveau du liquide s'élève. Avec la pipette, on enlève du liquide de manière à découvrir la pointe, puis on laisse le liquide retomber goutte à goutte jusqu'à ce que le niveau affleure la pointe. La pipette contient alors un volume d'eau égal au volume du corps.

Fig. 16. — Appareil simple pour la recherche de la densité d'un solide.

On lit sur la pipette :

$$25^{cc}.$$

La densité est :

$$\frac{67,5}{25} = 2,7.$$

Ces deux méthodes ont l'inconvénient de mesurer des volumes d'eau; on opère avec plus d'exactitude en pesant le volume d'eau égal au volume du corps; c'est ce qu'on fait dans la méthode suivante.

28. Méthode du flacon pour les solides. — Le flacon dont on se sert est fait de manière à ce qu'il soit possible d'y mettre dans deux expériences successives une égale quantité de liquide (fig. 17). Le col usé à l'émeri peut être fermé par un bouchon de verre creux surmonté d'un tube de très petit diamètre et d'un entonnoir; ce bouchon est lui-même extérieurement usé à l'émeri pour qu'il ferme exactement le goulot et qu'il y enfonce toujours de la même quantité.

Fig. 17. — Flacon à densité.

La première opération, c'est le remplissage du flacon.

On le remplit d'eau distillée, puis on met le bouchon; l'eau dont le bouchon prend la place monte dans le tube qui le surmonte. On essuie le flacon et on le laisse quelques instants sur la table pour qu'il prenne la température du milieu, puis avec du papier buvard on enlève l'eau qui est dans l'entonnoir du bouchon, même une partie de celle du tube fin, de manière à amener le niveau à un point marqué sur ce tube. Le flacon est alors prêt à servir.

Soit à chercher la densité d'un morceau de laiton. Nous le prenons assez petit pour qu'il puisse entrer dans le flacon.

Nous plaçons sur le plateau de la balance le flacon, et à côté, le morceau de laiton; nous faisons la tare. Nous enlevons le laiton, nous lui substituons des poids marqués; nous avons ainsi le poids par double pesée; soit $P = 44$ grammes.

Nous prenons le flacon sur la balance, nous l'ouvrons pour y introduire le morceau de laiton, puis nous remettons le bouchon et, avec les mêmes précautions que la première fois, nous amenons le niveau du liquide dans le flacon au même point où il était primitivement. Nous replaçons le flacon sur la balance; il est moins lourd; il faut lui ajouter des poids; ces poids représentent le volume d'eau disparue, chassée par le corps, ou le poids du même volume d'eau que le corps. Il nous a fallu ajouter 5 grammes. La densité du laiton est :

$$\frac{44}{5} = 8,8.$$

20. Densité des liquides. — Pour les liquides, le procédé du flacon est presque le seul à employer, en tout cas il est le plus exact. Théoriquement il est très simple : peser un vase plein du liquide dont on cherche la densité, puis le même vase plein d'eau, enfin le vase vide; en déduire le poids du volume considéré de liquide, et le poids du même volume d'eau.

Il semble au premier abord que ce soit très facile, mais quand on veut beaucoup d'exactitude, c'est une opération minutieuse. On emploie un flacon formé d'un tube fermé en bas, terminé en haut par un tube étroit que surmonte un entonnoir (fig. 18); un bouchon sert à fermer l'appareil quand le liquide sur lequel on opère est volatil.

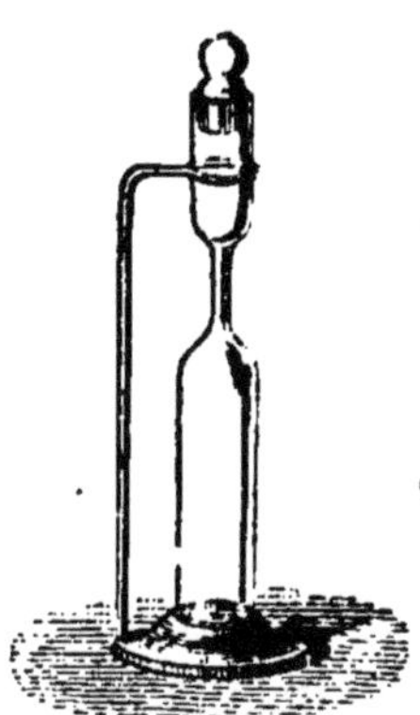

Fig. 18. — Flacon à densité pour les liquides.

On commence par tarer sur la balance, pour opérer par double pesée, le flacon vide et sec, en mettant à côté de lui un poids plus fort que le poids du liquide qui remplira le flacon, soit un poids de 50 grammes.

On remplit le flacon du liquide, soit de l'alcool. Celui-ci est versé dans l'entonnoir; on le fait descendre dans le gros tube en chauffant, ou en animant le tube d'un mouvement de fronde, ou bien encore en introduisant dans le tube capillaire et le réservoir un tube fin qui laisse remonter l'air quand le liquide descend.

On laisse le tube sur un petit support, et on règle le niveau du liquide à un point marqué.

On reporte le tube sur la balance; pour que l'équilibre subsiste, il faut retirer une partie du poids : il ne reste plus sur la balance que 31 grammes.

L'alcool remplissant le flacon a donc pour poids :

$$P = 50 - 31 = 19 \text{ grammes.}$$

On vide le flacon, on le nettoie plusieurs fois de suite à l'eau distillée et finalement on le remplit d'eau distillée jusqu'au même niveau et avec les mêmes précautions que précédemment. On le porte sur la balance à côté du poids de 50 grammes; il faut retirer des poids pour amener l'équilibre. On ne laisse plus sur la balance que $26^{gr},25$.

Le poids d'eau remplissant le flacon est donc :

$$P' = 50 - 26,25 = 23,75.$$

Et la densité de l'alcool est le quotient du poids l'alcool par le poids du même volume d'eau, ou :

$$\frac{19}{23,75} = 0,8.$$

30. Précautions à prendre dans l mesure des volumes. — Le poids d'une substance est invariable quelle que soit la température; mais il n'en est pas de même du volume qui augmente avec la quantité de chaleur. Lors donc qu'on mesure un volume ou que l'on pèse un volume mesuré, il faudrait indiquer à quelle température était le liquide. C'est à 4° que l'eau a sa plus grande densité; rigoureusement c'est à 4° qu'il faudrait prendre les volumes d'eau. L'erreur n'est pas grande en les prenant à 10, 15 ou 20°, c'est-à-dire à la température ordinaire. Mais si l'on voulait des densités rigoureusement exactes, il faudrait se conformer à cette condition ou bien corriger les résultats obtenus d'après la température de l'expérience.

Nous ne parlons pas ici de la densité des gaz, parce que les volumes des gaz dépendent de la pression et de la température. Disons seulement que pour les gaz on prend l'air ou l'hydrogène au lieu de l'eau comme terme de comparaison.

Exercices.

3. Quel est le poids d'un bloc de pierre qui mesure 1m,10 de long, 0m,80 de large et 0m,70 de haut? La densité de la pierre est de 2,5?

4. Un cube de cuivre jaune mesure 27 millimètres d'arête; il pèse 169gr,27 : quelle est la densité du laiton?

Questionnaire.

Comment peut-on montrer que les corps solides ou liquides n'ont pas le même poids sous le même volume?

Comment définit-on le poids spécifique d'un corps?

Quels sont les deux nombres qu'il faut avoir pour connaître le poids spécifique d'un corps?

Comment trouve-t-on facilement le poids spécifique d'un corps solide, s'il a une forme géométrique, s'il a une forme quelconque?

Comment trouve-t-on la densité d'un liquide donné?

Devoir.

Montrer par deux exemples qu'on peut distinguer deux corps de même volume par leur différence de poids et indiquer l'utilité de connaître pour chaque corps le poids de l'unité de volume.

CHAPITRE V

PRESSIONS DES LIQUIDES

31. Propriétés des liquides. —Les liquides, dont l'eau offre le type le plus commun, sont des corps dont les parties présentent entre elles si peu d'adhérence qu'elles roulent facilement les unes sur les autres et que le moindre effort suffit pour les diviser. En petite masse, sur un corps solide qu'ils ne mouillent pas, ils prennent la forme sphérique, c'est ce que l'on remarque pour le mercure versé sur le verre, la porcelaine ou le bois, et aussi pour l'eau répandue sur une surface graissée ou couverte de poussière. En quantité un peu considérable, les liquides se moulent dans le vase qui les contient et ils en prennent la forme.

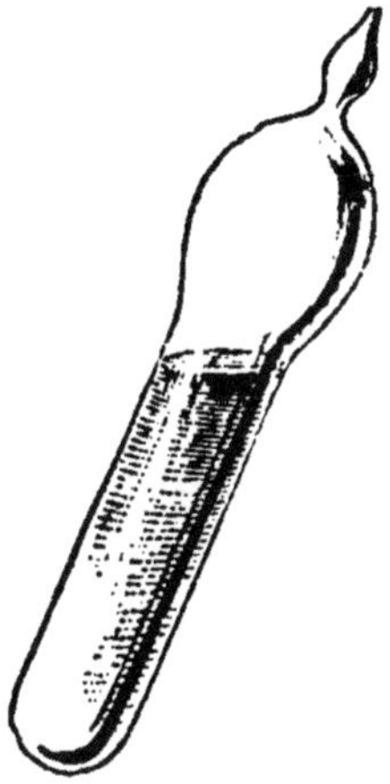

Fig. 19. Marteau d'eau. Le liquide tombe d'une seule masse avec choc quand on retourne le tube.

Les liquides tombent ou coulent quand ils ne sont pas soutenus. Dans leur chute à l'air, ils se divisent en particules plus ou moins fines, quelquefois même en une sorte de poussière comme dans les cascades. Dans le vide, ils tombent en une seule masse et produisent un choc comme les solides, témoin ce qui se passe quand on retourne vivement le marteau d'eau (fig. 19).

Les liquides présentent bien des différences d'aspect, de couleur, de consistance et de poids, depuis l'alcool jusqu'au mercure, depuis l'éther jusqu'aux sirops. Mais ils ont deux propriétés communes, la mobilité de leurs molécules et leur presque complète incompressibilité ; on ne peut pas, en effet, diminuer sensiblement le volume d'un liquide en soumettant sa surface à une très forte pression.

L'étude des liquides et de leurs conditions d'équilibre constitue l'*hydrostatique*. Nous en étudierons les principaux principes en nous aidant des résultats de l'expérience.

32. Surface libre d'un liquide au repos. — L'expérience démontre qu'un liquide contenu dans un vase et l'eau d'un étang ou d'un lac, offrent une surface horizontale, autrement dit, une surface perpendiculaire au fil à plomb. Le fait est facile à vérifier; il suffit de suspendre un fil à plomb au-dessus d'un vase contenant de l'eau noircie qui réfléchit la lumière (fig. 20); en quelque position que l'on se place, l'image du fil apparaît exactement dans le prolongement du fil lui-même; or ce résultat ne peut être obtenu que si la surface de l'eau qui fait miroir, est perpendiculaire au fil.

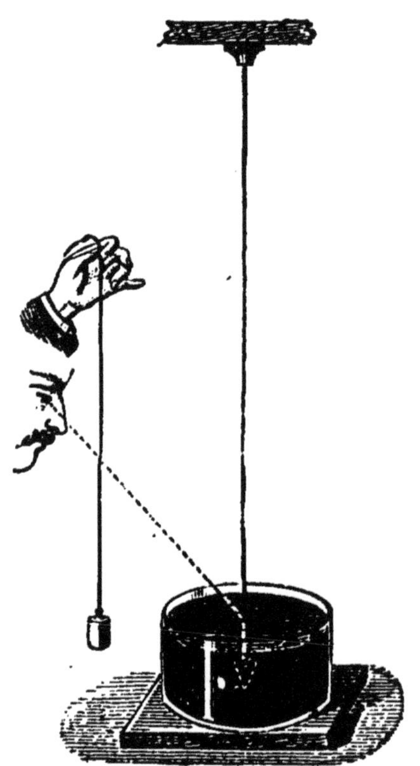

Fig. 20. — On voit l'image du fil à plomb dans le prolongement du fil.

Incline-t-on un vase qui contient un liquide, la surface du liquide reste horizontale (fig. 21), c'est pour cela que si l'on penche un vase incomplètement rempli d'eau, le niveau de l'eau finit par arriver au bord du vase, et pour une inclinaison plus grande, l'eau s'écoule et tombe.

Fig. 21. — Le liquide coule d'un vase incliné sans que sa surface cesse d'être horizontale.

33. Pressions exercées par un liquide. — Puisque les liquides sont pesants, la première couche à partir du niveau, si mince on la suppose, presse de son poids sur la seconde, les deux premières, sur la troisième, et ainsi de suite. Une couche quelconque prise dans le liquide doit donc supporter de haut en bas une pression mesurable; et comme elle est en équilibre, il faut qu'une pression contraire et égale agisse aussi sur elle.

Pour mettre ces pressions en évidence, on prend un cylindre de verre, ouvert à ses deux bouts et dont le bord inférieur est bien rodé de manière qu'un plan de verre puisse s'y appliquer et le fermer exactement (fig. 22). On tient, à l'aide d'une ficelle, cet **obturateur** de verre contre le tube, puis on descend l'appareil dans l'eau : on constate alors qu'on peut lâcher la ficelle sans que l'obturateur se détache. L'obturateur est donc pressé contre le bord du vase par le liquide.

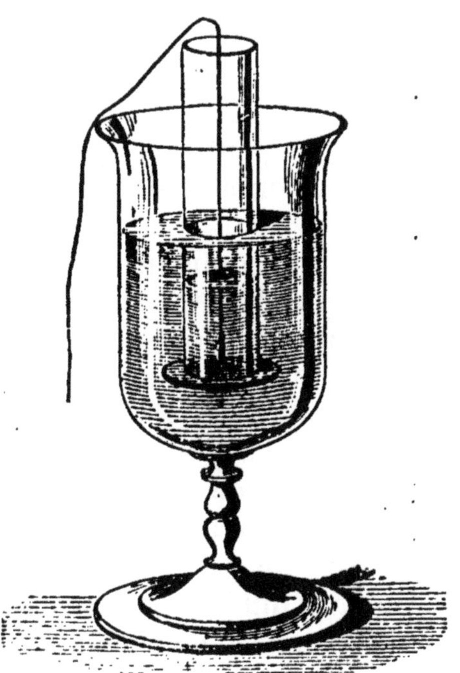

Fig 22. — L'obturateur est pressé contre le tube par le liquide.

Si l'on veut estimer cette pression, il faut chercher l'effort à exercer sur l'obturateur pour qu'il se détache. On verse alors dans le tube de l'eau colorée, et quand le niveau de cette eau est arrivé à être le même que le niveau de l'eau dans le vase, l'obturateur tombe.

Au moment où l'obturateur se détache du tube, il reçoit de haut en bas une pression égale au poids d'une colonne de liquide qui a pour base la surface du disque, et pour hauteur la distance du disque au niveau supérieur; telle est donc aussi la valeur de la pression de bas en haut, qui maintenait le disque contre le tube.

Si l'on répète l'expérience en déplaçant latéralement le cylindre de façon que l'obturateur reste sur le même plan horizontal, on constate qu'il faut, pour le détacher, verser au-dessus de lui la même colonne de liquide que dans la première expérience.

On en conclut que *deux surfaces égales prises dans un liquide, sur le même plan horizontal, supportent des pressions égales;* et si les surfaces égales sont toutes deux très petites, on peut dire que tous les éléments d'un même plan horizontal dans un liquide, supportent une égale pression.

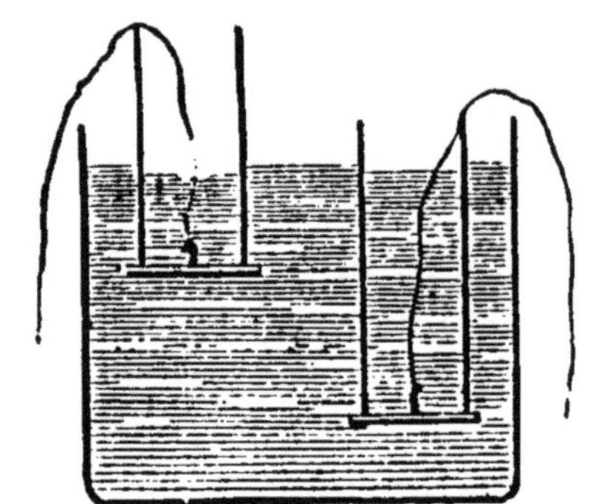

Fig. 23. — Différence de pression sur deux éléments qui sont à des distances inégales du niveau.

Si l'on recommence l'expérience précédente, en enfonçant plus ou moins le tube à obturateur, on constate que pour chaque position, l'obturateur se détache, quand la colonne liquide du tube a le même niveau que le liquide du vase; on peut, par suite, estimer la différence des pressions exercées sur deux éléments égaux pris en des plans horizontaux différents (fig. 23) : si l'obturateur a 10 centimètres carrés de surface, quand il est plongé dans l'eau à 20 centimètres du niveau, sa pression est de 200 grammes (poids de 200^{cc} d'eau), à 12 centimètres du niveau, la pression est de 120 grammes (poids de 120^{cc} d'eau); la différence en faveur de la première position est de 80 grammes, c'est-à-dire le poids de la colonne d'eau qui sépare verticalement les deux surfaces considérées.

34. Pressions sur le fond des vases. — Les liquides exercent, sur le fond des vases qui les contiennent, des pressions que les expériences précédentes permettent d'évaluer.

La pression exercée sur le fond d'un vase, par un liquide, est le poids d'une colonne de ce liquide, ayant pour base la surface du fond et pour hauteur la distance verticale du fond au niveau supérieur du liquide. Supposons que dans l'expérience précédente l'obturateur ait une surface d'un centimètre carré, et qu'il soit placé à 24 centimètres du niveau supérieur et à 1 centimètre du fond; il suppportera une pression de haut en bas, équivalente au poids de 24 centimètres cubes d'eau ou à 24 grammes; un élément égal du fond, qui est plus bas d'un centimètre, supportera une pression plus grande, d'un gramme, autrement dit 25 grammes; il en sera de même pour chaque centimètre carré de la surface du fond. La pression sur le fond sera donc autant de fois 25 grammes qu'il y a de centimètres carrés; cette pression totale sera donc bien le poids de la colonne liquide, ayant même surface que le fond et une hauteur égale à la distance verticale du fond au niveau du liquide.

Ainsi dans un vase dont le fond a 4 décimètres carrés de surface, si l'on met une hauteur d'eau de 1 décimètre, la pression sur le fond sera le poids d'une colonne d'eau de 4 décimètres cubes, autrement dit 4 kilogrammes.

Et si l'on appelle S la surface en centimètres carrés, H la hauteur en centimètres, D la densité du liquide, la pression aura pour expression SHD.

Cet énoncé fait prévoir que *la pression sur le fond est indépendante de la forme du vase;* on le prouve en effet expérimentalement avec l'appareil de Masson et avec celui de Haldat.

L'appareil de Masson se compose d'un trépied portant un anneau M formant écrou et dans lequel on peut visser successivement trois vases A, B, C de formes différentes. Ces vases ont le bout rodé et peuvent être fermés par un obturateur en verre. On pose le vase cylindrique A sur le trépied; on passe dedans la ficelle de l'obtu-

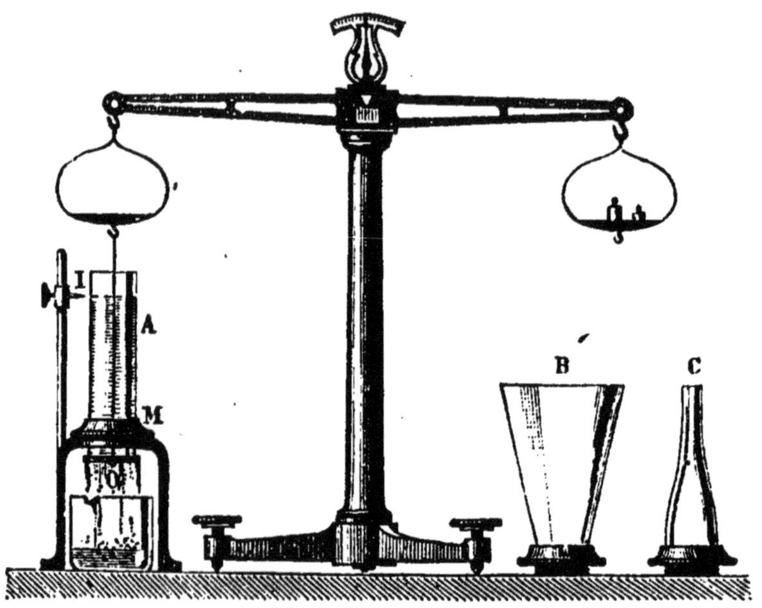

Fig. 24. — Appareil de Masson.
La pression produite par une égale hauteur d'eau est la même dans trois vases qui ont même fond.

rateur et on l'attache à l'un des plateaux d'une balance dont l'autre plateau porte un poids notablement supérieur à celui de l'obturateur. On verse peu à peu de l'eau dans le vase cylindrique, et on marque par une pointe le niveau où est arrivé le liquide quand l'obturateur se détache (fig. 24). On recommence l'expérience successivement avec chacun des vases B et C, sans toucher à la pointe I ni aux poids du plateau, et on remarque que l'obturateur se détache encore au moment où le niveau du liquide arrive à la pointe. La pression sur le fond est donc bien la même dans les trois cas, malgré que les quantités de liquide contenues dans les vases soient différentes.

L'appareil de Haldat, employé pour la même vérification, se compose d'un tube de fer deux fois recourbé à angle droit (fig. 25) ; l'une des branches est en verre, l'autre porte une garniture de cuivre où l'on peut visser successivement trois vases différents ayant même fond. On met du mercure dans le tube coudé, et on marque

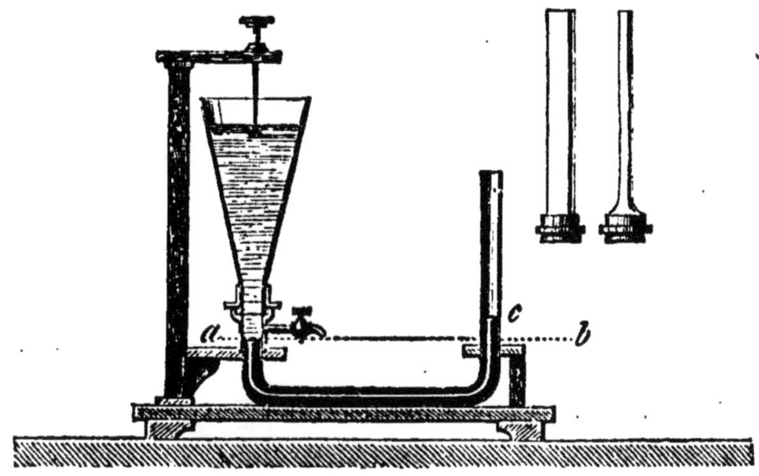

Fig 25. — Appareil de Haldat

son niveau sur la branche de droite. A gauche, on a vissé le premier vase; on y met de l'eau jusqu'à un niveau marqué par une pointe. Le mercure monte dans la branche de droite jusqu'à un point que l'on marque. On vide l'eau du vase par un robinet que porte l'appareil, puis on remplace le premier vase par le second et on y met de l'eau jusqu'à la pointe; on constate alors que le mercure est monté de l'autre côté comme la première fois. Il en est encore de même avec le troisième vase. On peut donc dire que le fond du vase et la hauteur du liquide ne changeant pas, la pression sur le fond est la même pour les vases élargis ou rétrécis que pour le vase cylindrique.

35. Pressions latérales. — Les liquides pressent aussi bien sur les parois que sur le fond du vase. La preuve la plus simple, c'est l'écoulement du liquide par une ouverture latérale : plus cette ouverture est loin du niveau supérieur du liquide, plus le jet va tomber loin du vase.

On met encore en évidence la pression latérale avec *l'éprouvette à réaction*. C'est une éprouvette pleine d'eau placée sur un flotteur ; elle est munie vers le bas d'un orifice à robinet. Tant que le robinet est fermé, l'appareil reste immobile ; aussitôt qu'on l'ouvre et que l'eau s'échappe, l'éprouvette se meut en sens inverse de l'écoulement (fig. 26). Quand le robinet est fermé, la pression exercée sur la portion de paroi qui le porte est contrebalancée par une pression égale s'exerçant sur la paroi opposée ; aussitôt que le liquide s'écoule, la première pression sert à l'écoulement, et la seconde fait avancer le vase en sens inverse du jet.

Fig. 26. — Éprouvette à réaction. Le vase rendu mobile marche en sens inverse du jet liquide.

Fig. 27. — Tourniquet hydraulique.

Le tourniquet hydraulique sert à une expérience analogue. C'est un vase rempli d'eau, mobile autour d'un axe vertical et portant à sa partie inférieure un tube dont les deux extrémités sont recourbées (fig. 27). Dès qu'on débouche ces extrémités, l'appareil se met à tourner en sens inverse des jets liquides, par un effet de réaction analogue à celui qui se produit dans l'expérience précédente. Certains appareils d'arrosage des jardins publics sont fondés sur le principe du tourniquet hydraulique.

36. Valeur des pressions laterales. — La pression latérale peut être connue sur une petite surface donnée; elle est en effet la même que sur un autre élément égal pris sur le même plan horizontal; elle a donc pour mesure le poids d'une colonne de liquide ayant pour surface la très petite surface considérée, et pour hauteur la distance verticale de cette surface au niveau du liquide.

Pour une paroi plane d'une certaine étendue, la somme des pressions supportées par les éléments de la surface est le poids d'une colonne liquide qui a pour base la portion immergée, et pour hauteur la moyenne des distances au niveau supérieur de tous les points, autrement dit, la distance au niveau du centre de la partie immergée.

La pression va en croissant avec la hauteur du liquide au-dessus de la partie considérée; aussi elle peut devenir très grande sans que la quantité de liquide qui la produit soit considérable. C'est ce que Pascal a montré le premier par l'expérience du crève-tonneau. Un tonneau placé sur une de ses bases est rempli d'eau; on le surmonte d'un long tube vertical fixé à sa paroi supérieure. On verse de l'eau dans ce tube, et quand la colonne atteint 3 à 4 mètres de hauteur, la pression latérale devient assez forte pour faire disjoindre les douves du tonneau.

37. Exemples numériques. — On se fait une idée de la grandeur des pressions exercées par les liquides par quelques exemples numériques faciles à résoudre.

Ainsi *soit à chercher la pression exercée par une hauteur de mercure de 8 centimètres sur le fond d'un vase rectangulaire qui a 5 centimètres d'un côté et 8 de l'autre.*

La surface du fond est,

$$5 \times 8 = 40 \text{ centimètres carrés.}$$

Le volume du liquide qui presse sur le fond,

$$40 \times 8 = 320 \text{ centimètres cubes}$$

Le poids de ce liquide,

$$320 \times 13{,}6 = 4352 \text{ grammes}$$

Le fond supporte donc une pression de 4 kilogr. 352.

Autre exemple. — *Soit à chercher l'effort exercé par l'eau contre une porte d'écluse qui a* $1^m{,}20$ *de largeur,* 2 *mètres de hauteur et qui plonge dans l'eau verticalement de* $1^m{,}80$

La surface plongée est de

$$1{,}20 \times 1{,}80 = 2^{mq}{,}16.$$

La hauteur plongée est 1,80.

La distance depuis le milieu de la partie immergée jusqu'au niveau est de

$$\frac{1{,}80}{2} = 0{,}90.$$

Le volume de l'eau qui presse est

$$2{,}16 \times 0{,}90 = 1^{mc}{,}9440.$$

La pression sur la vanne est de 1944 kilogrammes.

Exercices à résoudre.

8. Un vase cylindrique a 8 centimètres de diamètre; on y met 12 centimètres de hauteur d'eau, quelle sera la pression sur le fond?

6. Une vanne rectangulaire a $1^m{,}25$ de large et $1^m{,}80$ de hauteur; elle plonge verticalement dans l'eau des deux tiers de sa hauteur; exprimer en kilogrammes la pression qu'elle supporte.

7. Un cylindre qui a 20 centimètres carrés de base et 10 centimètres de hauteur est surmonté d'un tube d'un mètre ayant un demi-centimètre carré de section. Le tout est plein d'eau, quel est le poids de cette eau et quelle est la pression sur le fond?

Questionnaire.

Comment montre-t-on que la surface libre d'un liquide est horizontale?

Comment montre-t-on qu'un disque horizontal plongé dans un liquide est pressé sur ses deux faces?

A quoi est égale la pression exercée par un liquide sur le fond du vase qui le contient?

Comment montre-t-on que les liquides pressent sur les parois des vases?

En quoi consiste le tourniquet hydraulique?

Devoir.

Montrer que l'effort exercé par un liquide sur le fond du vase qui le contient ne dépend pas de la forme du vase, mais seulement de la surface du fond et de la hauteur du liquide.

CHAPITRE VI

CORPS PLONGÉS — PRINCIPE D'ARCHIMÈDE

38. Les liquides exercent des pressions sur les corps plongés. — Si un corps solide est plongé dans un liquide, il éprouve, sur toute sa surface, des pressions de la part du liquide environnant qui agit sur lui comme il agit sur les parois du vase. On s'en assure facilement en descendant dans l'eau, l'ouverture en haut, une boîte de bois assez mal jointe pour n'être pas étanche; on sent, à l'effort qu'il faut faire, la force que le liquide oppose, et on voit l'eau se précipiter par toutes les fissures et pénétrer dans la boîte. Si on répète l'expérience avec une boîte de fer-blanc étanche, il faut la charger de poids si l'on veut la faire tenir sur le liquide et l'y faire plonger jusqu'à son bord.

39. Poussée exercée par le liquide. — Toutes ces pressions exercées par l'eau sur toute la surface d'un corps plongé ont un effet total, on peut les supposer remplacées par une force unique, dirigée verticalement de bas en haut, en sens inverse de la pesanteur; cette résultante prend le nom de *poussée verticale* du liquide. Il en faut chercher la valeur.

40. Principe d'Archimède. — Archimède est le premier qui ait formulé la valeur de cette pression en un principe qui garde son nom et qu'on énonce de la manière suivante :

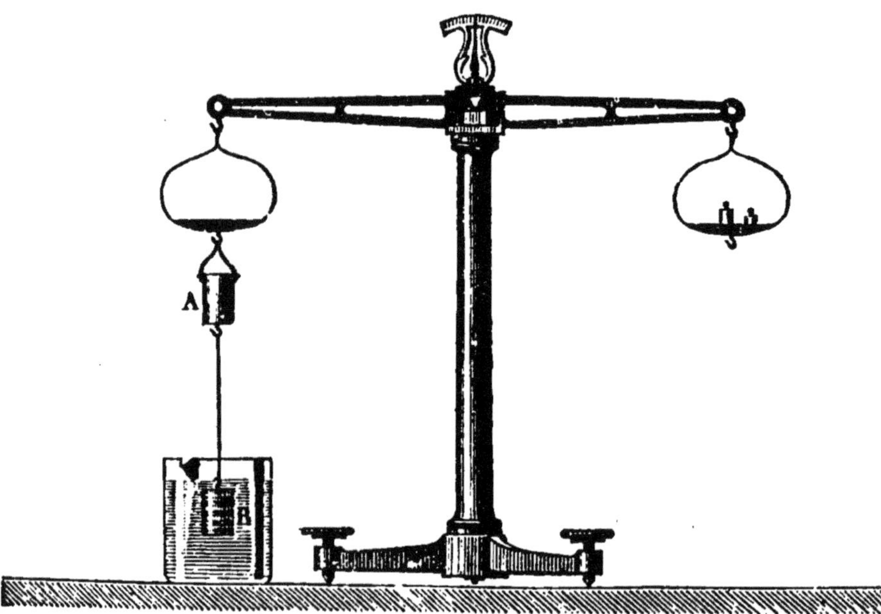

Fig. 28. — Démonstration expérimentale du principe d'Archimède.

Tout corps plongé dans un liquide subit de la part de ce dernier une poussée verticale de bas en haut, égale au poids du volume du liquide déplacé par le corps.

On fait de ce principe une démonstration expérimentale.

41. Démonstration expérimentale du principe d'Archimède. — Il s'agit de prouver deux choses . 1° *qu'un corps plongé dans un liquide subit de la part de celui-ci une poussée verticale de bas en haut ;*

2° *que cette poussée est égale au poids du volume de liquide déplacé par le corps.*

On se sert à cet effet d'une balance à plateaux suspendus comme l'indique la figure 28. A l'un des plateaux, on suspend un cylindre creux en laiton A, et au-dessous de celui-ci, par un fil, un cylindre plein B ayant exactement le volume du cylindre creux. On tare dans l'autre plateau avec des corps quelconques, de manière à amener le fléau de la balance horizontal. On a préparé un vase d'eau dans lequel le cylindre plein peut plonger. On apporte ce vase sous la balance et on y fait plonger le cylindre. Aussitôt l'équilibre est rompu en faveur de la tare, ce qui montre bien que le corps plongé reçoit une poussée verticale de bas en haut de la part du liquide. Si alors on prend de l'eau dans une pipette et qu'on en verse dans le cylindre creux, l'équilibre se rétablit quand le cylindre creux est rempli, c'est-à-dire quand on y a mis un volume de liquide égal à celui dont le cylindre plein tient la place.

L'expérience répétée avec tout autre liquide que l'eau donne le même résultat.

42. Poids apparent des corps plongés dans l'eau. — Tout corps plongé dans l'eau peut être regardé comme soumis à deux forces verticales contraires : son poids qui le sollicite de haut en bas et qui est appliqué au centre de gravité; la poussée du liquide qui sollicite le corps de bas en haut et qui est appliquée au milieu du liquide déplacé, autrement dit au centre de poussée.

L'une de ces deux forces détruit une partie de l'autre, et le *poids apparent* dans l'eau n'est que la différence entre le poids réel et la poussée : c'est ce qu'on exprime en disant qu'un *corps plongé dans l'eau perd une partie de son poids égale au poids de l'eau qu'il déplace.*

Les deux forces qui sollicitent le corps plongé peuvent présenter *trois* rapports de grandeur :

1° Le poids du corps est plus grand que le poids du

liquide déplacé, le poids l'emporte sur la poussée, le corps tombe au fond du vase : tel est 1 décimètre cube de plomb dont le poids est de 11 kilogrammes et la poussée de 1 kilogramme ;

2° Le poids du corps est égal au poids du liquide déplacé; alors le corps, mis en n'importe quel point du liquide, y reste parce qu'il est soumis à deux forces verticales égales et opposées ; tel est le cas de 1 décimètre cube d'un mélange convenable de cire et de cinabre (226 parties de l'une et 1 partie de l'autre), dont le poids et la poussée sont tous deux de 1 kilogramme ;

3° Le poids du corps est inférieur au poids du liquide que déplace ce corps lorsqu'il est entièrement plongé; tel est 1 décimètre cube de liège tenu au fond d'un vase d'eau, son poids est de 0^{kg},240, la poussée de 1 kilogramme, le corps remonte à la surface du liquide et il *flotte*.

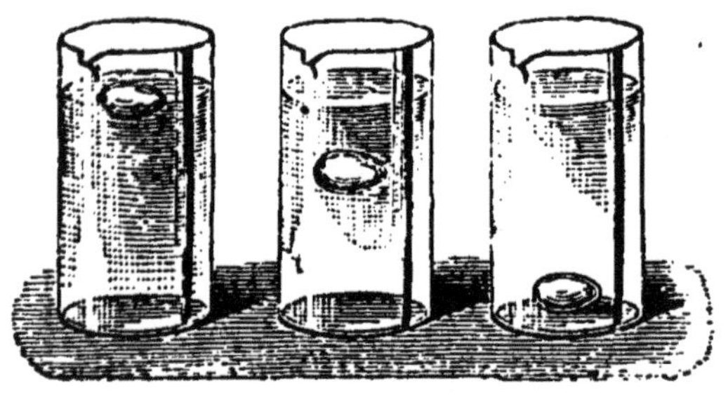

Fig. 29. — Œuf dans l'eau ordinaire et dans l'eau salée.

On réalise ces trois cas avec des œufs et de l'eau plus ou moins salée. Plongé dans l'eau pure, un œuf tombe au fond : il pèse plus que l'eau dont il tient la place (fig. 29). Dans de l'eau saturée de sel, un œuf remonte du fond à la surface, parce que le volume d'eau salée égal à celui de l'œuf pèse plus que l'œuf. Enfin dans un mélange convenable d'eau saturée de sel et d'eau ordinaire, un œuf tient où il est placé.

Le **ludion** permet également de réaliser les trois cas précédents. C'est une petite figurine de porcelaine creuse ou surmontée d'une petite boule de verre ouverte à sa partie inférieure. La figurine est lestée de manière à enfoncer presque entièrement dans l'eau. On la place dans une éprouvette presque remplie d'eau et fermée en dessus par une membrane tendue (fig. 30). Si on appuie sur la membrane, on voit la figurine descendre : par la pression, un peu d'eau a pénétré soit dans la figurine creuse, soit dans la boule, le poids du corps est devenu supérieur à celui de l'eau déplacée et le poids l'emporte sur la poussée. Si, au contraire, on cesse de presser sur la membrane, la figurine remonte parce qu'elle a perdu l'excès de poids que l'eau introduite par pression lui avait donné.

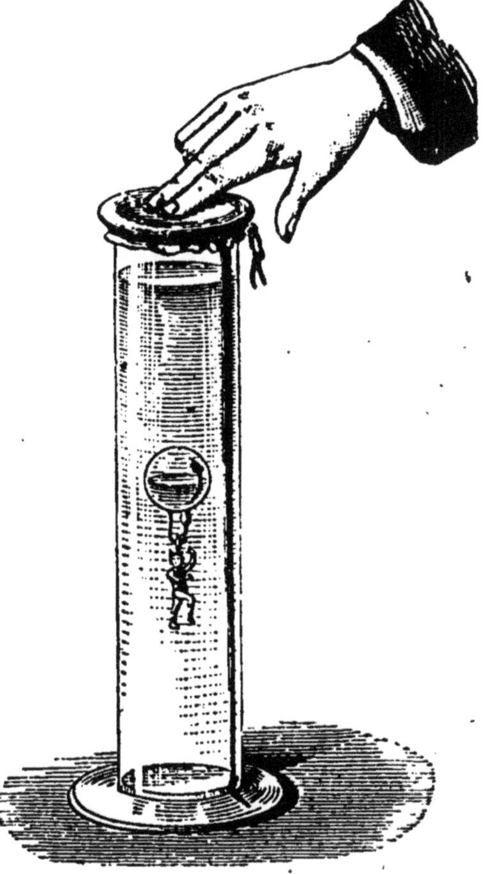

Fig. 30. — Ludion.

On fait encore dans les cours une autre expérience. Dans une éprouvette où l'on a versé de l'alcool, on envoie de l'eau lentement par un tube effilé plongeant au fond de l'éprouvette ; les deux liquides ne se mélangent qu'imparfaitement, et la plus grande partie de l'alcool reste au-dessus de l'eau (fig. 31). On laisse alors tomber dans l'éprouvette une petite masse d'huile : cette masse traverse l'alcool parce qu'elle est plus lourde que ce liquide, mais elle s'arrête dans une couche d'alcool et d'eau de même poids qu'elle. De plus, elle y prend la forme sphérique, son poids est en effet détruit par la poussée et sa forme n'est

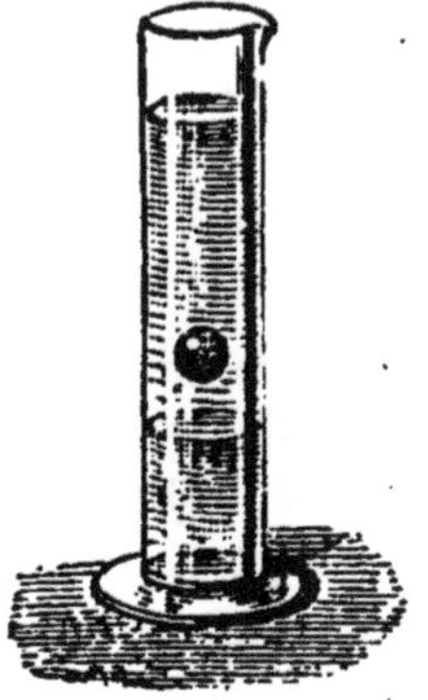

Fig. 31. — Goutte d'huile dans un mélange d'alcool et d'eau.

plus déterminée que par l'action mutuelle que les molécules liquides exercent les unes sur les autres.

43. Corps flottants. — Le morceau de liège tenu plongé au fond d'un vase d'eau supporte une poussée plus grande que son poids; il remonte et sort partiellement du liquide. A mesure qu'il sort, la poussée diminue, puisque le volume d'eau déplacée est de plus en plus petit, et quand cette poussée est égale au poids du corps l'équilibre a lieu : on dit que le corps *flotte*.

La condition d'un corps flottant est donc que la partie immergée déplace un poids de liquide égal au poids total du corps. Une poutre de bois, un bateau, un grand navire flottent sur l'eau parce qu'ils déplacent, sans enfoncer entièrement, un poids d'eau égal à leur poids. Une aiguille, un grain de sable tombent au fond de l'eau parce qu'ils en déplacent un petit volume qui ne pèse pas autant qu'eux.

On fait flotter les corps les plus lourds en leur donnant une forme qui leur permette de déplacer beaucoup d'eau. Un des exemples les plus frappants est celui d'une mince feuille de plomb qui tombe au fond de l'eau d'un vase et qu'on fait flotter sur le même liquide en la pliant en forme de boîte sans lui rien enlever.

Applications. — La poussée verticale a de nombreuses applications : elle explique la facilité avec laquelle on soulève dans l'eau un fardeau qui pèse lourd hors de l'eau; elle explique également l'emploi des ceintures gonflées d'air dont on s'aide pour la natation. Elle permet de comprendre le jeu de la vessie natatoire des poissons.

La poussée verticale peut être rendue considérable si on augmente le volume de l'eau déplacée. On en fait une application par deux moyens pour soulever des corps lourds tombés au fond des rivières ou de la mer, soit en employant de larges bateaux chargés qui se relèvent quand on les décharge et entraînent avec eux le corps qui leur a été fixé; soit en attachant au corps lourd plongé des corps légers comme des vessies que l'on gonfle d'air, qui augmentent considérablement de volume sans augmenter sensiblement de poids, et qui déplacent finalement un poids d'eau supérieur au poids du corps à soulever.

On peut donner une preuve expérimentale de ce dernier fait. On attache à un corps lourd un petit ballon dont l'extrémité ouverte est prolongée par un long tube de caoutchouc, et on met le tout dans l'eau en tenant hors de l'eau le bout du tube. Si par ce tube on souffle de l'air dans le ballon, quand celui-ci a un volume suffisant, qu'il déplace assez d'eau, il remonte au niveau du liquide en entraînant le corps lourd qui lui est attaché.

44. Détermination du volume d'un corps par le principe d'Archimède. — Le principe d'Archimède peut être utilisé pour trouver le volume d'un corps solide de forme quelconque, insoluble dans l'eau ou dans le liquide dont on se sert. En effet, suspendons par un fil fin, au plateau d'une balance, le corps dont nous voulons trouver le volume; faisons sa tare dans l'autre plateau. Puis, quand l'équilibre est établi, apportons un vase d'eau au-dessous du corps et faisons plonger celui-ci dans le liquide. Immédiatement l'équilibre est rompu, et pour le rétablir, il faut ajouter des poids sur le plateau qui suspend le corps : ces poids expriment le poids de l'eau déplacée par le corps, le nombre de grammes qu'il a fallu ajouter exprime, en centimètres cubes, le volume du corps.

Fig. 32. — Recherche du volume d'un corps par sa perte de poids dans l'eau.

Exercices.

8. Une règle de fer qui a 40 centimètres de long, 6 centimètres de large et 4 centimètres d'épaisseur est plongée dans l'eau; quel est le volume de l'eau déplacée, quelle est la perte apparente du poids de la règle?

9. Un corps est d'abord taré dans l'air; on le plonge ensuite dans l'eau et il faut lui ajouter 450 grammes pour rétablir l'équilibre, quel est son volume?

10. Un bloc cubique de bois a 60 centimètres d'arête; le centimètre cube pèse 0gr,95; dire si le bloc enfoncera dans l'eau ou s'il flottera sur ce liquide.

Questionnaire.

Comment montre-t-on qu'un liquide exerce une pression de bas en haut sur un corps plongé? A quoi est égale cette pression?

Énoncer le principe d'Archimède.

Quels sont les trois cas qui peuvent se présenter pour les corps mis sur l'eau?

Comment fait-on flotter les corps lourds?

Devoir.

Expliquer pourquoi un corps paraît plus léger dans l'eau que dans l'air, pourquoi on tient facilement sur l'eau si l'on a une ceinture gonflée d'air.

CHAPITRE VII

LIQUIDES DANS LES VASES COMMUNIQUANTS

45. Vases communiquants. — Lorsque deux vases communiquent entre eux de manière que le liquide versé dans l'un puisse se répandre dans l'autre, les deux surfaces libres du liquide sont sur un même plan horizontal.

On vérifie ce fait expérimentalement avec différents appareils. Celui des cabinets de physique se compose d'un grand vase que l'on peut faire communiquer par sa partie inférieure avec une série de tubes de forme quelconque (fig. 33). On remplit d'eau le grand vase et on ouvre le robinet de la branche latérale; le liquide monte dans le petit tube et si l'on place l'œil de manière que le rayon visuel rase la surface horizontale du liquide dans le grand vase, on constate que la surface de

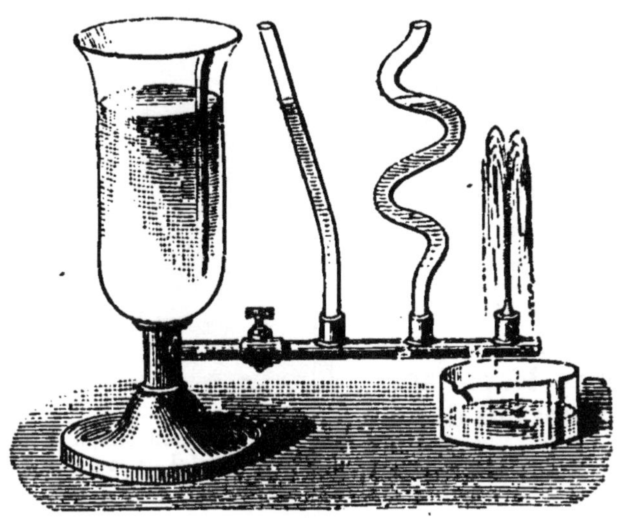

Fig. 33. — Appareil des vases communiquants.

niveau dans le petit tube est sur le prolongement de la première . les deux niveaux sont donc sur le même plan horizontal.

Il est facile de se convaincre qu'il doit en être ainsi. En effet, les vases et les tuyaux qui les mettent en communication, constituent un seul vase d'une forme parfois compliquée, mais renfermant une seule masse liquide soumise aux conditions d'équilibre énoncées dans le chapitre précédent. Tous les points d'un même plan horizontal pris dans cette masse liquide doivent supporter la même pression (fig. 34); or, il faut, pour que cette condition existe, qu'il y ait au-des-

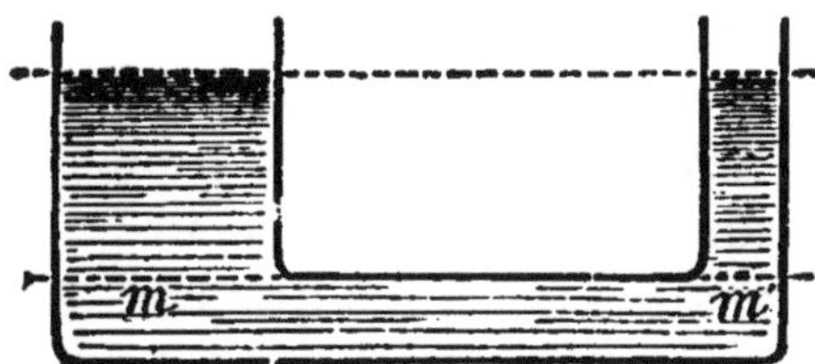

Fig. 34

sus de chacun d'eux une égale hauteur de liquide; les niveaux supérieurs sont donc à une égale distance d'un plan horizontal, conséquemment ils sont sur un même plan horizontal.

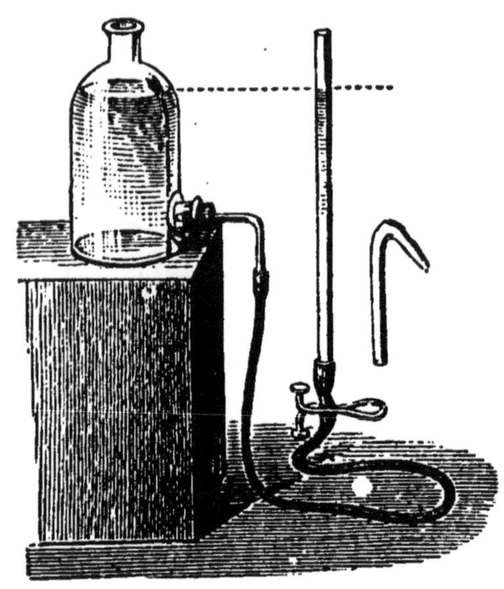

Fig. 35. — Appareil simple pouvant remplacer celui de la figure 33.

Les applications de ce principe sont nombreuses et intéressantes. Nous passerons successivement en revue la distribution de l'eau dans les villes, la distribution des eaux souterraines, les puits artésiens et les puits ordinaires, les jets d'eau, puis le niveau d'eau.

46. **Distribution de l'eau dans les villes.** — Dans la plupart des grandes villes, il y a une distribution d'eau par des bouches le long des trottoirs, dans des bornes-fontaines et dans les différents étages des maisons. L'eau est amenée dans de grands réservoirs établis sur un point élevé : c'est l'eau d'une source prise à un niveau plus élevé que celui du réservoir, et amenée par des canaux, ou bien l'eau d'une rivière, que des pompes foulantes élèvent jusqu'au réservoir.

Fig. 36. — Distribution de l'eau provenant d'un réservoir.

Du réservoir partent des tuyaux qui se ramifient dans

les rues, et c'est sur eux que sont branchés les tubes allant aux bornes-fontaines ou dans les appartements (fig. 36). Aussitôt qu'on ouvre le robinet qui termine l'un de ces tubes, l'eau s'écoule parce qu'elle tend à remonter aussi haut que le niveau du réservoir.

47. Eaux souterraines. — Puits artésiens. — Puits ordinaires. — On sait que les eaux pluviales qui tombent sur les terrains sablonneux

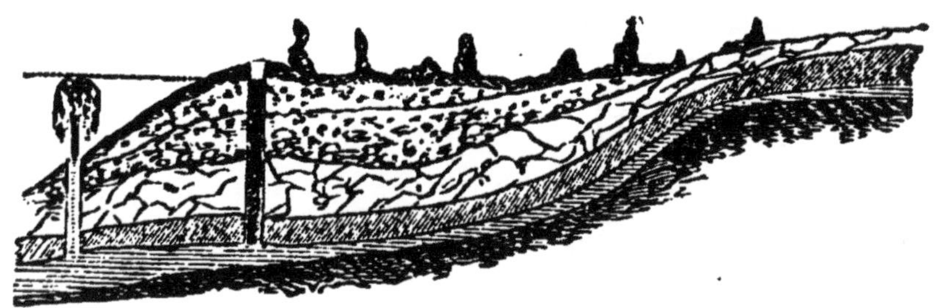

Fig. 37. — Coupe théorique des couches du sol pour montrer la possibilité des puits ordinaires et des puits artésiens.

s'infiltrent dans le sol; elles descendent jusqu'à ce qu'elles rencontrent une couche imperméable formée d'argile, et elles suivent cette dernière dans ses différentes sinuosités. Il peut se faire que l'eau arrêtée par une couche argileuse se trouve limitée aussi en dessus par une couche imperméable : c'est alors une nappe souterraine qui suit dans le sol les inclinaisons des couches qui la limitent (fig. 37).

Si en un point d'une vallée, la couche aquifère provenant des eaux d'un plateau vient affleurer le sol, l'eau s'y écoule d'une manière continue et forme une **source**.

Si en un point du sol tel que A, plus élevé que le niveau supérieur de la couche d'eau, on pratique un puits, on a un puits ordinaire où l'eau garde un niveau presque constant

Si au contraire le point où l'on a creusé le puits est plus bas horizontalement que le niveau supérieur de la couche d'eau, on a un puits jaillissant ou **puits artésien**. (On le nomme ainsi parce que les premiers ont été creusés dans l'Artois.) Les puits de Passy et de Grenelle, à Paris, sont dans ce cas; ils débitent des eaux qui proviennent des plateaux de l'Yonne; ils sont remarquables par leur profondeur, qui dépasse 500 mètres.

48. Jet d'eau. — Si un tuyau de conduite venant d'un réservoir d'eau un peu élevé se termine par un ajutage vertical ouvert, l'eau s'élance en forme de jet et retombe en gerbe (fig. 38). Théoriquement, le jet d'eau

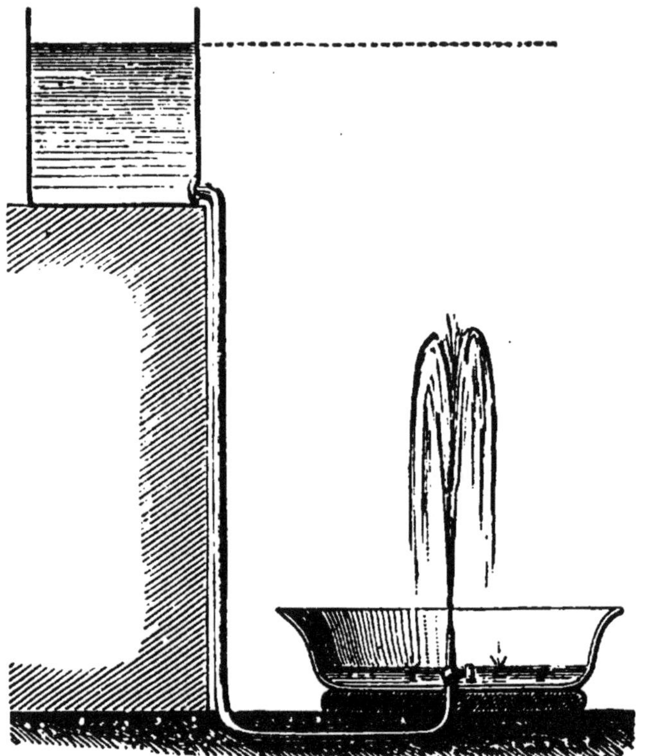

Fig. 38. — Jet d'eau.

devrait remonter jusqu'au niveau du réservoir qui l'alimente; mais diverses causes limitent sa hauteur : c'est d'abord le frottement de l'eau sortant par un tube étroit, puis la résistance de l'air sur un jet qui se divise, puis enfin le choc des gouttelettes liquides qui en retombant amoindrissent la vitesse de celles qui s'élèvent.

On fait très facilement un jet d'eau dans une cour ou

dans un jardin en mettant l'ajutage qui le termine en communication par un tube à robinet avec la conduite des eaux de la ville, ou bien avec un réservoir placé dans la partie supérieure de la maison.

40. Niveau d'eau. — Le niveau d'eau est un tube de fer-blanc recourbé à ses deux extrémités, à angle droit, et terminé à chaque bout par deux fioles de verre. L'appareil est posé en son milieu sur un pied à trois branches. On y verse un liquide coloré de manière à remplir aux deux tiers les deux fioles. Alors, d'après le principe des vases communiquants, un observateur n'a qu'à se placer de façon à apercevoir les deux surfaces de niveau sur le prolongement l'une de l'autre, pour mener dans l'espace une ligne horizontale (fig. 39).

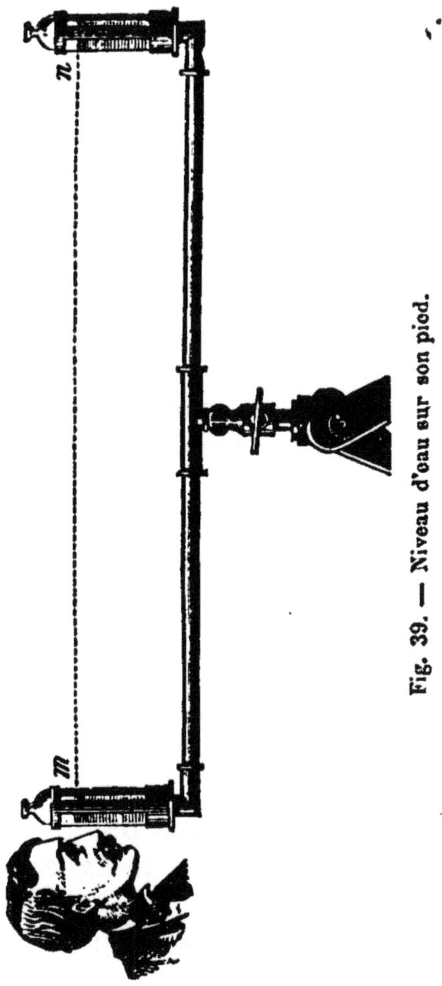

Fig. 39. — Niveau d'eau sur son pied.

Cet appareil sert fréquemment pour déterminer la différence de niveau de deux points éloignés de 40 à 50 mètres au plus. On place le niveau sur son pied à trois branches, entre les deux points. Un aide, porteur d'une règle divisée appelée *mire*, munie d'une plaque appelée *voyant* peinte de deux couleurs, va se placer d'abord au point A (fig. 40). Sur les indications de l'opérateur placé près de l'appareil et qui vise les deux surfaces de niveau, l'aide monte le voyant de la mire et le fixe quand le milieu se trouve sur la ligne horizontale visée par l'opérateur. L'aide lit sur la mire la hauteur AC. Puis il se transporte au point B, tandis que l'opérateur vient se placer de l'autre côté de l'appareil. En B, l'aide met le voyant au point sur les indications de l'opérateur et il lit la hauteur BD. L'inspection de la figure montre que la distance verticale des deux points A et B est donnée par la différence des deux lectures AC et BD.

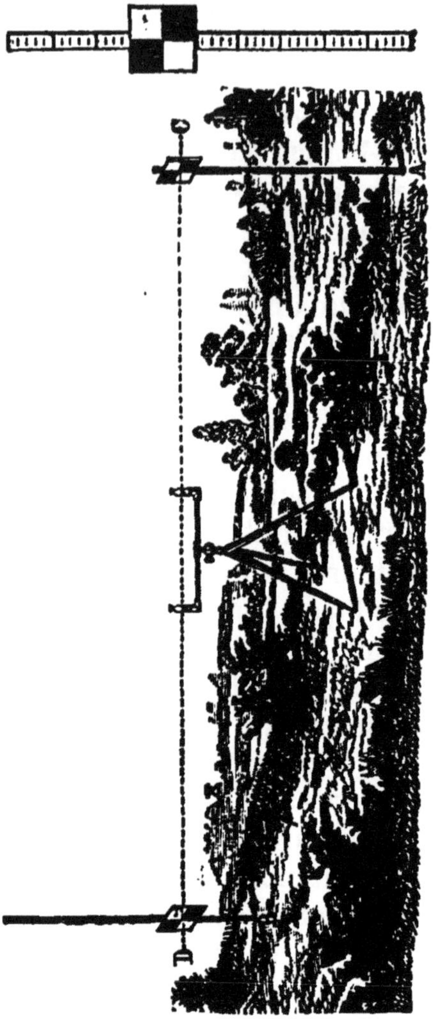

Fig. 40. — Recherche de la différence de hauteur de deux points avec le niveau d'eau.

Le niveau d'eau n'est pas assez précis pour donner en une seule opération avec exactitude la différence verticale de deux points éloignés de 100 à 200 mètres au plus; le niveau dans chaque fiole présente un ménisque d'une certaine épaisseur, et on ne peut pas être sûr de mener la ligne horizontale qui joint exactement les surfaces du liquide dans les deux fioles. Aussi on a remplacé cet appareil par un plus exact pour les grands nivellements.

Exercices.

11. Dans un grand vase on prend un élément horizontal de 2^{cmq} de surface; il est situé à une distance de 27^{cm} du niveau

supérieur; dire quelle est la pression qu'il reçoit du liquide.

12. A quoi est égale la pression exercée sur un disque de liquide ayant 4^{cmq} de surface, si le niveau horizontal supérieur du liquide est à une distance de $1^{m},50$?

Questionnaire.

Qu'arrive-t-il quand un liquide est dans deux vases qui communiquent?

Comment peut-on faire un jet d'eau?

Comment est construit le niveau d'eau et à quoi peut-on l'employer?

Que deviennent les eaux qui s'infiltrent dans le sol?

Quelle est la différence entre un puits ordinaire et un puits artésien.

Devoir.

Décrire le niveau d'eau, la mire dont il doit être accompagné et dire comment un opérateur doit s'y prendre avec son aide pour trouver la différence de hauteur de deux points.

CHAPITRE VIII

PROPRIÉTÉS GÉNÉRALES DES GAZ. — PRESSION ATMOSPHÉRIQUE

50. **Propriétés des gaz.** — Les gaz comme les liquides prennent la forme des vases qui les contiennent, mais ils diffèrent des liquides en ce qu'ils n'ont pas de volume fixe et qu'ils remplissent toujours tout l'espace qui leur est offert. Les liquides ont un volume qui

Fig. 41. — La vessie à demi-pleine d'air se gonfle quand on enlève l'air autour d'elle.

leur est propre et qu'on ne peut faire varier notablement, même quand on les soumet à une forte pression. Les gaz, au contraire, diminuent de volume quand on les comprime; ils augmentent indéfiniment de volume quand l'espace qu'on leur offre est de plus en plus grand. Ils ont donc comme les liquides une très grande mobilité dans les éléments qui les forment; mais ils ont de plus que les liquides, cette importante propriété d'être **expansibles**.

Expansibilité des gaz. — Si une masse de gaz est

abandonnée à elle-même dans un espace vide, elle augmente de volume jusqu'à ce qu'elle rencontre des parois résistantes qui l'empêchent de s'étendre davantage. On le prouve très facilement en plaçant sous une cloche, dont on retire peu à peu l'air pour l'y laisser ensuite rentrer, soit une vessie à robinet à peine gonflée, soit un petit ballon d'enfant contenant un peu d'air et fermé (fig. 41). Aussitôt qu'on retire l'air de la cloche, on voit la vessie ou le ballon grossir. c'est que l'air contenu dans le ballon ou la vessie presse contre les parois et les distend en augmentant de volume Laisse-t-on rentrer l'air dans la cloche, immédiatement le gaz de la vessie ou du ballon reprend son premier volume.

Les gaz sont éminemment **compressibles**, puisqu'on peut diminuer notablement le volume qu'ils occupent, ainsi qu'on le prouve avec le briquet à air (fig. 4). Mais à mesure qu'un gaz diminue de volume, il presse davantage contre les parois qui le limitent : cette force que le gaz exerce ainsi sur les corps qui le contiennent s'appelle la **force élastique** du gaz

81. Les gaz sont pesants. — Les gaz sont comme les liquides des corps pesants. Et c'est un fait bien remarquable dans l'histoire des sciences, que malgré l'énergie des effets de l'air, par les vents et les ouragans déracinant les arbres, les anciens n'aient pas pu parvenir à prouver la pesanteur de l'air. C'est en effet à Galilée qu'on doit la première démonstration de cette propriété commune à tous les corps.

Fig. 42. — Grand ballon servant à montrer que l'air est pesant.

Pour la démontrer, on prend un grand ballon de dix litres, muni d'un robinet (fig. 42).

On en extrait l'air avec la machine pneumatique; on le ferme et on le suspend à l'un des plateaux d'une balance, après avoir mis 15 à 20 grammes sur ce plateau. On fait la tare dans l'autre plateau Lorsque l'équilibre est établi, on ouvre le robinet du ballon; on entend siffler l'air qui rentre dans le ballon et l'on voit celui-ci augmenter de poids et faire pencher la balance de son côté On enlève alors des poids du plateau qui suspend le ballon, et quand l'équilibre est rétabli, les poids enlevés représentent le poids de l'air rentré dans le ballon Ce poids varie suivant l'expérience de 10 à 12 grammes. Si l'on connaît le volume du ballon et qu'on ait enlevé tout l'air, on en peut déduire le poids du litre d'air, et trouver approximativement que l'air pèse 773 fois moins que l'eau.

52. Les gaz transmettent les pressions. — Les gaz transmettent les pressions qu'ils reçoivent, absolument comme les liquides : si l'on exerce une pression en un point d'une masse gazeuse, elle est transmise dans tous les sens proportionnellement à la surface pressée. On le démontre facilement avec un flacon à trois tubulures, garnies l'une et l'autre de tubes en S qui plongent à des hauteurs différentes dans le flacon (fig. 43). Le tube du milieu contient du mercure, les deux autres de l'eau colorée. On verse un peu de mercure dans le premier : le liquide presse le gaz, et cette pression est transmise aux deux autres tubes, également, comme l'indique l'élévation du liquide qu'ils contiennent.

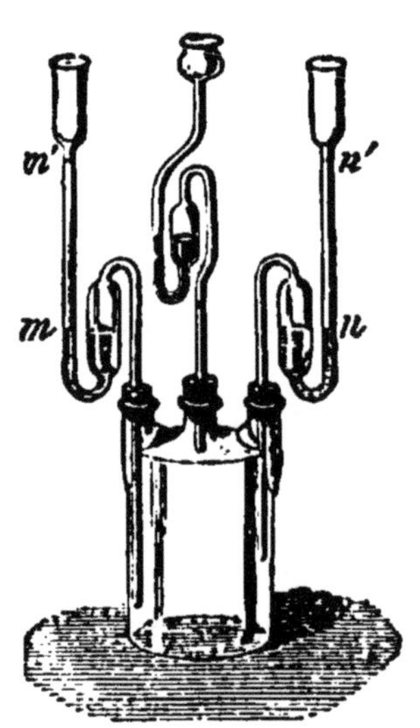

Fig 43 — Flacon pour montrer que les gaz transmettent les pressions en tous les points de leur masse

On prouve que si une pression exercée sur une petite surface, est transmise à une surface plus grande, elle est multipliée, comme dans le cas de la presse hydraulique. Sur un sac de caoutchouc ou une vessie, on place une planchette à dessin, et sur la planchette un poids de 10 ou 20 kilogrammes; à l'orifice du sac est fixé un tube de petit diamètre. Il suffit de souffler légèrement dans le petit tube pour que le poids soit immédiatement soulevé; si en effet la surface par laquelle la planchette appuie sur le sac est 400 fois plus grande que la surface du petit tube, une pression de 50 grammes exercée dans celui-ci est suffisante pour soulever un poids de 20 kilogrammes.

Puisque les gaz sont pesants, on peut leur appliquer les mêmes principes qu'aux liquides, en ce qui concerne les pressions aux différents points de leur masse : tous les points d'un même plan horizontal supportent une égale pression; deux surfaces égales prises à des hauteurs différentes, ont des pressions inégales; mais, dans ce dernier cas, à cause du faible poids du gaz, on peut regarder comme égales les pressions supportées par des points dont la différence de hauteur verticale n'est pas considérable.

53. Pression atmosphérique. — L'atmosphère est la couche d'air qui enveloppe la terre; set différentes couches pressent les unes sur les autres, es ces pressions doivent avoir leur plus grande valeur à la surface du sol. A cause du principe de l'égalité de pression en tous les points d'une même surface horizontale, il suffira donc que l'air d'une chambre communique par une ouverture avec l'air extérieur, pour qu'on soit en droit d'affirmer que la pression sur un élément plan de l'air de la chambre est la même qu'à l'air libre, la même que celle d'une colonne d'air dont la hauteur atteindrait les limites de l'atmosphère : c'est cette pression exercée par l'air sur les corps qu'on nomme la **pression atmosphérique.**

La pression atmosphérique n'est pas généralement apparente, parce qu'elle s'exerce en tous sens et qu'une lame plongée dans l'air supporte sur ses deux faces des pressions égales et opposées qui se font équilibre; il faut recourir à quelques expériences pour la mettre en évidence; d'une manière générale, on retire l'air d'un corps creux qui est limité par une paroi mobile, et l'on voit cette paroi se mouvoir sous l'effet de la pression.

54. Expériences qui prouvent la pression atmosphérique. — Parmi les nombreuses expériences que l'on peut faire, nous en citerons trois principales, l'une prouvant la pression de haut en bas, la seconde la pression de bas en haut, la troisième la pression en tous sens.

1° *Crève-vessie.* — Le crève-vessie est un manchon de verre dont le bord inférieur est bien rodé (fig. 44). On couvre son bord supérieur d'une vessie, ou mieux encore d'un morceau de petit ballon que l'on tend et que l'on fixe solidement avec une ficelle. On place le manchon sur la platine de la machine pneumatique et on retire l'air. On voit alors la membrane s'incurver du côté du manchon comme si elle était pressée par un grand poids; et à un moment donné elle se déchire et éclate; alors l'air rentre brusquement en produisant une détonation. Au commencement de l'expérience, la membrane était plane, parce qu'elle était également pressée sur ses deux faces; à mesure que l'on a enlevé l'air, la pression supérieure est devenue prédominante et a produit le phénomène observé.

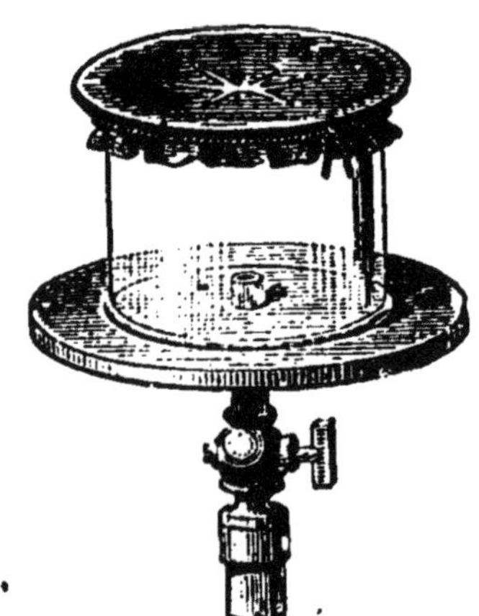

Fig 44. — Crève-vessie.

Fig. 45 — Verre plein d'eau fermé d'une feuille de papier et renversé

2° *Expérience du verre plein renversé.* — On remplit d'eau un verre à bord droit ou une carafe; on pose sur le vase plein une feuille de papier, de manière qu'il n'y ait pas d'air entre elle et le liquide (fig. 45). On tient cette feuille appuyée contre le vase et on retourne celui-ci. On cesse de tenir la feuille de papier et l'eau du vase ne tombe pas. C'est que la feuille est poussée de bas en haut par la pression atmosphérique, et maintient le liquide dans le vase.

3° *Hémisphères de Magdebourg.* — Les hémisphères, imaginés par Otto de Guericke de Magdebourg en 1670, sont creux· l'un porte un anneau, l'autre un conduit avec robinet; ils peuvent être rapprochés par leurs bords entre lesquels on interpose un cuir enduit de suif pour assurer leur fermeture (fig. 46). On les place sur la machine pneumatique; on en extrait l'air et on ferme le robinet. On ne peut plus alors les séparer l'un de l'autre à moins d'un très grand effort. Tant qu'ils étaient pleins d'air on les séparait très facilement, et c'est ce que l'on peut encore faire si on y laisse rentrer l'air. Vides, ils sont pressés fortement l'un contre l'autre par la pression atmosphérique.

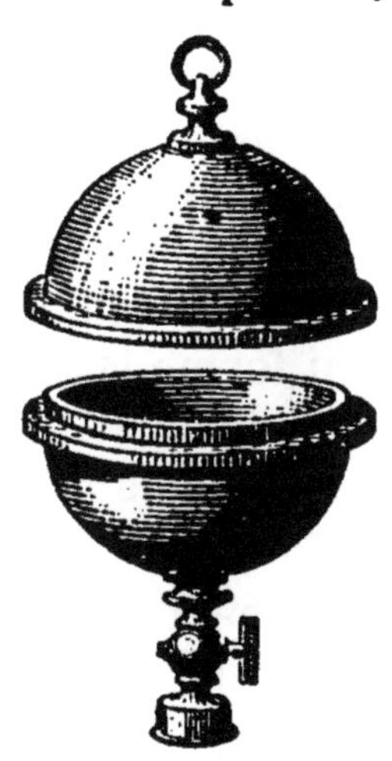

Fig. 46. — Hémisphères de Magdebourg.

55. Expérience de Torricelli. — On croit que c'est Galilée qui a le premier songé à la pression atmosphérique; mais c'est son élève Torricelli qui en a démontré la réalité par sa célèbre expérience de 1644.

On répète cette expérience avec un tube d'un mètre fermé par un bout. On remplit complètement ce tube de mercure sec; on le ferme avec le doigt; on le retourne pour le plonger verticalement dans une cuvette de mercure quand on débouche le tube, on voit le mercure descendre un peu dans le tube et s'arrêter (fig. 47). La colonne qui reste dans le tube a une hauteur d'environ

76 centimètres, au-dessus du niveau de la cuvette, à Paris et dans tous les lieux peu élevés.

Si l'on incline un peu le tube, le niveau supérieur du mercure reste dans le même plan horizontal, et quand l'inclinaison du tube est assez grande pour que son sommet soit à une distance verticale du niveau de la cuvette inférieure à 76 centimètres, le tube se remplit entièrement.

Fig 47. — Tube de Torricelli sur sa cuvette.

C'est Pascal qui a expliqué cette expérience, et montré qu'on en rend parfaitement compte, en donnant pour cause à l'ascension du mercure, une pression exercée par l'atmosphère sur la surface du liquide de la cuvette. Considérons en effet deux éléments d'égale surface pris dans le plan horizontal qui forme le niveau du liquide de la cuvette, l'un dans le tube, l'autre au dehors; ils supportent des pressions égales. La pression du premier, c'est le poids de la colonne de mercure soulevée dans le tube. La pression du second, c'est le poids de la colonne d'air agissant sur lui. La pression exercée par l'atmosphère sur une surface donnée, est donc égale au poids de la colonne de mercure ayant cette surface pour base, et pour hauteur celle du mercure dans le tube de Torricelli.

Expérience de Pascal. — S'il est vrai que la colonne soulevée dans le tube de Torricelli est l'effet de la pression de l'atmosphère, avec un autre liquide, la hauteur devra varier et devenir plus grande si le liquide est moins dense.

Soit en effet 13,6 la densité du mercure, 0,76 la hauteur de la colonne; d la densité d'un autre liquide, h la hauteur de la nouvelle colonne.

Pour que ces deux colonnes de liquide se fassent équilibre, il faut qu'elles aient même poids.

Comme le mercure pèse 13,6 fois plus que l'eau à hauteur égale il faut que la colonne d'eau soulevée soit 13,6 fois plus haute que la colonne de mercure, ou

$$13,6 \times 0,76 = 10^{m}33.$$

Avec un autre liquide moins dense, comme l'alcool, la colonne serait encore plus grande. Les vérifications en ont été faites par Pascal avec l'eau et avec le vin dans des tubes d'au moins 12 mètres de hauteur.

On peut donc dire que les deux expériences de Torricelli et de Pascal sont des preuves frappantes de la pression atmosphérique et permettent de la mesurer.

56. Valeur de la pression atmosphérique. — Nous venons de dire que la pression exercée par l'atmosphère est la même que celle d'une colonne de mercure dont la hauteur est donnée par le tube de Torricelli.

Si la hauteur est de 76 centimètres, la surface de 1 centimètre carré, le volume du mercure sera de 76 centimètres cubes, le poids de la colonne $76 \times 13,6 = 1033$ grammes.

On peut donc dire qu'*ordinairement* la pression atmosphérique équivaut à un poids de 1033 grammes par centimètre carré, ou de 10333 kilogrammes par mètre carré.

Cette quantité est souvent prise pour unité de pression ; et on l'appelle une **atmosphère.** Alors une pression de 10 atmosphères est représentée par un poids de 10 kilogrammes 333 par centimètre carré.

Il est plus simple de rapporter les pressions à l'unité des autres forces, c'est-à-dire au kilogramme, et de dire une pression de 4, 6, 8 kilogrammes, plutôt qu'une pression de n, n' atmosphères. Quand on ne tient pas à une très grande approximation, une atmosphère peut être prise égale à 1 kilogramme, sous-entendu par centimètre carré; elle en diffère en effet de très peu.

En physique, on évalue souvent les pressions par la hauteur de mercure qui leur correspond : c'est ainsi qu'on dit une pression de 5, 10, 30 centimètres, pour dire une pression qui fait équilibre à une hauteur de mercure de 5, 10, 30 centimètres. Il est d'ailleurs facile dans tous les cas de connaître, par un calcul élémentaire, la valeur en kilogrammes d'une pression indiquée, soit en atmosphères, soit en hauteur de mercure.

57. Variation de la pression atmosphérique avec la hauteur. — S'il est vrai que les gaz en équilibre ressemblent aux liquides, la différence de pression entre deux points situés sur la même verticale doit être égale au poids de la colonne d'air comprise entre ces deux points. La pression doit donc diminuer à mesure qu'on s'élève dans l'atmosphère.

L'expérience en a été faite pour la première fois en 1648, sur les indications de Pascal, par son beau-frère Périer, entre Clermont-Ferrand et le Puy-de-Dôme. A mesure que l'expérimentateur gravissait la montagne, le mercure baissait dans le tube; ce fut le contraire à la descente, et le liquide reprit la hauteur exacte qu'il avait au départ. Pendant l'opération, un tube resté en place à Clermont-Ferrand n'avait pas varié.

Une expérience fut faite par Pascal à Paris, au bas et au haut de la tour Saint-Jacques ; et elle confirma la première.

C'est bien là une des preuves les plus manifestes de la pesanteur de l'air, et de l'existence de la pression atmosphérique.

58. Baromètres. — L'observation suivie d'un tube de Torricelli qu'on laisse dans un même lieu, montre que la pression atmosphérique varie constamment.

On donne le nom de **baromètres** aux instruments spécialement construits pour indiquer et mesurer ces variations.

Il y a deux groupes de baromètres : les baromètres à mercure fondés sur l'expérience de Torricelli ; les baromètres métalliques fondés sur l'élasticité des métaux : ces derniers sont gradués d'après les premiers.

On emploie toujours le mercure dans les baromètres à liquide, parce qu'il peut être obtenu très pur, qu'il n'émet pas à la température ordinaire de vapeurs pouvant troubler le vide qui existe au-dessus de la colonne, et qu'en raison de sa grande densité il n'en faut qu'une colonne d'environ 76 centimètres pour équilibrer la pression atmosphérique.

Construction du baromètre à cuvette. — On construit encore le baromètre à cuvette comme le montaient Torricelli et Pascal, mais on prend les précautions nécessaires pour éliminer les causes qui pourraient nuire à l'exactitude de l'appareil.

Fig. 48. — Ébullition du mercure dans le baromètre.

La condition essentielle pour qu'un baromètre soit bon, c'est qu'au-dessus de la colonne de liquide il existe un vide complet. Il ne suffit pas pour cela de remplir le tube avec du mercure pur et sec, car il resterait des bulles d'air adhérentes au verre, et quand on redresserait le tube, ces bulles se rendraient dans la chambre barométrique et produiraient sur la colonne mercurielle une pression anormale.

Pour chasser l'humidité et les bulles d'air, quand on a rempli le tube après l'avoir au préalable bien lavé et desséché, on le dispose, l'extrémité ouverte en haut, sur une grille inclinée (fig. 48) et on le chauffe progressivement sur toute sa longueur avec des charbons allumés posés sur la grille, ou bien on le chauffe peu à peu, en commençant par l'extrémité inférieure, et en le tenant incliné au-dessus d'un fourneau rempli de charbons allumés. Il faut faire bouillir le mercure successivement du bas au haut; à cet effet, le tube porte à son bout ouvert, une ampoule qui retient le liquide soulevé par l'ébullition. L'opération terminée, le mercure doit présenter une surface miroitante sur toute la longueur du tube. On le laisse refroidir, puis on sépare la boule du tube. On ferme exactement l'ouverture avec le doigt, on renverse l'instrument dans une cuvette en partie pleine de mercure purifié, et on le fixe contre une planchette verticale.

On peut d'ailleurs s'assurer que l'instrument est bien construit et qu'il ne reste aucune bulle d'air dans la chambre barométrique, il suffit d'incliner lentement le tube, le mercure va choquer la paroi supérieure et on entend un bruit sec. Si le choc était amorti, que le tube incliné ne soit pas rigoureusement plein, c'est qu'il resterait de l'air dans le tube; il faudrait recommencer le remplissage.

Si l'on voulait s'astreindre à mesurer directement à chaque observation la différence verticale des deux niveaux du mercure, il n'y aurait pas besoin de graduation. Mais l'appareil serait bien peu commode; aussi préfère-t-on appuyer le tube contre une planche divisée en centimètres et en millimètres, et dont le zéro de la graduation correspond exactement au niveau du liquide de la cuvette; il suffit alors, pour connaître la pression atmosphérique, de lire le chiffre de la graduation vis-à-vis duquel se trouve le niveau du liquide dans le tube.

Exercices.

13. Exprimer en kilogrammes la valeur de la pression atmosphérique sur une table de 2 mètres de long et de 0,80 de large, un jour où le baromètre marque 760mm.

14. On suppose qu'on a enlevé tout l'air d'un crève-vessie dont le diamètre est de 12 centimètres, à quel poids équivaut la pression qui s'exerce sur la vessie?

15. On veut répéter l'expérience de Torricelli avec un liquide dont la densité est de 0,9, quelle sera la longueur de la colonne soulevée?

Questionnaire.

Quelles sont les propriétés caractéristiques des gaz? comment prouve-t-on que les gaz sont compressibles?

Comment montre-t-on que l'air est pesant?

Quelles sont les expériences qui prouvent que l'air presse sur tous les corps?

Comment répète-t-on l'expérience de Torricelli avec le mercure? Quelle longueur du tube faudrait-il pour la faire avec l'eau?

Qu'est-ce qu'un baromètre?

Quelle est ordinairement la valeur de la pression atmosphérique sur un centimètre carré, sur un mètre carré?

Devoir.

Dire pourquoi l'eau remplit complètement un vase renversé sur une cuve et dont l'extrémité ouverte reste plongée, pourquoi l'eau monte dans un tube ouvert dont un bout plonge dans le liquide quand on aspire l'air par l'autre bout.

CHAPITRE IX

APPAREILS A PRODUIRE LE MOUVEMENT DES LIQUIDES PAR LA PRESSION ATMOSPHÉRIQUE

I. — POMPES

89. Destination générale des pompes. — Une pompe est un appareil destiné à élever l'eau d'un réservoir inférieur (puits, citerne, mare, rivière, etc.) dans un réservoir placé plus haut, ou à la répandre dans l'air avec une certaine vitesse. Le moteur employé peut être quelconque : c'est la force musculaire de l'homme ou celle des animaux, ou le vent, ou la vapeur.

On distingue trois types simples de pompes : les *pompes aspirantes* qui élèvent l'eau d'un puits; les *pompes foulantes* qui projettent l'eau avec une grande vitesse, et les *pompes aspirantes et foulantes* qui peuvent produire les deux effet

60. Pompe aspirante. — La pompe aspirante se compose d'un corps de pompe dans lequel se meut un piston percé d'une ouverture garnie d'une soupape s'ouvrant de bas en haut (fig. 49). Ce corps de pompe est relié inférieurement à un long tuyau dit d'*aspiration*, qui plonge dans l'eau du puits ou du réservoir, et dont le haut porte une soupape s'ouvrant de bas en haut.

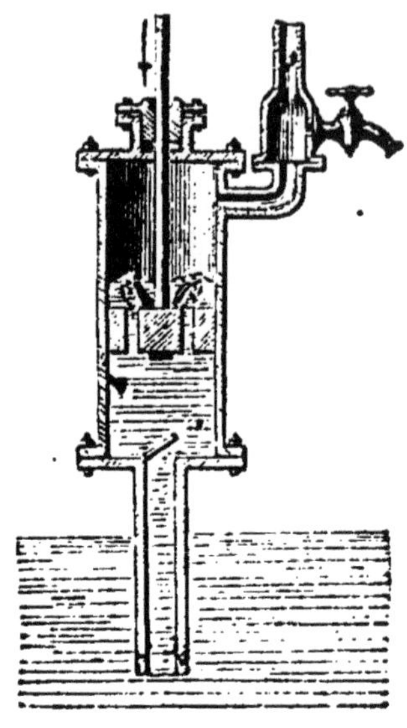

Fig. 49. — Coupe de la pompe aspirante.

Le piston étant d'abord au bas de sa course, on le soulève, il fait le vide au-dessous de lui; l'air du tuyau d'aspiration se répand en partie dans le corps de pompe; son volume augmentant, sa pression diminue; par suite l'atmosphère qui exerce sa pression à la surface de l'eau du réservoir fait monter cette eau dans le tuyau d'aspiration. Aussitôt qu'on cesse de soulever le piston, la soupape inférieure retombe, mais l'eau soulevée dans le tuyau d'aspiration y reste. Si le piston redescend, il comprime au-dessous de lui l'air, qui s'échappe par la soupape supérieure. A un second mouvement du piston l'eau s'élève encore dans le tuyau d'aspiration; elle vient bientôt dans le corps de pompe, le piston en redescendant la fait passer au-dessus de lui, et en remontant il la pousse au tuyau de déversement où elle s'écoule.

61. Conditions auxquelles une pompe doit satisfaire. — Comme c'est la pression atmosphérique qui fait monter l'eau jusqu'au corps de pompe, celui-ci doit être à moins de $10^m,33$ du niveau de l'eau dans le réservoir. Dans la pratique, on ne donne pas au tuyau d'aspiration plus de 8 mètres. Il faut, en effet, remarquer que le piston ne ferme jamais complètement le cylindre et que, pendant son ascension, il ne fait pas au-dessous de lui un vide complet; de plus, l'air dissous dans l'eau se dégage dans la pompe et peut former en dessous du piston une sorte de coussin élastique qui contrebalance en partie l'effet de la pression extérieure.

En résulte-t-il qu'on ne puisse pas élever l'eau à plus de 10 mètres avec une pompe? Théoriquement, rien ne limite la hauteur à laquelle il est possible d'élever l'eau une fois qu'elle a été amenée sur la face supérieure du piston. Au lieu que le tuyau d'écoulement débouche dans l'air à la partie supérieure du corps de pompe, on peut le prolonger par un tuyau vertical. Alors quand le piston monte, il pousse le liquide dans ce tuyau, à la hauteur que l'on veut. La pompe aspirante simple est ainsi transformée en une pompe *élévatoire*.

Quand la pompe est en activité, elle est entièrement pleine d'eau depuis le niveau dans le puits jusqu'à l'extrémité supérieure du tuyau d'écoulement. Le piston est pressé sur ses deux faces, la force à exercer pour soulever le piston est exprimée par le *poids d'une colonne d'eau ayant pour surface la section du piston et pour hauteur la distance verticale du niveau de l'eau dans le puits, au niveau de l'écoulement.*

Veut-on exprimer cette pression en kilogrammes, on exprime la surface en décimètres carrés et la hauteur en décimètres.

On voit facilement que l'effort à faire grandit avec la hauteur à laquelle on veut élever l'eau. Aussi quand il s'agit de tirer de l'eau d'un puits profond, avec une pompe aspirante élévatoire, faut-il munir la tige du piston de leviers convenables si l'on veut pouvoir manœuvrer la pompe avec un faible effort appliqué à l'extrémité du levier.

62. Pompe foulante. — Dans la pompe foulante, le piston est plein; le corps de pompe est en partie immergé dans l'eau à soulever; le tuyau d'écoulement est fixé latéralement à la base du corps de pompe (fig. 50);

à sa jonction est une soupape S qui s'ouvre du dedans au dehors; enfin une soupape S′ s'ouvrant du dehors en dedans ferme l'ouverture inférieure du corps de pompe.

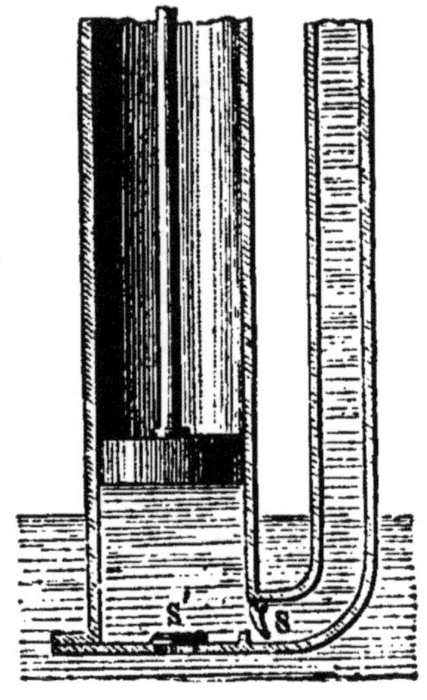

Fig 50. — Coupe de la pompe foulante.

Quand on soulève le piston, l'eau presse la soupape S′ et remplit le corps de pompe. Quand on le redescend, l'eau est directement comprimée, elle ouvre la soupape S et monte dans le tuyau latéral d'écoulement.

Si l'abaissement du piston est rapide, que le tuyau d'échappement ait un faible diamètre par rapport au corps de pompe, comme l'eau ne peut diminuer de volume par la compression, elle acquiert une grande vitesse et sort alors sous forme d'un jet que l'on peut lancer plus ou moins loin.

63. Pompe aspirante et foulante. — Si, comme dans la figure 51, la pompe foulante est munie d'un tuyau d'aspiration plongeant dans un puits, elle est à la fois aspirante et foulante. Pendant l'ascension du piston, elle aspire l'eau du puits ou du réservoir inférieur; pendant la descente, elle refoule cette eau par le tuyau d'écoulement.

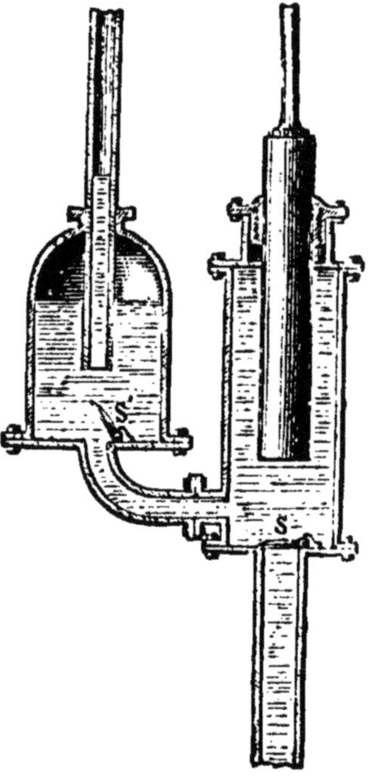

Fig. 51. — Coupe de la pompe aspirante et foulante avec chambre à air.

64. Écoulement continu. — Avec les dispositions ci-dessus décrites, le mouvement de l'eau est intermittent; ce n'est en effet que pendant la descente du piston, c'est-à-dire pendant la moitié de la manœuvre, que l'eau est chassée hors de l'appareil. On réalise un écoulement continu en employant une *chambre à air*.

Le tuyau par lequel l'eau sort du corps de pompe ouvre dans une chambre fermée complètement et contenant de l'air à sa partie supérieure. Le tuyau d'échappement de l'eau débouche à la partie inférieure de cette chambre. Chaque fois qu'il arrive de l'eau de la pompe dans cette chambre, le liquide tend à sortir par le tuyau d'échappement; mais s'il arrive plus vite qu'il ne peut partir, il comprime l'air qui occupe la partie supérieure de la chambre. L'instant d'après, pendant que le piston de la pompe descend et qu'il ne chasse plus d'eau dans le réservoir à air, l'air comprimé tend à reprendre son volume primitif et chasse l'eau par le tuyau de sortie : l'écoulement est continu.

65. Pompe à incendie. — La pompe à incendie est formée par deux pompes foulantes accouplées

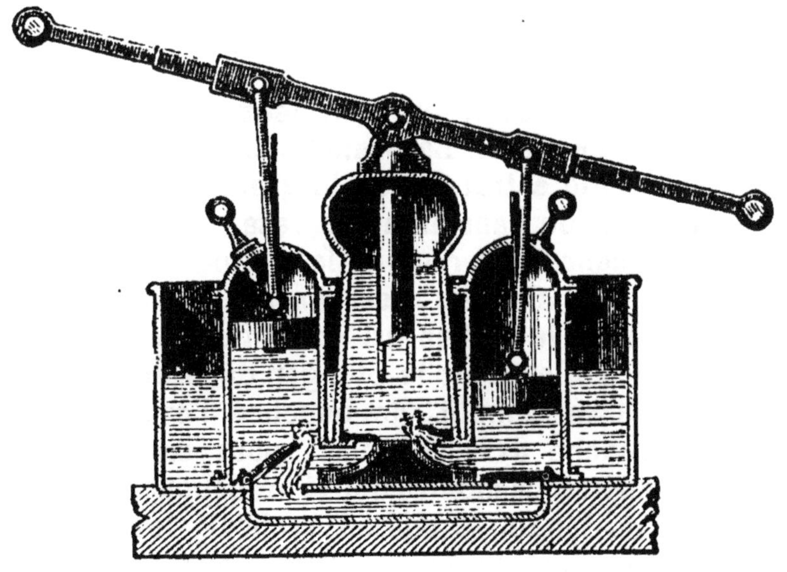

Fig. 52. — Coupe de la pompe à incendie.

qui chassent l'eau tour à tour dans une chambre à air où plonge le tuyau par lequel l'eau s'écoulera au dehors. Le tout plonge dans une bâche que l'on maintient pleine d'eau. Les tiges des deux pistons s'articulent à un même levier tournant autour d'un point fixe (fig. 52). On munit habituellement les deux extrémités de ce levier de barres transversales pour que plusieurs personnes puissent simultanément y exercer un effort. Pendant qu'un des pistons descend, l'autre monte, de sorte qu'il arrive sans cesse de l'eau dans le réservoir à air; et comme le tuyau d'écoulement est terminé par une lance conique, pour peu que la vitesse de la manœuvre soit un peu rapide, on arrive à comprimer beaucoup l'air du réservoir et à donner au jet liquide qui sort une très grande force.

Il existe bien d'autres systèmes de pompes, les unes oscillantes, les autres rotatives; leur description nous entraînerait hors des limites d'un cours de physique.

II. — SIPHON

66. **Siphon.** — Le siphon est un appareil destiné à transvaser les liquides sans déranger le vase qui les contient, en les faisant passer par-dessus les bords du vase. C'est un tube recourbé à deux branches inégales, en verre ou en métal. La branche la plus courte plonge dans le liquide à transvaser, la grande branche débouche dans l'air ou dans un autre vase.

On commence par remplir le siphon entièrement du liquide; on dit alors qu'il est *amorcé*. Le moyen le plus simple, quand le siphon est constitué par un tube de petit diamètre, c'est de le plonger dans un grand vase d'eau où il se remplit, de boucher l'extrémité de la grande branche avec le doigt, pour sortir l'appareil plein. L'expérience montre que si on débouche la grande branche, en tenant le siphon vertical, tout le liquide s'écoule par l'extrémité de cette branche; la colonne liquide contenue dans le siphon ne se partage pas en deux tronçons, elle garde une continuité parfaite.

Si, tenant la grande branche d'un siphon plein bouchée avec le doigt, on plonge la petite branche dans un liquide, aussitôt que l'on débouchera la grande branche, le liquide s'écoulera par le siphon, d'un mouvement continu, jusqu'à ce que l'extrémité de la petite branche ne plonge plus, ou jusqu'à ce que le niveau du liquide dans le vase où plonge la grande branche soit venu sur le même plan horizontal que celui du liquide où plonge la petite branche.

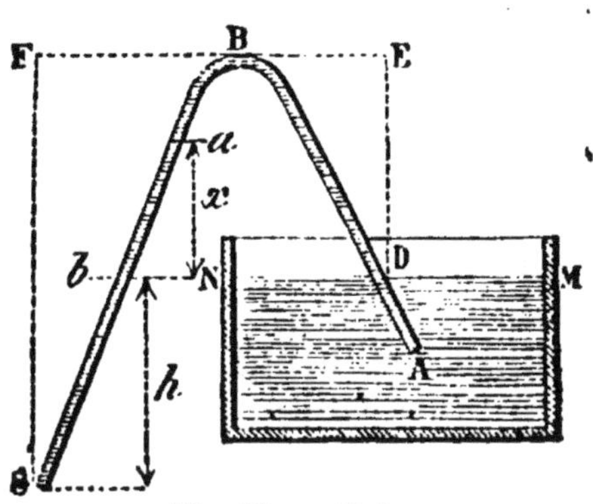

Fig. 53. — Siphon.

Pour expliquer l'écoulement, considérons le siphon amorcé ABC (fig. 53) et cherchons les pressions que supporte, de gauche à droite, et de droite à gauche, une molécule liquide prise en B.

Si le tube était fermé en B et comprenait seulement la branche AB, la molécule liquide de B supporterait de moins qu'une molécule prise sur le niveau de D une colonne verticale de liquide de hauteur DE; elle supporterait donc une pression égale à la pression atmosphérique, diminuée du poids d'une colonne liquide égale à DE.

Si la branche CB existait seule, fermée en B, la molécule B supporterait la pression atmosphérique comme en C, moins le poids d'une colonne de liquide de hauteur CF. Dans le siphon, la molécule de liquide B supporte ces deux pressions. Il est facile de voir que l'une l'emporte sur l'autre, que la molécule B doit obéir à la résultante des deux forces qui agissent sur elle et marcher dans le sens de la plus grande force.

Si DE égale un mètre, CF deux mètres, et qu'on exprime la valeur de la pression atmosphérique en colonne d'eau, $10^m,33$, on écrira :

Pression de droite à gauche

$$10^m,33 - 1^m = 9^m,33 \text{ de hauteur d'eau.}$$

Pression de gauche à droite

$$10^{m},33 - 2^{m} = 8^{m},33 \text{ de hauteur d'eau.}$$

La tranche liquide B s'avancera donc de droite à gauche, les tranches qui la remplaceront successivement s'avanceront aussi à sa suite, et l'écoulement aura lieu.

67. Moyens d'amorcer le siphon. — Quand c'est l'eau que l'on veut transvaser, on peut plonger la petite branche dans le vase, et aspirer avec la bouche par l'extrémité de la grande. Mais quand on opère sur des liquides corrosifs ou vénéneux, on se sert d'un siphon dont la grande branche porte un tube latéral (fig. 54). Alors on plonge la petite branche dans le vase, on ferme l'extrémité de la grande et on aspire avec la bouche par l'extrémité du tube latéral. Quand le liquide remplit la plus grande partie de la grande branche, on débouche et l'écoulement se produit.

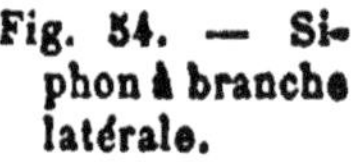

Fig. 54. — Siphon à branche latérale.

Lorsque le siphon est un tube à grande section, l'aspiration faite avec la bouche ne suffirait pas à faire monter le liquide. Alors on dispose sur la branche latérale une petite pompe à l'aide de laquelle on peut aspirer l'air du siphon mis en place. C'est ainsi que sont construits les siphons des tonneliers.

Enfin, quand il s'agit d'amorcer un siphon que l'on plonge dans une tourie pour en tirer facilement du liquide, on monte le siphon dans un bouchon qui porte un second tube; on place le bouchon dans le col de la tourie, puis on souffle par le petit tube; le liquide monte dans le siphon par l'effet de la pression produite, et l'écoulement a lieu. Cette dernière disposition (fig. 55) devrait toujours être employée quand il s'agit des liquides très facilement inflammables; le siphon muni d'un robinet inférieur resterait amorcé, et un petit bout de tuyau de caoutchouc, avec un fragment de baguette de verre, suffiraient pour fermer le vase.

Dans les fabriques d'acide sulfurique, on se sert, pour transvaser l'acide, de siphons en platine que l'on amorce d'une façon particulière. L'appareil porte à l'extrémité inférieure de la grande branche un robinet, puis, près de la coudure, deux ouvertures dont une à entonnoir (fig. 56). On plonge la petite branche dans l'acide. On ferme le robinet de la grande, puis on la remplit d'acide par l'une des ouvertures supérieures, tandis que l'autre sert à la sortie de l'air. On bouche ces deux ouvertures, puis on ouvre le robinet de la grande branche. L'acide qu'elle contient s'écoule; il se forme un vide que remplit l'air de la petite branche, et la pression atmosphérique fait monter l'acide dans la petite branche, avec assez de force pour déterminer l'écoulement, si les dimensions relatives des deux branches ont été bien calculées.

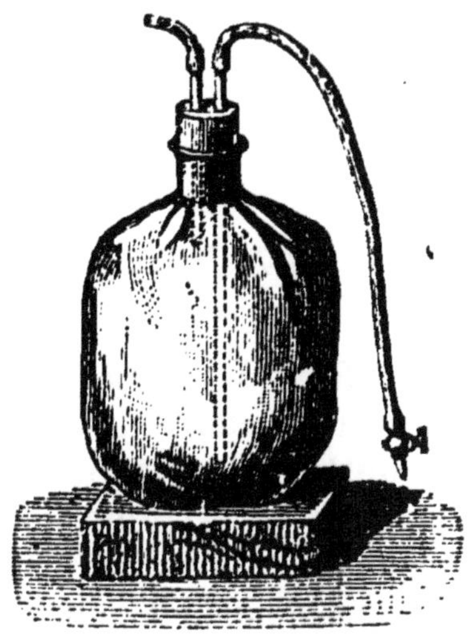

Fig. 55. — Siphon à demeure sur une tourie.

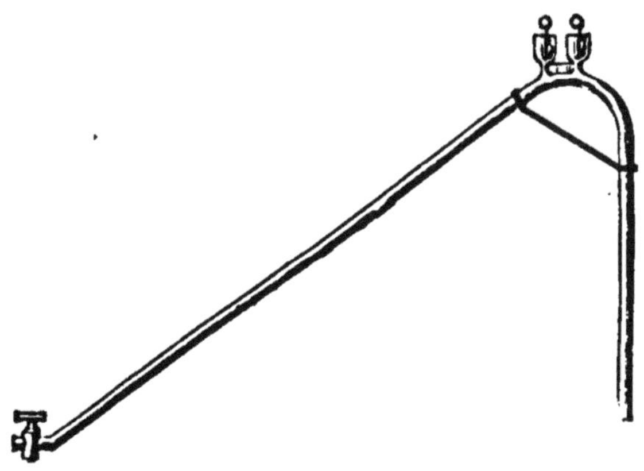

Fig. 56. — Siphon des fabriques d'acide sulfurique.

Le siphon est très employé, surtout quand il s'agit de séparer un liquide du dépôt qui s'y est formé et qui s'y répandrait à nouveau au moindre mouvement du vase Il donne lieu, dans les cours, à l'expérience du *vase de Tantale* qui se vide quand son niveau est arrivé à un certain point. Il explique les phénomènes que présentent ertaines sources naturelles intermittentes.

III. — APPAREILS DIVERS SERVANT A L'ÉCOULEMENT DES LIQUIDES.

68. Pipette. — La pipette dont on se sert constamment en chimie, pour verser les liquides goutte à goutte, est un tube de verre ordinairement renflé en son milieu et terminé à la partie inférieure en pointe effilée. Pour la remplir on peut la plonger presque entièrement dans un liquide, boucher avec le doigt l'extrémité supérieure et la sortir du liquide; ou bien on peut aussi placer la pointe dans le liquide et aspirer avec la bouche par l'extrémité supérieure, puis fermer cette extrémité avec le doigt. Dans le premier mode de remplissage, le liquide est monté dans la pipette au même niveau que dans le vase. En bouchant l'extrémité avec le doigt, on a enfermé de l'air au-dessus du liquide et, quand on a soulevé le tube, un peu du liquide s'est écoulé; l'air emprisonné s'est dilaté, il a diminué de pression, et il est resté dans le tube une colonne de liquide telle que la pression de l'air emprisonné, augmentée de la colonne liquide, fasse équilibre à la pression atmosphérique (fig. 57). Alors la tranche liquide de l'orifice s'est trouvée également pressée en dessus et en dessous, et l'écoulement a cessé. Pour faire écouler

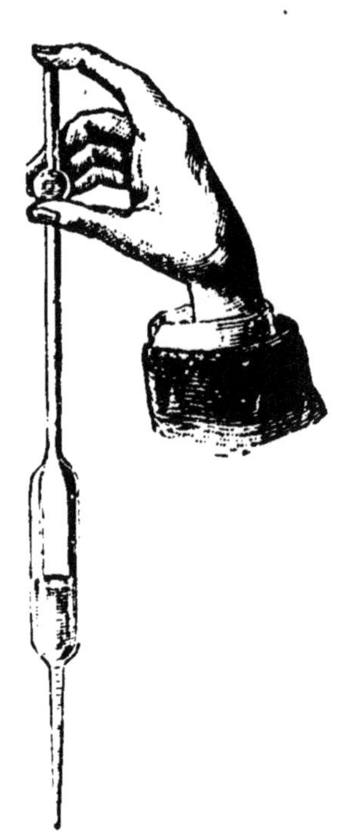

Fig. 57. — Pipette.

le liquide, il suffit de déboucher légèrement l'orifice supérieur de la pipette, un peu d'air rentre et vient augmenter la pression interne. On arrête l'écoulement en fermant de nouveau l'orifice; et l'on peut avec quelque habitude faire écouler le liquide goutte à goutte.

La bouteille et l'entonnoir magiques des prestidigitateurs fonctionnent d'une façon analogue.

69. Vase de Mariotte. — On a souvent besoin d'obtenir un écoulement constant d'un liquide et même de pouvoir à volonté augmenter ou diminuer la force de l'écoulement. On n'y peut parvenir avec un vase ordinaire plein d'eau et écoulant son liquide par une tubulure latérale inférieure; car dans ce cas la force de l'écoulement varie avec la hauteur du niveau au-dessus de l'orifice et diminue à mesure que le vase se vide. On y réussit avec le *vase de Mariotte*.

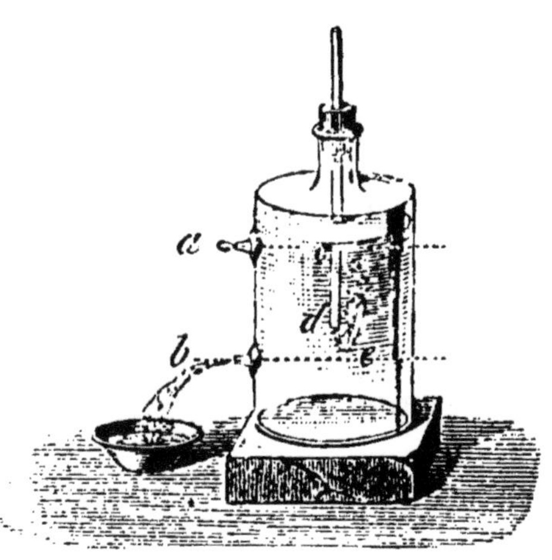

Fig. 58. — Écoulement constant réalisé par le vase de Mariotte.

C'est un flacon ordinaire portant des ouvertures latérales (fig. 58). On le remplit d'eau et on le ferme avec un bouchon traversé d'un tube ouvert aux deux bouts. Si le tube plonge jusqu'en *d* et qu'on ouvre l'orifice *a*, il ne s'écoule que le liquide contenu dans le tube jusqu'au niveau horizontal qui passe par *a*; à ce moment, en effet, la tranche *c* supporte une pression égale à la pression atmosphérique, tout comme la tranche *a*; cette dernière est également pressée du dehors au dedans et du dedans au dehors; elle reste en place. Il est entendu que l'ouverture *a* doit être de petit diamètre. Mais ce premier résultat est plus curieux qu'utile

Si l'ouverture *a* est bouchée, et qu'on débouche l'ouverture *b*, le liquide du tube s'écoule d'abord, puis de l'air pénètre par le tube dans le flacon, et à partir de ce moment l'écoulement devient constant aussi longtemps que le niveau du liquide ne s'est pas abaissé au-dessous du tube. Le liquide s'écoule d'autant plus vite qu'il y a plus de distance verticale entre l'orifice *b* et l'extrémité inférieure du tube; l'écoulement a en effet lieu par la pression de la colonne *de;* la tranche *e* supporte la pression atmosphérique comme la tranche *b*, mais en plus de celle-ci elle supporte le poids de la colonne *de* qui règle l'écoulement.

Avec cet appareil, on peut diminuer à volonté la vitesse de sortie du liquide, sans altérer en rien la constance de l'écoulement : il suffit d'enfoncer un peu plus le tube; quand il est tout près du niveau *be*, le liquide s'écoule goutte à goutte.

On a utilisé ce vase de Mariotte dans plusieurs appareils, notamment dans une grande lampe à alcool imaginée par M. H. Deville.

Exercices.

14. Dans une pompe foulante, le piston a une surface de 80 centimètres carrés; on veut élever l'eau à une hauteur de 3 mètres. Quel effort faudra-t-il exercer pour abaisser le piston?

15. Dans une pompe aspirante dont le corps de pompe a $1^m,20$ de hauteur, le tuyau d'aspiration 8 mètres de long, le piston une surface de 80 centimètres carrés, quel effort faut-il exercer pour soulever le piston?

16. Dans une pompe foulante on veut élever l'eau à 15 mètres de hauteur. Quelle pression par centimètre carré faut-il exercer sur le piston?

17. Un siphon a l'une de ses branches de $1^m,20$, l'autre de 60 centimètres; il est amorcé avec de l'eau. On demande la différence des pressions qui s'exercent sur la molécule liquide de la coudure du tube.

18. On a un siphon dont la petite branche a 4 centimètres et la grande $56^c,4$; on l'amorce avec de l'eau et on plonge la petite branche dans du mercure. On demande si le mercure s'écoulera à la suite de l'eau. La densité du mercure est 13,6.

Questionnaire.

1. Qu'est-ce qu'une pompe et quels sont les trois types de pompes ?

Quelle est la plus grande hauteur à laquelle une pompe simple peut élever l'eau ?

A quoi sert la pompe foulante et comment est-elle disposée?

Comment s'arrange-t-on pour tirer l'eau d'un puits et pour l'élever ensuite à une certaine hauteur, à plus de 10 mètres du niveau de l'eau dans le puits ?

Comment est montée la pompe à incendie ?

2. Qu'est-ce qu'un siphon? — Comment amorce-t-on un siphon? — Quels sont les principaux usages de cet appareil?

3. Qu'est-ce qu'une pipette ? — A quoi peut-elle servir ? — Comment peut-on réaliser un écoulement constant à l'aide du vase de Mariotte?

Devoirs.

1. Quelles sont les conditions que doit remplir une pompe aspirante? — A quelle hauteur peut-on élever l'eau avec cet appareil?

2. Comment peut-on faire écouler le liquide d'une tourie de verre ou de terre sans incliner le vase, soit en une seule fois, soit à diverses reprises ?

CHAPITRE X

PRINCIPE D'ARCHIMÈDE APPLIQUÉ AUX GAZ. — AÉROSTATS

70. Le principe d'Archimède s'applique aux gaz. — Les gaz comme les liquides sont pesants, comme eux ils exercent des pressions sur les corps qui y sont plongés. Le principe d'Archimède, comme tous les principes d'hydrostatique, doit être vrai pour les gaz comme pour les liquides. On peut donc dire que *tout corps plongé dans l'air ou dans un gaz quelconque éprouve de la part du gaz une poussée de bas en haut égale au poids du gaz dont le corps tient la place.* La démonstration théorique est de tous points analogue à celle que l'on donne pour les liquides. La preuve expérimentale est faite par le baroscope.

71. Baroscope. — Le baroscope est un fléau de balance qui porte à l'une de ses extrémités une grosse boule creuse, à l'autre une petite boule pleine (fig. 59); les deux boules se font équilibre dans l'air. On place l'appareil sous la cloche de la machine pneumatique, et aussitôt qu'on commence à faire le vide, on voit le fléau pencher du côté de la grosse sphère creuse. Cette grosse boule est donc plus lourde que la petite, et si dans l'air elle ne le paraît pas plus, c'est qu'elle subit une poussée plus grande eu égard à son plus grand volume.

Fig. 59. — Baroscope.

72. Corrections des pesées. — La poussée verticale de bas en haut que subissent les corps dans l'air équivaut à une perte de poids. Lors donc que l'on pèse un corps dans l'air on n'a que son *poids apparent;* le poids *absolu*, celui que le corps aurait dans le vide, est plus grand de tout le poids de l'air déplacé.

Pour les solides et les liquides dont la densité est très grande par rapport à l'air, on prend habituellement le poids apparent pour le poids réel, sauf pourtant dans quelques recherches de grande précision. Mais pour les gaz, c'est différent, il y a lieu de tenir compte du poids de l'air déplacé : c'est pour ne l'avoir pas fait qu'Aristote a mal interprété l'expérience à l'aide de laquelle il avait cherché à déterminer le poids de l'air.

Aristote avait pesé une vessie vide; puis après l'avoir remplie d'air, il l'avait rapportée sur la balance et il n'avait pas constaté la plus légère augmentation de poids. Il en avait conclu que l'air introduit dans la vessie n'avait pas de poids. Aujourd'hui nous savons que l'air est pesant, que chaque litre introduit dans la vessie pèse 1gr, 3, et que si la vessie n'augmente pas de poids apparent, c'est que le poids de l'air qu'elle déplace lorsqu'elle est gonflée fait exactement équilibre au poids du gaz qui la remplit.

73. Aérostats. — Un corps placé dans l'atmosphère est soumis à deux forces opposées : son poids, qui tend à le faire descendre, et le poids d'un égal volume d'air, qui tend à le faire monter. Si le poids total du corps est plus petit que la poussée qu'il subit de la part de l'air, la résultante des deux forces est dirigée de bas en haut, l'appareil monte : tel est le principe des *aérostats*.

Fig. 60. — Aérostat avec tous ses agrès.

Ce sont les frères Montgolfier, d'Annonay, qui ont les premiers songé à utiliser l'air chaud pour faire monter un ballon dans l'air. Ils fabriquèrent un grand ballon sphérique de 12 mètres de diamètre, ouvert à la partie inférieure, dont l'enveloppe en toile mince doublée de papier n'était que peu perméable aux gaz et n'avait qu'un faible poids. Ils le remplirent d'air chaud et de fumée en brûlant de la paille au-dessous de son ouverture inférieure; le ballon gonflé par l'air dilaté qui y arrivait déplaça bientôt un volume d'air d'un poids supérieur au sien et il s'éleva à plus de 1000 mètres. Cette remarquable expérience fut faite le 5 juin 1783, près d'Annonay. Et les ballons ainsi construits furent appelés *montgolfières*

Les montgolfières se refroidissaient vite et redescendaient assez promptement. Pour maintenir la chaleur du gaz dilaté qui les gonflait, il fallait suspendre un réchaud au-dessous de l'ouverture : c'était une cause fréquente d'incendie. La substitution du gaz hydrogène à la fumée et à l'air chaud, proposée par le physicien Charles, fut donc un très grand progrès, puisqu'elle permettait de s'élever sans accident probable à une plus grande hauteur et de se maintenir plus longtemps dans l'atmosphère.

Aujourd'hui on gonfle à l'hydrogène les ballons avec lesquels on veut s'élever très haut, et au gaz d'éclairage ceux que l'on destine aux ascensions ordinaires.

Un aérostat se compose d'une enveloppe de taffetas vernie au caoutchouc, remplie d'un gaz plus léger que l'air (fig. 60). Autour de l'enveloppe, presque sphérique quand elle est gonflée, est un filet auquel est accrochée la nacelle où se placent les voyageurs. Le ballon n'est qu'incomplètement fermé; il est prolongé en dessous par un tube qui ouvre à l'air ou qui porte une soupape pouvant s'ouvrir d'elle-même quand la pression intérieure dépasse la pression extérieure.

74. Force ascensionnelle. — La force ascensionnelle d'un ballon, avec laquelle il est poussé de bas en haut, est la différence entre le poids de l'air déplacé et le poids total de l'appareil. Un exemple numérique peut en donner une idée.

1 mètre cube d'hydrogène pèse environ	90	gr.
1 mètre cube d'air —	1293	gr.
La différence est d'environ.	1200	gr.

Donc, si un ballon jauge 400 mètres cubes et qu'il soit rempli d'hydrogène, le poids de l'air déplacé l'emporte sur le poids du gaz de

$$400 \times 1200 = 480 \text{ kilogrammes.}$$

Si les poids réunis de l'enveloppe, de la nacelle et des aéronautes sont de 450 kilogrammes, le poids total de l'appareil sera inférieur de 30 kilogrammes au poids de l'air déplacé.

Avec le gaz d'éclairage, dont le poids est d'environ 800 grammes par mètre cube, le même ballon ne donnerait, pour la différence entre le poids de l'air et le poids du gaz, que

$$400 \times 493 = 197 \text{ kilogrammes.}$$

Les poids réunis de l'enveloppe, de la nacelle et des voyageurs ne pourraient donc pas être supérieurs à 190 kilogrammes si l'on voulait garder une faible force ascensionnelle.

Et, si l'on voulait la même force ascensionnelle que dans le cas précédent, il faudrait donner au ballon un volume bien plus considérable.

75. Manœuvre du ballon. — On a calculé, d'après les dimensions que le ballon gonflé peut prendre, le poids total qu'il peut enlever; on sait le poids de l'enveloppe, de tous les agrès, de la nacelle et de ce qu'elle doit contenir. On réduit à quelques kilogrammes la force ascensionnelle en mettant dans la nacelle des sacs de sable fin qui constituent le *lest;* alors le ballon gonflé et devenu libre s'élève lentement dans l'atmosphère.

L'aéronaute juge qu'il monte en consultant le baromètre, qui baisse à mesure que le ballon traverse des couches d'air de moindre densité. Quand le ballon est arrivé dans une couche d'air où sa force ascensionnelle est nulle, c'est-à-dire quand le poids de l'air déplacé est égal au poids de l'appareil, si l'aéronaute veut s'élever encore, il lui faut diminuer le poids du ballon; c'est à quoi sert le lest que l'on jette par petite quantité à la fois; le ballon allégé du lest jeté hors de la nacelle monte à nouveau. Pour descendre, au contraire, il faut ouvrir la soupape supérieure du ballon; une partie du gaz s'échappe, le ballon diminue de volume, il déplace moin d'air et il descend.

La manœuvre devient particulièrement difficile lorsqu'on veut atterrir à la descente. On laisse pendre de la nacelle une corde qui porte une ancre destinée à s'accrocher au sol ou à un objet résistant. Mais le ballon est souvent entraîné par le vent, et le danger est grand de le voir lancé contre les arbres et déchiré par les obstacles qu'il rencontre.

76. Utilité des ascensions aérostatiques. — On a fait bien des ascensions aérostatiques, les unes pour sortir d'une ville assiégée, les autres à des hauteurs peu élevées pour étudier les phénomènes météorologiques, d'autres enfin à des hauteurs de 7000 à 9000 mètres pour étudier les régions élevées de l'atmosphère. Parmi ces dernières on cite celle de Gay-Lussac, en 1804, où le ballon atteignit 7000 mètres, celle de Tissandier et de ses deux malheureux compagnons, et celle de Glaisher et Coxwell où la hauteur atteinte dépassa 9000 mètres.

Exercices.

19. Un ballon de 120 mètres cubes est gonflé d'hydrogène, quel est le poids du gaz? — Si l'enveloppe et les agrès pèsent 110 kilogrammes, quel est le poids total du ballon? — Quel est le poids de l'air déplacé?

20. Un ballon de 120 mètres cubes est gonflé au gaz d'éclairage; l'enveloppe pèse 10 kilogrammes; quel poids ce ballon pourra-t-il enlever, si on lui laisse une force ascensionnelle de 10 kilogrammes? Le mètre cube de gaz pèse 780 grammes.

Questionnaire.

Quelles conditions doit remplir un corps pour s'élever dans l'air? — Pourquoi gonfle-t-on les ballons à l'hydrogène? — Comment étaient gonflées les premières mongolfières, quels dangers présentaient ces premiers aérostats?

Devoir.

Raconter la première expérience des frères Mongolfier, dire pourquoi un ballon gonflé d'air chaud s'élève dans l'air, comment on gonfle aujourd'hui les ballons; à quoi servent les ascensions en ballon

CHAPITRE XI

CHALEUR. — DILATATIONS. — THERMOMÈTRES

77. Les effets de la chaleur. — Tout le monde sait ce qu'on appelle corps *chauds;* l'expérience nous a appris à les distinguer par la sensation particulière que nous ressentons en leur présence ou par leur contact. La *chaleur* est la cause qui produit en nous cette sensation. On étudie, en physique, les effets de la chaleur, les phénomènes qu'elle produit, les lois de ces phénomènes et leurs principales applications.

La chaleur a deux effets très apparents sur les corps :

1° *Elle augmente leurs dimensions*, autrement dit, *elle les dilate ;*

2° *Elle change leur état* en transformant les solides en liquides et ceux-ci en vapeur; ainsi l'eau solide sous forme de glace devient liquide quand elle est chauffée; et l'eau liquide passe elle-même en vapeur sous l'action de la chaleur.

On démontre expérimentalement que la chaleur dilate tous les corps, les solides, les liquides et les gaz.

78. Dilatation des solides. — Pour montrer aisément qu'un corps solide augmente de volume quand on le chauffe, on répète l'expérience de S'Gravesande. On prend un anneau en métal supporté horizontalement et dans lequel peut passer une boule métallique (fig. 61). Si l'on chauffe cette boule sur une lampe à alcool et qu'on la pose ensuite sur l'anneau, on remarque qu'elle s'arrête sur l'anneau ; elle ne passe plus au travers comme auparavant; elle a donc augmenté de volume par l'échauffement. On l'abandonne sur l'anneau; elle se refroidit, et elle ne tarde pas à tomber en traversant l'anneau; en se refroidissant, elle retourne peu à peu à son volume primitif.

Si l'on prenait un anneau, un tout petit peu moins grand d'ouverture que le précédent, et que la boule arrête sur lui, en chauffant l'anneau sans chauffer la boule, on constaterait que celle-ci peut passer au travers de l'anneau chauffé : l'anneau s'agrandit donc par l'action de la chaleur.

Fig. 61. — Anneau de S'Gravesande.

Les corps solides en tiges ou en barres ont une de leurs dimensions très grande par rapport aux deux autres; lorsqu'on les chauffe, la dilatation, à peu près insensible sur la largeur et l'épaisseur, peut être mise en évidence sur la longueur. Le moyen le plus simple consiste à prendre une barre posée horizontalement contre deux supports fixes qui appuient contre ses extrémités (fig. 62), à la chauffer quelque temps dans un foyer et à la rapporter dans l'espace où elle tenait auparavant; elle n'y peut plus rentrer, son allongement est manifeste.

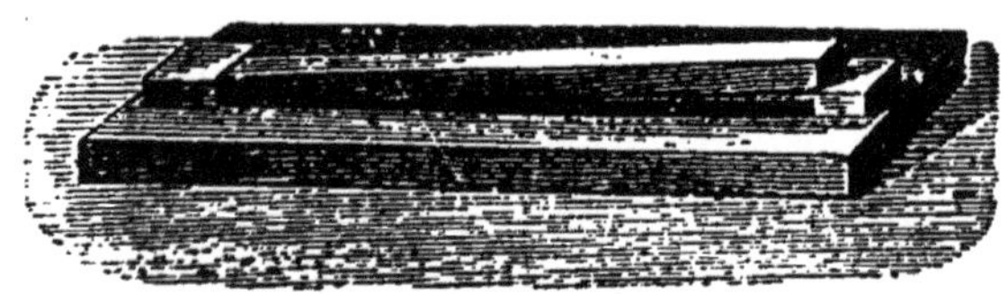

Fig. 62. — Effet de la dilatation sur une barre chauffée.

Pour rendre l'allongement plus sensible, on se sert du

pyromètre à cadran (fig. 63). Une tige métallique, tenue horizontalement, est serrée fortement dans une borne B par une vis de pression; elle passe librement dans une

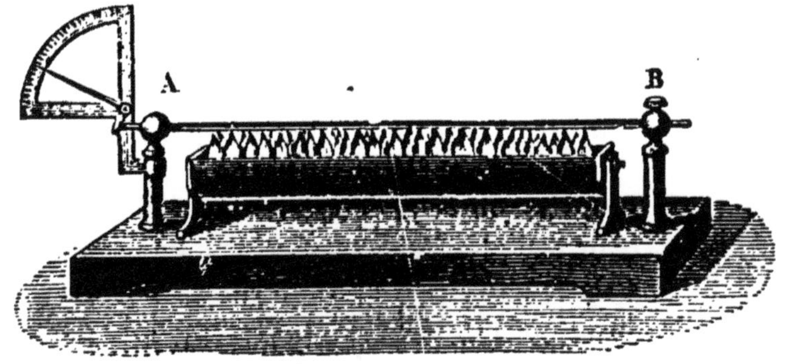

Fig. 63. — Pyromètre à cadran.

borne A. Son extrémité libre va buter contre la petite branche d'un levier coudé, dont la grande branche en aiguille, d'abord horizontale, s'élèvera sur un cadran quand la petite branche sera poussée de droite à gauche. Une lampe à alcool est disposée sous la tige et sert à la chauffer. Aussitôt que la lampe est allumée, on voit l'extrémité de l'aiguille monter sur le cadran; c'est que la tige s'est allongée, et par son extrémité libre elle a poussé la courte branche du levier. L'allongement est rendu d'autant plus sensible que l'aiguille est plus longue par rapport à l'autre branche. Aussitôt qu'on cesse de chauffer la barre, l'aiguille redescend sur le cadran et elle revient à son point de départ quand la barre est refroidie.

79. Dilatation des liquides. — Pour montrer que les liquides se dilatent par l'action de la chaleur, on remplit un ballon d'eau colorée; on le ferme bien avec un bouchon portant un tube ouvert aux deux bouts et dont une extrémité affleure le bouchon; le liquide monte dans le tube jusqu'à un niveau que l'on marque (fig. 64). On plonge ensuite le ballon dans un vase d'eau bouillante. On voit le liquide baisser d'abord dans le tube jusqu'en B et remonter ensuite beaucoup plus haut qu'il n'était. On constate ainsi que le vase s'est dilaté le premier ; sa capacité s'est agrandie et la même quantité de liquide y a occupé une hauteur moins grande; mais le liquide a bientôt subi l'action de la chaleur, il s'est dilaté à son tour beaucoup plus que le vase.

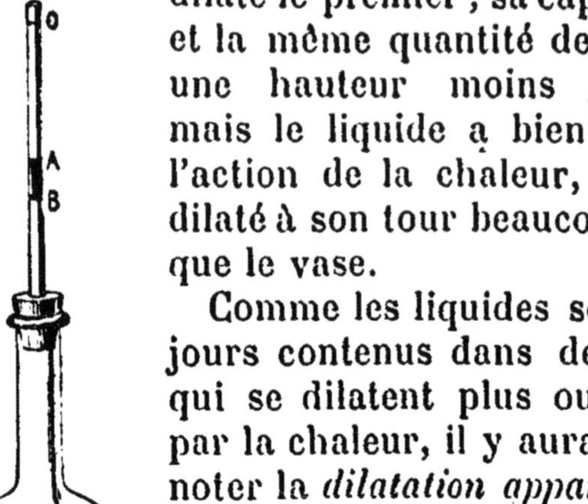

Fig. 64. — Dilatation des liquides.

Fig. 65.

Comme les liquides sont toujours contenus dans des vases qui se dilatent plus ou moins par la chaleur, il y aura lieu de noter la *dilatation apparente* du liquide, et de chercher aussi la *dilatation absolue*, c'est-à-dire celle qu'il subirait dans un vase ne changeant pas de volume.

80. Dilatation des gaz. — Les gaz se dilatent bien plus que les liquides par la chaleur; on le prouve facilement par les expériences suivantes. A un ballon (fig. 65), on a soudé un tube en S dans la coudure duquel on met un liquide coloré dont on marque les deux niveaux. Si on tient le ballon à la main, on voit aussitôt le liquide baisser dans l'une des branches et monter dans l'autre ; la chaleur communiquée par la main a

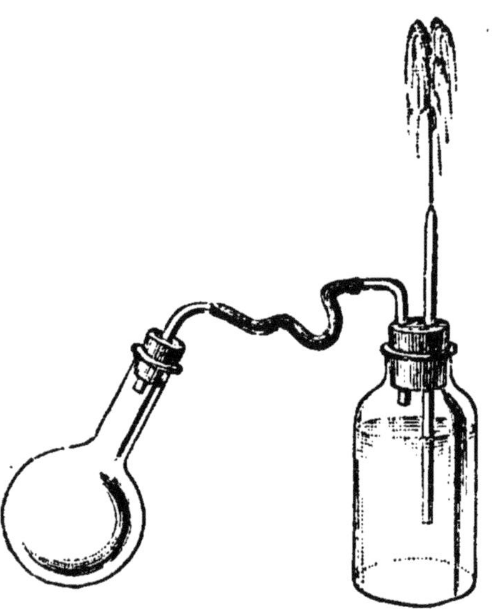

Fig. 66. — Jet d'eau produit par la dilatation d'un gaz.

suffi pour produire une augmentation sensible du volume du gaz.

On rend le changement de volume d'un gaz chauffé très saisissant en prenant un ballon d'un litre, mis en communication avec l'un des tubes d'un flacon à deux tubulures plein d'eau, dont le second tube plonge dans le liquide et se termine en haut par une pointe effilée (fig. 66). On chauffe le ballon sur un bec de gaz et l'on voit se produire un jet d'eau qui s'élève à plus d'un mètre au-dessus du flacon : le gaz dilaté par la chaleur a pressé sur le liquide et l'a fait sortir par le tube effilé.

81. Idée de la température. — On dit ordinairement qu'un corps chaud est à une *température élevée*, que sa *température s'élève* s'il s'échauffe, que la *température baisse* si le corps se refroidit; mais il est difficile de donner de cette expression courante une définition simple et précise. Nos sens nous donnent bien sur l'état des corps quelques indications, mais ils ne peuvent nous servir toujours, ni nous renseigner exactement dans tous les cas. Les indications du toucher sont incertaines et changent suivant notre état; elles ont d'ailleurs une limite puisqu'elles ne peuvent nous servir quand le corps est trop chaud, car il y aurait brûlure. Nous plongeons la main droite dans de l'eau chaude, la main gauche dans de l'eau froide, puis nous les mettons toutes les deux dans un vase d'eau tiède; la main gauche nous fera juger que ce dernier liquide est chaud, la main droite au contraire nous conduira à dire qu'il est froid. Il faut donc renoncer à l'emploi des sens pour caractériser l'état des corps au point de vue de la chaleur.

On s'adresse au plus simple des effets que la chaleur peut produire, à la dilatation. Si un corps se refroidit, son volume diminue; s'il s'échauffe, son volume augmente; s'il ne s'échauffe, ni ne se refroidit, s'il reste par conséquent dans le même état calorifique, son volume reste invariable. C'est pour caractériser ce dernier état, pour indiquer que le corps ne devient ni plus chaud ni moins chaud que l'on dit que *sa température est invariable.*

Deux corps sont à la même température quand, en les mettant en présence ou au contact, leurs volumes respectifs restent identiquement les mêmes pour chacun; ni l'un ni l'autre ne gagnent ou ne perdent de chaleur puisque leur volume est invariable.

La *température* est donc l'état d'un corps au point de vue de la chaleur; elle n'est caractérisée nettement que par le volume qu'occupe le corps et qui peut augmenter ou diminuer si la chaleur elle-même augmente ou diminue.

82. Thermomètres. — Choix du corps thermométrique. — Le *thermomètre* est un instrument qui sert à évaluer les températures par les changements de volume qu'éprouve un corps convenablement choisi. On a recours aux liquides, et particulièrement au mercure et à l'alcool, pour les thermomètres usuels. Voici les raisons de ce choix. Les variations de longueur ou de volume des solides sont très promptes, mais très faibles. Malgré cela, on pourrait employer les solides comme corps thermométriques s'ils reprenaient toujours le même volume quand on les ramène à la même température; mais il n'en est pas absolument ainsi, et les thermomètres que fournissent les solides ne sont pas toujours comparables à eux-mêmes.

Les gaz se dilatent beaucoup; leur grande dilatation permet de négliger l'influence due à la variation de volume de l'enveloppe qui les renferme. Mais leur changement de volume peut tenir aussi bien à un changement dans leur pression qu'au plus ou moins de chaleur qu'ils ont pu recevoir. Il faut donc laisser le thermomètre à gaz aux physiciens qui savent le manier; il vaut mieux s'en tenir aux liquides pour les appareils communs. On emploie habituellement le mercure ou l'alcool rougi par l'orseille.

83. Construction du thermomètre à mercure. — Pour construire un thermomètre à mercure, on choisit un tube capillaire de cristal dont la capacité intérieure soit bien cylindrique. On souffle à l'une des extrémités du tube un réservoir cylindrique ou sphérique, à l'autre extrémité une ampoule.

Le *remplissage* présente quelques difficultés à cause de la finesse du tube. On commence par chauffer avec une lampe à alcool le réservoir et l'ampoule; l'air qui s'y trouve se dilate et sort en partie. On plonge l'extrémité effilée dans du mercure pur et un peu chaud. (fig. 67). L'air se refroidit, il se contracte et la pression atmosphérique fait monter le mercure dans l'ampoule; quand celle-ci est presque pleine, on redresse le tube et une certaine quantité de mercure descend dans le réservoir. On chauffe alors légèrement le réservoir; l'air qu'il contient encore se dilate, soulève le mercure de l'ampoule et s'échappe. Si on laisse refroidir l'appareil, une nouvelle quantité de mercure descend de l'ampoule dans le réservoir. Celui-ci peut être rempli aux trois quarts après quelques opérations analogues à la précédente.

Fig. 67. — Remplissage du thermomètre.

Pour chasser les dernières bulles d'air, on dispose le thermomètre sur une grille inclinée (fig. 68), et on l'entoure de charbons allumés. Le mercure bout, les vapeurs qui se forment dans le réservoir peuvent gagner l'ampoule sans se refroidir, elles entraînent avec elles l'air qui reste. Après quelques minutes d'ébullition, on redresse le tube, l'appareil se refroidit et le mercure le remplit complètement. On s'assure qu'il ne reste plus trace de bulle d'air à la jonction du tube et du réservoir; s'il en était autrement, il faudrait recommencer l'ébullition.

Fig. 68.

On laisse refroidir le tube, puis on vide le contenu de l'ampoule. On place alors le thermomètre dans un mélange réfrigérant avec un thermomètre déjà gradué. Si la colonne de l'appareil en fabrication reste trop haut dans le tube, c'est que celui-ci contient trop de liquide; il faut en chasser une partie. Pour cela on chauffe le réservoir jusqu'à ce qu'un peu de mercure arrive dans l'ampoule; on cesse de chauffer; on retourne le tube l'ampoule en bas et on fait sortir le liquide qu'elle contient. On répète cette dernière opération, s'il est nécessaire, jusqu'à ce que la quantité de liquide restée dans le tube soit convenable et qu'elle ne rentre pas entièrement dans le réservoir quand l'appareil sera soumis à la température la plus basse qu'on veut lui faire marquer.

Quand la course est ainsi réglée, on ferme le tube à la lampe; mais au moment de le fermer, on chauffe le réservoir pour que la colonne arrive presque jusqu'en haut et qu'il ne reste que très peu d'air dans le tube.

84. Remplissage du thermomètre à alcool. — Le *thermomètre à alcool* remplace souvent le thermomètre à mercure dans les observations usuelles. Pour le faire, on prend un tube cylindrique avec un réservoir à sa partie inférieure et un entonnoir à l'autre extrémité. On verse dans l'entonnoir de l'alcool coloré en rouge par de l'orseille. On chauffe légèrement le réservoir; l'air qu'il contient se dilate, sort en partie et, quand on laisse refroidir le tube, une petite quantité d'alcool descend dans le réservoir. On chauffe alors celui-ci de manière à vaporiser l'alcool qu'il contient; et si, après quelques instants d'ébullition, on cesse de chauffer, l'alcool de l'entonnoir va remplir tout le réservoir; il ne reste qu'une petite bulle d'air à la partie inférieure du tube capillaire.

Pour chasser cette bulle d'air on attache le thermomètre, en dessous de l'entonnoir, à l'une des extrémités d'une ficelle dont on tient l'autre à main, et l'on fait rapidement tourner l'appareil d'un mouvement de fronde; l'alcool plus lourd que l'air est chassé vers le réservoir, tandis que l'air vient vers l'entonnoir et sort du tube.

On règle la quantité de liquide à laisser dans le thermomètre et on ferme son extrémité à la lampe.

85. Graduation du thermomètre. — Quand un thermomètre est mis en contact avec un corps, ou bien la longueur de la colonne ne change pas et on dit que le thermomètre et le corps ont la même température, ou bien le thermomètre monte ou descend avant que le niveau du liquide de sa tige devienne invariable. Dans les deux cas, si la tige porte une graduation, la division vis-à-vis de laquelle s'arrête la colonne exprime la température des corps.

On peut donc arriver à représenter la température d'un corps par le chiffre de la graduation où s'arrête le liquide d'un thermomètre, une fois que le contact a eu lieu.

Mais pour que les thermomètres placés dans les mêmes circonstances donnent les mêmes indications, pour qu'ils soient comparables, il faut des règles fixes pour la graduation.

On a choisi deux températures fixes, faciles à reproduire, toujours les mêmes partout : celle de la glace fondante; celle de l'eau bouillante sous la pression de 760 millimètres.

L'*échelle centigrade* marque *zéro* à la première, *cent* à la seconde. L'intervalle est de 100 divisions appelées *degrés*. Le degré centigrade est donc la variation de température nécessaire pour faire éprouver à une certaine masse de mercure la centième partie de la dilatation que subit cette masse en passant de la température de la glace fondante jusqu'à celle de l'eau bouillante, sous la pression de 760 millimètres.

86. Détermination des points fixes. — 1° Le point zéro. — Pour marquer la position du point zéro, on plonge le thermomètre dans de la glace grossièrement concassée et contenue dans un vase percé de trous, pour que l'eau provenant de la fusion puisse s'écouler librement (fig. 69). Au bout de quelque temps le niveau du mercure reste invariable; on fait une petite marque à la cire ou avec un diamant sur la tige, au point où s'est arrêtée la colonne.

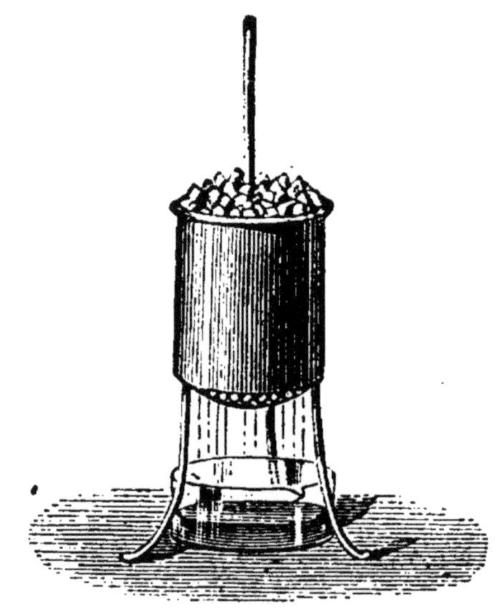

Fig. 69. — Appareil à déterminer le point zéro du thermomètre.

2° Le point 100. — Pour marquer le point supérieur, on place le thermomètre dans un cylindre de laiton, représenté par la figure 70. C'est un vase dont la partie inférieure contient de l'eau distillée; il est surmonté de deux manchons concentriques communiquant l'un à l'autre par le haut; le manchon extérieur ouvre à l'air par un large tube. Le thermomètre est placé de manière que son réservoir approche du niveau de l'eau sans y plonger.

On place l'appareil sur un foyer; quand l'eau bout, la vapeur monte dans le premier manchon où elle enveloppe le thermomètre; elle redescend dans le second pour sortir à l'extérieur; cette seconde enveloppe de vapeur empêche que la première se refroidisse, de sorte qu'au bout de peu de temps le thermomètre est dans une enceinte à température constante. Quand la colonne de liquide du thermomètre est devenue stationnaire, on marque sur le tube le point où elle s'est arrêtée. C'est le point 100 de la graduation, si la pression barométrique du moment est 760 millimètres.

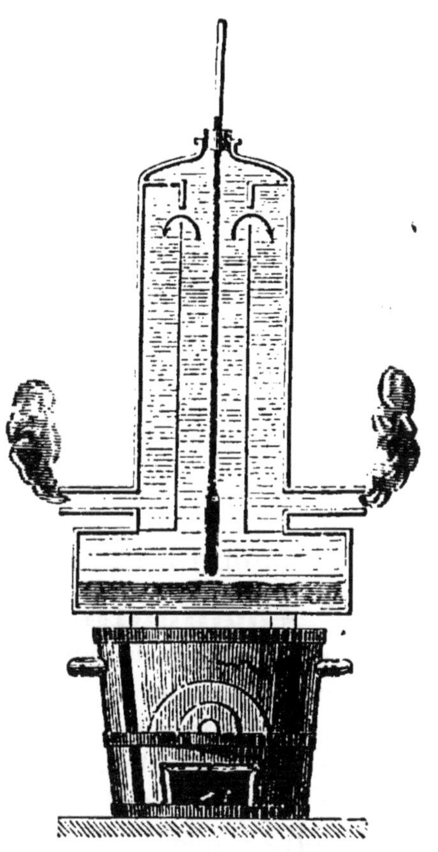
Fig. 70. — Appareil pour déterminer le point 100 du thermomètre.

Pour achever l'appareil, il faut partager en 100 divisions égales l'intervalle compris entre le zéro et le 100, marquer ces divisions et en porter d'égales au-dessus de 100 et au-dessous du zéro. Ces divisions peuvent être marquées sur une planchette où l'on a d'abord fixé le thermomètre; mais dans les appareils de précision, elles sont marquées sur le tube lui-même. A cet effet on recouvre le tube d'un vernis; avec la machine à diviser on trace les divisions en enlevant le vernis, puis on passe sur le tube une dissolution d'acide fluorhydrique qui attaque le verre suivant les traits où il est mis à nu. On lave le tube, on enlève le vernis, et l'appareil est gradué sur tige.

Si le baromètre ne marquait pas 760 millimètres au

moment où l'on a déterminé la position du point fixe supérieur, ce point ne représenterait pas exactement 100 degrés; alors une correction serait nécessaire. L'erreur est de 1 degré pour 27 millimètres de variation de pression, de sorte que si le baromètre ne marquait que 733 millimètres, c'est 99 degrés qu'il faudrait marquer et non 100 au point où le mercure se serait arrêté dans la vapeur d'eau, et il faudrait alors diviser l'intervalle des deux points fixes en 99 parties égales.

Tel est le thermomètre; quand on s'en sert pour déterminer la température d'un corps, on lit le chiffre vis-à-vis duquel s'arrête la colonne de mercure. Si c'est en dessous du zéro, on désigne la température en faisant précéder le chiffre qui l'exprime du signe — ou en le faisant suivre des mots *au-dessous de zéro.* Dans l'écriture, les degrés s'indiquent par un petit ° placé en exposant : c'est ainsi qu'on écrit 20° (vingt degrés), — 15° (moins quinze degrés ou quinze degrés au-dessous de zéro).

87. **Graduation du thermomètre à alcool.** — Pour le thermomètre à alcool, on peut bien, comme pour le précédent, déterminer le point zéro; mais on ne peut songer à prendre le même point supérieur puisque l'alcool bout à 78°. Alors on détermine un point supérieur au zéro par comparaison avec un thermomètre à mercure déjà gradué. On place dans un vase d'eau le thermomètre à alcool que l'on veut graduer, avec un bon thermomètre à mercure; on chauffe progressivement l'eau, et à un moment, en modérant la source de chaleur, on maintient la température constante, soit par exemple à 40° du thermomètre à mercure. On marque un point sur la tige du thermomètre à alcool vis-à-vis l'extrémité de sa colonne liquide : c'est le point 40 dans notre exemple. On divise en 40 parties égales la distance de ce point au point zéro et on prolonge la graduation en dessus et en dessous.

88. **Diverses échelles thermométriques.** — La graduation centigrade que nous venons

d'indiquer est la plus employée. Avant elle, on s'est servi de la *graduation Réaumur* dans laquelle le point zéro est le même, mais où l'on marquait 80 dans la vapeur d'eau bouillante; elle n'est plus en usage.

Dans les pays de langue anglaise on emploie un mode de graduation dû à Fahrenheit : on marque 32° dans la glace fondante, 212 dans la vapeur d'eau bouillante; l'intervalle des deux points fixes est donc de

$$212 - 32 \text{ ou } 180 \text{ degrés.}$$

Un degré Fahrenheit représente donc les $\frac{100}{180}$ ou les $\frac{5}{9}$ d'un degré centigrade.

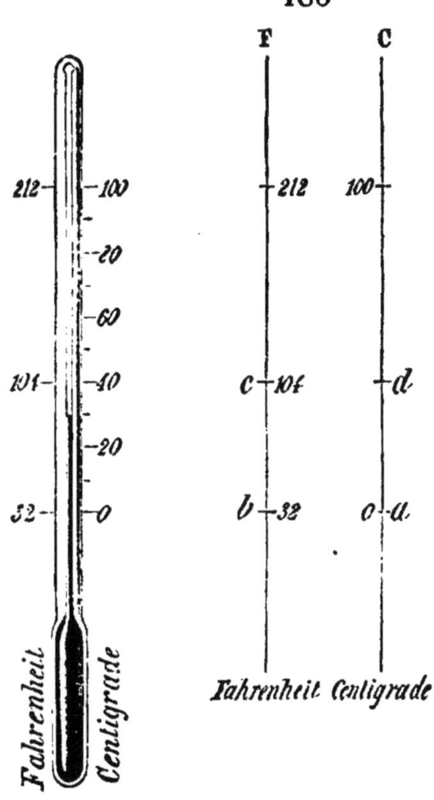

Fig. 71. — Graduation centigrade et graduation Fahrenheit.

Il est utile de savoir transformer en degrés centigrades un nombre quelconque de degrés Fahrenheit, et réciproquement. C'est un calcul facile dont voici un exemple : *Soit à chercher quel degré centigrade correspond à 104° Fahrenheit.*

Si l'on jette les yeux sur les deux lignes de la fig. 71, qui représente les deux graduations, on verra qu'il faut chercher le nombre de degrés de l'espace *ad* correspondant au nombre de degrés de l'espace *bc*. Or de *b* en *c* il y a 104 — 32 ou 72 divisions.

Chaque degré Fahrenheit valant $\frac{5}{9}$ de degré centigrade, on aura le nombre de degrés cherché en multipliant 72 par $\frac{5}{9}$.

$$\frac{72 \times 5}{9} = 40°.$$

La réponse est 40° centigrades.

On résoudrait d'une manière analogue les trois autres questions qui peuvent être posées sur cette transformation.

89. **Pyromètres.** — On ne peut employer le thermomètre à mercure que de — 30° à + 350°, car le mercure se congèle à — 40° et bout à + 360°. Pour les températures basses, on se sert avec avantage du thermomètre à alcool, car on n'est pas encore parvenu à congeler ce liquide. Mais pour les températures élevées, il faut avoir recours à d'autres instruments qui portent le nom de *pyromètres.*

L'un d'eux, celui de Brongniart, consiste en une barre métallique plongée dans le four dont on cherche la température; l'extrémité de la barre qui sort du four appuie contre un levier coudé dont la disposition est celle du pyromètre à cadran décrit ci-devant.

Dans l'industrie des terres cuites, on emploie le pyromètre de Wegwood qui est fondé sur le retrait qu'éprouve l'argile quand on la chauffe. On découpe avec un moule de petits cylindres d'argile. On en introduit un dans le four; au bout de quelque temps on le retire, et on mesure le retrait qu'il a subi en l'introduisant entre deux barres métalliques qui font entre elles un petit angle. On a gradué les barres métalliques et on estime la température par le point où le cylindre d'argile s'arrête entre elles.

Les nombres ainsi obtenus ne donnent la température qu'approximativement.

90. **Thermomètre à maxima et à minima.** — On a besoin dans plusieurs circonstances de connaître la valeur du maxi-

mum et du minimum de la température dans un lieu donné et dans un intervalle de temps connu. On se sert à cet effet de thermomètres qui indiquent d'eux-mêmes la température la plus haute ou la plus basse à laquelle ils ont été portés; on les appelle **thermomètres à maxima** ou **à minima**, suivant qu'ils marquent l'une ou l'autre des températures extrêmes. Leurs formes sont très variées, nous ne décrirons que les plus commodes.

Le *thermomètre à maxima de Negretti* est à mercure; la tige a été légèrement courbée et rétrécie près du réservoir (fig. 72). Pour

Fig. 72. — Thermomètre à maxima de Negretti.

l'observation, on le pose horizontalement, et la température la plus élevée à laquelle l'instrument a été soumis entre deux observations est marquée par l'extrémité de la colonne de mercure, à l'opposé du réservoir. Après une observation, on le tient un moment verticalement, on lui donne de petits chocs et on le remet en place. Voici comment il fonctionne. Quand le mercure se dilate sous l'influence d'une température qui s'élève, il passe dans la tige malgré le rétrécissement et s'avance plus ou moins. Mais si la température vient ensuite à baisser, que le mercure se contracte, celui qui est dans la tige au delà du rétrécissement ne peut rentrer dans le réservoir; il reste dans la tige. Si un instant après la température monte plus haut qu'elle ait encore été, le mercure du réservoir en se dilatant pousse dans la tige une nouvelle quantité de liquide qui y reste et qui indiquera la température la plus élevée à laquelle a été porté l'appareil. Ce thermomètre fonctionne très bien, mais à la condition que le rétrécissement ne soit ni trop large ni trop étroit; trop large il laisserait rentrer le liquide dans le réservoir pendant le refroidissement, trop étroit il ferait obstacle en partie à la dilatation et à l'augmentation de la colonne.

Le *minima* le plus employé est celui de Rutherford (fig. 73). C'est un thermomètre à alcool qui contient dans le liquide un petit

Fig. 73. — Thermomètre à minima de Rutherford.

index d'émail ou de verre, assez fin pour glisser librement dans le tube. Pour le mettre en place, on incline d'abord le tube de manière que l'index noyé dans le liquide vienne au contact de l'extrémité de la colonne; puis on le place horizontalement dans l'endroit où il doit être observé. Quand la température s'élève, l'alcool se dilate, passe librement autour de l'index qui reste en place. Quand au contraire la température s'abaisse, l'extrémité de la colonne liquide presse sur l'index et le fait rétrograder vers le réservoir. La température la plus basse à laquelle l'instrument a été soumis est indiquée par l'extrémité de l'index la plus éloignée du réservoir. Après une observation, on remet le thermomètre en place après l'avoir incliné de manière à faire de nouveau glisser l'index jusqu'à l'extrémité de la colonne.

Exercices.

21. Quand le thermomètre centigrade marque 15 degrés au-dessous de zéro, que marque le thermomètre Fahrenheit?

22. Lorsque le thermomètre Fahrenheit marque 140°, que marque le thermomètre centigrade?

23. A quel degré centigrade correspond le zéro du thermomètre Fahrenheit?

Questionnaire.

Quels sont les effets de la chaleur sur les corps?

Comment montre-t-on que la chaleur dilate les corps solides? — Comment fait-on voir que les liquides augmentent de volume quand on les chauffe?

A l'aide de quelle expérience fait-on voir que la chaleur augmente beaucoup le volume des gaz?

Comment construit-on un thermomètre à alcool? — Quels sont les points fixes de l'échelle et comment les marque-t-on?

Dans quel cas préfère-t-on le thermomètre à alcool ou le thermomètre à mercure?

Devoir.

Comment constate-t-on qu'un corps est plus chaud qu'un autre?

Comment gradue-t-on un thermomètre à alcool?

CHAPITRE XII

CHANGEMENTS D'ÉTAT DES CORPS

91. La chaleur change l'état des corps. — Quand on chauffe un corps, on peut le faire passer par l'un ou l'autre des trois états sous lesquels se présente la matière. Chauffe-t-on un solide, ordinairement il devient liquide; et si l'on donne plus de chaleur le liquide passe à l'état de gaz ou de vapeur. Au contraire que l'on refroidisse suffisamment une vapeur ou un gaz et le corps redevient liquide; il reprendra l'état solide si le refroidissement est assez grand et assez continu.

C'est un fait général qu'un même corps peut se présenter suivant les circonstances sous l'un ou l'autre des trois états et que c'est toujours la chaleur qui est la cause de ces transformations. L'eau nous offre pour le prouver un des exemples les plus frappants. On met un petit morceau de glace dans un tube d'essai; on plonge le tube dans l'eau chaude et la glace fond et devient liquide. Si l'on munit le tube d'essai d'un tube abducteur se rendant à un serpentin refroidi et que l'on continue à chauffer sur une lampe à alcool ou sur un bec de gaz, l'eau provenant de la glace passe en vapeur; mais cette vapeur refroidie par son contact avec le serpentin repasse à l'état d'eau; et si l'on reprend cette eau et qu'on la mette dans un mélange réfrigérant elle se congèle; on a ainsi fait parcourir à l'eau le cycle complet des changements d'état.

Il y a lieu d'étudier les deux transformations générales : 1° *le passage d'un corps solide à l'état liquide et le retour inverse d'un liquide en solide*; 2° *le passage d'un liquide en vapeur et le retour inverse d'une vapeur à l'état liquide.*

Le passage d'un solide à l'état liquide peut s'opérer de deux manières que nous étudierons séparément.

I. — FUSION

92. La plupart des corps, soumis à une élévation de température convenable, passent brusquement de l'état solide à l'état liquide; on dit qu'ils *fondent* et le phénomène porte le nom de **fusion.**

La fusion est donc le passage d'un corps solide à l'état liquide par l'action de la chaleur.

A ne considérer que les corps usuels, on peut établir

des différences très caractéristiques sous le rapport de la fusion. D'abord les uns sont plus faciles à fondre que les autres : ainsi on fond l'étain en feuille, sur une feuille de papier, au-dessus de charbons allumés, le plomb dans une cuiller de fer chauffée sur des charbons; il faut déjà une assez haute température pour fondre le zinc, une plus haute encore pour fondre les autres métaux.

Certains corps comme le charbon et la chaux ne fondent pas quand on les soumet aux plus hautes températures, mais on est porté à penser qu'ils ne résisteraient pas à des sources de chaleur plus puissantes que celles que nous pouvons actuellement produire. D'autres corps, notamment les corps organiques, se décomposent au lieu de fondre : telle est la cellulose, tel est aussi le carbonate de chaux.

Enfin, parmi les corps qui fondent, il y a encore deux catégories. Les uns, comme la glace et les métaux, deviennent nettement et franchement liquides; les autres, comme le verre, passent d'abord par un état intermédiaire : ils deviennent pâteux avant d'être franchement liquides.

En donnant les lois de la fusion, nous ne nous occuperons que des corps où le passage d'un état à l'autre se produit d'une manière nette; l'étude des corps pâteux ne pourrait pas nous conduire à des conclusions générales.

93. Lois de la fusion. — Le phénomène de la fusion présente deux lois :

1° *Pendant tout le temps qu'un corps solide fond, sa température reste invariable;*

2° *Un corps solide commence toujours à fondre à une même température que l'on appelle le point de fusion.*

La première loi ne subit aucune exception. Quelle que soit la puissance du foyer où le corps solide est placé, la fusion totale est plus ou moins accélérée, mais tout le temps que le corps fond, sa température reste la même. C'est précisément cette propriété que nous avons mise à profit pour trouver l'un des points fixes, le point zéro, de l'échelle thermométrique.

Que devient la chaleur fournie en excès à un corps solide qui a commencé à fondre? Elle est employée à effectuer le travail moléculaire du changement d'état.

La seconde loi n'est pas aussi nette. Pour qu'elle soit vérifiée, il est nécessaire de se placer dans les mêmes conditions, d'opérer sur des corps purs et à l'air libre; encore le point de fusion varie-t-il pour le même corps avec quelques circonstances particulières, comme la pression. Mais la constance du point de fusion à l'air libre est assez marquée pour pouvoir servir à constater la pureté d'une substance donnée.

Voici pour un certain nombre de corps usuels les points de fusion observés à l'air libre :

Mercure	—40°	Étain	228°
Acide hypoazotique	— 9	Plomb	334
Eau solide	0	Argent	950
Suif	33	Or	1035
Phosphore	44	Cuivre	1050
Potassium	62	Fonte de fer	1200
Cire	64	Acier	1400
Acide stéarique	70	Fer pur	1500
Soufre	114	Platine	1800

Une particularité très curieuse, c'est que dans le cas des mélanges, soit de métaux entre eux sous forme d'alliages, soit des acides gras solides, le point de fusion est généralement au-dessous de celui du corps le plus fusible qui entre dans le mélange. En voici des exemples

Alliage de Darcet.	5 de plomb (334°) 8 de bismuth (247°) 3 d'étain (228°)	Point de fusion 95°.
Alliage d'Hermann.	1 de plomb 1 d'étain 4 de bismuth	Point de fusion

On prouve d'ailleurs très facilement que les deux alliages précédents fondent avant 100° : on en suspend un morceau dans un ballon où l'on fait bouillir de l'eau et l'on voit l'alliage tomber goutte à goutte au fond du vase.

94. Changement de volume pendant la fusion. — Un corps en fondant subit en général un changement de volume, et le plus souvent le liquide occupe plus de place que le solide dont il provient. C'est ainsi pour la plupart des corps. Pendant la fusion, les morceaux encore solides restent au fond du vase et n'apparaissent pas à la surface du liquide : tel est le cas de la cire et du soufre.

Mais quelques corps, et en particulier la glace, sont plus légers et occupent un plus grand volume à l'état solide qu'à l'état liquide; aussi ils surnagent pendant leur fusion sur le liquide déjà produit. Tout le monde a pu le remarquer pour la glace. On constate la même particularité pour la fonte de fer, le bismuth, l'antimoine, l'alliage d'Hermann cité plus haut et l'argent.

95. Phénomène du regel. — On avait remarqué depuis longtemps qu'en pressant fortement deux morceaux de glace l'un contre l'autre on pouvait arriver à les souder en un seul. Tyndall eut l'idée d'employer deux blocs de bois dur portant chacun une cavité en forme de demi-lentille (fig. 74), d'entasser des morceaux de glace entre ces blocs et de mettre le tout sous une forte presse. Il en retira une lentille de glace. Sous l'influence de la pression, tous les morceaux avaient fondu, et le tout s'était repris à l'état solide avec la forme du vase quand la pression avait cessé; il y avait donc eu fusion et ensuite *regel.*

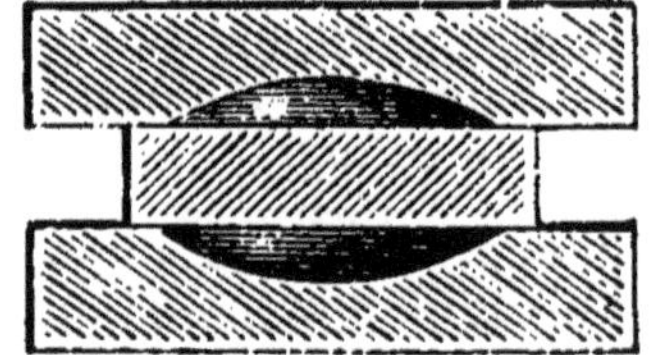

Fig. 74. — Moulage de la glace par pression.

Voici une expérience de Thomson, qu'il est intéressant de répéter. On pose un bloc de glace sur deux supports fixes et sur le bloc un fil de fer aux deux extrémités duquel sont suspendus des poids assez lourds (fig. 75). La pression du fil fait fondre la glace et le fil pénètre peu à peu dans l'intérieur du bloc; mais en même temps l'eau provenant de la fusion passe au-dessus du fil, elle n'est plus pressée et elle reprend l'état solide. Le fil traverse ainsi tout le bloc, sans le séparer réellement en deux puisque les deux moitiés se ressoudent à mesure que le fil descend.

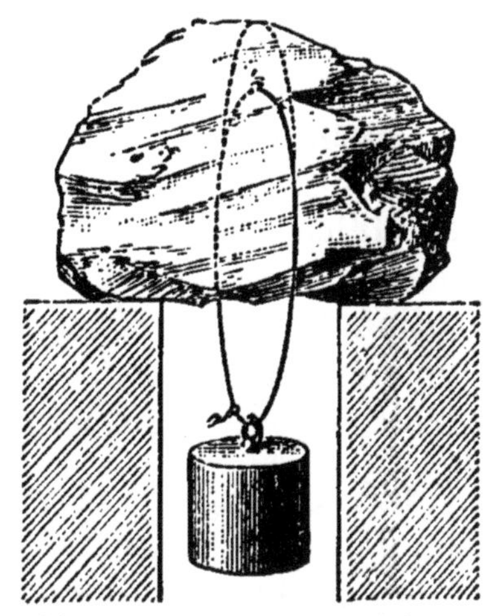

Fig.75. — Fusion et regel de la glace.

Explication de la marche des glaciers. — Les expériences précédentes ont permis d'expliquer la marche des glaciers. La neige qui tombe sur les montagnes s'accumule; elle s'agglomère sous l'effet de la pression; les couches inférieures subissent une fusion et un regel qui les transforme en glace. Ces masses énormes poussées par la pression supérieure se brisent contre les obstacles qui entravent leur mouvement de descente; mais les morceaux se ressoudent bientôt grâce au regel, et toute la masse paraît descendre dans les vallées, tantôt en se rétrécissant, tantôt en s'élargissant, toujours en se moulant sur les parois qui la renferment, comme pourrait le faire un corps pâteux. La fusion par la pression et le regel donne donc à ces masses de glace l'apparence d'un corps plastique, bien que ce soit réellement un corps dur et cassant.

II. — SOLIDIFICATION

96. Lois de la solidification. — Quand on abaisse suffisamment la température d'un liquide, il reprend l'état solide : c'est le phénomène inverse de la fusion et les lois peuvent en être formulées d'une manière analogue :

1° *Pendant tout le temps qu'un liquide se solidifie, sa*

température reste invariable ; et elle est la même que pendant la fusion du corps ;

2° *Un liquide commence ordinairement à se solidifier à la même température.*

Comme pour la fusion, la première de ces lois ne subit aucune exception; mais la seconde en présente.

La présence dans l'eau d'autres substances retarde la solidification. Ainsi l'eau de mer ne se solidifie qu'au-dessous de zéro, et pendant le phénomène de la congélation le sel se sépare de l'eau; de sorte que la glace formée par l'eau de mer n'est pas salée à moins qu'elle n'ait emprisonné quelques cristaux de sel.

97. **Congélation de l'eau.** — Parmi les corps liquides qui augmentent de volume en se solidifiant, l'eau est le plus important. Si pour une cause quelconque la dilatation du liquide qui se congèle est empêchée, cette dilatation développe une force considérable et a pour effet de briser le vase. On a pu faire briser des vases à parois très fortes comme des canons en les emplissant d'eau, les fermant hermétiquement et les exposant à un froid suffisant pour faire congeler l'eau.

La rupture des vaisseaux qui contiennent l'eau se produit fréquemment dans la nature sur les calcaires poreux que l'on désigne sous le nom de pierres gelives et sur les plantes. L'eau que les calcaires ont absorbée augmente de volume en se solidifiant et provoque la rupture de la pierre. La congélation de l'eau dans les canaux des plantes explique les dégâts que les gelées fortes du printemps produisent sur les végétaux.

III. — DISSOLUTION

98. **Dissolution. — Corps solubles. — Dissolvants.** — Beaucoup de corps solides passent à l'état liquide quand on les agite dans l'eau ou dans un liquide approprié, ainsi un fragment de sel ordinaire, un morceau de sucre disparaissent dans l'eau et prennent la forme liquide. On dit vulgairement que le sel et

le sucre *fondent* dans l'eau; le chimiste dit qu'il se *dissolvent* et il appelle **dissolvant** le liquide dans lequel un corps solide peut ainsi disparaître.

L'eau est le principal dissolvant des corps solides; elle en dissout en effet un très grand nombre; mais quelques corps ne peuvent perdre la forme solide que dans d'autres liquides. Ainsi la fuchsine, à peine soluble dans l'eau, se dissout très bien dans l'alcool; le coton-poudre disparaît entièrement dans un mélange d'éther et d'alcool, la graisse est soluble dans l'ammoniaque, l'iode dans la benzine, le soufre et le phosphore dans le sulfure de carbone.

99. La dissolution est une sorte de fusion. — Le phénomène de la dissolution est comparable à celui de la fusion; les molécules du corps solide sont en effet aussi complètement séparées les unes des autres, qu'elles le seraient par l'action de la chaleur. De plus, on peut grouper les corps pour la dissolution comme ils le sont pour la fusion; on trouve en effet :

1° Des corps qui se dissolvent	*en devenant nettement liquides.* Ex. : le salpêtre, le sucre, etc. *en devenant pâteux.* Ex. : les gommes;
2° Des corps qui ne se dissolvent pas	*faute d'un dissolvant.* Ex. : le carbone, *mais qui se décomposent.* Ex. : la craie dans un acide.

L'analogie cesse là; car les deux lois de la fusion n'ont pas leurs analogues dans la dissolution. Il n'y pas en effet de température fixe pour la dissolution; une même substance, le salpêtre par exemple, se dissout dans l'eau n'importe à quelle température.

Mais si l'on ne peut pas formuler des lois simples et générales pour la dissolution, on peut néanmoins prouver expérimentalement deux faits intéressants : d'une part que la *chaleur favorise la dissolution* et d'autre part, que *certains sels exigent de la chaleur pour se dissoudre.*

100. La chaleur favorise la dissolution. — La quantité d'un corps qui peut se dissoudre dans un poids donné d'eau ou d'un liquide n'est pas illimitée. Quand le liquide a dissous tout ce qu'il peut retenir du solide, à une température donnée, on dit qu'il est *saturé*, et on appelle *coefficient de solubilité* le rapport de ce poids de sel dissous au poids du liquide dissolvant.

L'élévation de la température augmente la solubilité de la plupart des corps. Ainsi le salpêtre se dissout en bien plus grande quantité dans l'eau chaude que dans l'eau froide : 100 grammes d'eau à 20° ne peuvent dissoudre que 30 grammes de salpêtre; si on chauffe l'eau à 100°, elle pourra dissoudre six fois plus du sel solide.

La variation est plus grande encore pour le sulfate de soude, mais entre des limites plus restreintes de température : 100 grammes d'eau qui à zéro degré sont saturés par 12 grammes du sel, peuvent en dissoudre 320 grammes à 33°.

Mais la solubilité du sel marin n'augmente presque pas avec la température, car tandis que 100 grammes d'eau dissolvent 35 grammes de sel à zéro, ils n'en peuvent dissoudre que 40 grammes à 110°.

101. La dissolution peut exiger de la chaleur; mélanges réfrigérants. — Pour certains sels, la quantité de chaleur nécessaire à leur changement d'état est grande; et si leur dissolution est tant soit peu rapide, ils empruntent de la chaleur à l'eau qu'on leur a mélangée et au vase qui les contient. On peut alors les utiliser pour refroidir d'autres corps, et c'est ce qui a fait donner le nom de **mélanges réfrigérants** à leur mélange avec l'eau.

Un exemple frappant est celui de l'azotate d'ammoniaque mélangé à un poids égal d'eau. Le verre qui contient ce mélange se recouvre extérieurement d'une buée qui ruisselle et même se congèle; et si on a mis dans le mélange un peu d'eau contenue dans un tube d'essai, on retrouve cette eau en glace.

Le mélange réfrigérant le plus employé est formé de deux parties de glace pilée et d'une de sel marin, les deux corps étant disposés par couches successives; l'abaissement de température peut aller jusqu'à — 20°. C'est ce mélange qui est employé par les glaciers pour faire congeler les sirops et fabriquer les glaces et les sorbets.

Dans les laboratoires, on mélange la glace ou la neige avec du chlorure de calcium en poudre et on obtient un froid de — 50°.

Ou bien on mélange de l'acide carbonique solide avec de l'éther et la température peut s'abaisser jusqu'à — 100°.

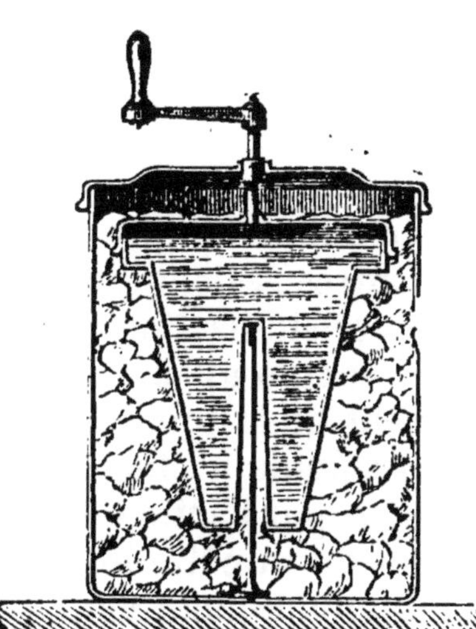

Fig. 76. — Glacière des familles.

Dans la **glacière des familles** (fig. 76) on met 3 parties de sulfate de soude et 2 d'acide chlorhydrique pour remplir le vase extérieur : on place le corps à congeler dans le vase central; on ferme et on tourne la manivelle qui fait mouvoir l'agitateur : en un quart d'heure, on obtient un petit bloc de glace. Pour retirer ce corps congelé du vase qui le contient, on plonge quelques instants ce vase dans de l'eau chaude; la chaleur communiquée aux parois fait fondre un peu la glace et le morceau se détache alors avec facilité.

IV. — SOLIDIFICATION DES CORPS DISSOUS

102. Retour à l'état solide d'un corps dissous. — Lorsqu'un corps est dissous dans un liquide, on peut le ramener à l'état solide en enlevant le liquide par évaporation. A mesure qu'une partie du liquide disparaît, celui qui reste contient un plus grand poids du solide par rapport au poids du dissolvant; la solution est bientôt saturée et le dépôt du solide commence.

L'évaporation du liquide peut avoir lieu à l'air libre dans des vases à large surface; elle est lente alors; lent aussi est le dépôt du solide; mais l'évaporation peut être aidée par l'action de la chaleur, le phénomène est alors beaucoup plus rapide. Dans l'un et dans l'autre cas, dans le premier surtout, le corps solide peut grouper ses parcelles suivant des formes géométriques, et se déposer en **cristaux;** comme il peut prendre aussi l'aspect d'une croûte sèche où l'on ne voit pas à l'œil nu de formes cristallines.

Tous les corps qui deviennent franchement liquides en se dissolvant peuvent prendre des formes cristallines; les autres restent amorphes dans la solidification.

La cristallisation d'un solide dissous peut encore avoir lieu par le refroidissement de la solution, quand le solide, plus soluble à chaud qu'à froid, a été dissous par l'action de la chaleur : c'est le cas du salpêtre lorsqu'on a saturé de ce sel un certain volume d'eau à 100°. A mesure que le liquide diminue de température, le sel se dépose en cristaux; en effet, il faut une moindre quantité de sel pour saturer l'eau à froid qu'à chaud et toute la différence entre ces deux quantités doit se déposer pendant le refroidissement.

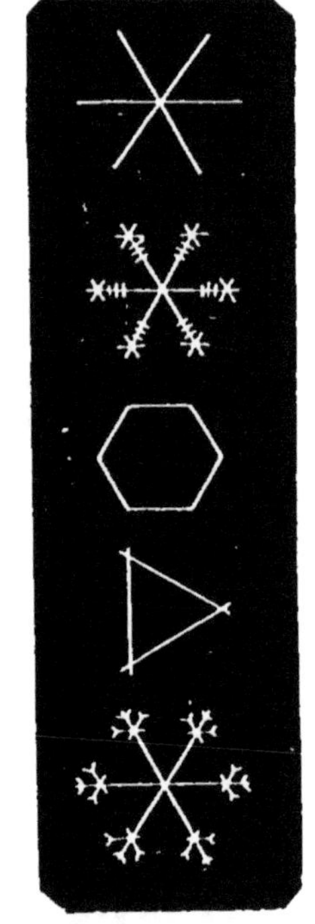

Fig. 77. — Formes des cristaux de glace.

103. La glace est un cristal. — L'eau en se congelant cristallise, et certains fragments de glace présentent les formes géométriques d'un prisme hexagonal. On peut en faire la remarque sur la neige quand elle tombe dans un air calme et qu'on en recueille les flocons sur un corps mauvais conducteur comme du drap noir; on y peut voir à la loupe de petits prismes hexagonaux (fig. 77) parfaitement symétriques, ou des arborescences très régulières comme celles dont se couvrent les carreaux des appartements quand ils sont pendant l'hiver fortement refroidis par l'air extérieur. On montre d'ailleurs les formes des cristaux de glace en projetant sur un écran blanc, dans une chambre noire, comme l'a indiqué Tyndall, un faisceau de lumière que l'on a fait passer au travers d'une lame de glace à faces parallèles. La glace fond en différents points et les cristaux apparaissent sous une forme étoilée à six branches régulières.

Exercices.

24. On sait qu'un fil de fer d'un mètre de longueur s'allonge de $0^{mm},012$ quand on le chauffe d'un degré; on demande de combien s'allongera un fil de 300 mètres s'il est chauffé de 0° à 80°.

25. Un litre de mercure chauffé d'un degré augmente de $0^{cc},18$; quel sera le volume que prendront 20 litres de mercure chauffé de 0° à 50°?

26. Un litre de gaz chauffé d'un degré augmente de $3^{cc},67$; quel sera, à 100°, le volume d'un gaz qui occupe 10 litres à 0°?

Questionnaire.

Comment peut-on faire passer un corps solide à l'état liquide? — Quels sont les métaux qui fondent le plus facilement? — Quels sont les corps qui augmentent de volume en fondant?

Comment peut-on partager les corps au point de vue de la dissolution? — Quels sont ceux que l'on ne peut pas dissoudre? — Comment montre-t-on que la chaleur favorise la dissolution, que certains corps ont besoin de chaleur pour se dissoudre? — Qu'appelle-t-on mélange réfrigérant? — Citer un mélange réfrigérant très employé.

Devoir.

Quels sont les phénomènes que présentent l'eau quand elle se congèle, et la glace quand elle est comprimée? — Pourquoi les gelées du printemps sont-elles si nuisibles aux plantes?

CHAPITRE XIII

PROPRIÉTÉS GÉNÉRALES DES VAPEURS

104. Production des vapeurs. — Si un liquide comme l'eau ou l'alcool est exposé à l'air dans un vase à large surface, son volume diminue peu à peu; une partie du liquide passe à l'état de gaz invisible et se répand dans l'atmosphère. Et lorsque le liquide est odorant comme l'éther, l'odeur se répand dans toute la salle où l'on fait l'expérience.

La disparition du liquide et sa transformation en gaz est plus rapide quand on fait intervenir la chaleur. De grosses bulles se forment dans toute sa masse et montent à la surface; on dit que le liquide bout, et l'on voit son volume diminuer rapidement.

Dans ces deux cas le liquide a donc changé d'état; il est devenu gazeux. Cette transformation, ce changement d'état porte le nom de **vaporisation**, quelle que soit la manière dont on l'effectue; et on appelle **vapeur** l'état gazeux des corps qui se présentent habituellement sous la forme solide ou liquide. Il faut donc étudier *ce passage de l'état liquide à l'état de gaz* et inversement *le retour de l'état de gaz à l'état liquide*, auquel on donne le nom de **liquéfaction**.

Tous les liquides, à l'exception de ceux qui se décomposent facilement par la chaleur, sont susceptibles de se réduire en vapeur quand on les place dans des conditions convenables. Mais dans tous les cas la conversion d'un liquide en gaz est influencée par l'atmosphère environnante. Il est donc tout naturel, si l'on veut rechercher à quelles lois obéit la vaporisation en général, d'éliminer l'action de l'atmosphère et d'étudier d'abord la formation des vapeurs dans le vide.

105. Formation des vapeurs dans le vide. — Le vide le plus parfait que nous sachions obtenir est le vide barométrique : c'est donc dans la chambre d'un baromètre que nous placerons le liquid sur lequel nous voulons opérer. Nous pouvons employer deux moyens : ou bien, après avoir rempli presque complètement le tube barométrique de mercure sec, nous achèverons de le remplir avec une petite colonne du liquide à étudier, pour boucher ensuite le tube, le retourner et le déboucher dans la cuvette; ou bien nous établirons d'abord un baromètre avec un tube large et nous apporterons sous le tube une petite éprouvette D (fig. 78) pleine du liquide voulu. Cette éprouvette retournée sous le tube barométrique laissera échapper le liquide qui montera à la partie supérieure de la colonne mercurielle en vertu de sa moindre densité.

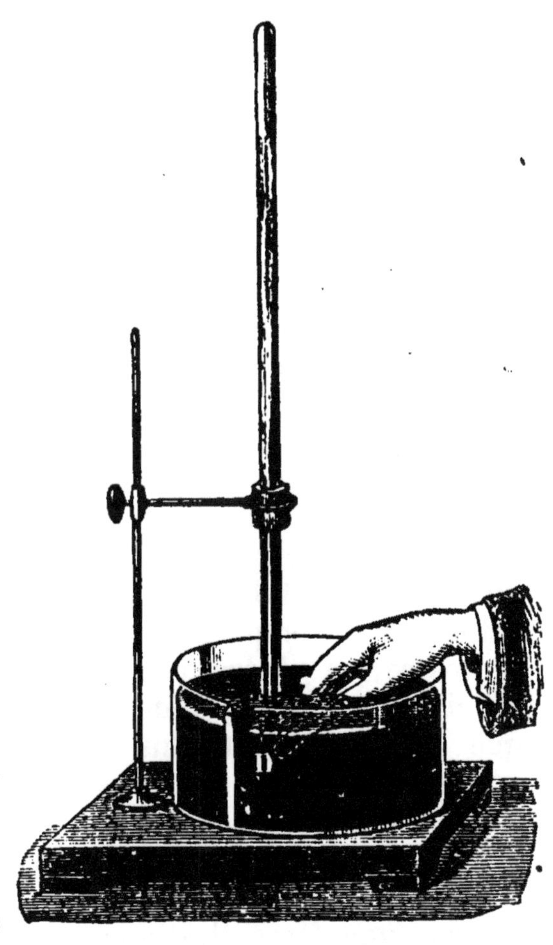

Fig 78. — Moyen d'introduire un peu de liquide dans un baromètre.

On emploie parfois l'une et l'autre de ces deux manières d'opérer et on dispose sur une large cuvette (fig. 79) quatre baromètres dont l'un reste intact et sert de témoin et dont les autres reçoivent une petite quantité d'eau, d'alcool, d'éther.

Aussitôt qu'un de ces liquides arrive dans la chambre

barométrique, il se résout en vapeur et fait déprimer la colonne de mercure. Cette différence de niveau entre le baromètre où l'on a introduit le liquide et le baromètre témoin est due à la pression exercée par la vapeur produite. On peut donc formuler ainsi le résultat de cette expérience : *Un liquide se vaporise instantanément dans le vide et sa vapeur possède une force élastique ou une tension comme un gaz.* Avec les trois liquides précédents, la force élastique de la vapeur est très différente : faible pour l'eau, un peu plus grande pour l'alcool, cette force élastique est très notable pour l'éther à la température ordinaire; en général elle est d'autant plus grande que le liquide est plus volatil.

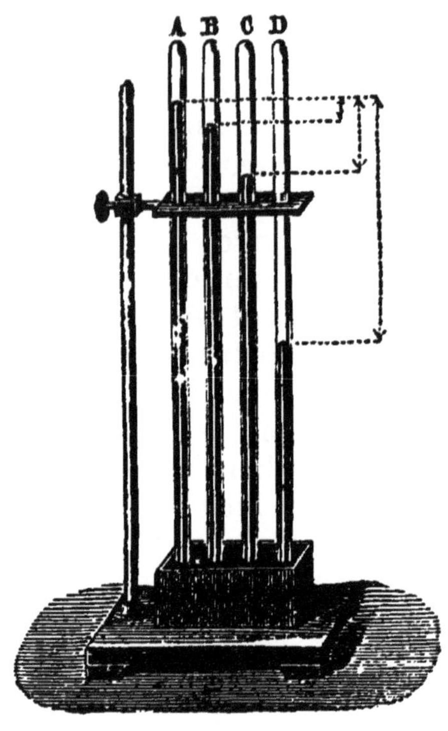

Fig. 79.
A, tube barométrique;
B, baromètre contenant un peu d'eau;
C, — — — d'alcool;
D, — — — d'éther.

106. Force élastique ou tension maxima. — Les vapeurs produites dans le vide ont, comme les gaz, une force élastique; mais il y a une différence très notable entre les vapeurs et les gaz. Quand on introduit dans un baromètre successivement plusieurs bulles d'air, le niveau du liquide s'abaisse à chaque fois, la force élastique du gaz peut donc augmenter indéfiniment. Mais quand on introduit successivement plusieurs gouttes d'éther, les premières se vaporisent complètement et la force élastique de la vapeur s'accroît; mais bientôt les nouvelles gouttes introduites restent liquides et le niveau du mercure cesse de s'abaisser; la force élastique de la vapeur ne s'accroît plus; elle a atteint la plus grande valeur qu'elle peut prendre dans les conditions de l'expérience, et la vaporisation cesse de se produire. La vapeur d'un liquide a donc, dans les conditions de l'expérience, une force élastique qu'elle ne peut dépasser : c'est la *force élastique* ou la *tension maxima*. Cette force élastique augmente avec la température ainsi qu'on peut s'en assurer en promenant une lampe à alcool le long du tube contenant de la vapeur d'éther; on voit la colonne de mercure se déprimer rapidement, pour reprendre sa première hauteur par le refroidissement.

Ainsi, quand un liquide est placé dans le vide, il se transforme en vapeur entièrement s'il est en petite quantité; mais si le liquide est en excès, la vaporisation s'arrête dès que la vapeur a atteint une force élastique maximum qui dépend de la température.

107. Modes de formation des vapeurs. — Un liquide peut passer en vapeur de deux manières : ou bien le passage est lent et ne s'effectue que par la surface libre du liquide : celui-ci diminue peu à peu et disparaît dans l'air en vapeurs invisibles, c'est le phénomène de l'**évaporation**; ou bien, si l'on place le liquide sur une source de chaleur, on voit à un moment donné de grosses bulles se former au fond et sur les parois du vase, s'élever dans le liquide et venir crever à la surface en produisant un bouillonnement tumultueux dans toute la masse du liquide : c'est le phénomène de l'**ébullition**.

I. — ÉVAPORATION

108. Conditions qui favorisent l'évaporation. — Si l'on abandonne à l'air sur des soucoupes un peu d'eau, un peu d'alcool, un peu d'éther, ce dernier liquide est vite disparu, le second est plus longtemps à disparaître, et l'eau elle-même diminue peu à peu et se répand en gaz invisible dans l'atmosphère. Si l'on avait couvert d'une cloche chacune des soucoupes et limité ainsi l'espace dans lequel pouvait se répandre la vapeur, l'évaporation se serait d'abord produite, mais elle n'aurait pas tardé à s'arrêter; quand la cloche aurait contenu la vapeur du liquide avec la force élastique maximum que cette vapeur peut prendre à la température de l'expérience, l'espace aurait été saturé et la production de vapeur se serait arrêtée. Mais quand l'atmosphère au-dessus du liquide est illimitée ou se renouvelle sans cesse, la production de vapeur est continue.

La rapidité de l'évaporation dépend de plusieurs conditions : de l'étendue de la surface du liquide, de la température, de l'agitation de l'air ambiant, de la quantité de vapeur existant déjà dans l'atmosphère.

Étendue de la surface. — Puisque la production de la vapeur a lieu par la surface du liquide, plus cette surface est grande, plus est grande aussi la quantité de liquide évaporé dans un temps donné. On sait fort bien que pour faire sécher du linge mouillé on l'étale le plus possible plutôt que de le laisser en tas. On met à profit l'influence de la grandeur de la surface évaporatoire pour extraire le sel soit des eaux de la mer, soit des sources salées. L'eau de la mer ne contient environ que 2.5 °/₀ de sel; il faut l'amener à peu près à 25 °/₀ pour que le sel se dépose. On fait arriver l'eau de la mer dans une suite de bassins de faible profondeur mais d'une étendue de deux ou trois cents hectares, et après un court séjour dans ces **marais salants**, l'eau s'est assez évaporée pour laisser déposer le sel que l'on rassemble et que l'on enlève.

Les eaux des sources salées sont comme l'eau de la mer très peu chargées de sel; on dépenserait trop de combustible pour les faire évaporer tout d'abord par la chaleur. On les répand sur des tas de fagots où elles s'évaporent à l'air libre et sans frais parce qu'elles sont répandues sur une très grande surface.

Élévation de la température. — Plus un liquide à évaporer est chaud, plus est grande la tension maximum de sa vapeur, par conséquent plus il donne de vapeurs dans le même temps et plus son évaporation est rapide. On met journellement à profit cette influence pour évaporer rapidement les liquides dans les laboratoires; on place les liquides dans de larges capsules que l'on chauffe. Pendant l'été, le sol et les plantes se dessèchent promptement aux rayons du soleil; l'évaporation par les feuilles est très active, si active même que la plante se fane si on ne l'abrite pas ou si on ne lui rend pas par un arrosage l'eau qu'elle perd par l'évaporation. Dans les fabriques de papier et de tissus, on sèche ceux-ci en un instant en les faisant passer sur des cylindres creux chauffés par un courant de vapeur d'eau qui circule dans leur intérieur.

Influence de la quantité de vapeur existant déjà dans l'air. — L'évaporation est d'autant plus rapide que l'air en contact avec le liquide contient moins de vapeurs, et lorsqu'il s'agit de l'eau, que l'air est plus sec. Si l'atmosphère est près d'être saturée, l'évaporation est lente, presque nulle; elle devient au contraire très active si l'atmosphère est sèche. C'est un fait d'expérience qu'on ne peut sécher facilement les lessives quand l'air est humide. Cette influence se fait aussi sentir sur la transpiration cutanée, et le malaise que l'on éprouve dans un air très humide et que l'on indique en disant à tort que le temps est lourd en est la conséquence.

Agitation de l'air. — Le mouvement de l'air active l'évaporation. Si l'air était calme et ne se renouvelait pas, il se formerait au-dessus du liquide une couche saturée et l'évaporation serait arrêtée. L'agitation de l'air enlève cette couche à mesure qu'elle se sature et amène au-dessus du liquide, d'une façon continue, de l'air qui ne contient pas encore de vapeur. On sait d'ailleurs que les vents secs et chauds sèchent promptement les corps humides. Et on tient compte de cette circonstance aussi bien que des précédentes pour opérer rapidement la dessiccation des corps auxquels il faut enlever de l'eau.

II. — ÉBULLITION

109. Ébullition. — L'ébullition est la production continue de vapeur en grosses bulles dans toute la masse du liquide. On la produit d'ordinaire par l'action de la chaleur : on met sur le feu un vase contenant de l'eau; si le vase est de verre on voit les premières bulles de vapeur se former au contact de la partie chauffée, puis monter et se détruire dans le liquide, tant que la température de tout le liquide n'est pas suffisante pour que la force élastique des bulles de vapeur devienne égale à la pression de l'atmosphère. Chaque bulle qui monte rencontre des couches d'eau moins chaudes qu'elle et dont elle prend la température; elle se condense en se refroidissant, et le liquide environnant se précipite et se choque pour remplir le vide que la bulle a laissé. Quand ce phénomène se produit à beaucoup de points du liquide, la succession des chocs donne naissance au **chant** de l'eau qui va bouillir. Enfin quand les bulles de vapeur peuvent exister au milieu du liquide, c'est-à-dire quand leur tension maximum est devenue égale à la pression de l'atmosphère, elles arrivent jusqu'à la surface sans se condenser et le liquide est en pleine ébullition.

110. Lois de l'ébullition. — On démontre aisément que *la température de la vapeur est constante immédiatement au-dessus du liquide pendant toute la durée de l'ébullition.* On fait bouillir pendant quelque temps un liquide et on observe un thermomètre plongé dans la vapeur : le thermomètre reste invariable, quelle que soit la puissance du foyer. Nous avons d'ailleurs fait usage de cette loi pour déterminer le point 100 du thermomètre.

On démontre aussi qu'*un liquide ne commence à bouillir qu'à une température suffisante pour que la force élastique maximum de sa vapeur soit au moins égale à la pression que le liquide supporte.* Dans un tube recourbé dont la petite branche est fermée et la grande ouverte, on met du mercure pour remplir la petite branche; on y ajoute ensuite un peu d'eau que l'on fait passer en inclinant convenablement le tube, au haut de la petite branche. Ce tube, passé dans un bouchon, est placé dans un ballon qui contient de l'eau et que l'on chauffe sur un fourneau (fig. 80).

Quand l'eau du ballon approche de l'ébullition, on voit l'eau du tube se vaporiser et le mercure baisser dans la petite branche; et quand l'eau du ballon bout, les deux niveaux du mercure dans les deux branches du tube sont sur un même plan horizontal. La vapeur d'eau de la petite branche, au contact de laquelle il reste du liquide, a pris la force élastique maximum correspondante à sa température; elle est au même degré que l'eau du ballon et elle fait équilibre à la pression de l'atmosphère. On peut donc dire que *la force élastique de la vapeur d'un liquide qui bout est égale à la pression que le liquide supporte*.

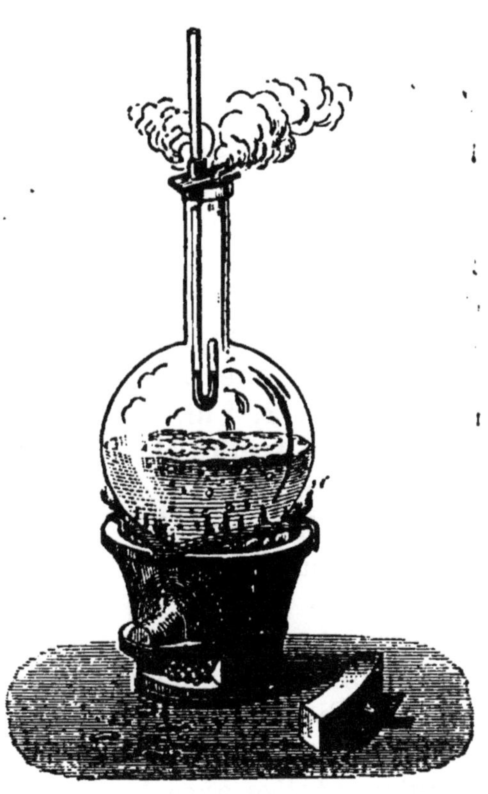

Fig. 80. — Force élastique de la vapeur d'eau à l'ébullition.

Il résulte de cette loi que si on diminue la pression exercée au-dessus du liquide, l'ébullition doit être facilitée, avoir lieu plus tôt, à une température moins élevée, puisque la force élastique à donner à la vapeur est moins grande; et au contraire que si on augmente la pression au-dessus du liquide, l'ébullition est retardée et ne se produit qu'à une température plus élevée. Nous pouvons vérifier ces deux conséquences par l'expérience.

111. Influence de la pression sur l'ébullition. — 1° Augmentation de la pression, marmite de Papin. — On sait que la force élastique maximum de la vapeur d'eau augmente rapidement avec la température, qu'elle est de 2 atmosphères à 121°, de 3 atmosphères à 135°, de 4 atmosphères à 145°. Si donc on fait supporter à l'eau une pression de 2, 3, 4 atmosphères, il faudra élever sa température à 121°, à 135° ou à 145° pour produire l'ébullition; si même on augmente assez la pression, on pourra empêcher l'eau de bouillir. C'est ce qu'on réalise avec la *marmite de Papin.* Cet appareil est une chaudière de cuivre à parois très fortes dont le couvercle, percé seulement d'une petite ouverture, est fixé très solidement contre le vase au moyen d'une vis (fig. 81). Sur la petite ouverture du couvercle appuie un cône pressé par un levier à l'extrémité duquel est un poids : c'est une soupape de sûreté destinée à éviter que la pression dans l'intérieur de l'appareil n'atteigne une puissance capable de faire éclater la chaudière; la longueur du levier et le poids sont calculés de manière que la vapeur puisse soulever le cône et

Fig. 81. — Marmite de Papin.

sortir, avant que sa pression ait une valeur trop grande.

On a mis de l'eau dans la chaudière avant de la fermer; on la place sur le feu et on la chauffe; il n'en sort pas de vapeur, bien que la température soit élevée beaucoup au-dessus de 100°.

L'eau ne bout pas tant que la soupape reste fermée; car le liquide subit une pression plus grande que la tension de sa vapeur, puisqu'à celle-ci s'ajoute la pression de l'air intérieur. Mais si on soulève la soupape, il sort un jet de vapeur avec bruit par l'orifice, parce que la pression intérieure diminue et que l'ébullition se produit violemment.

On a pu, avec un appareil très résistant, faire fondre de l'étain dans l'eau et par conséquent porter ce liquide à 235°. Dans l'industrie on emploie cette marmite plus ou moins modifiée sous le nom d'autoclave pour faire agir l'eau sur des substances qui ne seraient pas attaquées à 100°; c'est ainsi, pour ne citer qu'un exemple, qu'on extrait la gélatine des os.

2° **Diminution de la pression.** — *Ébullition dans le vide. — Ballon de Franklin.* — Si l'on place sous la cloche de la machine pneumatique un vase de verre contenant de l'eau à 20° et qu'on fasse le vide, l'eau commencera à bouillir quand la pression sous le récipient ne sera plus que de $17^{mm},4$; c'est en effet la valeur de la force élastique de la vapeur d'eau à 20° : l'ébullition de l'eau sera aussi complète que si le vase était porté à 100° sous la pression ordinaire.

On peut démontrer, sans qu'il soit besoin d'une machine pneumatique, que la diminution de la pression permet à l'eau de bouillir plus facilement.

On remplit aux quatre cinquièmes un ballon d'eau; on y fait bouillir le liquide au moins dix minutes pour que la vapeur, en se dégageant, entraîne tout l'air, puis on ferme le ballon avec un bon bouchon et on le laisse refroidir en le posant renversé sur un support (fig. 82). Si alors on verse de l'eau froide sur le dôme du ballon, on voit reprendre l'ébullition du liquide comme si celui-ci était chauffé. Pendant que l'ébullition a lieu, on l'arrête instantanément en versant de l'eau chaude sur le ballon.

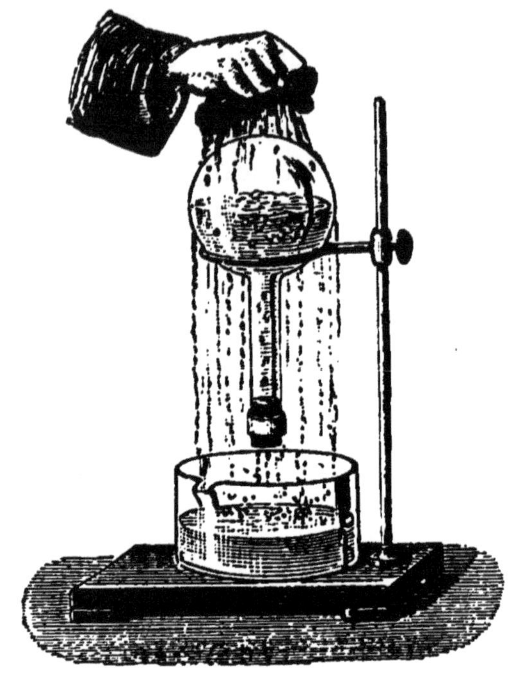

Fig. 82. — Ballon de Franklin.

Voici comment on peut expliquer ce curieux phénomène. Il n'y a, dans le ballon, que de l'eau et de la vapeur d'eau; lorsqu'on verse un liquide froid sur le haut du ballon, ce liquide refroidit un peu l'espace plein de vapeur d'eau; sous l'action de ce refroidissement, une partie de la vapeur d'eau se condense; c'est comme si un vide partiel s'était produit audessus du liquide; la pression diminue et l'ébullition peut avoir lieu à nouveau. Cette expérience dure jusqu'à ce que le ballon soit à la température ambiante; et à ce moment on peut encore y produire l'ébullition en versant sur le dôme un liquide comme l'éther, qui provoque un refroidissement. Mais le phénomène cesse tout à fait quand le liquide est à la même température que la vapeur dont il est surmonté.

112. Mesure des hauteurs par la température d'ébullition de l'eau. — L'eau, à l'air libre, bout à 100° quand la pression est de 760^{mm}; si la pression est plus faible, l'eau bout à une température un peu plus basse. Quand on connaît la température à laquelle a lieu l'ébullition de l'eau dans un endroit quelconque, si l'on cherche, sur les tables des forces élastiques de la vapeur d'eau, la tension maximum qui correspond à la température donnée, cette tension exprime exactement la pression atmosphérique au point où l'on est. On peut donc, avec les tables de Regnault, et en connaissant la température à laquelle l'eau entre en ébullition, trouver la pression atmosphérique aussi exactement qu'on l'aurait avec un baromètre; on peut, par suite, déterminer la hauteur à laquelle on s'est élevé. Pour opérer avec quelque exactitude, il faut avoir un thermomètre particulier qui donne les dixièmes de degré vers le point 100, et un vase d'eau pour y placer ce thermomètre. L'opération à faire est très simple : on met de l'eau dans le vase (fig. 83); on y place le thermomètre; à l'aide d'une lampe à alcool on fait bouillir l'eau; on observe le thermomètre, et quand il est devenu stationnaire on lit la température qu'il marque. En consultant les tables de Regnault, on lit en face de cette température la force élastique maximum de la vapeur d'eau qui donne la pression; et par cette dernière on a l'un des éléments de la recherche de l'altitude du lieu de l'observation. Sur le mont Blanc, dont la hauteur est de 4,800 mètres, la température d'ébullition est 84°,5.

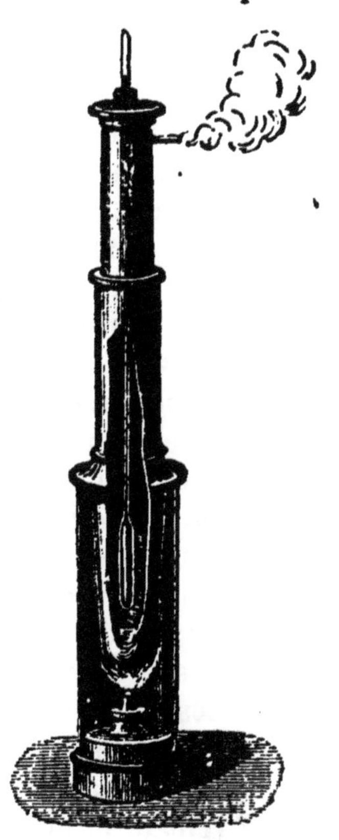

Fig. 83. — Appareil portatif pour trouver le point d'ébullition de l'eau.

113. Influences diverses sur l'ébullition. — Quand on laisse refroidir l'eau contenue dans un ballon après l'avoir fait bouillir assez de temps pour que tout l'air et les gaz dissous dans l'eau aient pu être entraînés et qu'on chauffe à nouveau ce liquide, on constate qu'il faut élever sa température à plus de 100° pour y produire à nouveau l'ébullition. On en conclut que l'air adhérent aux parois du vase et l'air dissous dans le liquide jouent un rôle dans l'ébullition ordinaire et la favorisent.

Cette action de l'air explique pourquoi l'ébullition est plus rapide dans certains vases que dans d'autres : le phénomène commence d'autant plus tôt que le vase retient mieux l'air sur ses parois internes; et quand l'air est chassé à peu près complètement par une longue ébullition, les bulles de vapeurs qui se produisent se dégagent par soubresauts, en même temps que la température s'élève. Si l'on a fait bouillir quelque temps de l'eau dans un ballon et qu'on le retire du feu, l'ébullition cesse; elle reprend spontanément si on laisse tomber dans le liquide de la limaille de fer, parce que ce dernier corps y introduit de l'air qu'il retenait à sa surface.

Les substances salines en dissolution dans l'eau en retardent plus ou moins l'ébullition; c'est ainsi qu'une eau saturée de carbonate de potasse ne bout qu'à 135° et une eau saturée de chlorure de calcium à 179°. Et dans ces dissolutions plus denses que l'eau, contenant moins d'air dissous, les bulles de vapeurs qui se forment ne montent pas aussi facilement que dans l'eau; elles soulèvent le liquide qui retombe derrière elles, et il en résulte un mouvement tumultueux.

C'est ce qui se présente surtout avec l'acide sulfurique; les bulles formées au fond du vase contre la partie chauffée soulèvent le liquide visqueux dont elles rompent difficilement la cohésion; le liquide retombe brusquement et peut briser le vase si celui-ci est de verre. On évite cet inconvénient en introduisant dans le liquide des fils de platine ou des fragments de ponce sulfurique qui rendent l'ébullition régulière quand le chauffage est lui-même très régulier.

114. Températures d'ébullition des principaux liquides. — D'après tout ce que nous venons de dire des influences diverses qui agissent sur l'ébullition, on voit que pour connaître la température à laquelle un liquide bout sous la pression ordinaire de 760^{mm}, il est indispensable d'employer un liquide très pur, ne contenant pas de solide en dissolution, et de prendre la température, non dans le liquide lui-même, mais dans la vapeur près du liquide, en préservant celle-ci du refroidissement comme on le fait pour le point 100 du thermomètre : c'est avec ces précautions qu'ont été déterminés les nombres suivants qui donnent les points d'ébullition des liquides usuels sous la pression de 760^{mm} :

Acide sulfureux	— 10°	Benzine	80°,3
Éther	35	Acide nitrique concentré.	86
Sulfure de carbone	46	Eau	100
Chloroforme	60.4	Essence de térébenthine.	159
Alcool méthylique	66.8	Mercure	357
— de vin pur	78.3	Soufre	442

115. Bain-marie. — La constance de la température d'ébullition tant que la pression ne change pas est appliquée pour maintenir un corps à une température invariable. Si on ne doit pas le chauffer à plus de 100°, on emploie l'eau. Ce liquide est contenu dans un vase extérieur où l'on plonge le vase contenant le corps à chauffer. Cette disposition porte le nom de *bain-marie;* elle est d'un fréquent usage; le pot à colle des menuisiers en est un exemple des plus communs.

Si l'on remplace l'eau par un liquide dont le point d'ébullition est plus élevé, on pourra chauffer un corps à plus de 100°, mais sans dépasser la température d'ébullition du premier liquide.

116. La vaporisation exige de la chaleur. — Quel que soit le moyen que l'on emploie pour faire passer un liquide en vapeur, il faut toujours de la chaleur pour produire le changement d'état. Dans le cas de l'ébullition ou d'une évaporation très rapide, cette chaleur est empruntée à un foyer et la dépense de chaleur est évidente; le phénomène est analogue dans toute évaporation; et si l'on isole le liquide de tout autre corps, la chaleur est empruntée au liquide lui-même qui se refroidit notablement, et parfois même assez pour se congeler.

Alcarazas. — L'évaporation de l'eau à l'air libre refroidit aussi le liquide, si elle est assez rapide. C'est ainsi que les alcarazas, sortes de vases poreux, maintiennent l'eau très fraîche en été. Le liquide vient suinter à leur surface; il s'évapore rapidement et il emprunte de la chaleur à toute la masse dont la température s'abaisse.

Évaporation de la sueur. — Le froid produit par l'évaporation de la sueur est un phénomène analogue : de la chaleur est empruntée au corps en quantité d'autant plus grande que la surface évaporatoire est plus étendue ou que l'agitation de l'air est plus grande; aussi recommande-t-on de ne pas se mettre sur un courant d'air quand on est en sueur, et de remplacer par des vêtements secs les habits mouillés; ces préceptes hygiéniques ont pour but d'empêcher le refroidissement dû à l'évaporation du liquide qui couvre le corps.

117. Distillation. — La distillation consiste à isoler un liquide des substances fixes ou des matières salines qu'il peut avoir dissoutes, ou à séparer l'un de l'autre des liquides inégalement volatils.

Lorsqu'on porte à l'ébullition de l'eau contenant un sel en dissolution, la vapeur qui se dégage est toujours exempte de matières étrangères; si donc on refroidit assez cette vapeur pour la condenser, on obtiendra de l'eau parfaitement pure. Faire bouillir un liquide pour condenser sa vapeur, c'est pratiquer une **distillation**.

Quand le liquide est très volatil, comme l'éther ou l'alcool, que sa vapeur se produit à une température peu élevée, l'appareil à employer est très simple; c'est une cornue en communication avec une allonge qui se rend elle-même dans un ballon (fig. 84) : les vapeurs sont refroidies par leur contact avec les parois de l'allonge et elles arrivent liquides dans le ballon. Ou bien c'est une cornue prolongée par un tube droit entouré d'un manchon dans lequel circule constamment de l'eau froide.

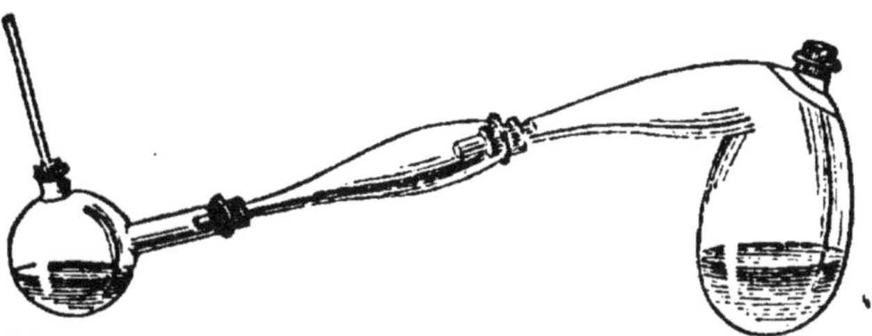

Fig. 84. — Appareil employé pour distiller les liquides volatils dans les laboratoires.

Mais pour l'eau et la plupart des liquides, il faut un refroidissement plus grand et on emploie l'**alambic**.

L'alambic se compose de trois parties : une chaudière en cuivre (*a*) appelée cucurbite où l'on met le liquide à distiller (fig. 85); un *chapiteau* (*b*) avec lequel on ferme la

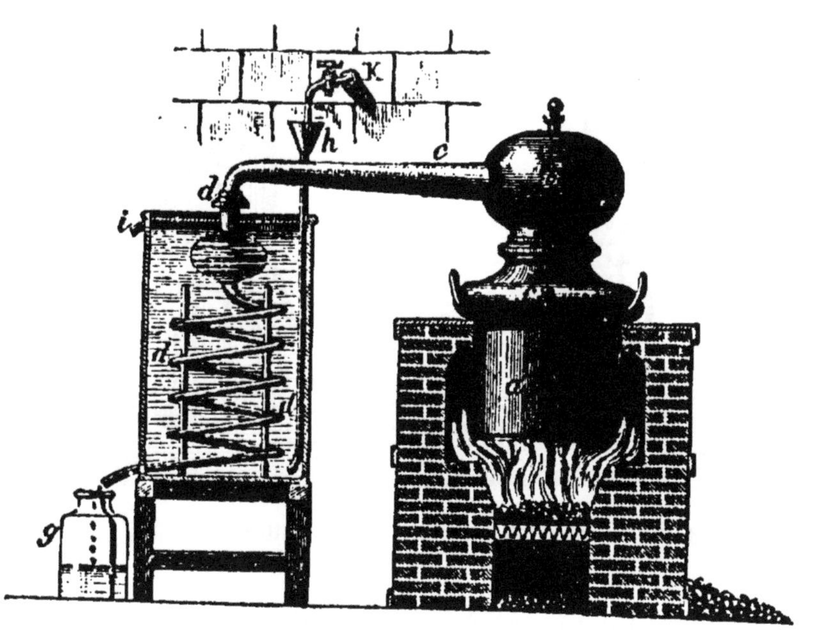

Fig. 85. — Alambic.

chaudière et qui communique par un tube (*c*) avec un autre tube contourné en spirale et désigné sous le nom de *serpentin*. Ce dernier plonge dans un vase plein d'eau qui constitue le réfrigérant. On chauffe la chaudière; les vapeurs formées se condensent en partie contre la paroi supérieure du chapiteau et retombent, les autres vont dans le serpentin qui est toujours refroidi; elles se condensent, et le liquide qui en provient est recueilli dans un vase.

Pour assurer la réfrigération, un tube amène sans cesse de l'eau froide au fond du vase entourant le serpentin; l'eau qui s'est échauffée s'élève, et elle s'écoule peu à peu par une ouverture pratiquée à la partie supérieure du réfrigérant; de cette manière le serpentin est toujours entouré d'eau froide et la condensation des vapeurs est continue.

C'est avec un appareil de ce genre qu'on produit l'eau distillée, c'est-à-dire l'eau chimiquement pure.

Dans les laboratoires, quand on veut connaître rapidement la quantité d'alcool contenue dans un vin, on emploie un petit appareil dû à Salleron (fig. 86); c'est un

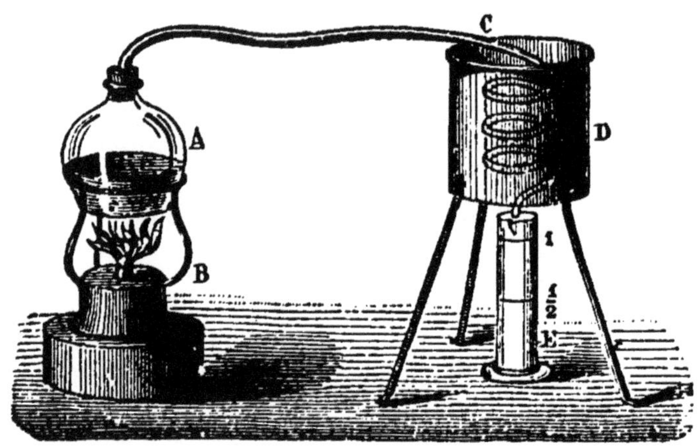

Fig. 86. — Appareil Salleron pour distiller de petites quantités de liquide.

petit alambic portatif, avec sa chaudière, son serpentin et son réfrigérant, très bien approprié à l'usage auquel il est destiné.

On a souvent à séparer les uns des autres des liquides inégalement volatils; on y parvient par la méthode des *distillations fractionnées*. On chauffe progressivement le mélange, le liquide le plus volatil se vaporise en plus grande quantité que les autres; la température reste un moment constante et les vapeurs que l'on recueille alors sont formées en grande partie du liquide le plus volatil. Si l'on recommence une deuxième distillation sur le liquide ainsi recueilli, on obtient un produit plus pur. C'est ainsi qu'on sépare les uns des autres les différents carbures d'hydrogène liquides (benzine et huiles diverses) contenus dans le goudron des usines à gaz. C'est aussi par une marche analogue que l'on extrayait autrefois l'eau-de-vie du vin; la première distillation opérée sur le vin donnait un mélange d'alcool et d'eau, ne contenant pas plus de 25 à 30 pour cent d'alcool; une seconde opération pratiquée sur le produit retiré de la première donnait l'alcool à 54 pour cent, c'est-à-dire l'eau-de-vie.

L'industrie opère aujourd'hui par *distillation continue*, et elle produit en une seule opération, dans de grands appareils convenablement disposés, l'alcool marquant 90° à l'alcoomètre de Gay-Lussac.

Exercices.

27. Sachant qu'un litre de vapeur d'eau à 100° pèse 58 centigrammes; trouver le volume qu'occupe un litre d'eau quand on le réduit en vapeur à l'ébullition.

28. On remplit de vapeur à 120°, douze fois par minute, un cylindre de 0m,60 de diamètre et de 1 mètre de hauteur; on demande combien il faudra de litres de vapeur dans une journée de 10 heures, et combien il faudra de litres d'eau, si un litre de vapeur à 120° pèse 0gr,55.

Questionnaire.

Comment peut-on faire passer un liquide en vapeurs?

Comment montre-t-on qu'un liquide passe instantanément en vapeurs dans le vide?

Qu'appelle-t-on force élastique d'une vapeur?

La force élastique d'une vapeur grandit-elle quand la température augmente?

Quelles sont les conditions qui favorisent et accélèrent l'évaporation?

Dans quelles conditions faut-il mettre le linge mouillé pour le sécher rapidement?

Comment se produit l'ébullition?

Qu'arrive-t-il quand on fait chauffer de l'eau dans un vase fermé?

Ne peut-on pas faire bouillir de l'eau sans la chauffer?

L'eau ne bout-elle pas plus tôt au sommet d'une montagne que dans la plaine?

Comment fait-on passer une vapeur à l'état liquide?

Devoirs.

1. Indiquer les conditions qui favorisent l'évaporation d'un liquide et citer pour chacune d'elles une ou plusieurs applications.
2. Comment montre-t-on qu'un liquide qui bout garde la même température et quelles sont les applications de ce fait?

CHAPITRE XIV

VAPEUR D'EAU DE L'AIR

118. Présence de la vapeur d'eau dans l'air. — Il existe toujours de la vapeur d'eau dans l'atmosphère; elle y est invisible et ne trouble la transparence de l'air que lorsqu'elle se condense. On la met en évidence, soit en l'absorbant par des substances qui changent d'aspect ou qui augmentent de poids, soit en la faisant déposer en buée ou en gouttelettes sur un corps refroidi. Tout le monde sait que certains jours le sel de cuisine absorbe assez de vapeur d'eau à l'air pour mouiller les vases de bois dans lesquels on le conserve. N'importe à quel moment, si l'on abandonne à l'air sur une soucoupe bien sèche un fragment de chlorure de calcium ou de potasse, on le voit s'humecter et devenir liquide grâce à la vapeur d'eau qu'il a prise à l'atmosphère.

Le degré d'humidité de l'air ne dépend pas du poids absolu de vapeur qui y est contenue. En effet, l'air est à son maximum d'humidité quand il est saturé de vapeur;

or à mesure que la température s'élève, il faut un poids plus grand de vapeur pour saturer le même espace. Le poids de vapeur qui sature un volume d'air à basse température le rend à peine humide si la température est plus élevée. Un exemple numérique rend ce fait très saisissant : un mètre cube d'air saturé à 10° contient environ 9 grammes de vapeur d'eau ; si ce même volume d'air est porté à 30°, la vapeur qu'il contient n'est que les $\frac{2}{7}$ de celle qui saturerait l'espace à cette nouvelle température ; avec la même quantité de vapeur, dans le premier cas l'air est très humide, dans le second il est presque sec.

Le degré d'humidité est donc un rapport : c'est le rapport entre le poids de vapeur existante et le poids qui serait nécessaire pour saturer le même espace à la même température ; on l'appelle **l'état hygrométrique** ou encore la *fraction de saturation.*

On l'exprime soit par une fraction ordinaire, soit en centièmes ; ainsi l'on dit que l'état hygrométrique est $\frac{1}{2}$ ou 0,50 pour indiquer que la vapeur d'eau contenue dans l'espace considéré est la moitié ou les cinquante centièmes de la quantité de vapeur qui saturerait le même espace à la même température.

Les appareils employés pour trouver soit le degré d'humidité de l'air, soit la quantité de vapeur d'eau que l'air contient, portent le nom d'**hygromètres**.

Quelques appareils appelés **hygroscopes** peuvent indiquer qu'il y a plus ou moins d'humidité dans l'air, mais ce ne sont pas des appareils de mesure. Tel est l'*hygroscope à corde de boyau* auquel on donne plusieurs dispositions : le capucin et son capuchon, ou bien deux personnages qui entrent ou sortent alternativement d'une maisonnette.

La méthode la plus simple au point de vue théorique pour trouver la quantité de vapeur d'eau contenue dans l'air est la méthode dite *chimique*, dans laquelle on estime directement le poids de vapeur que contient un volume donné d'air.

L'appareil est un aspirateur plein d'eau en communication avec une série de tubes en U contenant de la ponce imbibée d'acide sulfurique ; de ces tubes, le premier ouvre librement à l'air (fig. 87). On fait écouler lentement l'eau contenue dans l'aspirateur ; l'air extérieur vient remplir le vide laissé dans le vase par l'écoulement de l'eau ; cet air traverse tous les tubes et il y laisse la vapeur d'eau qu'il contient. En pesant la série de tubes avant et après l'expérience, l'augmentation de poids donne le poids de la vapeur d'eau abandonnée par l'air qui est venu remplir l'aspirateur.

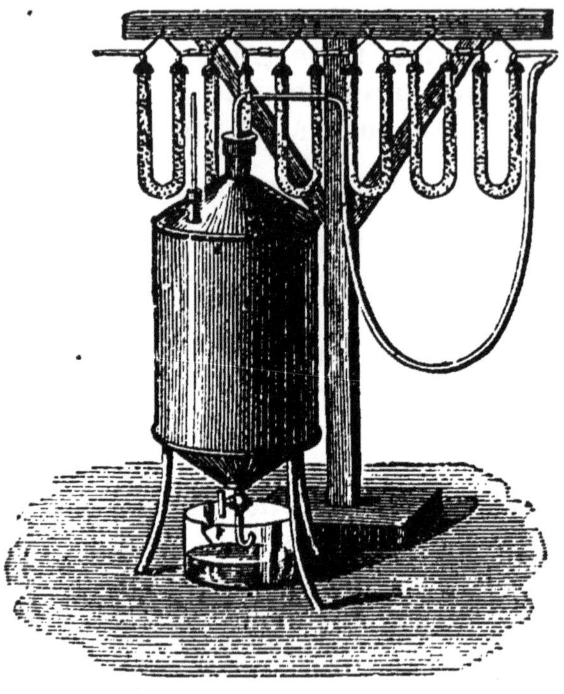

Fig. 87. — Aspirateur avec une série de tubes pour recueillir la vapeur d'eau de l'air.

Point de rosée. — Quand on refroidit de l'air humide graduellement, il arrive un moment où la vapeur d'eau qu'il contient est suffisante pour le saturer. Si alors le refroidissement continue, une partie de la vapeur se dépose à l'état liquide. Le point où la vapeur commence à se condenser s'appelle le **point de rosée**. Si on refroidit une petite masse d'air au milieu d'une atmosphère beaucoup plus grande, la force élastique de la vapeur ne change pas, et quand se produit le point de rosée, c'est que la portion d'air refroidi est saturée par la vapeur.

119. Hygromètre de Saussure. — Un grand nombre de substances organiques possèdent la propriété d'absorber l'humidité de l'air, de s'allonger par un air humide, de se raccourcir par la sécheresse sans être pour cela très sensibles aux variations de temdérature : tels sont les cheveux dégraissés; c'est sur cette propriété que repose l'appareil de Saussure, appelé encore **hygromètre à cheveu**, et à l'aide duquel on obtient facilement le degré d'humidité de l'air.

La partie principale de l'instrument est un long cheveu soigneusement dégraissé, fixé par une de ses extrémités dans une pince au haut d'un cadre métallique, par l'autre à la partie inférieure de l'une des gorges d'une poulie double (fig. 88). Sur la seconde gorge de cette poulie et en haut, est fixé le fil qui suspend un petit poids destiné à faire tendre le cheveu. L'axe de la poulie porte une aiguille qui se meut sur un cadran divisé.

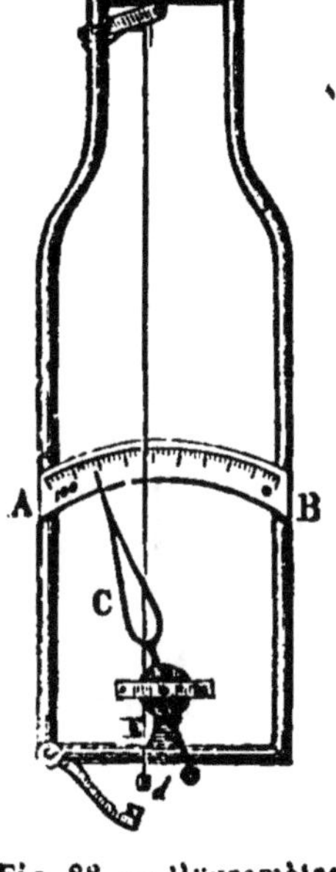

Fig. 88. — Hygromètre à cheveu de Saussure.

Si l'air devient moins humide, le cheveu se raccourcit, il tire sur la poulie, et celle-ci, très mobile, tourne en entraînant le contrepoids et en faisant tourner à droite l'aiguille sur le cadran. Au contraire, si l'air devient plus humide, le cheveu s'allonge, le contrepoids l'emporte, il descend jusqu'à ce que le cheveu soit tendu, et il fait tourner l'aiguille dont l'extrémité marche vers A sur le cadran. Les indications de l'aiguille permettent donc de juger s'il y a plus ou moins de vapeur d'eau dans l'air.

On gradue l'instrument, c'est-à-dire qu'on lui marque deux points extrêmes, le zéro correspondant à un air très sec, le 100 correspondant à un air très humide. On obtient le 100 au point où s'arrête l'aiguille quand on place l'appareil dans un air saturé, par exemple lorsqu'on le laisse quelque temps dans un vase contenant au fond une petite couche d'eau et des gouttelettes d'eau sur ses parois. On marque 0 au point où s'arrête l'aiguille quand on laisse l'appareil suspendu dans un vase contenant un peu d'acide sulfurique. On divise en 100 parties égales l'intervalle des deux points.

120. Rosée et gelée blanche. — La *rosée* est un dépôt de gouttelettes d'eau que l'on constate surtout sur les herbes qui tapissent le sol le matin d'une nuit claire. C'est une condensation de la vapeur produite par le refroidissement du sol. La nuit, par un temps clair, le sol perd sa chaleur, refroidit les couches d'air qui restent à son contact si le temps est calme et la vapeur d'eau passe à l'état liquide.

Toute cause qui empêche le refroidissement du sol, empêche le dépôt de rosée; ainsi un abri étendu au-dessus de la terre, ainsi les nuages qui forment comme un rideau. On remarque en effet qu'il n'y a pas ou presque pas de rosée les nuits où le ciel est nuageux, tandis qu'il y en a un abondant dépôt quand le ciel est sans nuages.

La rosée ne se forme pas sur les feuilles des arbres comme sur l'herbe, parce que l'air qui se refroidit à leur contact devient plus dense et tombe avant d'être arrivé à la saturation.

La rosée se produit surtout au printemps et en automne. L'hiver, la différence de température entre le jour et la nuit est trop faible; l'été, l'humidité n'est pas grande et l'air ne se refroidit pas assez pour se saturer.

La *gelée blanche* est de la rosée qui s'est congelée parce que le refroidissement du sol a été très grand et s'est continué au-dessous de zéro après le dépôt de rosée proprement dit. On évite son dépôt sur les plantes en les abritant pendant les nuits froides et claires du printemps ou même encore en produisant au-dessus d'elles une fumée qui forme comme un nuage artificiel.

Exercices.

29. On sait que le poids d'un litre de vapeur d'eau à 20° est de 0gr,745 sous la pression de 760 millimètres, que ce poids diminue avec la pression; on demande quel sera le poids de la vapeur d'eau contenue dans un mètre cube, si la pression de la vapeur est de 18 millimètres.

30. Si toute la vapeur contenue dans l'air d'une chambre de 40 mètres cubes, à 20°, se déposait à l'état de rosée, quel serait le volume de cette eau liquide ainsi formée?

Questionnaire.

Comment peut-on montrer qu'il existe de la vapeur d'eau dans l'air?

Qu'appelle-t-on hygroscopes et hygromètres?

Qu'indique un hygroscope?

De quoi dépend le degré d'humidité de l'air? est-ce du poids de vapeur contenue dans l'air?

Sur quel principe repose l'hygromètre à cheveu de Saussure?

Dans quelles conditions se dépose la rosée?

Comment se produit la gelée blanche et quels sont les moyens d'en préserver les plantes?

Devoir.

A l'aide de quel corps peut-on montrer que l'air est plus ou moins humide, et comment peut-on connaître le degré d'humidité de l'air? A-t-on intérêt à savoir quel est ce degré d'humidité?

CHAPITRE XV

PRODUCTION ET PROPAGATION DU SON

121. Production du son. — Le son est le résultat d'une impression produite sur l'organe de l'ouïe par les déplacements nombreux et réguliers d'un corps matériel. Ainsi, quand un verre à boire est ébranlé par un choc il produit un son; si l'on applique le doigt sur le bord du verre, on sent une sorte de frémissement qui accuse le très rapide mouvement du bord; on dit que le verre *vibre*, et le son s'éteint aussitôt que le contact du doigt a fait cesser le mouvement vibratoire. On peut d'ailleurs rendre plus sensible le mouvement du bord du verre : on en approche assez près une pointe A qui ne le touche pas et un petit pendule B qui y est appuyé (fig. 89), puis on fait rendre un son au verre, soit en le

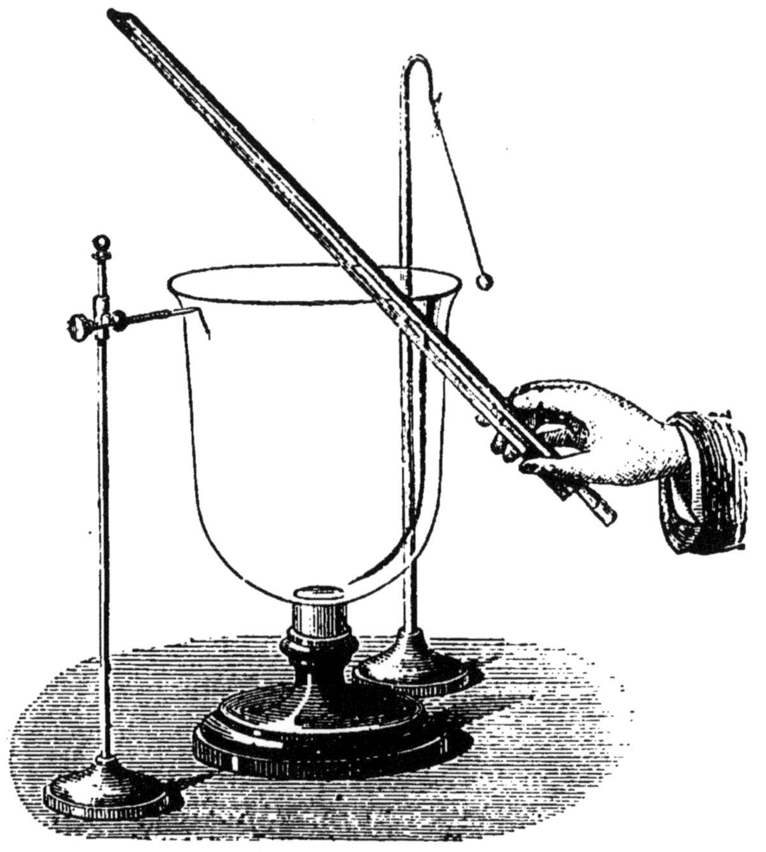

Fig. 89. — Moyen de montrer les vibrations d'un verre qui rend un son.

frappant, soit en le frottant avec un archet. Le petit pendule est repoussé vivement toutes les fois qu'il vient toucher le verre; et on entend une série de chocs du verre contre la pointe fixe.

Le mouvement vibratoire qui produit un son est composé d'une succession de déplacements nombreux et réguliers d'un corps matériel autour de sa position d'équilibre. Pour nous en convaincre, fixons dans un étau une tige DC et écartons l'extrémité C en C′ pour l'abandonner ensuite à elle-même. Nous la voyons exécuter une série de mouvements de C′ en C″ et de C″ en C′. Une allée et une venue de la tige est ce que nous appelons une *vibration*. Quand la tige est assez courte, les vibrations qu'elle exécute sont rapides (fig. 90), si rapides même que l'œil ne les distingue plus et qu'il voit la tige comme si l'extrémité C était renflée; alors la tige rend un son dont la force s'éteint peu à peu à mesure que diminue la grandeur des déplacements de la tige. Tel est le mouvement vibratoire.

Fig. 90. — Vibrations d'une verge fixée par un point.

122. Tous les corps qui rendent un son exécutent des vibrations. — Il est facile de montrer par une série d'expériences que tous les corps qui rendent un son exécutent un mouvement vibratoire plus ou moins rapide.

Si l'on saupoudre de sable fin une plaque métallique fixée en son milieu et qu'on frotte le bord de la plaque avec un archet (fig. 91), la plaque rend un son, et l'on voit le sable sautiller et se rassembler suivant des lignes régulières; certaines parties de la plaque ont été animées d'un mouvement très rapide.

Que l'on tende sur un tableau noir entre deux chevalets une corde blanche et qu'on la pince, on voit les allées et venues qu'elle exécute de part et d'autre de sa position d'équilibre. Mais si la tension de la corde est suffisante, les vibrations sont plus rapides; la corde ap-

Fig. 91. — Vibrations d'une plaque.

paraît comme un fuseau, gonflée en son milieu (fig. 92); ses déplacements sont si rapides que l'œil ne peut plus les distinguer, elle rend un son dont l'intensité diminue avec le mouvement de la corde.

L'air lui-même est en vibration quand il produit un son. Pour le prouver on fait résonner un tuyau de bois placé sur une soufflerie et présentant une paroi de verre, et on descend dans ce tuyau une membrane de baudruche tendue sur un cadre et saupoudrée de sable fin (fig. 93); on voit le sable sauter violemment tant que le tuyau résonne.

Ainsi tous les corps qui rendent un son accomplissent un mouvement vibratoire rapide et régulier.

123. Sons et bruits. — Qualités des sons.

— Le choc d'un marteau sur une pierre, celui de deux corps durs en général, produisent sur l'oreille une sensation vague de très courte durée que nous désignons sous le nom de *bruit*. Nous appelons également bruit un mélange confus produit par plusieurs mouvements discordants et irréguliers, tandis que nous appelons *son musical* le son de quelque durée qui nous laisse une sensation bien définie.

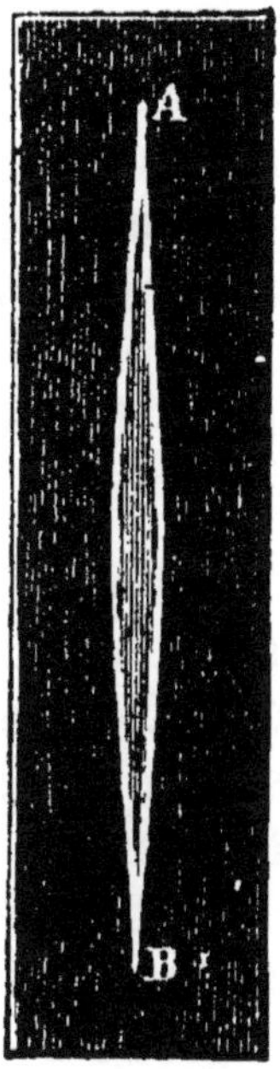

Le son musical a trois caractères distinctifs : il est plus ou moins *intense;* il est plus ou moins *élevé* et il a un *timbre* particulier.

Une corde tendue donne un son qui va en diminuant d'*intensité* à mesure que les mouvements de la corde sont moins grands, qu'ils ont une moindre amplitude; l'intensité du son tient donc à l'amplitude des vibrations.

Fig. 92. — Forme que présente une corde pendant sa vibration.

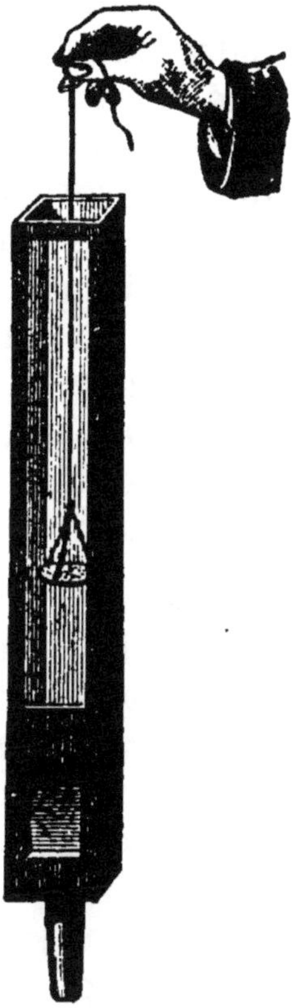

Fig. 93. — Moyen de montrer que l'air d'un tuyau sonore est en vibration.

De quoi dépend la *hauteur* du son, c'est-à-dire le caractère que l'on exprime en disant qu'un son est plus aigu ou plus grave qu'un autre? Il dépend du nombre des vibrations, comme on peut s'en assurer avec la corde tendue : en effet, à mesure qu'on tend la corde davantage, on rend ses vibrations plus rapides, on lui en fait produire un plus grand nombre dans le même temps, et on constate que les sons qu'elle donne sont de plus en plus élevés. Quant au *timbre*, c'est la qualité qui permet de distinguer l'un de l'autre deux sons de même hauteur et de même intensité, de distinguer le même son emis par deux instruments différents.

Au premier abord un bruit isole n'a aucune de ces trois qualités des sons musicaux. Mais si on compare entre eux des bruits de même nature, on peut éprouver une sensation qui rappelle celle que donnent les sons musicaux. Ainsi on peut tailler de petites planchettes de bois. de telle sorte qu'en les laissant successivement tomber l'une après l'autre, on ait la sensation d'une gamme. On construit même des harmonicas avec des lamelles de bois placées sur deux fils tendus, de telle sorte qu'en les frappant successivement avec un petit marteau de bois on puisse exécuter un air. Les bruits sont donc en réalité moins différents des sons musicaux qu'on ne le croit tout d'abord.

124. Propagation du son. — C'est un fait d'expérience journalière que les corps matériels, solides, liquides ou gazeux, transmettent bien les sons. Nous entendons les sons produits à distance et communiqués par l'air à notre oreille. Les solides transmettent aussi les sons, même beaucoup mieux que l'air : en appliquant l'oreille à l'extrémité d'une longue poutre on entend distinctement les plus petits chocs produits à l'autre bout. Si l'on applique l'oreille contre la terre, on perçoit à plusieurs kilomètres le roulement d'une voiture. Cependant les corps mous comme les draperies ne transmettent pas bien les sons, aussi les emploie-t-on en portières, pour empêcher d'entendre dans une pièce ce qui se dit dans une pièce voisine. Les liquides aussi transmettent les vibrations sonores : un plongeur perçoit non seulement les bruits qui prennent naissance dans l'eau autour de lui, mais encore les bruits du rivage.

125. Le son ne se propage pas dans le vide. — On montre par l'expérience que le son a besoin d'un corps matériel pour se transmettre à notre oreille, que les *vibrations sonores ne traversent pas le vide.* On prend un ballon de verre dans lequel est suspendue une clochette par des fils de coton (fig. 94). Tant que le ballon est plein d'air à la pression ordinaire, il suffit de l'agiter pour entendre le son de la clochette; les vibrations sont transmises par l'air intérieur à la paroi de verre, de celle-ci par l'air environnant à l'oreille de l'observateur. On fait le vide dans le ballon et en recommençant à l'agiter on n'entend plus le son. On ouvre alors progressivement le robinet pour laisser rentrer lentement l'air et on constate que le son, d'abord faible, redevient plus perceptible à mesure que l'air rentre.

Fig. 94. — Ballon à clochette pour montrer que le son ne se transmet pas dans le vide

Cette dernière partie de l'expérience explique bien un fait remarqué des touristes, que le son de la voix est moindre sur les hautes montagnes que dans la plaine; c'est qu'en effet l'air est raréfié au sommet de la montagne; il l'est de plus en plus à mesure que l'on s'élève et on a pu constater, dans les ascensions en ballons, qu'à une grande hauteur un coup de pistolet ne produit plus qu'un faible bruit.

126. Mode de propagation du son dans l'air. — Le son se transmet dans l'air, dans toutes les directions, tout autour du point de production, et il se passe en tous sens un phénomène analogue à celui qui prend naissance sur la surface d'un grand bassin plein d'eau au centre duquel un piston s'élève et s'abaisse dans le liquide. Au premier mouvement du piston sur l'eau, comme au choc d'une pierre qui tomberait sur le bassin, il se forme une petite vague de forme circulaire qui s'éloigne progressivement du point où elle s'est formée. Mais si le piston est animé d'un mouvement régulier, il produit une succession régulière de vagues circulaires qui suivent la première dans leur développement et leur trajet. Il se forme une série de bourrelets et de sillons qui s'élargissent sans cesse et courent avec une grande régularité à la file l'un de l'autre. Il suffit d'un peu d'attention pour reconnaître que ces ronds sont composés chacun d'une petite vague et d'un petit sillon; un petit corps flottant à la surface de l'eau comme un brin de paille est en effet soulevé par chaque vague; mais il ne change pas de place. Cette dernière observation montre que les ébranlements communiqués à l'eau ont transmis à chaque point du liquide un mouvement de va-et-vient, mais qu'il n'y a pas eu transport de l'eau elle-même du centre vers le bord.

Ce qui se passe ainsi dans un plan horizontal donne l'image de ce qui se produit en tous sens dans l'air autour d'un corps sonore. Chacun des mouvements exécutés par le corps en vibration se communique de proche en proche à l'air environnant; chaque point de l'air ébranlé exécute une série de mouvements de va-et-vient, et finalement, sans qu'il y ait eu transport de l'air, il y a transport du mouvement vibratoire; en un mot, au bout d'un certain temps, à une certaine distance du centre d'ébranlement, l'air répète le premier mouvement vibratoire.

127. Vitesse de propagation du son. — La propagation du son n'est pas instantanée; ainsi qu'on peut s'en convaincre par l'observation, le son met un temps appréciable pour se transmettre d'un point à un autre, tant soit peu éloigné du premier. Quand on observe la décharge d'une arme à feu faite à une distance un peu considérable, on aperçoit d'abord l'éclair de l'explosion et la fumée, et c'est seulement plusieurs secondes après que l'on entend le son. Quand on suit à quelque distance les mouvements d'un bûcheron qui abat un arbre, on voit le mouvement de la cognée contre l'arbre avant d'en entendre le son. Il y a donc lieu d'étudier le temps que le son met à parcourir une distance, ou l'unité de distance, autrement dit de déterminer sa vitesse.

Tous les sons se propagent-ils également vite? C'est

là une première question à résoudre et à laquelle l'expérience répond affirmativement. On remarque en effet qu'un morceau d'orchestre entendu de plus près ou de plus loin conserve pour l'oreille le même caractère, ce qui implique nécessairement que tous les sons se trouvent transmis de la même manière. Dès lors pour étudier le mouvement de propagation des sons on peut prendre un son quelconque; on le choisit fort afin qu'on puisse l'entendre à une assez grande distance.

En 1822, les membres du Bureau des Longitudes ont déterminé la vitesse du son dans l'air entre Montlhéry et Villejuif.

Un groupe d'observateurs était à Villejuif, l'autre groupe à Montlhéry : une pièce de canon était disposée dans chacune des deux stations. On tirait un coup de canon à Villejuif à une heure convenue; les observateurs de Montlhéry déterminaient avec un compteur à secondes l'intervalle de temps écoulé entre l'apparition de la lumière et l'audition du son.

Une seule observation faite avec précision aurait à la rigueur pu suffire; mais pour diminuer les chances d'erreurs, on croisait les observations, en tirant un canon à Montlhéry et en observant de Villejuif le temps après lequel la détonation était perçue. On fit ainsi plusieurs expériences et on prit la moyenne des résultats obtenus. On trouva que pour la distance de 18 360 mètres, il s'écoulait une moyenne de 54 secondes entre l'apparition de la lumière et l'audition du son, ce qui donnait pour la vitesse $\frac{18360}{54} = 340$. La température pendant l'expérience était de 15°. Le son parcourt donc 340 mètres par seconde à la température de 15°.

La vitesse du son dans les liquides est environ quatre fois plus grande que dans l'air; elle est encore bien plus grande dans les solides.

128. Diminution de l'intensité du son avec la distance. — Comme le son se propage dans tous les sens autour du point sonore, les mouvements vibratoires sont transmis à des surfaces sphériques d'un rayon de plus en plus grand, l'énergie avec laquelle l'air est ébranlé diminue rapidement avec la distance; l'intensité du son diminue comme elle à mesure qu'on s'éloigne du point où le son est produit, et le son finit par s'éteindre à une certaine distance de son point d'origine.

Mais si l'on transmettait le mouvement vibratoire à des tranches d'air de même surface, l'intensité primitive du son se conserverait à de plus grandes distances. C'est ainsi qu'on procède quand on veut communiquer à d'assez grandes distances au travers d'obstacles qui arrêteraient

Fig. 95. — Tuyaux acoustiques.

la voix; on établit entre les deux points des *tubes acoustiques*. Ce sont des tubes flexibles de caoutchouc terminés à leurs extrémités par une embouchure. Au repos, chaque embouchure porte un sifflet (fig. 95). Si on enlève le sifflet d'une des extrémités A et que l'on souffle par l'embouchure, le sifflet de l'autre extrémité résonne et avertit la personne qu'on va lui parler. Quand on parle devant l'embouchure A, les vibrations sonores transmises à l'air gardent leur intensité dans les différents points du tuyau et elles arrivent en A′ sans s'être notablement affaiblies; si en A′ la personne qui écoute place l'embouchure du tuyau près de son oreille, elle entend très distinctement ce qu'on lui dit de A. Ces tuyaux sont aujourd'hui d'un usage courant entre les différentes pièces d'un même service ou d'une même maison.

120. Réflexion du son. — Écho. — Quand les vibrations sonores rencontrent un obstacle fixe, elles sont renvoyées par lui, et dans la direction qu'elles prennent elles semblent venir d'un point d'ébranlement placé de l'autre côté de l'obstacle. Ce phénomène de *réflexion* dont on peut constater approximativement les lois par une bille élastique envoyée contre un plan fixe, permet d'expliquer les échos.

L'écho est la répétition d'un son déjà entendu, par la réflexion contre un obstacle des vibrations sonores qui ont produit le son. On pousse un cri en face d'un grand mur situé à une certaine distance et on entend la répétition de ce cri au bout d'un temps plus ou moins long suivant la distance du mur, tel est l'écho simple. On voit un chasseur tirer son arme au versant d'une colline, à une certaine distance, on entend le bruit de la détonation suivi bientôt d'une répétition qui en est l'écho; dans ce dernier cas l'observateur a d'abord entendu le son direct, puis le son réfléchi par la montagne, la colline, un fort tertre élevé ou tout autre obstacle, et le trajet parcouru par ces vibrations ainsi réfléchies a été notablement plus long que le premier.

Pour se rendre compte des conditions dans lesquelles l'écho peut se produire distinctement, il suffit de considérer la distance à laquelle se trouve l'observateur de l'obstacle sur lequel s'effectue la réflexion. Soit un obstacle placé à 340 mètres; il faudra 1" au son pour gagner l'obstacle, 1" pour revenir au point de départ, en tout 2 secondes. Un son instantané se trouvera donc répété après 2". Et si l'on produit une succession de sons, des syllabes articulées, on entendra répéter les dernières; si par exemple on en prononçait quatre par seconde, quand on se taira, on entendra les huit dernières que l'on aura prononcées.

Si la distance de l'obstacle au lieu d'être de 340 mètres

n'est plus que de 170 mètres, il ne faut plus qu'une demi-seconde pour aller de l'obstacle à l'observateur, une seconde pour le trajet entier, l'écho répétera deux fois moins de syllabes.

Certains échos peuvent être disposés de manière à se renvoyer un son plusieurs fois, après plusieurs réflexions successives; ce sont les échos multiples dont le plus célèbre est celui de la villa Simonetta, près de Milan, où un coup de pistolet est répété quarante fois.

Résonnance. — Dans les longs corridors, dans les nefs d'églises, dans les cloîtres, on entend confusément les sons produits : c'est que le son réfléchi se superpose au son direct en le prolongeant un peu et en le mêlant au son suivant; alors les syllabes se confondent les unes avec les autres en une sorte de bourdonnement qui rend la parole inintelligible. C'est à ce phénomène qu'on donne le nom de résonnance. On le fait disparaître en partie dans les grandes salles par des draperies, des tentures, des ornements qui amortissent les vibrations ou qui gênent les réflexions sonores. Il faut l'empêcher dans les salles de conférences ou de théâtre.

Exercices.

31. On sait que le son parcourt par seconde 340 mètres dans l'air et 1400 mètres dans l'eau. On produit au bord d'un grand lac un son fort; au bout de combien de temps l'entendra-t-on à l'autre bord distant du premier de 3100 mètres : 1° par l'eau ; 2° par l'air ?

32. On suppose qu'on est placé à 510 mètres d'un grand mur qui fait écho ; on prononce 24 syllabes en six secondes, combien de syllabes entendra-t-on après qu'on aura cessé de parler?

Questionnaire

Quelles sont les expériences que l'on peut faire pour prouver que tout corps qui rend un son est en vibration ?

Quelles sont les trois qualités du son? à quoi tient l'intensité ? de quoi dépend la hauteur?

Quelle est la vitesse du son dans l'air? Quelle est sa vitesse dans l'eau?

Comment se produit l'écho? Qu'arrive-t-il lorsqu'on parle à l'extrémité d'un long corridor à une personne placée à l'autre extrémité?

Devoir.

Quels sont les faits d'expériences qui prouvent que le son met un certain temps pour se transmettre d'un point à un autre, et comment peut-on mesurer la vitesse du son entre deux points visibles l'un de l'autre, et dont la distance est connue?

CHAPITRE XVI

PHÉNOMÈNES ÉLECTRIQUES

130. Production de l'électricité par le frottement. — Les anciens avaient remarqué que l'ambre jaune, frotté avecune étoffe de laine, devient capable d'attirer les corps légers, comme des brins de paille, des débris de feuilles sèches, des barbes de plumes.

Ils désignaient cette propriété sous le nom de propriété de l'ambre ou *électrum*, d'où est venu le nom d'*électricité*, mais ils n'avaient pas autrement étudié le phénomène. A la fin du XVIe siècle, un médecin anglais, Gilbert, reconnut qu'on pouvait communiquer la propriété attractive à un grand nombre de corps, électriser par le frottement le soufre, la résine, le verre, les pierres précieuses, la gomme laque.

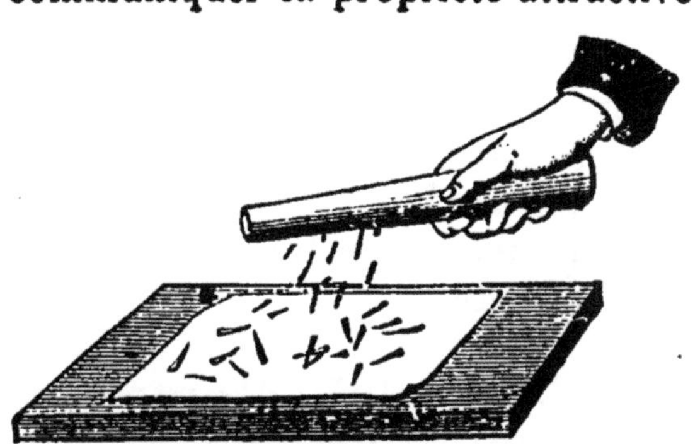

Fig. 96. — Bâton électrisé attirant des corps légers.

Aujourd'hui on communique la propriété électrique au verre en le frottant avec un morceau de drap, à la résine en la battant avec une peau de chat, au papier bien séché en le frottant vivement avec la main, etc. (fig. 96).

131. Corps conducteurs et corps isolants. — On avait été conduit à partager les corps en deux groupes : ceux que le frottement électrise, et ceux où après le frottement il ne se manifeste pas de propriété attractive. Aujourd'hui, l'on sait électriser les métaux et l'on adopte une autre classification. Les corps, comme les métaux, qui manifestent immédiatement dans tous leurs points la propriété électrique quand on les a mis en contact avec un corps électrisé, sont appelés *conducteurs* de l'électricité : ils laissent en effet se propager l'électricité sur leur surface à une distance quelconque de la source qui la leur fournit. Si on les tient à la main, l'électricité se répand sur tout le sol par l'entremise du corps humain.

Les autres corps, comme la résine et le verre, ne laissent pas l'électricité se propager, ils ne s'électrisent que dans les points où le frottement s'exerce; ils sont *mauvais conducteurs*. Mais ils peuvent servir à garder l'électricité sur un corps conducteur si on les met comme supports à ce dernier; ils servent donc à *isoler* le corps conducteur, de là le nom d'*isolants* qui leur est donné. Ils remplissent bien leur objet s'ils sont secs et si l'air lui-même est sec; mais quand l'air est humide, il devient conducteur et il rend également conducteurs presque tous les isolants.

Grâce à l'emploi des substances isolantes, on peut montrer que *tous les corps sont susceptibles d'être électrisés par le frottement*. Il suffit en effet de battre avec une peau de chat une sphère de cuivre montée sur un support de verre pour que cette sphère donne des signes évidents d'électricité.

132. Pendule électrique. — Attractions et répulsions. — Pour reconnaître si un corps est électrisé, on n'emploie pas seulement des corps légers comme nous l'avons dit, on se sert fréquemment du *pendule électrique*. C'est une petite potence suspendant par un fil fin une petite balle de sureau (fig. 97). On en approche le corps électrisé, et la balle est attirée par le corps.

Si l'on tient à ne constater que des attractions, on emploie un pendule dont la potence est métallique et le fil qui suspend la balle un fil de chanvre. Mais si l'on veut pousser plus loin l'expérience et faire garder à la balle de sureau l'électricité qu'elle pourra prendre par son contact avec le corps électrisé, il faut prendre un pendule à potence de verre et à fil de soie.

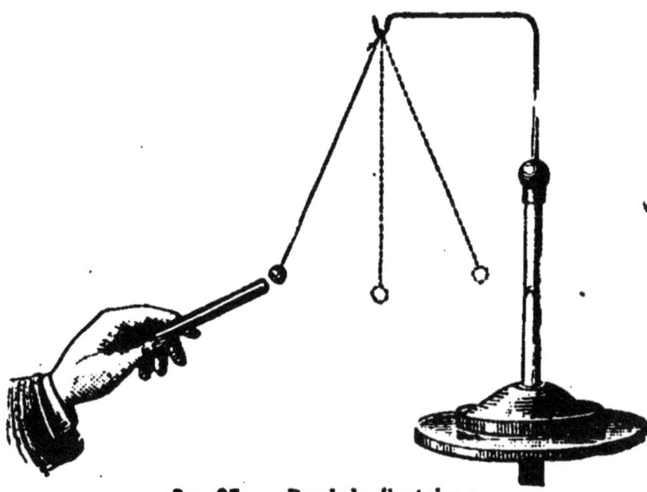

Fig. 97. — Pendule électrique.

Avec ce dernier pendule, voici ce que l'on constate. Approche-t-on un bâton de verre électrisé? la balle de sureau est attirée et vient toucher le verre; aussitôt ce contact la balle est vivement repoussée. Le phénomène comprend donc une *attraction* d'abord et après le contact une *répulsion.*

Les corps légers dont on approche un bâton de résine ou de verre électrisé sont tout d'abord attirés, puis ils sont repoussés quand ils ont touché le bâton et qu'ils lui ont pris par contact un peu d'électricité.

133. Distinction des deux électricités. — On dispose deux pendules isolés. On frotte un bâton de verre avec du drap; on le présente à l'un des pendules, A, par exemple : la balle est attirée et, après son contact avec le bâton, elle a pris de l'électricité du verre et elle est repoussée par le verre.

On frotte le bâton de résine avec une peau de chat et on l'approche du pendule B, dont la balle est attirée d'abord puis repoussée.

Le bâton de résine approché du pendule A attire la boule. Le bâton de verre approché du pendule B attire la boule. On en peut conclure que *l'électricité du verre repousse l'électricité du verre et attire l'électricité de la résine*, et que *l'électricité de la résine repousse l'électricité de la résine et attire l'électricité du verre.* Il y a donc au moins deux électricités, celle que prend le verre frotté avec la laine et celle de la résine frottée avec une peau de chat. Mais il n'y a que ces deux, car un corps quelconque électrisé et approché successivement des deux pendules A et B attire l'un et repousse l'autre. On ne les appelle pas électricités vitrée et résineuse; on préfère les noms d'électricité *positive* et d'électricité *négative.*

L'expérience démontre que deux corps frottés l'un contre l'autre développent les deux électricités, l'une sur un des corps, la seconde sur l'autre corps.

134. Électrisation des corps par influence. — Quand on approche d'un corps électrisé un conducteur isolé à l'état naturel, ce dernier manifeste, même à distance, des signes d'électricité. C'est à ce phénomène du développement d'électricité à distance et sans contact qu'on donne le nom d'*influence* ou encore d'*induction.* Le corps électrisé d'abord porte le nom de corps *influent* ou *inducteur;* celui dans lequel se développe de l'électricité par l'action du premier est le corps influencé ou *induit.*

Première expérience. — On approche d'une sphère isolée S, chargée d'électricité, un cylindre isolé aussi BA (fig. 98) et portant suspendus une série de doubles pendules à balles de su-

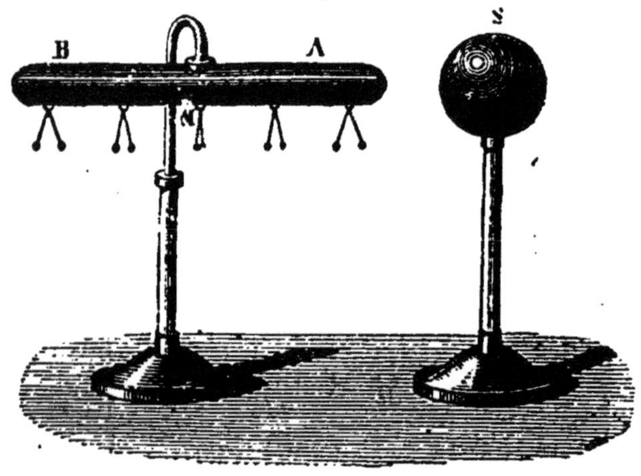

Fig. 98. — Sphère électrisée S, et cylindre BA pour montrer les phénomènes d'influence.

reau. Quand le cylindre s'approche de la sphère, tous ses pendules divergent à l'exception de celui qui est un peu en avant du milieu, et leur divergence augmente du milieu vers chacune des extrémités.

Dans la moitié A du cylindre tournée vers la sphère, l'électricité est de nom contraire à celle de la sphère; elle est de même nom dans la moitié B la plus éloignée.

Si on approche davantage le cylindre, la divergence des pendules augmente; la charge électrique aux deux bouts augmente donc aussi.

Si on éloigne le cylindre, la charge électrique diminue ou disparaît et le cylindre revient à l'état neutre.

L'approche de la sphère a donc séparé les deux électricités contraires, qui sont sur le cylindre en charge égale : l'électricité de nom contraire à la source a été attirée le plus près de la source, l'autre de même nom a été repoussée, et il y a sur le cylindre une portion *neutre* où il ne se manifeste pas d'électricité.

Si on touche le cylindre avec le doigt, en un point quelconque, l'électricité la plus éloignée de la source disparaît dans le sol; on voit augmenter la divergence des pendules de l'extrémité A; l'influence a sa plus grande valeur.

Au moment où l'on cesse la communication avec le sol, si on éloigne le cylindre, l'électricité unique qui y reste s'y répand sur toute la surface, il reste chargé d'électricité de nom contraire à celle de la source et il peut servir à son tour de source électrique.

On emploie fréquemment ce moyen pour charger un corps d'électricité contraire à celle que possède un autre corps : on l'approche de la source, on le touche avec le doigt et on l'éloigne.

Deuxième expérience. — Charger le corps de même electricité que la source. — Si au lieu de faire communiquer le cylindre avec le sol on continue à l'approcher de la source, il arrive un moment où les pendules de la moitié A retombent, et si l'on a observé attentivement, on a pu remarquer une étincelle entre la source et l'extrémité A. Les deux électricités contraires de A et de la source se sont recombinées à travers l'espace avec flamme et bruit et il n'y a plus sur le cylindre que de l'électricité de même nom que celle de la source. Éloigné immédiatement, le cylindre est une source d'électricité analogue à la sphère prise comme source primitive, mais un peu plus faible.

Ces phénomènes se produisent toutes les fois qu'un corps est approché d'un autre corps électrisé; et quand leur distance est assez faible, il part entre eux une étincelle.

135. Électroscope à feuilles d'or. — On donne le nom d'*électroscopes* à tous les appareils à l'aide desquels on peut constater qu'un corps est électrisé. Le plus simple est le pendule; l'un des plus employé est l'*électroscope à feuilles d'or.*

Cet appareil se compose d'une tige métallique terminée à sa partie supérieure par une boule de laiton et portant à la partie inférieure deux lames d'or longues, minces et très légères. La tige est mastiquée dans la douille d'une cloche de verre dont toute la partie supérieure est couverte d'un vernis à la gomme-laque (fig. 99). La cloche repose sur un plateau métallique où l'on met de la chaux vive ou du chlorure de calcium pour absorber l'humidité de l'air; le plateau porte deux tiges en métal contre lesquelles les feuilles d'or se déchargent quand elles ont été très fortement écartées.

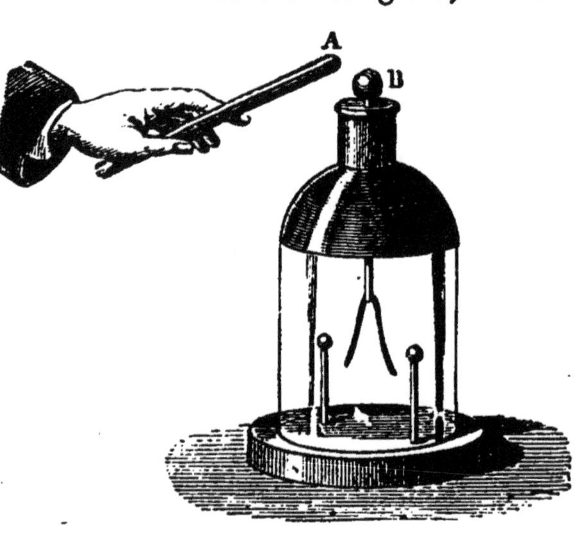

Fig. 99 — Électroscope à feuilles d'or

L'électroscope sert d'abord pour constater qu'un corps est électrisé, et ensuite pour déterminer de quelle électricité il est chargé.

Pour *constater qu'un corps est électrisé*, on l'approche de la boule de l'électroscope, il se manifeste sur la tige de celui-ci un phénomène d'influence, de l'électricité est attirée dans la boule, de l'autre repoussée dans les lames d'or qui, électrisées de la même façon, se repoussent et divergent. Si le corps présenté ne fait pas diverger les lames, c'est qu'il n'est pas électrisé.

136. Machines électriques. — La première machine qui a servi à obtenir de l'électricité en quantité un peu notable a été imaginée par Otto de Guericke. Elle consistait en un globe de soufre monté sur un axe et auquel on pouvait imprimer un mouvement de rotation. Pendant le mouvement on appuyait sur le soufre les mains bien sèches, et le frottement développait de l'électricité. On recueillait cette électricité sur un conducteur isolé par des fils de soie et tenu très près du soufre.

Depuis on a imaginé bien des modèles de machines électriques. Nous ne décrirons que l'*électrophore* de Volta et la *machine à plateau de verre* de Ramsden.

137. Électrophore. — L'électrophore se compose de deux parties : un gâteau de résine ou une lame de gutta-percha, de caoutchouc durci reposant sur un disque de bois; puis un conducteur métallique en forme de disque (en bois recouvert de papier d'étain) muni d'un manche de verre (fig. 100). On commence par frotter le gâteau de résine avec une peau de chat; il s'électrise alors négativement et l'électricité y pénètre et y reste comme sur les corps isolants.

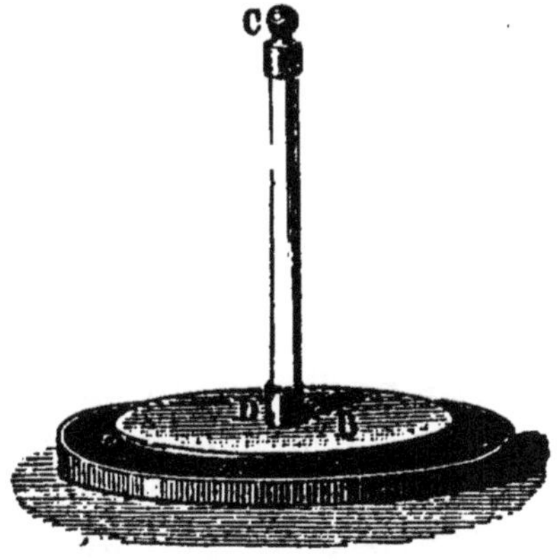

Fig. 100. — Électrophore.

On pose sur la résine le disque conducteur; l'influence se manifeste; de l'électricité positive est attirée à la partie inférieure du disque pendant que l'électricité négative est repoussée à la face supérieure jusqu'au manche isolant. On touche le disque avec le doigt, on fait écouler ainsi l'électricité négative et, si cessant le contact on enlève le disque par son manche isolant, il emporte son électricité positive qui se répand sur toute sa surface.

Ce disque devient une source électrique qui peut charger un corps par contact. Si l'on en approche le doigt, on en tire des étincelles de quelques centimètres quand l'appareil est bien sec.

Lorsque le disque est déchargé on le pose à nouveau sur le plateau, on le recharge comme la première fois : on a ainsi une petite source, mais qu'il est très facile de mettre en état de produire de l'électricité.

138. Machine de Ramsden. — La *machine à plateau de verre* de Ramsden est encore très employée dans les cabinets de physique; elle donne par les temps secs suffisamment d'électricité pour les principales expériences; à ce titre elle mérite une description.

La pièce principale est un plateau de verre qui peut tourner autour d'un axe horizontal entre deux paires de coussins portés par les montants qui supportent l'axe (fig. 101). Perpendiculairement à la ligne des coussins se trouvent deux pièces métalliques en forme d'U, appelées *mâchoires* ou *peignes*, garnies de pointes à l'intérieur et fixées aux conducteurs de cuivre qui reposent sur des pieds de verre et qui sont les collecteurs de l'électricité produite par l'influence de celle du plateau.

Lorsqu'on fait tourner le plateau de verre en agissant sur la manivelle, il frotte entre les coussins et il s'électrise positivement en même temps que les coussins prennent l'électricité négative que les montants et le bâti de la machine laissent perdre dans le sol. Chaque partie électrisée du plateau arrive devant les mâchoires; un phénomène d'influence se produit, le plateau fonctionne comme une source, les mâchoires et les cylindres à pied de verre comme un conducteur isolé : l'électricité positive est repoussée sur les cylindres jusqu'aux pieds de

Fig. 101. — Machine à plateau de verre de Ramsden.

verre, l'électricité négative est attirée dans les pointes; mais elle n'y peut pas rester; les pointes la laissent perdre, et en s'échappant elle se combine à l'électricité positive du plateau qui se trouve ainsi neutralisé. Ainsi, des quatre secteurs du plateau, deux sont toujours chargés d'électricité parce qu'ils viennent de passer entre les coussins; les deux autres sont à l'état neutre après leur passage entre les mâchoires. Ce n'est donc pas l'électricité du plateau de verre qui passe sur les collecteurs de la machine; ceux-ci n'ont d'électricité libre que par un phénomène d'influence qui se répète tout le temps que l'on tourne le plateau.

Il est nécessaire d'éviter toutes les causes de déperdition si l'on veut qu'une machine produise toute l'électricité qu'elle peut donner : on frotte avec un linge bien sec les pieds isolants et on dispose au milieu de la table qui porte la machine un brasier rempli de charbon de bois allumé.

La quantité d'électricité développée par le frottement dépend des substances frottantes; l'expérience a prouvé que les corps qui donnent le plus d'électricité avec le verre sont l'or mussif (bisulfure d'étain), ou un amalgame de zinc (2 de zinc et 1 de mercure); on en recouvre la surface des coussins.

139. Effets de l'électricité. — Les premiers phénomènes électriques constatés ont été les attractions et les répulsions que les corps électrisés produisent sur les corps légers placés dans leur voisinage, puis est venue l'observation de l'étincelle, les mouvements des corps, la destruction de certains isolants, l'inflammation des corps combustibles, quelques actions chimiques spéciales, des commotions sur les êtres vivants. On peut donc grouper les effets de l'électricité en effets lumineux, mécaniques calorifiques, chimiques et physiologiques.

140. Effets lumineux. — Étincelle. — La théorie de l'influence nous a appris que si on approche assez l'un de l'autre deux corps dont l'un est électrisé, il part entre eux un trait de feu qui constitue l'*étincelle électrique.*

Cette étincelle diffère dans sa forme et dans sa puissance suivant la grandeur de la charge qui la produit. Quand la distance des boules entre lesquelles jaillit l'étincelle est courte, celle-ci affecte la forme d'un trait droit (fig. 102); elle devient sinueuse et prend la forme de zigzags si la distance augmente. Dans le vide, elle apparaît sous forme d'une lueur dont la couleur varie avec la nature du gaz qui remplissait auparavant le vase où elle jaillit.

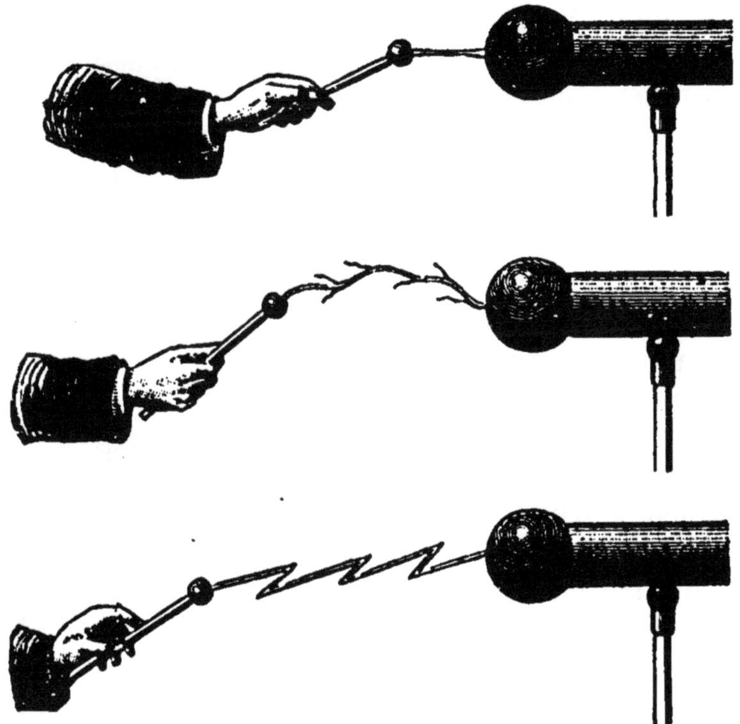

Fig. 102. — Diverses formes de l'étincelle électrique.

On peut la multiplier par une disposition particulière. On colle sur un long tube à garniture métallique des losanges de papier d'étain ou de clinquant très fin, en mettant les pointes de ces losanges en regard et à une courte distance les unes des autres. Le premier et le dernier des losanges touchent aux garnitures. Si l'on tient à la main un pareil tube par une extrémité et qu'on présente l'autre bout à une machine électrique, on voit une succession d'étincelles se produire d'un bout du tube à l'autre; le tube est *étincelant*. Cette expérience peut être variée de mille manières et donner lieu à des dessins lumineux sur tube ou sur feuille de verre.

141. Effets mécaniques. — L'électricité peut animer certains corps légers de mouvements de va-et-vient; les deux exemples les plus faciles à réaliser expérimentalement sont d'une part le carillon électrique, d'autre part l'appareil à grêle ou la danse des pantins.

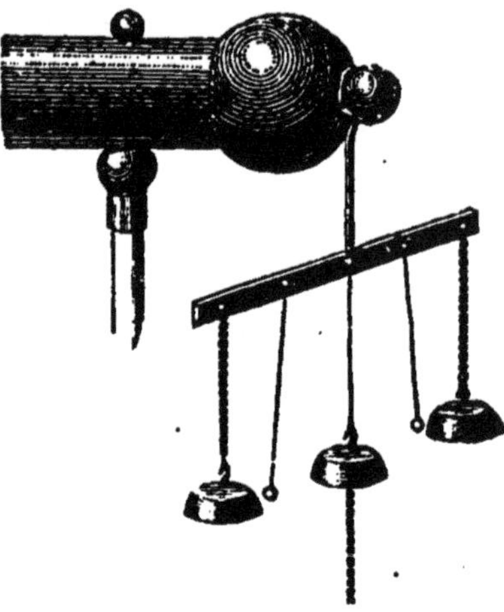

Fig. 103. — Carillon électrique.

Le *carillon électrique* (fig. 103) se compose d'une tige métallique que l'on peut suspendre au conducteur d'une machine électrique et qui tient elle-même en suspension deux timbres en communication avec elle, un troisième timbre suspendu par un fil isolant, deux petites boules métalliques suspendues entre le timbre du milieu et ceux des extrémités. Le timbre du milieu est relié au sol. Quand l'appareil est en rapport avec une source électrique, les deux timbres extrêmes se chargent d'électricité, ils attirent les petites boules et les repoussent ensuite. Dans cette répulsion, les boules

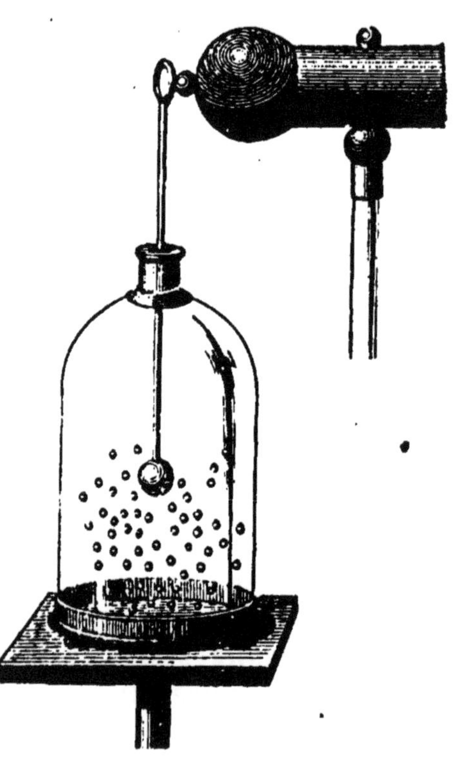

Fig. 104. — Appareil à grêle.

viennent frapper le timbre central et perdent l'électricité dont elles se sont chargées; alors le phénomène recommence; et le carillon s'entend et persiste tant que la machine est électrisée.

L'*appareil à grêle* se compose d'une cloche reposant sur un disque métallique (fig. 104). Dans le bouchon de la cloche passe une tige terminée à sa base par un plateau et en haut par un crochet ou une boule. Entre le plateau et le fond de la cloche, on place un grand nombre de balles de sureau. Quand le haut de la cloche est mis en rapport avec une machine électrique, le plateau s'électrise, il attire les balles de sureau qui s'élèvent, viennent le toucher, sont ensuite repoussées et retombent sur le plateau inférieur où elles perdent l'électricité qu'elles ont prise. Le phénomène continue et les billes prennent un rapide mouvement de va-et-vient.

On emploie souvent au lieu de cette cloche deux plateaux dont on suspend l'un à la machine tandis que l'autre communique au sol. Sur ce dernier on met des pantins en moelle de sureau terminés par des aigrettes. L'électricité du plateau supérieur attire les pantins; puis elle les repousse sur le plateau inférieur où ils perdent l'électricité qu'ils ont prise. Le phénomène recommence et les pantins accomplissent une danse d'un plateau vers l'autre.

L'électricité peut produire la rupture des corps mauvais conducteurs qu'on lui fait traverser; c'est ainsi qu'on peut appuyer deux pointes en regard contre une feuille de carton, faire passer une décharge électrique entre les pointes; on constate que le papier a été traversé par l'électricité.

Avec de fortes décharges on arrive à percer une lame épaisse de verre.

Nous continuerons l'étude des effets de l'électricité dans les leçons de la deuxième année.

Questionnaire.

Quels sont les principaux corps qui deviennent capables d'attirer les corps légers quand ils ont été frottés?

Tous les corps peuvent-ils être électrisés par le frottement?

Comment appelle-t-on les corps comme les métaux? les corps comme le verre et la résine?

Quelle est la forme du pendule électrique? comment ce petit appareil peut-il servir à montrer les attractions et les répulsions?

Qu'arrive-t-il quand on approche un corps d'un autre corps chargé d'électricité? Qu'arrive-t-il quand on approche les deux corps presque jusqu'au contact?

Quels sont les appareils qui donnent de l'électricité? De quoi se compose l'électrophore? Comment est montée la machine à plateau de verre.

Quels sont les effets de l'électricité? Comment se produit l'étincelle, quelles sont les formes qu'elle affecte?

En quoi consistent le carillon électrique et l'appareil à grêle?

Devoir.

Indiquer comment on électrise par le frottement un bâton de verre, un bâton de résine. Dire quelles précautions il faut prendre pour tenir une sphère de cuivre électrisée et comment on peut se servir d'une telle sphère pour électriser d'autres corps?

CHAPITRE XVII

ÉLECTRICITÉ DES PILES. — ACTIONS DU COURANT ÉLECTRIQUE

142. Expérience fondamentale. — Si l'on plonge dans de l'eau acidulée par un dixième d'acide sulfurique deux lames métalliques terminées chacune par un fil de cuivre, que l'une des lames soit de cuivre, l'autre de zinc pur ou de zinc ordinaire ayant sa surface amalgamée (fig. 105), tant que les deux lames restent séparées, rien ne se produit. Sitôt qu'on met en contact les deux fils et qu'on réunit ainsi les deux la-

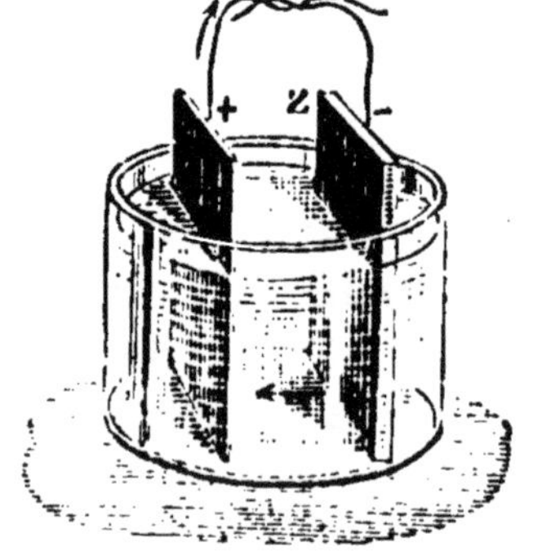

Fig. 105. — Pile simple.

mes par un circuit métallique, on constate deux phénomènes simultanés :

Une action chimique visible dans le liquide par le dégagement de nombreuses bulles gazeuses ;

Une action électrique qui peut être rendue sensible dans le fil si on lui fait produire l'un des effets de l'électricité.

Aussitôt que cesse le contact des deux extrémités du fil, les deux phénomènes précédents, action chimique et électricité, cessent aussi. Ils recommencent quand recommence la communication métallique extérieure des deux lames.

Il y a donc lieu de suivre attentivement chacun des deux phénomènes, l'action chimique dans le liquide, la présence d'électricité dans le fil.

L'action chimique est une dissolution du zinc et un dégagement d'hydrogène. Seulement ce gaz hydrogène se dégage en bulles sur la surface de la lame de cuivre, laquelle ne subit aucune attaque du liquide.

L'électricité qui existe dans le fil métallique formant le circuit d'une lame à l'autre peut, si les deux lames ont une surface assez grande, rougir un fil de platine fin et court. On lui fait ordinairement dévier une aiguille aimantée au-dessus de laquelle on met le fil qui réunit les deux lames.

On admet que la production d'électricité est due à l'action chimique exercée par le liquide sur une lame qu'il attaque en présence d'une seconde lame métallique non attaquée par le liquide. La production d'électricité commence avec l'action chimique, dure autant qu'elle, finit avec elle.

L'électricité est sensible dans le fil tout le temps que ce fil réunit les deux lames. On dit qu'il y a un *courant* électrique d'une lame à l'autre dans le fil, que la lame non attaquée est le pôle positif, la lame attaquée le pôle négatif.

L'ensemble des deux lames, du liquide et du fil conducteur, constitue ce qu'on appelle un *couple* électrique.

La réunion de plusieurs couples en communication les uns avec les autres forme une *pile.*

Les piles semblables à celle qui vient d'être décrite sont dites *piles simples* ou *à un seul liquide;* il en est une autre catégorie que l'on appelle *piles à deux liquides ;* nous allons en étudier quelques-unes.

143. Pile à tasses. — Pile à auges. — Que l'on prenne plusieurs couples semblables au précédent,

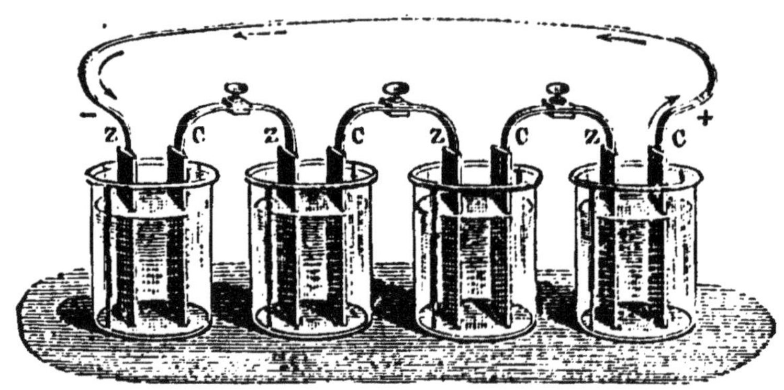

Fig. 106. — Pile à tasses.

qu'on réunisse le cuivre du premier au zinc du second, le cuivre du second au zinc du troisième, et ainsi de suite, il ne restera libre qu'un zinc au premier bout, un cuivre au dernier; c'est à ces deux lames que seront mis les deux fils conducteurs devant former le circuit extérieur : on montera ainsi l'appareil appelé *pile à tasses* (fig. 106).

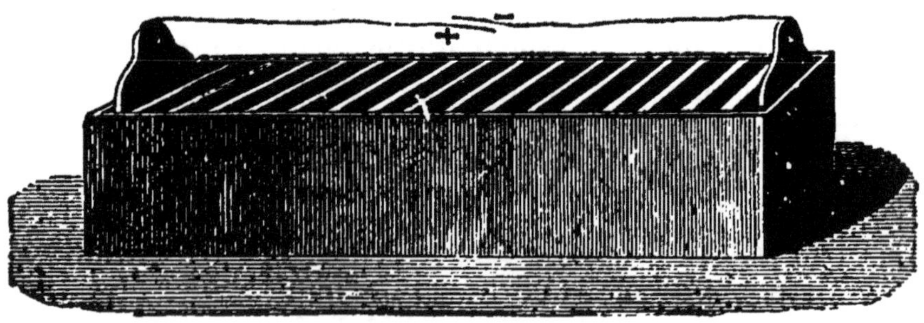

Fig. 107. — Pile à auges.

Le montage de la pile précédente est très long quand

on veut la constituer avec un grand nombre de couples. La pile *à auges*, imaginée par Cruiskans en 1800, est mise bien plus vite en état de fonctionner (fig. 107); les lames y sont à demeure, les deux fils conducteurs aussi, et il n'y a réellement qu'un vase à remplir d'eau acidulée puisque toutes les auges communiquent les unes avec les autres; de plus, on peut donner de grandes dimensions aux plaques métalliques et obtenir ainsi plus d'électricité.

144. Pile de Volta. — La première pile est celle de Volta, imaginée en 1799 par le célèbre physicien. Elle est formée (fig. 108) d'une colonne de disques de zinc et de cuivre superposés avec des rondelles de drap imbibées d'eau acidulée interposées entre les disques. La colonne est montée sur un support de bois : elle commence par un disque de cuivre, une rondelle de drap et un disque de zinc et ainsi de suite jusqu'au dernier disque de zinc qui la termine. On réunit le premier cuivre et le dernier zinc par deux fils conducteurs qui sont le siège d'un courant électrique quand leurs extrémités sont réunies. Le courant électrique est d'autant plus fort que le nombre des disques est plus grand. Il provoque des commotions quand il traverse le corps humain.

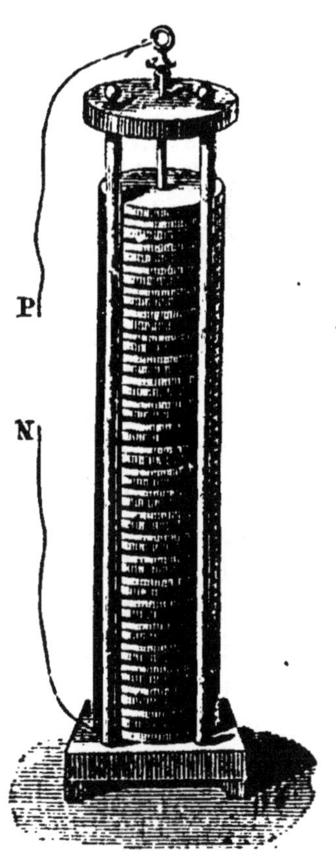

Fig. 108. — Pile à colonne de Volta.

Ici le couple élémentaire producteur d'électricité est encore composé, comme dans les cas précédents, d'un cuivre, d'eau acidulée et d'un zinc; le cuivre y est le pôle positif, le dernier zinc le pôle négatif. La pression des disques sur les rondelles de drap en fait sortir le liquide acidulé; les rondelles se dessèchent assez promptement, de plus, le liquide qui s'écoule le long de la colonne réunit les disques de tous les couples et gêne le dégagement de l'électricité dans le fil extérieur.

La description de la pile de Volta nous amène à faire en quelques mots l'historique de la découverte de l'électricité dynamique.

145. Historique de la découverte de l'électricité dynamique. — L'électricité qui se manifeste le long d'un fil conducteur réunissant les deux parties d'une pile a reçu le nom d'électricité *dynamique* (en mouvement), par opposition au nom d'électricité *statique* (en repos) donné à l'électricité de frottement. Sa découverte ne remonte qu'à 1786.

Il faut ici rappeler l'expérience célèbre de Galvani.

Galvani, en étudiant l'action de l'électricité des machines à frottement sur les grenouilles, observa que ces animaux éprouvent de vives commotions quand on fait communiquer les nerfs lombaires avec les muscles des pattes au moyen d'un arc métallique dont une branche est en zinc et l'autre en cuivre.

On répète facilement la principale expérience de Galvani. On écorche une grenouille; on met à nu les nerfs lombaires. On suspend le corps de l'animal, par ces nerfs lombaires, à la partie en zinc de l'arc métallique; et toutes les fois qu'on touche les muscles des pattes avec la branche de cuivre de l'arc, les pattes se contractent violemment.

Galvani expliquait les phénomènes constatés par lui en admettant que le corps d'un animal comme la grenouille se charge d'électricité sous l'influence de la vie, que les muscles prennent une des électricités et les nerfs l'autre, et qu'on provoque la commotion en réunissant par un conducteur métallique les muscles aux nerfs.

Volta n'admit point l'explication de Galvani; il voulut voir la cause de l'électricité dans le contact des deux métaux hétérogènes employés, et son hypothèse le conduisit, par une série d'expériences, à la découverte de la pile qui est devenue le point de départ de toutes les découvertes faites dans notre siècle sur la production et l'emploi de l'électricité.

146. Inconvénients dus au dégagement d'hydrogène. — L'observation de l'action chimique produite dans la pile a montré que le zinc se dissout peu à peu et se transforme en oxyde puis en sulfate de zinc en dégageant de l'hydrogène. Le gaz hydrogène mis en liberté par la dissolution du zinc vient se dégager le long de la lame positive en bulles qui montent peu à peu à la surface du liquide. Ce dégagement d'hydrogène est une des principales causes d'affaiblissement du courant électrique dans les piles simples.

On a cherché divers moyens d'éviter, de supprimer ce phénomène Un des plus simples consiste à mettre dans le liquide un corps qui prenne l'hydrogène et annule son action en le faisant entrer dans une combinaison.

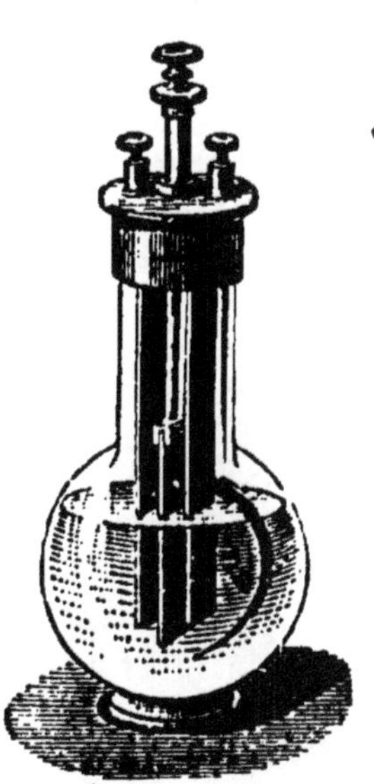

Fig. 109.
Pile au bichromate.

C'est le principe de la *pile au bichromate* (fig. 109). Le liquide qui attaque le zinc est encore l'acide sulfurique; mais le bichromate de potasse qui lui est mélangé détruit l'hydrogène en se transformant lui-même en alun de chrome. La lame positive est formée de deux plaques de charbon de cornues enveloppant le zinc sur ses deux faces. La pile est d'ailleurs disposée pour rester montée : la lame de zinc est portée à l'extrémité d'une tige que l'on remonte quand la pile ne doit plus servir, et que l'on redescend quand on veut faire marcher l'appareil; le zinc peut donc être mis hors du liquide ou dans le liquide par une manipulation très simple.

147. Principe des piles à deux liquides. — Le principe des piles à deux liquides est le suivant : une lame de zinc qui forme le pôle négatif de la pile plonge dans de l'eau acidulée par l'acide sulfurique; la lame positive, cuivre, platine ou charbon de cornues, suivant le cas, plonge dans un second liquide capable d'absorber l'hydrogène; les deux liquides sont séparés par une cloison poreuse perméable au gaz.

Dans presque toutes les piles, la réaction primitive est analogue : c'est le plus souvent l'action du zinc sur l'eau acidulée

$$Zn + HOSO^3 = H + Zn\,OSO^3.$$

Elles diffèrent surtout les unes des autres par le liquide destiné à détruire l'hydrogène ou, comme on dit, à dépolariser la pile.

148. Pile de Bunsen. — Dans la *pile de Bunsen* (fig. 110), le second liquide est l'acide azotique, et le pôle positif est formé d'un prisme de charbon de cornues plongeant dans cet acide.

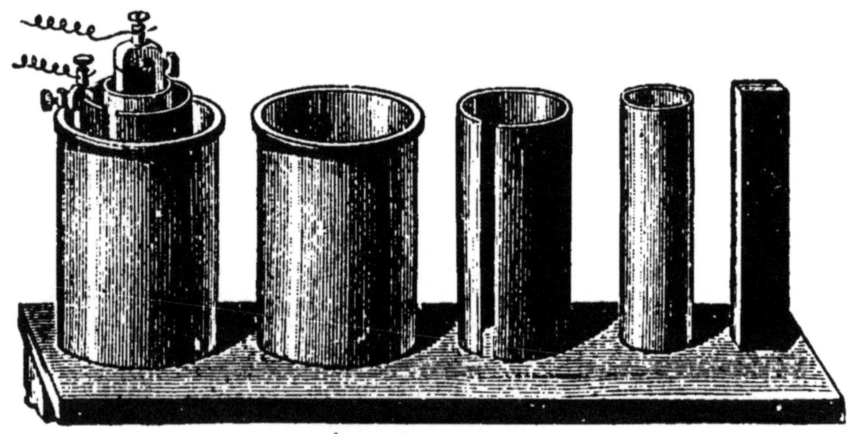

Fig. 110. — Pile de Bunsen

La réaction de l'hydrogène sur l'acide azotique détruit cet acide en produisant de l'eau et des vapeurs nitreuses qui sont gênantes pour la respiration et qui obligent à ne monter les piles Bunsen que loin des appartements habités et en plein air.

Sans cet inconvénient, la pile de Bunsen aurait été très employée, car elle est beaucoup plus puissante que les autres piles. Elle est assez coûteuse en raison de la dépense d'acide azotique : cet acide est bientôt hors de service.

149. Pile de Callaud. — La *pile de Callaud* est une modification très heureuse de la pile de Daniell : les deux pôles sont, l'un de zinc, l'autre de cuivre ; les deux liquides l'eau et le sulfate de cuivre; mais il n'y a pas de vase poreux et c'est un avantage parce que ces vases finissent par s'incruster et par perdre leur perméabilité.

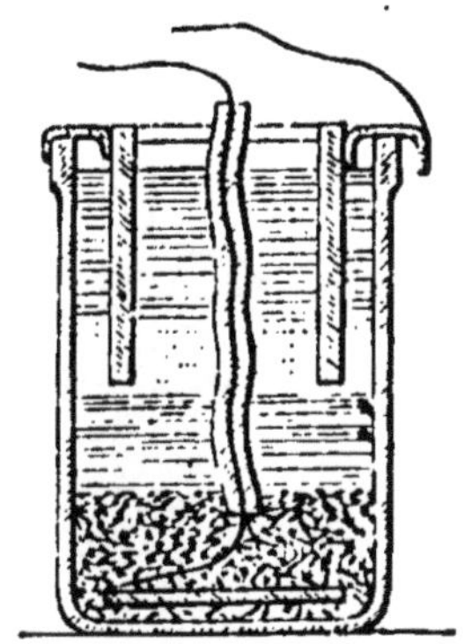

Fig. 111. Élément de Callaud.

Dans le vase extérieur de verre ou de porcelaine (fig. 111) est posée une lame de cuivre à laquelle est fixé un fil qui passe dans un tube de verre ou qui est isolé par de la gutta-percha; cette lame est au milieu des cristaux de sulfate de cuivre. On remplit le vase d'eau très légèrement acidulée et on coiffe le vase avec un court cylindre de zinc à rebord qui ne plonge que dans la première moitié du vase. Aussitôt que les pôles sont réunis, la pile fonctionne : l'eau et le sulfate de cuivre sont suffisamment séparés par leur densité.

Cette pile est très constante ; elle ne dégage aucun gaz; elle est employée aujourd'hui dans tous les bureaux télégraphiques.

150. Effets du courant électrique. — Décomposition de l'eau. — En 1800, un an après l'apparition de la pile de Volta, Carlisle et Nicholson ont découvert que si l'on plonge dans l'eau les deux fils de cuivre fixés aux pôles d'une forte pile, on voit des bulles gazeuses d'hydrogène se dégager sur le fil qui communique avec le pôle négatif; l'autre fil ne présente pas de dégagement gazeux, mais il s'oxyde. Si on le remplace par un fil de platine inoxydable, il s'y dégage alors de l'oxygène.

On répète aujourd'hui facilement cette expérience de la décomposition de l'eau par le courant électrique à l'aide du **voltamètre** à fils de platine et à petites cloches pleines d'eau posées au-dessus de ces fils. L'appareil est rempli d'eau légèrement acidulée. C'est un verre dont le fond est traversé de deux fils de platine (fig. 112)

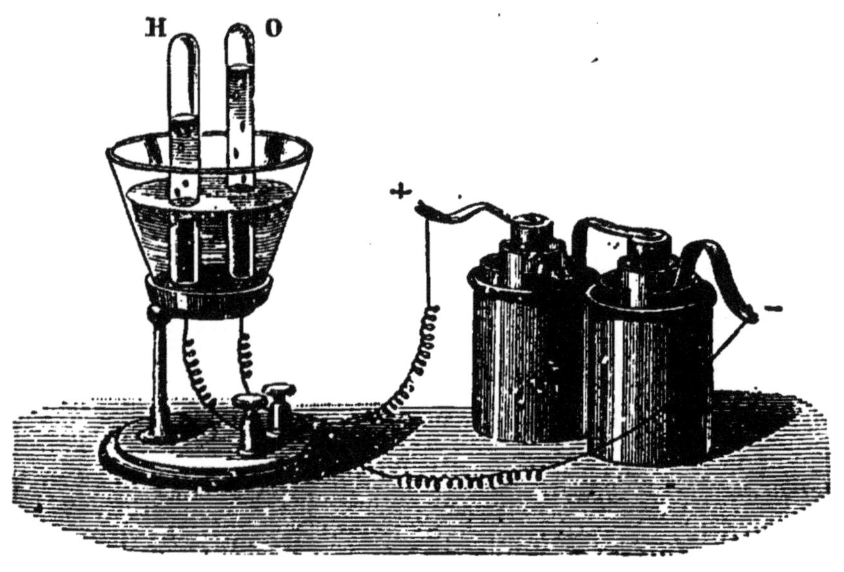

Fig. 112. — Décomposition de l'eau par la pile.

ou de deux lames du même métal en communication avec deux bornes métalliques où l'on amènera les deux fils d'une pile de deux éléments de Bunsen. Pour disposer l'expérience, on renverse au-dessus de chacun des fils de platine deux éprouvettes pleines d'eau acidulée. Quand le courant passe, les deux éprouvettes se remplissent de gaz, l'une deux fois plus vite que l'autre; la première a de l'hydrogène, l'autre de l'oxygène.

Le courant électrique a donc décomposé l'eau en portant l'oxygène au pôle positif, l'hydrogène au pôle négatif. Cette décomposition porte le nom d'*électrolyse*, les fils ou lames sur lesquelles la décomposition s'opère celui d'*électrodes*; le corps porté sur l'électrode positive et comme attiré par elle est dit *électro-négatif*, l'autre est dit *électro-positif*.

Ainsi, dans la décomposition de l'eau, l'hydrogène est électro-positif et l'oxygène électro-négatif.

Tout le temps que dure l'expérience, le volume de l'hydrogène est double du volume de l'oxygène.

Le courant électrique peut aussi décomposer les corps plus complexes quand il les traverse. Il échauffe les fils fins posés sur son circuit; il porte des baguettes de charbon à l'incandescence et peut produire la lumière. Il dévie l'aiguille aimantée et sert à aimanter le fer et l'acier. Nous reprendrons en deuxième année l'étude de ces divers effets.

Questionnaire.

Quel est le moyen le plus simple de produire de l'électricité dans un fil métallique à l'aide d'une action chimique?

Qu'appelle-t-on pile simple? Comment est constituée la pile à tasses, la pile à auges?

Quels sont les inconvénients de ces piles? Comment est formée la pile au bichromate? De quoi est composée la pile Bunsen? Comment est formée la pile de Callaud?

Comment montre-t-on qu'un courant électrique peut décomposer l'eau?

Devoir.

Comment peut-on prouver à l'aide d'une pile que l'eau est un corps composé? Que recueille-t-on dans la décomposition de l'eau?

CHAPITRE XVIII

PROPAGATION DE LA LUMIÈRE. — RÉFLEXION DE LA LUMIÈRE. — MIROIR PLAN

151. Sources de lumière. — Corps lumineux. — Dans un appartement fermé qui ne reçoit aucun jour du dehors, une lampe allumée est visible par elle-même et les objets qu'elle éclaire deviennent visibles en renvoyant vers nous la lumière qu'ils reçoivent de la lampe. On est donc conduit à classer les corps en deux catégories : ceux qui sont lumineux par eux-mêmes et ceux qui ne le deviennent que par une lumière étrangère à eux.

Les premiers sont appelés *sources de lumière;* c'est le soleil, les étoiles, les bougies, les lampes, en général les matières incandescentes.

Les seconds qui ne sont pas lumineux par eux-mêmes, cessent d'être visibles quand ils sont placés de façon qu'aucune lumière étrangère ne puisse leur arriver, ils ne deviennent visibles qu'à la condition de recevoir et de renvoyer la lumière d'une source lumineuse.

Mais il n'y a pas de différence entre la lumière émanée directement des sources lumineuses et celle que renvoient les corps éclairés; aussi l'on désigne sous le nom général de *corps lumineux* tous les corps qui sont visibles à l'œil, que ce soit par eux-mêmes ou par une lumière étrangère.

Les corps *transparents* laissent la lumière traverser leur masse, ainsi l'air, le verre. Les corps *opaques* sont ceux que la lumière ne traverse pas; ils ne la laissent pénétrer qu'à une très faible profondeur au-dessous de leur surface; ils l'absorbent ou ils la renvoient.

182. La lumière se propage en ligne droite. — Si dans une chambre obscure dont un volet reçoit le soleil, on pratique à ce volet une petite ouverture, la lumière pénètre dans la chambre, elle matérialise pour ainsi dire sa marche en éclairant les poussières de l'air sur son passage. Dans l'air de la salle qui constitue un milieu homogène, la lumière marque sa trace en ligne droite. Si l'ouverture est un peu large, la lumière forme dans la chambre obscure un cylindre; mais à mesure que l'ouverture diminue, ce cylindre diminue aussi. On donne le nom de *rayon lumineux* à la ligne droite que suit la lumière; la réunion de plusieurs rayons lumineux voisins porte plus particulièrement le nom de *faisceau*.

Que l'on allume une bougie au centre d'une chambre obscure, la flamme de la bougie cesse d'être visible si l'observateur interpose un petit écran sur la ligne qui joint la bougie à son œil; et pour que la bougie soit visible au travers de deux écrans percés chacun d'une ouverture, il faut que la bougie et les deux ouvertures des écrans soient sur une même ligne droite (fig. 113)

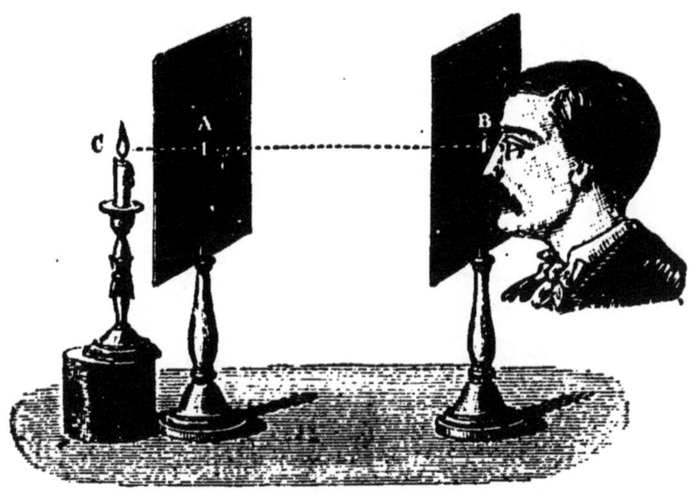

Fig. 113. — La lumière se propage en ligne droite.

La bougie est visible de tous les points de la salle; elle envoie donc dans toutes les directions des rayons lumineux et chacun de ces rayons se propage en ligne droite de son point de départ à son point d'arrivée.

183. Ombre et pénombre. — Un corps opaque arrête les rayons lumineux qui le rencontrent; il en résulte que derrière le corps opaque existe un espace qui ne reçoit pas du tout de lumière, c'est l'*ombre portée;* en même temps la partie du corps située à l'opposé de celle qui reçoit les rayons lumineux est également privée de lumière, c'est l'*ombre propre* du corps.

La limite de l'ombre peut être déterminée géométriquement en partant du principe de la propagation rectiligne.

Le cas le plus simple est celui où le corps lumineux, supposé réduit à *un point*, envoie de la lumière à une sphère opaque. Si l'on mène du point lumineux une tangente à la sphère et qu'on la fasse tourner autour de la sphère, les points de contact avec la sphère détermineront la ligne de séparation de l'ombre propre et de la lumière; et l'ombre portée sera déterminée par un cône

Fig. 114. — Ombre portée par une sphère éclairée par un point.

dont le point lumineux sera le sommet. Dans la figure 114 l'ombre portée sur le plancher est une ellipse, c'est la section du cône par un plan oblique sur son axe. Dans ce cas d'un seul point lumineux, la limite de l'ombre et de la partie éclairée est très nettement tranchée.

Il n'en est plus de même quand au lieu d'un point lumineux il y en a plusieurs; alors l'ombre portée n'est plus séparée de la partie éclairée par une ligne très nette; il y a une teinte dégradée plus ou moins étendue entre l'ombre et la lumière; c'est à cette ombre dégradée que l'on donne le nom de *pénombre*. On en constate l'existence avec toutes les sources de lumière qui sont toutes des réunions de points lumineux. Si en effet entre un mur et une lampe on dispose un disque opaque, on constate sur le mur un cercle bien noir qui représente l'ombre, puis une teinte dégradée qui est la pénombre. Et comme on peut s'en convaincre par l'expérience, cette pénombre augmente en étendue à mesure que l'écran s'éloigne du corps opaque. On met cette remarque à profit quand on fait des *ombres chinoises*.

154. Images formées dans la chambre noire. — Dans une chambre bien close et bien obscure, si l'un des volets porte une petite ouverture, on aperçoit sur un écran tendu à l'intérieur une image renversée plus ou moins nette des objets extérieurs. En augmentant peu à peu la grandeur de l'ouverture, la netteté de l'image diminue; l'image disparaît pour une ouverture un peu grande.

La propagation rectiligne de la lumière suffit encore pour expliquer ce curieux phénomène. De chaque point de l'objet partent des rayons dont un passe par l'ouverture et vient marquer sa trace lumineuse sur l'écran; si l'ouverture est petite, chaque faisceau lumineux est un cône très délié dont la trace sur l'écran est une petite surface éclairée ayant une forme semblable à celle de l'ouverture. Mais si cette ouverture est très petite et l'objet lumineux un peu éloigné, les cônes lumineux menés par chaque point seront très fins et chacune des petites surfaces éclairées pourra être assimilée à un point; leur réunion donnera une sorte d'image renversée semblable à l'objet lumineux. La marche des faisceaux rend compte du renversement de cette image. Si l'ouverture était un peu grande, chaque point de l'objet éclairerait sur l'écran une surface de dimensions notables; toutes ces surfaces empiétant les unes sur les autres ne détermineraient plus, au lieu d'une image de l'objet lumineux, qu'un éclairement presque uniforme.

On montre facilement la production d'une image renversée par le passage de la lumière au travers d'une ouverture très petite placée devant un écran en employant la disposition indiquée par la figure 115. A quelque dis-

Fig. 115. — Image renversée d'un objet éclairé produite par le passage de la lumière par une petite ouverture.

tance d'un mur ou d'un écran vertical, dans une salle éclairée par une bougie, on tient verticalement une carte percée d'une petite ouverture; on voit sur le mur ou sur l'écran l'ombre portée par la carte et dans cette ombre l'image renversée de la bougie.

Le passage de la lumière par les petites ouvertures se constate dans les arbres éclairés par le soleil; les feuilles de l'arbre laissent entre elles des ouvertures de formes très diverses; les rayons lumineux qui traversent ces ouvertures déterminent sur le sol deux sortes de taches lumineuses. Si l'ouverture est un peu grande, la surface éclairée a sur le sol la forme de l'ouverture; si au contraire l'interstice est très petit, la tache lumineuse est une ellipse; ce serait un cercle si les rayons lumineux tombaient perpendiculairement sur le sol. On a vu pendant les éclipses de soleil où l'astre affecte momentanément la forme d'un croissant lumineux, ces petites taches lumineuses prendre elles aussi la forme de croissants.

155. Lois de la réflexion. — Lorsqu'un faisceau lumineux vient frapper la surface polie d'un solide

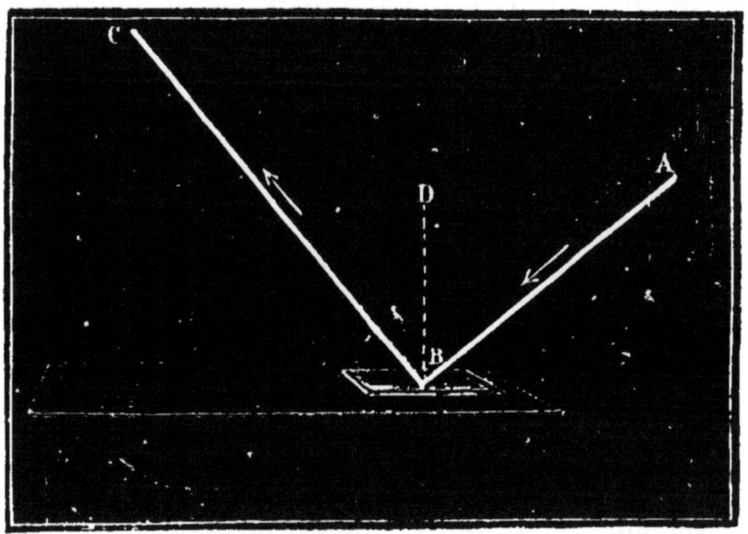

Fig. 116. — Marche de la lumière réfléchie par un miroir.

quelconque (verre, cuivre, argent, etc.), il rebrousse chemin dans une autre direction, comme le fait la bille d'ivoire après avoir frappé contre la bande du billard. Le même phénomène se remarque quand un rayon de lumière rencontre la surface libre d'un liquide comme l'eau ou le mercure. On donne le nom de *réflexion* régulière à ce phénomène du changement de marche de la lumière contre les corps polis et qui s'accomplit d'après des lois géométriques.

Par un trou A pratiqué dans le volet d'une chambre noire, on fait arriver un faisceau lumineux AB; sur son trajet on place un miroir horizontal; on voit aussitôt le rayon *réfléchi* BC qui se propage en ligne droite (fig. 116) tout comme le rayon incident AB, mais dans une autre direction : les deux rayons sont l'un et l'autre visibles parce qu'ils éclairent les poussières de l'air. Change-t-on la position du miroir de manière à augmenter ou à diminuer l'inclinaison du rayon AB par rapport au miroir, le rayon réfléchi BC change de position. Si l'on mène dans chaque cas la perpendiculaire au miroir au point où arrive le rayon incident, on vérifie que ces trois lignes, le rayon *incident*, la *normale*, et le rayon *réfléchi*, sont toujours dans un même plan; on vérifie également que les angles formés avec cette normale, d'un côté par le rayon incident, de l'autre par le rayon réfléchi, sont égaux : le premier ABD est appelé *angle d'incidence;* le second DBC *angle de réflexion*.

On formule donc ainsi les lois de la réflexion :

1° *Le rayon réfléchi est dans le plan formé par le rayon incident et la normale* (ce plan porte le nom de plan d'incidence).

2° *L'angle de réflexion est égal à l'angle d'incidence.*

156. Miroir plan. — Image d'un point. — Les miroirs plans sont des surfaces bien planes présentant un poli aussi parfait que possible : les uns sont entièrement métalliques comme les miroirs anciens et les miroirs japonais, les autres n'ont qu'une couche métallique mince à la surface comme les miroirs argentés; le plus grand nombre sont formés d'une feuille de verre étamée sur l'une de ses faces et recevant la lumière par l'autre. Le phénomène de la réflexion n'est pas aussi simple sur ces derniers que sur les autres; mais nous n'y insistons pas pour le moment; nous y reviendrons à propos de la réfraction.

L'expérience apprend que si l'on regarde dans un miroir plan on croit voir *derrière le miroir* les objets lumineux qui sont placés en avant (fig. 117); les lois de la réflexion permettent de rendre compte de cette illusion et de préciser le phénomène.

Fig. 117. — L'image d'un objet dans un miroir plan apparait derrière le miroir.

Considérons d'abord un seul point lumineux A (fig. 118) placé devant un miroir plan. Nous supposons que le plan de la figure est un plan perpendiculaire au miroir et passant par le point lumineux, MN est la trace du miroir sur ce plan. Soit AB un rayon lumineux; il fait avec la normale un angle d'incidence ABD; le rayon fléréchi BC sera dans le même plan et il fera avec BD

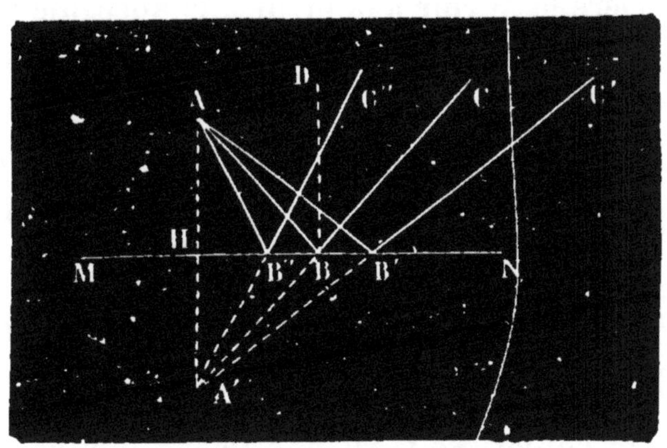

Fig. 118. — Construction pour trouver l'image d'un point lumineux.

un angle DBC égal à l'angle ABD. Abaissons du point A une perpendiculaire sur le miroir et prolongeons-la en dessous jusqu'à la rencontre avec le rayon CB prolongé. On détermine ainsi deux triangles rectangles AHB et A'HB qui sont égaux comme ayant un côté commun HB et des angles ABH et HBA' égaux comme étant les compléments, l'un de l'angle d'incidence, l'autre de l'angle de réflexion. Donc, AH = A'H.

Mais ce raisonnement s'applique à un rayon quelconque émané du point A. Si donc on mène un second rayon AB' qui se réfléchit en B'C', le prolongement du rayon réfléchi ira passer par le point A' en dessous du miroir. D'une manière générale, les prolongements de tous les rayons réfléchis par le miroir vont se rencontrer en dessous du miroir en un point A' symétrique de A par rapport à la surface réfléchissante.

L'œil jouit de la propriété de rapporter l'existence des objets à la direction du rayon de lumière qu'il reçoit de ces objets. Dès lors, si l'œil est placé de manière à recevoir les rayons réfléchis par le miroir, tous ces rayons lui paraîtront émanés d'un même point A' qui appartient à la fois à tous leurs prolongements et qui est placé derrière le miroir à la même distance que le point lumineux est en avant du miroir; c'est ce point qui est l'*image* du point lumineux.

157. Image d'un objet. — La connaissance de l'image d'un point nous conduit sans difficulté à celle d'un objet éclairé. Il suffira évidemment, d'après ce qui précède, d'abaisser de chaque point de l'objet des perpendiculaires sur le miroir et de les prolonger derrière lui de quantités égales à elles-mêmes; les extrémités de ces perpendiculaires ainsi prolongées donneront l'image de l'objet. Soit AB une flèche lumineuse placée devant un miroir MN; son image sera A'B' symétrique de AB par rapport à MN (fig. 119).

Si on donne à l'œil une position particulière O et qu'on veuille se rendre compte de la marche des rayons qui lui arrivent, on mène de A deux rayons AC et on trace les rayons réfléchis; la construction montre bien que leurs prolongements vont se rencontrer en A′.

L'image d'un objet n'est pas identique et superposable à l'objet; elle est seulement symétrique; la gauche de l'objet paraît être à droite et inversement.

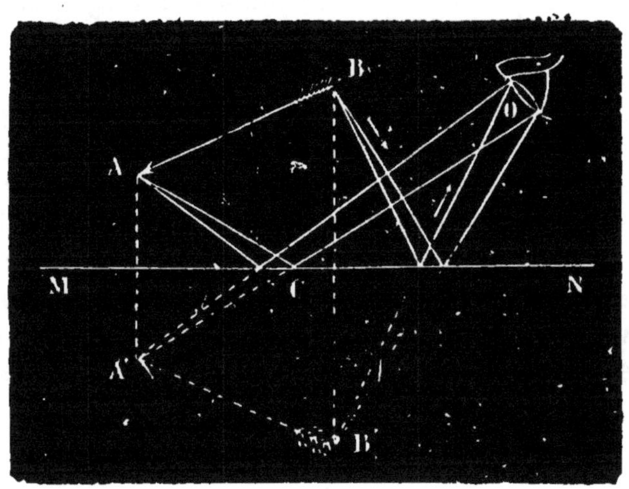

Fig. 119. — Construction de l'image d'un objet.

L'image n'a d'ailleurs pas de réalité, car les points où l'on croit la voir ne reçoivent pas de lumière réfléchie; ce n'est qu'une apparence : on dit alors que l'image est *virtuelle*.

L'expérience de tous les jours vérifie complètement ces conséquences de la théorie. Dans un miroir horizontal comme une nappe d'eau tranquille, un objet vertical, comme un arbre au bord de l'eau, a son image verticale opposée à l'objet. Dans un miroir incliné à 45°, un objet vertical a une image horizontale, et réciproquement, si l'objet est horizontal l'image est verticale. La construction montre qu'un miroir incliné sur l'horizon à 45° et recevant un rayon horizontal renvoie ce rayon verticalement.

D'une manière générale, on peut donc employer un miroir plan pour diriger dans telle direction que l'on veut un rayon lumineux que l'on fait tomber sur un miroir : c'est le cas du *porte-lumière* qui sert à faire pénétrer dans une chambre obscure, et dans une direction donnée, les rayons solaires.

158. Images produites par deux miroirs. — Quand deux miroirs font un angle, les points lumineux qui sont placés dans cet angle donnent une série d'images disposées en cercle autour de la ligne d'intersection des miroirs.

Si les deux miroirs font entre eux un angle droit, l'œil peut apercevoir quatre fois le même point lumineux, dont une fois directement et trois fois par réflexion.

Si l'angle des miroirs est plus petit que 90° le nombre des images augmente. Lorsque l'angle est contenu un nombre pair de fois dans 360°, les images sont nettes, séparées les unes des autres. On peut dire que le nombre n des images, y compris l'objet, est le quotient de 360 par l'angle a des deux miroirs

$$n = \frac{360}{a}$$

le nombre n des images augmente donc à mesure que a, l'angle des miroirs, diminue. Avec deux miroirs inclinés à 60° on voit 6 fois l'objet; avec deux miroirs inclinés à 45° on voit 8 fois l'objet.

Le *kaléidoscope* est un petit appareil qui utilise cette propriété des images multiples données par des miroirs inclinés. C'est un tube fermé à un bout par une glace dépolie et portant dans son intérieur, parallèlement à son axe, deux miroirs plans inclinés l'un sur l'autre à 60°. Au fond du tube et contre le verre dépoli, on place de petits fragments de verre de diverses couleurs dans une petite caisse transparente. L'œil appliqué à l'autre extrémité du tube aperçoit une sorte de rosace à six compartiments où les couleurs s'agencent et se combinent parfois d'une façon remarquable. En secouant le tube on modifie la disposition des fragments de verre et par suite le dessin, et on peut obtenir une multitude de figures différentes les unes des autres et toutes symétriques. Les dessinateurs sur étoffes se servent quelquefois de cet appareil pour trouver des combinaisons nouvelles de lignes ou de couleurs.

Questionnaire.

Qu'appelle-t-on sources de lumière, corps lumineux, corps transparents, corps opaques?

Comment montre-t-on que la lumière se propage en ligne droite? Comment se produit l'ombre? Qu'est-ce que la pénombre?

Comment se forment les images dans une chambre noire où la lumière ne pénètre que par une petite ouverture?

Comment montre-t-on le phénomène de la réflexion? Quelle marche suit le rayon réfléchi?

Comment se fait l'image d'un point dans un miroir plan? Où se trouve l'image d'un objet?

Qu'arrive-t-il quand un point est placé entre deux miroirs inclinés? entre deux miroirs parallèles? Qu'est-ce que le kaléidoscope?

Devoir.

Comment peut-on montrer que l'image d'un objet dans un miroir plan est derrière le miroir, à une distance égale à celle qui sépare l'objet du miroir?

DEUXIÈME ANNÉE

DEUXIÈME ANNÉE

CHAPITRE PREMIER

TRANSMISSION DES PRESSIONS. — PRESSE HYDRAULIQUE

1. Les liquides transmettent les pressions. — Lorsqu'un corps solide soumis à l'action d'une force est arrêté par un autre corps, il presse ce dernier dans la direction même de la force. Ainsi un corps chargé d'un poids est pressé dans le sens vertical, et c'est dans ce sens seul qu'il comprime les corps qui le soutiennent. Il n'en est plus de même pour un liquide, la mobilité des molécules est si grande que le liquide tend à s'échapper de tous côtés sitôt qu'il est pressé : la *pression qu'il reçoit se transmet dans toutes les directions.*

Pour se représenter une pression subie par une surface liquide, on peut concevoir qu'elle s'exerce par un piston solide qui recouvre la surface liquide, et qui est poussé par une force normale. Ainsi, soit un vase à deux ou à trois tubulures, rempli d'eau (fig. 120). On met le bouchon B et on le frappe de manière à ce qu'il presse le liquide, comme si on le chargeait d'un poids. On fait ainsi sauter les bouchons A, qui ont reçu, par l'intermédiaire du liquide, la pression exercée par B sur ce liquide.

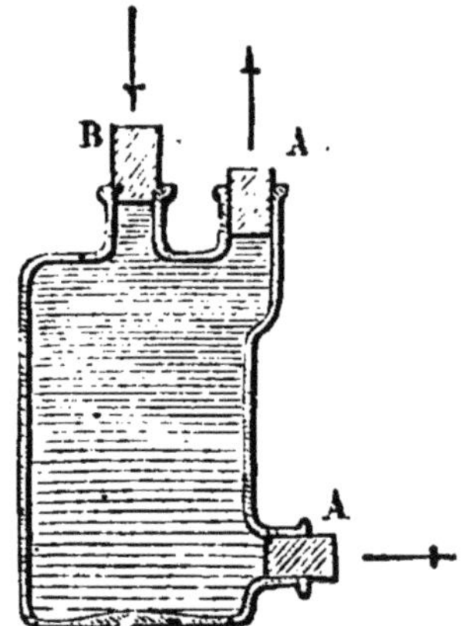

Fig. 120. — Une pression exercée sur B se transmet aux deux bouchons A et peut les faire sauter.

Quand on exerce une pression de 1 kilogramme sur une surface liquide de 1 centimètre carré, cette pression se transmet également à toute surface égale de 1 centimètre carré, et si l'on considère dans le liquide une surface plane de 10 centimètres carrés, la pression qu'elle reçoit est de 10 kilogrammes.

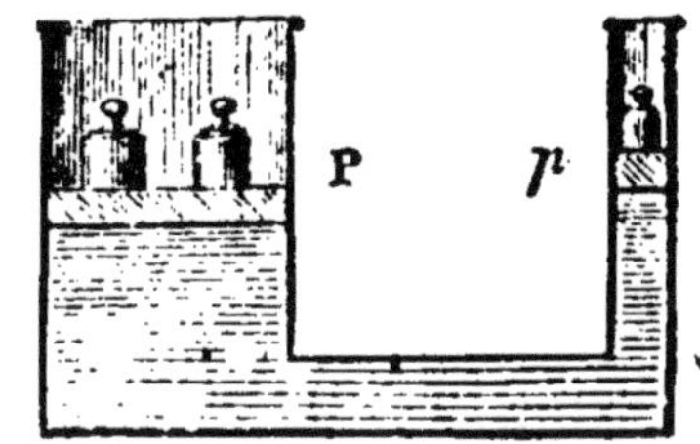

Fig. 121. — Les pressions transmises sont proportionnelles aux surfaces.

Supposons deux vases cylindriques de sections différentes, communiquant ensemble et en partie pleins d'eau. Concevons qu'on applique sur chacune des surfaces des pistons *p* et P de poids tels que le liquide reste en équilibre (fig. 121). Si alors on applique sur le piston *p* un poids de 1 kilogramme, il faudra pour empêcher le mouvement du piston P, lui appliquer autant de fois 1 kilogramme que la grande surface contient de fois la petite. Les frottements des pistons ne permettent pas de faire l'expérience d'une manière absolument concluante.

2. Principe de la presse hydraulique. — La presse hydraulique imaginée par Pascal est l'application la plus intéressante de la transmission des pressions. Pour en comprendre le principe, concevons deux cylindres A et B réunis par un tube horizontal, pleins d'eau et fermés par deux pistons *p* et P. Supposons que la surface du grand piston soit 100 fois celle du petit piston.

Si on charge le piston *p* d'un poids de 10 kilogrammes, le liquide transmet cette pression intégralement à toute surface égale à celle de la base du petit piston; conséquemment il faudra mettre 100 × 10 ou 1,000 kilogrammes sur le grand piston P pour conserver l'équilibre. Et si le grand piston est libre, il sera poussé

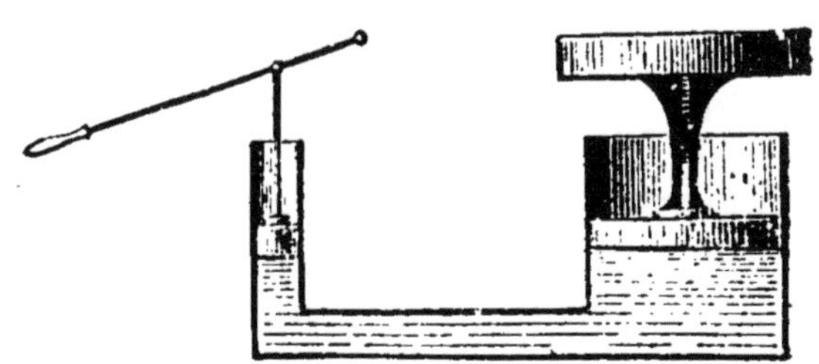
Fig. 122. — Principe de la presse hydraulique.

de bas en haut avec une force de 1,000 kilogrammes (fig. 122), et cette force pourra être employée à comprimer un corps entre la tête du piston et un obstacle fixe. On peut donc ainsi réaliser une grande pression avec un faible effort initial.

3. Description de l'appareil. — Le grand piston est un gros cylindre métallique à tête qui glisse à frottement dans le col d'un vase de fonte très résistant;

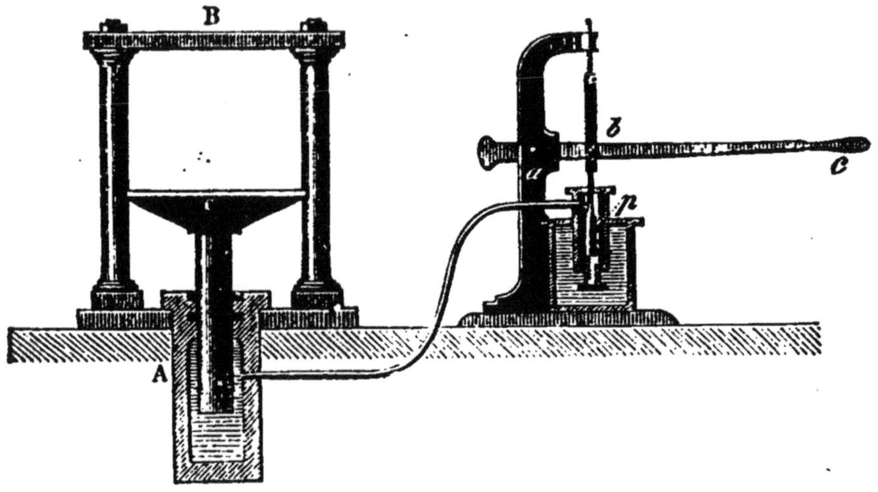

Fig. 123. — Presse hydraulique.

il est surmonté d'un plateau C; et l'on place les corps à comprimer entre ce plateau et une plate-forme B, fixée solidement à des montants verticaux. Le petit piston est un cylindre plein plongeur, mû par un levier *abc*, à l'aide duquel on le fait monter et descendre dans un corps de pompe en communication par le bas avec un réservoir d'eau. Un tube métallique à petit diamètre, mais solide, met les deux cylindres en communication; il porte sur son trajet une soupape de sûreté et une cheville ou un robinet qui permet de vider l'appareil quand il est plein d'eau (fig. 123). L'eau chassée par le petit piston fait monter le grand; il faut donc de nouveau remplir le petit cylindre d'eau pour la refouler dans le grand, c'est ce qu'on réalise si le petit piston et son cylindre constituent une pompe aspirante et foulante.

Quand l'eau atteint une forte pression, elle pourrait s'échapper entre les parois du grand piston et celles du cylindre où il plonge. On remédie à cet inconvénient à l'aide du *cuir embouti* imaginé par Bramah; c'est un anneau de cuir dont on a rabattu les bords, et qui forme une demi-couronne cylindrique collée par son bord interne contre le piston, par son bord externe contre le corps de pompe, et qui rend la fermeture hermétique, car lorsque l'eau presse, elle applique le cuir embouti contre les deux surfaces et se ferme à elle-même toute issue.

On peut se faire une idée de la grande puissance de la presse hydraulique par un exemple numérique. Supposons qu'on exerce un effort de 20 kilogrammes à l'extrémité *c* du levier *a*,*b*,*c* dont les deux bras sont dans le rapport de 1 à 10, l'effort transmis à la tige du petit piston sera de 20 × 10 ou 200 kilogrammes. Si la section du grand piston est 100 fois celle du petit, l'effort transmis au grand piston et par lui aux corps qu'il comprime, atteindra l'énorme valeur de 20,000 kilogrammes. Par des dispositions convenables, on peut encore élever ce chiffre et réaliser, avec un effort initial de 20 kilogrammes, une pression de plus de 50,000 kilogrammes.

Il faut remarquer que si la pression transmise au grand piston est 100 fois celle qui a été communiquée au petit piston, celui-ci fait en définitive un chemin 100 fois plus grand que l'autre : si l'on gagne en force, on perd en chemin parcouru ; le travail produit par le grand piston est en somme inférieur au travail dépensé de tout ce qu'il a fallu pour vaincre les frottements.

4. Usages de la presse hydraulique. — La presse hydraulique a beaucoup d'emplois. Elle sert à extraire l'huile des graines oléagineuses, le jus de la betterave, l'acide oléique des acides gras. Elle sert à comprimer le drap, le coton, les étoffes déjà pliées, à réduire en balles les substances encombrantes comme le foin. Elle a pu servir à soulever des efforts et à enfoncer des pilotis.

On applique également la transmission des pressions par l'eau pour essayer la force de résistance des bouteilles à champagne, et celles des parois des chaudières à vapeur; pour cela on remplit d'eau les chaudières, puis on les met en communication avec le tube qui part du petit cylindre et on comprime de l'eau jusqu'à une pression donnée. Ainsi fait, cet essai est sans danger, car si les parois cèdent à la pression et se déchirent, il n'y a pas de projection des parois comme il y en aurait si l'on employait un gaz au lieu de l'eau.

Exercices.

33. Dans une presse hydraulique, le petit piston a 8 centimètres de diamètre et le grand 50 centimètres; on applique sur le premier un poids de 50 kilogrammes; avec quelle force sera poussé le second?

34. Dans l'appareil précédent, le petit piston à chaque course descend de 0,60; de combien monte le grand piston?

Questionnaire.

Comment les liquides transmettent-ils les pressions qu'ils reçoivent? — Comment montre-t-on qu'un liquide pressé en un point transmet la pression en tous les autres points? — Comment peut-on multiplier l'effet de la première pression? De quoi se compose essentiellement la presse hydraulique de Pascal? — Quels sont les principaux usages de cet appareil?

Devoir.

Dire en quoi consiste la presse hydraulique, comment elle permet d'exercer sur les corps de fortes pressions, à quels usages elle sert.

CHAPITRE II

LIQUIDES SUPERPOSÉS

5. Plusieurs liquides dans un même vase. — Quand on verse ensemble dans un même vase plusieurs liquides sans action chimique l'un sur l'autre, *ils se superposent par ordre de densité, et leurs surfaces de séparation, comme aussi le niveau supérieur, sont horizontales.*

L'expérience vérifie ces deux points. Verse-t-on dans un tube ou dans un flacon du mercure, de l'eau et de la benzine, le mercure occupe le fond, l'eau le recouvre, et la benzine recouvre l'eau; incline-t-on le tube, les surfaces de séparation des liquides restent horizontales (fig. 124), et l'on peut faire écouler presque complètement le premier sans qu'il en tombe du second. Si on agite le tube et que les liquides se mélangent, ils ne tardent pas à se séparer à nouveau.

Fig. 124. — Trois liquides superposés ont leurs surfaces de niveau horizontales.

La théorie explique facilement ces faits. En effet, d'après le principe d'Archimède, une molécule du liquide le plus dense ne peut rester au sein du plus léger, car son poids y serait supérieur à la poussée; elle tombe donc jusqu'à ce qu'elle soit arrivée avec les autres molécules semblables au fond du vase.

Pour expliquer que les surfaces de séparation doivent être horizontales, on a recours au principe de l'égalité de pression de deux éléments égaux pris sur la même surface de niveau. Pour que ces deux éléments aient même pression, il faut qu'ils aient au-dessus d'eux la même hauteur de chacun des liquides, sans quoi ils seraient inégalement pressés.

6. Niveau à bulle d'air. — Si on enferme dans le même vase un liquide et de l'air, le gaz doit se rassembler au sommet du vase et en occuper le point le plus élevé. C'est le principe du *niveau à bulle d'air.*

Un tube de verre légèrement coudé, incomplètement rempli d'alcool, fermé, puis enchâssé dans une monture métallique, qui repose sur une règle, tel est l'appareil.

La bulle d'air occupe toujours le point le plus élevé du

tube. Quand elle est au milieu et qu'elle y reste, lorsqu'on retourne le tube bout à bout, c'est que les deux extrémités du tube sont sur un plan horizontal. On a construit l'instrument de manière que la bulle d'air soit bien au milieu, entre deux petits index quand la réglette métallique, fixée à la base de la gaine de cuivre qui contient le tube, est posée sur un plan horizontal (fig. 125).

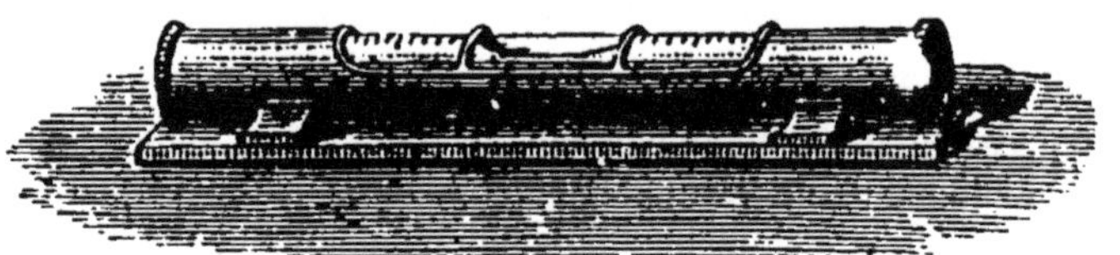

Fig. 125. — Niveau à bulle d'air.

Ce petit appareil est très commode pour vérifier si un plan est horizontal et pour rendre un plan horizontal; il sert journellement à cet usage.

On l'emploie aujourd'hui pour remplacer le niveau d'eau dans les nivellements. Au lieu du niveau d'eau, on se sert d'une lunette dont l'axe est parallèle au plan qui la supporte, ce plan est lui-même posé sur un pied à trois branches et porte deux niveaux à bulle d'air en croix, qui servent à le mettre horizontal; quand il l'est et que la lunette est bien réglée, la ligne de visée de la lunette est une ligne horizontale.

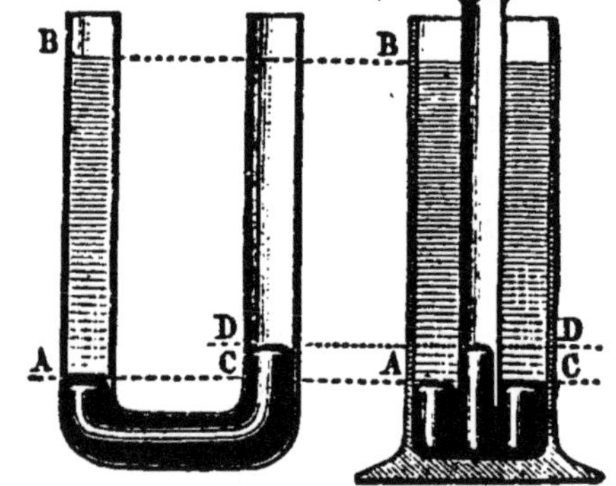

Fig. 126. — Deux liquides différents dans deux vases qui communiquent.

7. Deux liquides dans des vases communiquants.— Si l'on verse un liquide dans deux vases communiquants, les surfaces libres dans chaque vase sont dans un même plan horizontal. Si alors on verse dans l'une des branches un liquide plus léger qui ne se mêle pas au premier, la surface de séparation des deux liquides reste sur un plan horizontal (fig. 126); mais le poids du liquide ajouté fait monter le premier dans l'autre branche; et les deux niveaux sont très différents. Alors, les *hauteurs des deux liquides, comptées à partir du plan passant par la surface de séparation, sont inversement proportionnelles aux densités des liquides.* Avec l'eau et le mercure, la hauteur de l'eau est 13,6 fois plus grande que celle du mercure.

La démonstration est facile : pour deux éléments de même surface pris sur le plan de séparation, l'un dans un des tubes, le second dans l'autre tube, la pression doit être la même. Il faut donc que sur chaque centimètre carré de la surface il y ait un même poids de l'un ou de l'autre des deux liquides. Si l'un a une densité double de l'autre, il en faut une colonne deux fois moins haute; en général si h est la hauteur du premier, d sa densité, h' la hauteur du second et d' sa densité, on a :

$$hd = h'd'$$

et

$$\frac{h}{h'} = \frac{d'}{d}.$$

Si on prend l'eau et le mercure, et que la hauteur h de l'eau soit de $27^{cm},2$, on aura :

$$\frac{27,2}{h'} = \frac{13,6}{1}$$

ou

$$h' = \frac{27,2}{13,6} = 2^{cm}$$

la hauteur du mercure sera de 2^{cm}.

8. Phénomènes capillaires. — Si l'on verse de l'eau dans deux tubes communiquants, dont l'un ait un très petit diamètre (fig. 127), les deux surfaces libres ne sont pas sur le même plan horizontal, l'eau s'élève beaucoup plus dans le tube étroit, surtout s'il est très fin. Le même phénomène s'observe avec l'alcool ou tout autre liquide qui mouille le vase.

Avec le mercure au contraire, qui ne mouille pas le verre, c'est l'inverse qui se produit, le liquide est plus bas dans le tube fin que dans l'autre, et d'autant plus bas que le tube est plus fin.

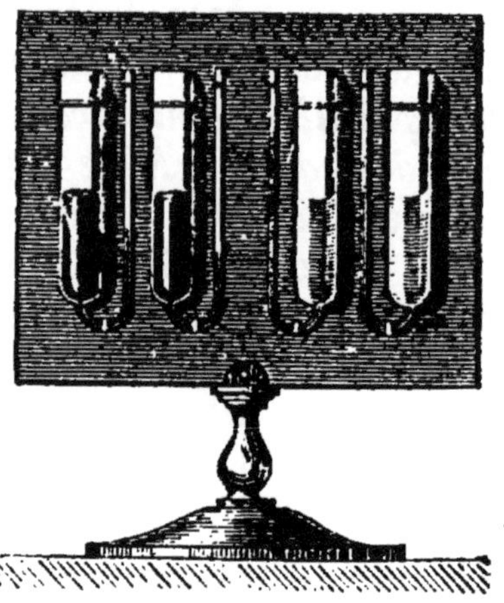

Fig. 127. — Tubes pour montrer l'ascension et la dépression des liquides dans les tubes capillaires

Des effets analogues se produisent si l'on plonge un tube fin dans un vase plein de liquide; le liquide monte dans le tube d'autant plus haut au-dessus de son niveau que le diamètre du tube est plus petit, si c'est de l'eau ou un liquide qui mouille le verre. Il est déprimé au contraire si c'est du mercure. Pour mettre ce phénomène en évidence facilement on plonge dans un liquide coloré des tubes fins de diamètres différents qu'on obtient en étirant vivement, à une longueur d'au moins un mètre, un tube de verre chauffé et en le cassant en fragments de 20 à 25 centimètres. On voit le liquide coloré monter plus ou moins dans les tubes suivant leur grosseur.

On constate également que dans le voisinage d'un tube plongé dans un liquide et aussi contre les parois du vase la surface du liquide n'est pas un plan horizontal; elle est convexe pour le mercure et concave pour l'eau et pour tous les liquides qui mouillent le verre.

Ces phénomènes ont reçu le nom de **phénomènes capillaires** parce qu'on les remarque surtout dans les tubes fins dont le diamètre est comparable à celui d'un cheveu. Ils semblent en contradiction avec les lois de l'équilibre des liquides.

On attribue les phénomènes précédents à l'action qu'exerce la paroi du vase ou le corps solide plongé sur les molécules du liquide. L'adhésion des liquides aux solides qu'ils mouillent est facile à montrer; on la remarque quand on plonge dans l'eau une baguette de verre et qu'on la retire : une goutte liquide reste adhérente à la baguette, comme si une force attractive était exercée par le solide sur le liquide.

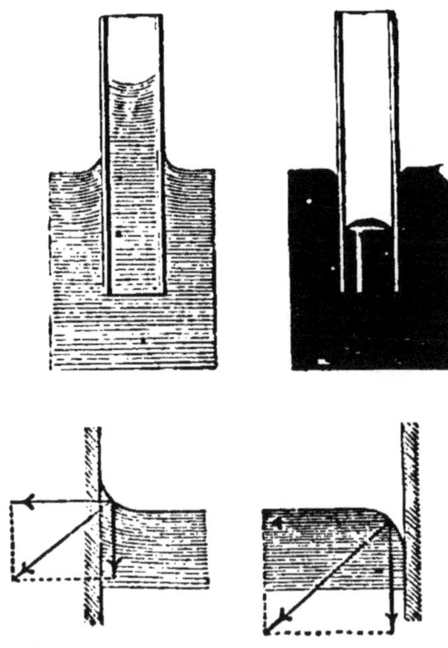

Fig. 128. — Ascension de l'eau et dépression du mercure.

Si donc on conçoit que la paroi exerce sur les molécules liquides une action attractive ou répulsive qui diminue rapidement avec la distance et devienne inappréciable à quelques millimètres, on comprendra que dans un vase large la surface libre de l'eau soit horizontale à partir d'une très petite distance du bord, puisque là il n'y a de force agissante que la pesanteur ; et que contre les bords du vase, le liquide n'obéisse plus seulement à la pesanteur, mais encore à l'attraction ou à la répulsion du solide.

Plusieurs expérimentateurs se sont occupés de mesurer l'élévation des liquides dans les tubes fins. C'est ainsi que Gay-Lussac a trouvé pour un tube d'un millimètre de diamètre les résultats suivants :

Elévation de $11^{mm},7$ dans l'alcool,
13^{mm} dans l'essence de térébenthine,
$29^{mm},7$ dans l'eau.

Comme la hauteur soulevée est en raison inverse du diamètre du tube, l'eau monterait 10 fois plus dans un tube de $\frac{1}{10}$ de millimètre et elle s'élèverait à environ 30 centimètres au-dessus du niveau.

Les actions capillaires servent à expliquer un certain

nombre de phénomènes : ainsi l'ascension des liquides dans les substances poreuses, comme l'eau dans le sucre, dans les pierres, dans la craie, l'huile dans les mèches de lampe, l'acide stéarique fondu dans les mèches des bougies, l'encre dans le papier buvard. On leur rapporte aussi l'ascension de la sève dans les minces vaisseaux des plantes.

Exercices.

35. Dans deux tubes qui communiquent on met au ond du mercure, puis dans l'une des branches de l'alcool et dans l'autre de l'eau. Le mercure a ses deux niveaux sur le même plan horizontal; la hauteur de l'eau est de 0,80; quelle sera la hauteur de l'alcool? — La densité de l'alcool est 0,78.

36. On a versé du mercure dans le fond d'une éprouvette et plongé dans ce mercure un tube ouvert aux deux bouts. On verse dans l'éprouvette une hauteur d'eau de 68 centimètres, de combien montera le mercure?

Questionnaire.

Comment se disposent dans un même vase plusieurs liquides qui ne se mêlent pas? Comment sont les surfaces de séparation des liquides? Citer des exemples usuels.

Quel est le principe du niveau à bulle d'air? Qu'arrive-t-il quand deux liquides sont mis dans deux vases communiquants?

Quels sont les principaux phénomènes capillaires? Où les remarque-t-on? Comment peut-on les produire?

Devoirs.

Décrire le niveau à bulle d'air; dire comment on s'en sert pour vérifier si un plan est horizontal, pour rendre horizontal un plan qui ne l'est pas, pour mener dans l'espace une ligne horizontale.

Dire comment on peut montrer que les liquides montent au-dessus de leur niveau dans les tubes fins et indiquer quelques phénomènes naturels de ce genre.

CHAPITRE III

CORPS FLOTTANTS. — ARÉOMÈTRES

9. Équilibre des corps flottants. — La première condition pour qu'un corps flotte, c'est que la partie immergée déplace un poids de liquide égal au poids total du corps. Il y a pour l'équilibre une seconde condition : il faut que les deux forces, le poids et la poussée, soient directement opposées, en d'autres termes que le centre de gravité et le milieu de la partie plongée ou le centre de poussée soient sur la même verticale. Tout corps flottant, comme un cylindre de bois, un tube d'essai fermé d'un bouchon, prend de lui-même, sur le liquide, une position qui satisfait à cette condition; mais s'il est homogène, son centre de gravité est toujours au-dessus du centre de poussée, aussi l'équilibre est instable, le corps peut osciller et rouler au moindre mouvement du liquide.

Fig. 129. — Un tube lesté se tient vertical.

L'équilibre deviendra nécessairement stable quand le centre de gravité sera plus bas que le centre de poussée (fig. 129). Il faut donc abaisser le centre de gravité par l'addition de corps lourds à la base du flotteur, si l'on veut qu'il tienne verticalement et qu'il revienne toujours à sa position première, malgré les oscillations qu'il pourra subir. Les corps lourds ajoutés constituent le *lest*.

On montre facilement l'utilité du lest en mettant des grains de plomb dans un tube d'essai que l'on veut faire flotter sur l'eau; lorsqu'on a mis assez de grains de plomb pour amener le centre de gravité au-dessous du centre de poussée, le tube tient vertical, et si on l'écarte de cette position, il y revient de lui-même après quelques oscillations.

Les navires satisfont aux deux conditions des corps flottants; leur forme est telle, qu'ils déplacent ou peuvent déplacer un grand poids d'eau; et tous sont lestés, soit, comme dans les navires de guerre, par des pièces lourdes de fonte placées dans la cale, soit par les marchandises que portent les navires de transport, soit par des pierres ou du sable quand ils repartent sans marchandises.

10. Principe des aréomètres. — On désigne sous le nom d'**aréomètres**, des appareils fondés sur le principe des corps flottants, et qui servent soit à déterminer la densité d'un solide ou d'un liquide, soit à reconnaître si un liquide donné est à un degré de concentration convenable. Ils sont lestés à leur partie inférieure avec du mercure ou de la grenaille de plomb, afin que, plongés dans un liquide, ils présentent une grande stabilité d'équilibre.

Comme tous les corps flottants, quand ils sont en équilibre, c'est qu'ils déplacent un poids de liquide égal à leur propre poids. Il y en a de deux sortes :

Les uns doivent être chargés d'un poids plus ou moins fort pour que le volume immergé reste le même : tel est *le flotteur de Nicholson;* les autres ont toujours le même poids, et ils enfoncent d'autant plus dans un liquide, que celui-ci est moins lourd : ce sont les *aréomètres à poids constant.*

11. Flotteur de Nicholson. — Le flotteur de Nicholson, représenté par la figure 130, est un cylindre de fer-blanc, à bouts coniques portant l'un un panier, l'autre une tige à plateau. Il est lesté de manière qu'il tienne vertical dans l'eau et que mis dans ce liquide, il n'enfonce que d'environ les deux tiers de la hauteur du cylindre. On choisit un fragment du corps dont on veut trouver la densité, et on le prend assez petit pour qu'il ne fasse enfoncer le flotteur que presque à la naissance de la tige. On place ce corps sur le plateau supérieur et à côté de lui des grains de plomb de manière que l'appareil

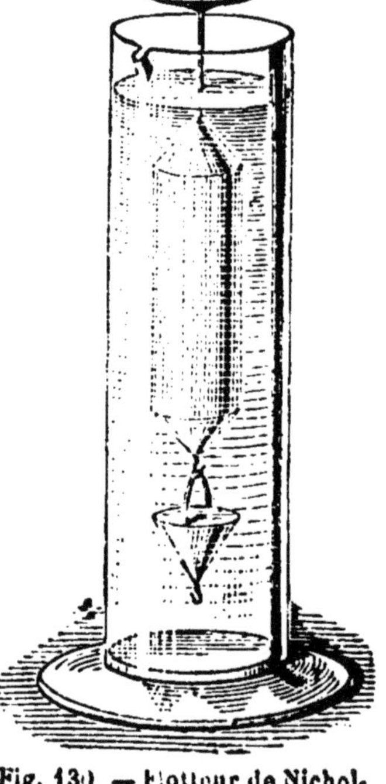

Fig. 130. — Flotteur de Nicholson pour trouver la densité d'un solide.

enfonce jusqu'à un trait marqué sur la tige. On enlève le corps, on met à sa place des poids marqués pour ramener l'affleurement; on a ainsi le poids du corps. Soit 40 grammes. On enlève les poids, on sort le flotteur de l'eau, on place le corps sur le plateau inférieur et on remet le flotteur dans l'eau; il n'affleure plus; pour amener l'affleurement il faut ajouter des poids, soit $3^{gr},8$; ces poids représentent le poids d'un volume d'eau égal au volume du corps. La densité est le quotient des deux nombres :

$$\frac{40}{3.8} = 10,5.$$

12. Aréomètres à poids constant. — Ces appareils sont employés surtout quand on veut avoir promptement une indication sur le degré de concentration des acides du commerce, des dissolutions salines, des liqueurs ou des liquides alcooliques, sans qu'il soit besoin de connaître exactement le poids spécifique du liquide.

Leur forme est habituellement celle d'un tube de petit diamètre portant, à sa partie inférieure, un renflement en cylindre et une boule qui contient le lest (fig. 131); une bande de papier fixée dans le tube porte la graduation. Quand on plonge un de ces instruments dans un liquide, il y enfonce jusqu'à ce que le poids du liquide déplacé soit égal au poids de l'appareil; il enfoncera donc toujours au même point dans des liquides de même densité; on pourra l'employer dans l'industrie pour s'assurer si un liquide donné a une densité convenable, ou s'il est au même degré de concentration que dans une expérience antérieure; il suffira d'avoir noté une première fois le point où s'est fait l'affleurement.

Fig. 131. Forme des aréomètres.

L'industrie emploie un grand nombre d'aréomètres à poids constant dont quelques-uns servent exclusivement à un seul liquide, ainsi le *pèse-lait*, le *pèse-vin*, etc. Les trois plus communs sont le **pèse-acides** ou **pèse-sels** pour les liquides plus lourds que l'eau; le **pèse-liqueurs** pour les liquides plus légers que l'eau; l'**alcoomètre** pour les mélanges d'alcool et d'eau. On les distingue en ce que les uns, les pèse-sels, enfoncent dans l'eau jusqu'au haut de leur tige; les autres, les pèse-liqueurs, jusqu'à la naissance de la tige seulement (fig. 132). Le même tube pourrait d'ailleurs servir pour l'un et l'autre cas; mais la tige serait un peu longue, l'appareil moins commode; on préfère en avoir deux.

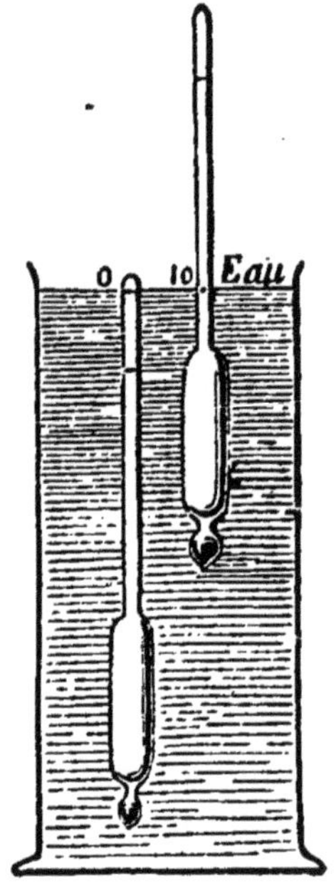

Fig. 132.
Pèse-acides et pèse-liqueurs dans l'eau.

13. Pèse-acides ou pèse sels de Baumé. — L'appareil proposé par Baumé pour les liquides plus lourds que l'eau, et qui est encore en usage aujourd'hui, est lesté de manière que, plongé dans l'eau pure à 12°5, il affleure vers la partie supérieure de sa tige en un point où l'on marque 0 (fig. 133). Il enfoncera d'autant moins que le liquide sera plus lourd. La graduation primitive a été arbitraire, mais elle est encore suivie. On marque 15 au point où l'appareil affleure dans un liquide formé de 15 parties de sel marin desséché, dissous dans 85 parties d'eau. On divise l'intervalle de 0 à 15 en 15 parties égales, et on prolonge la division jusqu'au renflement de la tige.

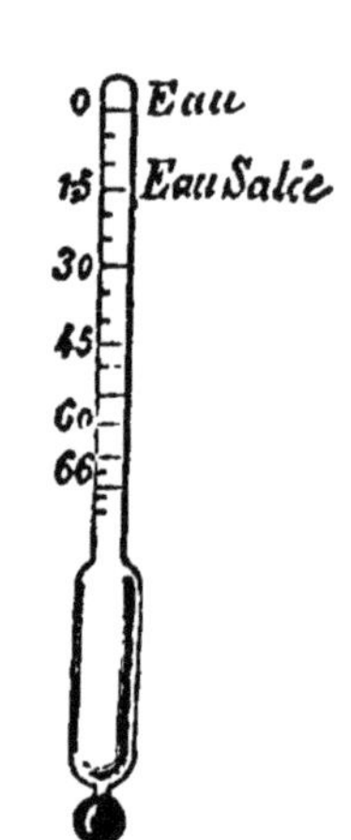

Fig. 133.
Pèse-acides de Baumé.

Un tel instrument marque 66 dans l'acide sulfurique concentré, 36 dans l'acide azotique ordinaire, etc.; et s'il plonge moins dans l'un ou l'autre des deux liquides précédents, on en conclut qu'ils sont mélangés d'eau.

14. Pèse-liqueurs de Cartier. — Cet appareil, destiné à des liquides plus légers que l'eau, où il enfoncera plus que dans l'eau, est lesté de manière à n'enfoncer dans l'eau qu'un peu au-dessus de la naissance de sa tige. On marque 10 en ce point. Le zéro est le point où enfonce l'appareil dans un liquide formé de 10 parties de sel marin dissous dans 90 parties d'eau. L'intervalle des deux traits est divisé en dix parties égales et la graduation prolongée.

Un tel instrument enfonce à 21 dans l'ammoniaque du commerce, à 40 dans l'alcool très concentré, à 62 dans l'éther rectifié; et s'il marque moins dans l'un ou l'autre de ces liquides, on en conclut seulement que ces liquides sont plus lourds et qu'ils contiennent probablement plus d'eau.

15. Alcoomètre centésimal de Gay-Lussac. — Pour les liqueurs alcooliques, on s'est longtemps servi de l'aréomètre précédent; mais ses indications sont insuffisantes et ne donnent pas une idée exacte de la composition du liquide. Il est plus avantageux de connaître le volume d'alcool absolu contenu dans le mélange d'alcool et d'eau que l'on essaie : c'est ce que l'on obtient avec l'*alcoomètre centésimal de Gay-Lussac.*

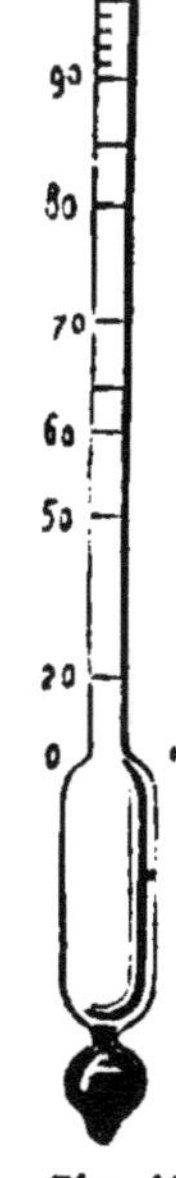

Fig. 134. Alcoomètre de Gay-Lussac.

Quant à la forme, c'est un aréomètre ordinaire : la division 0 correspond à l'eau pure, et la division 100 à l'alcool absolu; l'intervalle comprend 100 divisions, dont chacune représente un centième d'alcool en volume. Les divisions ne sont pas égales (fig. 134), parce que le mélange d'alcool et d'eau se contracte et n'occupe pas un volume égal à la somme des volumes qui l'ont formé; aussi il a fallu un assez grand nombre d'opérations pour tracer exactement la graduation.

Veut-on, par exemple, marquer le degré 90, on prend 90 centimètres cubes d'alcool absolu, et on y ajoute assez d'eau pour faire exactement 100^{cc}; on marquera 90 au point où l'appareil affleure dans ce liquide. Gay-Lussac a déterminé de cette manière tous les points de la tige de 10 en 10, et son appareil type a été gradué à la température de 15°.

Comme on peut opérer à des températures autres que 15° et que les liqueurs alcooliques varient de volume avec les changements de température, il faut à chaque observation noter le degré du thermomètre plongé dans le liquide examiné et corriger le degré de l'aréomètre au moyen d'une table à double entrée, dont les éléments ont été calculés par Gay-Lussac.

Cet appareil ne donne d'indications précises que dans les mélanges d'alcool et d'eau; mais il en fait immédiatement connaître la richesse; si par exemple dans une eau-de-vie, supposée à la température de 15°, il s'enfonce jusqu'à la division 54, il avertit que le liquide contient les 54 centièmes de son volume en alcool pur.

Questionnaire.

Quelle est la première condition que doit remplir un corps pour flotter? Comment obtient-on que le corps flottant soit stable? Qu'appelle-t-on lest d'un corps flottant?

Qu'est-ce qu'un aréomètre? A quoi sert le flotteur de Nicholson?

Comment distingue-t-on un pèse-acides d'un pèse-liqueurs? Comment est construit le pèse-acides de Baumé et à quoi sert-il?

A quoi sert l'alcoomètre de Guy-Lussac? Comment est-il gradué? Comment trouve-t-on la richesse d'un mélange d'alcool et d'eau?

Devoir.

Comment se sert-on du pèse-acides de Baumé et dans quel cas est-il employé?

CHAPITRE IV

BAROMÈTRES

16. Baromètre de Fortin. — Le baromètre à cuvette, bon pour les observations sédentaires, a l'inconvénient de ne pouvoir être transporté. Le *baromètre de Fortin*, tout en étant un baromètre à cuvette, est disposé de manière à être transportable sans dérangement; de plus, comme toutes les observations s'y font à un niveau constant, il peut être considéré comme le plus commode des baromètres de précision.

La cuvette est un cylindre dont le haut est en verre, les parois inférieures en buis, le fond en peau de chamois; ces deux dernières parties sont encaissées dans une garniture de cuivre, dont la base porte une vis à l'aide de laquelle on peut monter ou descendre le fond en peau de chamois (fig. 135). Au couvercle supérieur est fixée une pointe d'ivoire dont l'extrémité inférieure correspond au zéro de la graduation.

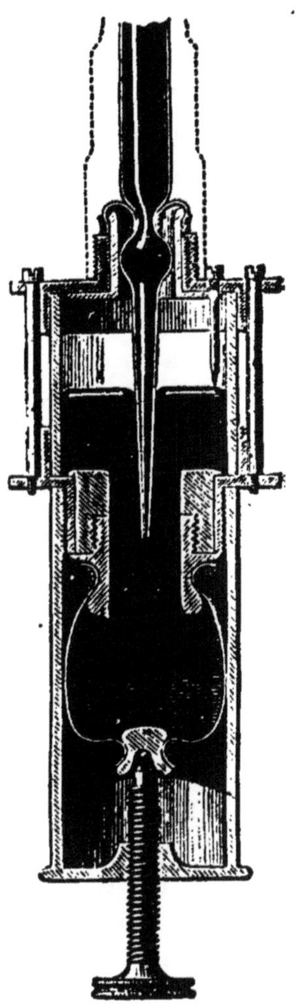

Fig. 135. – Cuvette de Fortin.

Le tube barométrique passe dans une ouverture du couvercle de la cuvette; il porte un étranglement autour duquel on a attaché soigneusement un morceau de peau comme un doigt de gant coupé aux deux bouts. On a rabattu et ficelé solidement l'autre bout de cette peau sur le pourtour de l'ouverture de la cuvette.

Le tube est recouvert d'une enveloppe de laiton vissée sur le haut de la cuvette; et cette enveloppe est percée de deux longues rainures opposées diamétralement dans la partie où se tient d'ordinaire l'extrémité de la colonne de mercure. La graduation est tracée le long de l'une de ces fenêtres; l'autre bord porte une crémaillère sur laquelle engrène un bouton portant un anneau métallique qui forme curseur. On place cet anneau de manière à ce que le plan de visée qui joint son bord antérieur au bord postérieur, soit tangent au sommet du ménisque que forme le mercure. L'anneau porte un *vernier* qui permet d'apprécier les dixièmes de millimètres.

L'appareil est suspendu, dans les laboratoires, par un anneau supérieur, à un crochet fixe. Pour les voyages, après l'avoir mis en état d'être transporté, on le place dans un étui de cuir, et avec lui un trépied métallique qui servira à porter l'appareil et à le rendre vertical par une suspension à la Cardan.

Veut-on transporter l'appareil? on tourne la vis de la cuvette de manière à remonter le fond mobile; l'air qui était au-dessus du mercure dans la cuvette sort par les pores de la peau de chamois qui joint la cuvette au tube; le tube se remplit et la cuvette aussi; on peut alors mettre l'instrument dans n'importe quelle position sans craindre qu'une bulle d'air puisse s'y introduire.

Veut-on faire une observation avec l'appareil suspendu en un endroit quelconque? On détourne la vis de manière à descendre le fond mobile de la cuvette, le mercure descend; l'air pénètre à la partie supérieure de la cuvette. On arrête de tourner la vis quand le niveau du mercure affleure l'extrémité de la pointe d'ivoire. Il reste à monter ou à descendre le curseur du tube et à lire le chiffre de la graduation qui correspond au niveau du liquide dans le tube.

Il faut aussi noter l'indication que donne à cet instant le thermomètre porté par l'appareil.

17. Baromètres métalliques. — Ces instruments qui n'ont qu'un petit volume et qui par suite, peuvent être transportés à volonté, reposent sur l'élasticité des métaux.

Les uns sont formés d'un tube de laiton très flexible, à section ovale, où l'on a fait le vide. L'augmentation de la pression fait rapprocher les deux extrémités du tube qui est fixé en son milieu; une aiguille indique sur un cadran cette augmentation. Si la pression diminue, l'élasticité du métal éloigne les deux extrémités du tube et fait marcher l'aiguille en sens contraire.

Les autres, et ce sont les plus nombreux, consistent en une petite boîte dont le dessus est formé d'une lame métallique mince, à plis circulaires, très flexible. On a fait le vide dans la boîte et on l'a fermée. La paroi supérieure est fixée à un ressort formé par une lamelle d'acier recourbée qui la retient et qui l'empêche de se déprimer au delà d'une certaine mesure. On suppose l'équilibre établi

Fig. 136. — Baromètre métallique.

entre le ressort et l'action de l'atmosphère s'exerçant sur la lame. La pression atmosphérique, en augmentant, fait fléchir le ressort, qui tend au contraire à se redresser quand la pression diminue (fig. 136). Les mouvements produits sont très petits, on les amplifie par des leviers et des engrenages, qui finalement font mouvoir une aiguille mobile sur un cadran.

Ces appareils sont gradués par comparaison avec un bon baromètre à mercure il faut de temps en temps renouveler cette comparaison pour s'assurer que l'élasticité des pièces métalliques n'a pas subi de trop grandes variations.

Ils sont très commodes; mais ils ne remplacent pas un bon baromètre à mercure quand on veut des observations très précises.

18. Usages du baromètre. — A proprement parler le baromètre ne sert qu'à mesurer la pression atmosphérique. Mais on peut tirer de ses indications : 1° le moyen de mesurer les hauteurs; 2° des prévisions sur le beau ou le mauvais temps et les tempêtes.

Mesure des hauteurs. — La pression atmosphérique diminue à mesure qu'on s'élève, car dans un gaz en équilibre il y a entre deux points situés sur la même verticale une différence de pression égale au poids de la colonne de gaz située entre eux. L'expérience de Pascal a d'ailleurs vérifié le fait. On a donc été conduit à mesurer l'élévation par la diminution de pression qui en résulte.

Si l'air était incompressible, comme les liquides, qu'il ait partout la même densité, le problème serait très simple, la diminution de pression serait proportionnelle à l'augmentation de hauteur. Ainsi au bord de la mer, pour une diminution de pression de quelques millimètres seulement, on peut déduire approximativement l'élévation correspondante : le mercure pèse à peu près 10000 fois plus que l'air : un millimètre de mercure fait approximativement équilibre à une hauteur de 10 mètres d'air. Lors donc que dans une ascension le mercure baisse de 2 ou 3 millimètres, on peut conclure qu'on s'est élevé à 20 mètres ou à 30 mètres.

Mais ce calcul ne convient que pour les distances voisines du sol. A mesure qu'on s'élève, la densité des couches d'air décroît et il faut réellement s'élever de plus de 10 mètres pour que le baromètre baisse d'un millimètre.

Les savants ont trouvé une formule qui permet de calculer assez exactement la hauteur verticale d'un lieu audessus d'un autre quand on connaît la différence des hauteurs barométriques prises au même moment dans les deux endroits.

Prévision du temps. — Une longue expérience a appris que dans nos régions le baromètre est haut par un temps sec, qu'il est bas par un temps pluvieux, qu'il baisse graduellement quand le temps se met à la pluie, c'est-à-dire quand l'air devient plus léger en devenant plus humide, qu'il monte au contraire quand les vents du nord dessèchent l'air et le rendent plus lourd.

Il résulte de nombreuses observations que pour un lieu déterminé, à certaines hauteurs barométriques correspondent assez généralement des états déterminés du ciel. On inscrit ces états sur les instruments destinés à des observations ordinaires : *très sec*, *beau fixe*, *beau*, *variable*, *pluie ou vent*, *grande pluie*, *tempête* pour rendre les observations plus commodes et plus promptes. Pour la latitude de 50° et au niveau de la mer le *variable* correspond à la hauteur de 760^{mm} et les autres indications sont espacées de 9 en 9 millimètres.

A l'observatoire de Paris, le variable correspond à 756^{mm},6; à Lima il doit être placé en face 682^{mm} et à l'hospice du Saint-Bernard vis-à-vis 563^{mm}. Ces exemples suffisent à montrer que ces diverses indications littérales de l'état du temps n'ont rien d'absolu, puisqu'elles varient avec l'altitude, ou autrement dit avec la hauteur au-dessus du niveau de la mer. On peut même les trouver en désaccord entre le rez-de-chaussée et le cinquième étage d'une haute maison.

Il ne faut pas perdre de vue que le baromètre ne donne positivement qu'une chose : la pression de l'atmosphère au moment de l'observation. Seul, il ne peut faire préjuger ce qui se passera plus tard.

Cependant, une baisse rapide et forte indique toujours l'approche d'une bourrasque ou d'une tempête; et les marins consultent le baromètre avec fruit pour se garer des grains et des coups de vent.

Exercices.

87. Dans un baromètre, la cuvette a 4 centimètres de diamètre et le tube 0^{c},8; on demande de combien monte le niveau du mercure dans la cuvette quand il descend dans le tube de 50 millimètres.

88. Si on suppose qu'à une baisse d'un millimètre, correspond une différence de hauteur de 10 mètres, quelle sera la hauteur d'un coteau où le baromètre indique une pression de 748^{mm},5 quand au même moment, au bord de la mer, il indique 761 millimètres?

Questionnaire.

Quels sont les inconvénients du baromètre à cuvette? Comment est formée la cuvette du baromètre de Fortin? Comment obtient-on que le mercure y soit toujours au même niveau? Quelle précaution faut-il prendre avant de transporter l'appareil? Comment le met-on en place pour une expérience?

Quel est le principe des baromètres métalliques? Quels sont les usages du baromètre?

Devoir.

Comment peut-on expliquer que le baromètre puisse servir à donner des indications sur l'état de l'atmosphère? Qu'indique une baisse brusque du baromètre?

CHAPITRE V

FORCE ÉLASTIQUE DES GAZ

19. Force élastique des gaz. — Les gaz et les liquides ont des propriétés communes; mais ils diffèrent notablement sous certain rapport; ainsi tandis que les liquides sont incompressibles, les gaz peuvent être facilement comprimés. Lorsqu'on exerce une pression sur un gaz, son volume diminue; l'expérience du briquet à air nous le montre; en même temps le gaz réagit par son élasticité et presse sur les parois qui le contiennent; il s'établit un état d'équilibre entre la pression extérieure d'une part et la réaction du gaz d'autre part; cette réaction du gaz, cette force avec laquelle il presse sur les parois, c'est ce que nous appelons *sa force élastique.* Si la pression extérieure diminue, la force élastique l'emporte et le volume du gaz augmente. Un gaz peut être assimilé à un ressort toujours comprimé par une pression extérieure : la pression augmente-t-elle, le ressort se tend, le gaz se comprime; dès que la pression diminue le ressort se détend, le gaz aussi et son volume augmente.

Ainsi quand un gaz est en équilibre, *sa force élastiqu* est égale à la *pression* extérieure. Cette égalité fait pren dre l'un pour l'autre ces deux termes, *pression* et *force élastique*, bien que le premier désigne une action extérieure au gaz, tandis que le second est une propriété du gaz. Ainsi l'on dit indifféremment qu'un gaz a une force élastique de 760^{mm} ou qu'il supporte une pression de 760^{mm}.

20. Relation entre la force élastique des gaz et leur volume. — Loi de Mariotte. — Y a-t-il une relation entre la force élastique d'un gaz et les volumes qu'il occupe suivant que cette force augmente ou diminue? Telle est la question qui se présente et qu'il nous faut étudier. Elle a été résolue expérimentalement par Mariotte en 1670.

Ce savant a formulé la loi suivante qui a conservé son nom :

Les volumes occupés successivement par une même masse de gaz varient en raison inverse des pressions qu'elle supporte, la température restant la même pendant l'expérience.

Ce qui veut dire que si une masse déterminée d'un gaz occupe 4 litres à une pression égale à celle de l'atmosphère, quand la pression deviendra 2, 3, 4..... *n* fois plus grande, le volume sera 2, 3, 4..... *n* fois plus petit. Et inversement, si la pression devient 10, 20 fois plus petite, le volume sera 10, 20 fois plus grand.

Nous allons donner de cette loi importante une démonstration expérimentale.

21. Démonstration expérimentale. — Nous nous servons d'un long tube de verre recourbé à branches inégales (fig. 137); la petite est fermée par le haut et elle est divisée en parties d'égal volume; la grande est ouverte et mesure au moins 0^{m},80 à 1 mètre. Le tube est fixé contre une planche qui porte, appuyée contre la grande branche, une réglette divisée en centimètres.

Versons un peu de mercure dans le tube, de quoi remplir le coude; le liquide ne prend pas le même niveau dans les deux branches. Mais en inclinant le tube nous allons faire sortir de la petite branche quelques bulles d'air, et le tube une fois relevé, le niveau du mercure aura un peu monté dans la petite branche. Nous amenons ainsi, après quelques tâtonnements, les deux niveaux du mercure sur un même plan horizontal.

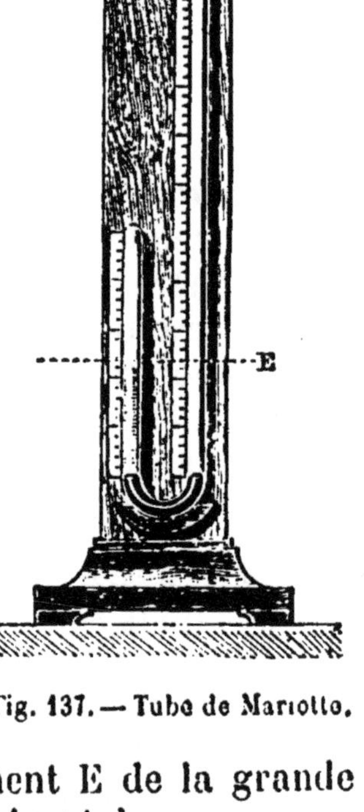

Fig. 137. — Tube de Mariotte.

Nous avons un volume d'air connu et emprisonné dans la petite branche. Sa force élastique est égale à la pression atmosphérique; elle est indiquée par la hauteur du baromètre au moment de l'expérience. Soit 20cc le volume et 0,764 la pression.

Nous allons amener le volume de cet air à n'être plus que 10cc, afin qu'il soit *deux fois plus petit*; et nous chercherons sa force élastique nouvelle.

Nous marquons sur le tube de la petite branche le point qui partage le premier volume en deux parties égales, et nous versons du mercure dans la grande branche jusqu'à ce que le niveau de la petite branche qui monte lentement soit arrivé au point marqué.

Le volume de l'air est deux fois plus petit. Sa force élastique s'exerce sur la tranche liquide qui le termine inférieurement; elle est égale à la pression supportée par l'élément E de la grande branche qui est au même niveau horizontal.

Pour connaître cette pression, on glisse la réglette graduée, de manière que son zéro corresponde à ce niveau, et on lit la hauteur de la colonne de mercure. Nous trouvons $0^m,764$, hauteur égale à celle du baromètre.

La pression sur l'élément E est donc, d'abord l'atmosphère, puis une colonne de mercure égale à la hauteur barométrique, en tout *deux atmosphères*. C'est la valeur de la force élastique de l'air emprisonné.

Ainsi, *quand le volume de l'air est devenu deux fois plus petit, sa force élastique est devenue deux fois plus grande*, ce qui vérifie la loi.

Si le tube ouvert était suffisamment haut, on pourrait continuer l'expérience en réduisant le volume d'air de la petite branche à être trois fois plus petit et en constatant que la force élastique est de 3 atmosphères; mais il faudrait un tube d'au moins $1^m,60$.

On prouve aussi par une autre expérience que si le volume devient 2, 3 fois plus grand, la pression ou la force élastique est 2, 3... fois plus petite.

22. Différents énoncés de la loi de Mariotte. — Applications. — La loi de Mariotte est d'un usage constant pour calculer les volumes que prend un gaz sous différentes pressions. Voici des exemples :

Soit à trouver le volume que prendront 25 *litres de gaz si la pression, d'abord de* 0,750, *devient* 0,760.

Le volume est 25 litres quand la pression est 750 millimètres; si la pression devenait 1 millimètre (c'est-à-dire 750 fois moindre), le volume serait 25×750. Mais si la pression au lieu d'être 1^{mm} devient 760^{mm} (c'est-à-dire 760 fois plus grande), le volume sera

$$\frac{25 \times 750}{760} = 24 \text{ litres } 67.$$

Voilà un raisonnement très élémentaire; en voici un plus scientifique appuyé sur l'énoncé même de la loi.

Soit V le volume cherché, le rapport des volumes est

$\frac{25}{V}$; le rapport inverse des pressions est $\frac{760}{750}$. Ces deux rapports sont égaux,

donc $$\frac{25}{V}=\frac{760}{750}$$

d'où $$V=\frac{25 \times 750}{760}=24,67.$$

Généralisons la question, et soit V et V' les volumes, H et H' les pressions, nous écrirons :

$$\frac{V}{V'}=\frac{H'}{H} \text{ et en opérant } VH=V'H'.$$

Nous pouvons donc énoncer la loi de la manière suivante : *Pour une même masse gazeuse, à la même température, le produit du premier volume par la première pression égale le produit du deuxième volume par la deuxième pression*, ou *le produit du volume par la pression est constant*.

Ce nouvel énoncé est très commode pour les calculs. Ainsi, soit à chercher la pression H' que supportent 40^{cc} de gaz d'abord à la pression de 760^{mm} et amenés à ne plus occuper que 25^{cc}?

Nous écrivons de suite

$$40 \times 760=25 \times H'$$

d'où $$H'=\frac{40 \times 760}{25}=1216^{mm}.$$

23. Manomètres. — On donne le nom de *manomètres* aux appareils qui servent à mesurer la force élastique des gaz. L'utilité de ces instruments se comprend aisément, surtout pour les vapeurs ou les gaz comprimés ; ils font connaître à chaque instant la puissance avec laquelle le gaz ou la vapeur presse sur les parois du récipient qui le contient, et ils permettent d'éviter les explosions que le gaz pourrait produire, s'il venait à être trop comprimé.

Rappelons qu'on estime la force élastique de l'air atmosphérique par la colonne de mercure qui produit une pression égale sur une même surface. C'est aussi ce que l'on fait pour les gaz comprimés. Le moyen le plus simple qui se présente naturellement, c'est de faire agir le gaz dans une des branches d'un tube recourbé contenant du mercure; le liquide s'élèvera dans l'autre branche si la pression du gaz dépasse celle de l'atmosphère, et sa pression sera égale à la pression atmosphérique augmentée de la colonne de mercure mesurée verticalement entre les deux niveaux : tel est le principe du *manomètre à air libre.*

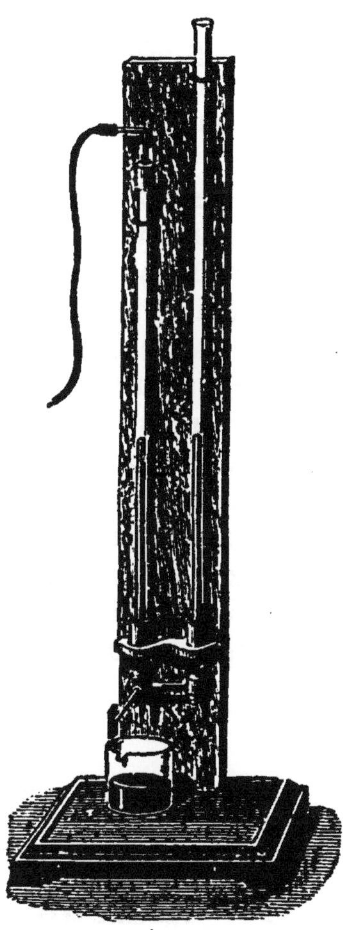

Fig. 138.— Manomètre à air libre de Regnault.

24. Formes du manomètre à air libre. — Pour les recherches que l'on peut avoir à effectuer en physique, le meilleur manomètre à air libre est celui de Regnault (fig. 138). Il se compose de deux tubes de verre mastiqués dans une monture de fer et posés contre un support vertical; l'un ouvre à l'air par sa partie supérieure, l'autre est recourbé et peut être mis en communication avec le récipient contenant le gaz dont on veut mesurer la pression.

On verse du mercure par la branche ouverte, si la pression du gaz qui se communique à la branche de gauche est égale à la pression atmosphérique, le mercure a le même niveau dans les deux tubes. Si la pression est plus grande, le mercure monte dans la branche de droite d'une hauteur h que l'on mesure; la pression du gaz est alors $h + \text{H}$ (H étant la pression barométrique). Si au contraire, la force du gaz est inférieure à la pression atmosphérique, le niveau du liquide, dans le tube de gauche, est plus haut d'une longueur h', et la pression est $\text{H} - h'$.

Cet appareil n'a qu'un inconvénient, c'est que ses dimensions deviennent incommodes dès qu'on veut mesurer des pressions un peu fortes.

Dans les usines à gaz, pour estimer la pression du gaz d'éclairage qu'on lance dans les conduites de distribution, on se sert d'un *manomètre à eau* à deux tubes, l'un dans lequel le gaz agit, l'autre qui est ouvert à sa partie supérieure (fig. 139). La pression est indiquée par la différence de hauteur des deux niveaux de l'eau, en plus de la pression atmosphérique; et pour en rendre la lecture plus facile, il y a une double graduation ascendante pour un tube, descendante pour l'autre à partir du niveau commun. Quand on lit sur l'appareil 2 centimètres en dessous du zéro dans le tube qui communique avec le gaz, 2 centimètres en dessus du zéro dans l'autre tube, on sait que le gaz est à une pression qui surpasse la pression atmosphérique de 4 centimètres de hauteur d'eau ou de $\frac{4}{13,6}$ de mercure; sa pression estimée à l'unité ordinaire est donc de $0^{m},76 + \frac{0,04}{13,6}$ ou $0^{m},763$ millimètres de mercure, si le baromètre marque 760 millimètres.

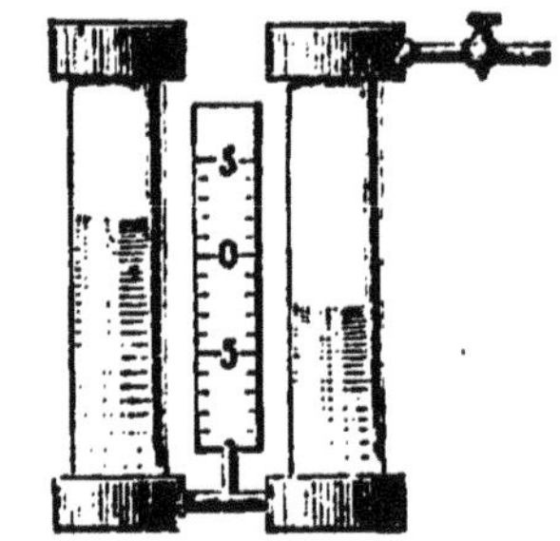

Fig. 139. — Manomètre à air libre pour le gaz d'éclairage.

25. Manomètre métallique. — Le manomètre métallique, de tous le plus employé, repose sur ce fait, que si l'on courbe en spirale un tube de cuivre mince à section elliptique, la courbure du tube diminue et les deux branches s'écartent, si la pression augmente dans l'intérieur. L'appareil est formé d'un tube fermé par une extrémité et qui communique par l'autre au récipient contenant le gaz ou la vapeur (fig. 140). L'extrémité fermée est libre; elle est reliée à une aiguille qui se meut sur un cadran. Si la pression augmente dans le tube, l'extrémité libre tire sur le levier et fait marcher l'aiguille dans un sens; quand la pression diminue, l'élasticité du métal ramène l'aiguille dans le sens opposé. On gradue l'appareil par comparaison avec un manomètre à air libre; il indique les pressions en atmosphères, ou approximativement en kilogrammes par centimètre carré. Il est très solide et très commode, aussi est-il très répandu.

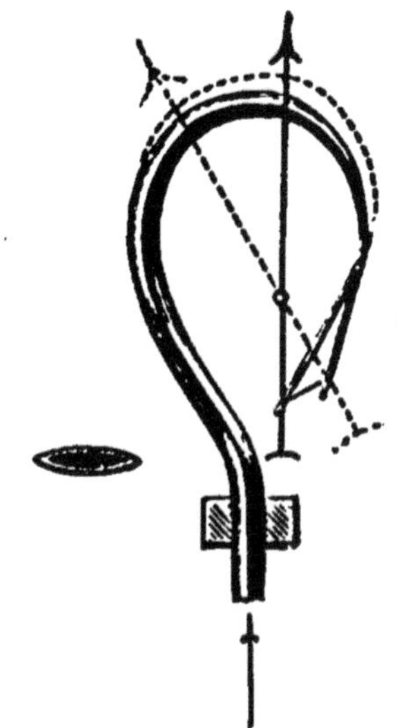
Fig. 140. — Manomètre métallique.

Exercices.

39. Un gaz occupe un volume de 12 litres sous la pression de 760 millimètres; quel serait son volume sous la pression de 570 millimètres?

40. On a 8 litres d'acide carbonique sous la pression de 475 millimètres; on les fait tenir dans un volume de 5 litres, quelle sera leur nouvelle pression?

Questionnaire.

Qu'appelle-t-on force élastique d'un gaz? Comment varie la force élastique d'un gaz, quand on augmente son volume, quand au contraire on diminue le volume?

Énoncer la loi de Mariotte. Comment prouve-t-on que la pression d'un gaz devient deux fois plus grande quand le volume devient deux fois plus petit?

Qu'est-ce qu'un manomètre? Quelles sont les deux principales formes du manomètre à air libre? Comment est construit le manomètre qui indique la pression du gaz d'éclairage? Quel est le principe du manomètre métallique?

Devoirs.

1. Dire comment varie la force élastique d'un gaz quand on fait varier son volume. Énoncer et démontrer la loi de Mariotte.
2. Quelle est l'utilité des manomètres? Comment est construit le manomètre le plus employé?

CHAPITRE VI

MACHINES A RARÉFIER ET A COMPRIMER LES GAZ

26. Machine pneumatique ordinaire. — On a souvent besoin de faire le vide dans un vase,

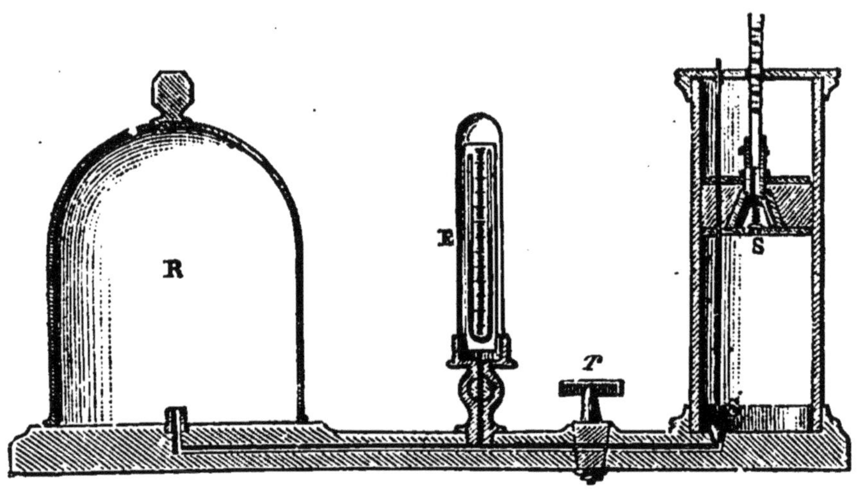

Fig. 141. — Coupe théorique de la machine pneumatique.

c'est-à-dire d'enlever l'air qu'il contient; c'est à cela que servent les machines pneumatiques. Le premier de ces appareils a été inventé en 1640 par Otto de Guericke. Nous ne le décrirons pas sous la forme qu'il avait à l'origine, mais avec celle qu'on lui donne ordinairement aujourd'hui.

La machine pneumatique se compose essentiellement d'un cylindre ou *corps de pompe* relié par un tuyau métallique à un ballon ou une cloche qui forme le *récipient* d'où l'on se propose d'enlever l'air. L'extrémité du tuyau qui débouche à la base du corps de pompe est fermée par une soupape *s'* qui ne peut s'ouvrir que de bas en haut (fig. 141). Dans le cylindre, peut monter ou descendre un piston qui applique bien contre les parois, mais qui est percé d'un conduit débouchant à l'air et muni d'une soupape (*s*) qui ne peut s'ouvrir comme la première, que de bas en haut.

Si on abaisse le piston dans le corps de pompe, la soupape *s'* reste fermée; la soupape *s* l'est aussi au commencement de l'opération; mais le piston, en descendant, comprime l'air remplissant le corps de pompe; la force élastique de cet air va en croissant; elle devient bientôt supérieure à la pression atmosphérique; l'air comprimé fait ouvrir la soupape *s* et s'échappe. Lors donc que le piston descend du haut en bas du corps de pompe, il expulse l'air qui y était contenu.

Si on soulève le piston, il fait le vide au-dessous de lui. La soupape *s* reste fermée, mais la soupape *s'* pressée par l'air du récipient s'ouvre, et l'air de la cloche se répand dans le corps de pompe. Quand on abaisse ensuite le piston, on chasse à l'extérieur le gaz qui était venu du récipient dans le corps de pompe.

Ainsi, par l'ascension du piston, on appelle dans le corps de pompe une partie de l'air du récipient, et le piston en descendant expulse cet air. Soulever et abaisser le piston se dit donner *un coup de piston*. Donc à chaque coup de piston on enlève une partie de l'air du récipient pour l'expulser dans l'atmosphère. L'air restant occupe toujours tout le volume du récipient, mais sa quantité ou sa pression diminue avec le nombre des coups de piston.

Un exemple numérique fera mieux comprendre le jeu de l'appareil. Supposons un récipient de 5 litres plein d'air à la pression de 760^{mm}, un corps de pompe de 1 litre, et proposons-nous de chercher ce que sera la force élastique de l'air du récipient après 1, 2 ....n coups de piston.

Au commencement, quand le piston est au bas de sa course, le volume de l'air du récipient est 5 litres, sa pression 760.

Après l'élévation du piston, le volume de l'air est (5 + 1) litres, sa pression x_1.

D'après la loi de Mariotte,

$$5 \times 760 = (5+1)x_1.$$

D'où $$x_1 = 760 \frac{5}{5+1} = 760 \times \frac{5}{6} = 633.$$

Pendant la descente du piston, cette pression ne varie pas dans le récipient; l'air du corps de pompe est expulsé.

Commençons un second coup de piston : le volume de l'air du récipient est 5 litres, sa pression x_1.

Après l'élévation du piston, le volume de l'air devient (5 + 1) litres, sa pression x_2.

On écrit encore

$$5 \times x_1 = (5+1)\, x_2.$$

D'où $$x_2 = x_1 \times \frac{5}{5+1}.$$

Mais $$x_1 = 760 \times \frac{5}{5+1}.$$

Donc $$x_2 = 760 \times \left(\frac{5}{5+1}\right)^2 = 760 \times \frac{25}{36} = 527.7.$$

Il est facile de voir qu'on trouverait pour un troisième coup de piston,

$$x_3 = 760 \times \left(\frac{5}{5+1}\right)^3 = 760 \times \frac{125}{216} = 439.$$

La pression de l'air dans le récipient va donc en diminuant à mesure que les coups de piston se multiplient;

et après un nombre suffisant de coups de piston, la pression de l'air est devenue très faible, et le vide est plus ou moins approché.

D'après ce calcul, on pourrait donc obtenir un vide parfait, c'est-à-dire réduire la force élastique à être plus petite que toute quantité donnée, en augmentant assez le nombre n des coups de piston, mais il n'en est pas ainsi dans la pratique.

27. Limite du vide. — Espace nuisible. — Pratiquement, la raréfaction de l'air a une limite que l'on ne peut dépasser ; l'air du récipient garde une force élastique que le mouvement de la machine est impuissant à diminuer et que l'on appelle la *limite du vide*. Cette différence entre le calcul et l'expérience provient de ce que nous avons supposé que *tout* l'air remplissant à chaque coup le corps de pompe était entièrement expulsé. Il faudrait pour cela que le piston arrivé au bas de sa course fût en contact parfait avec la base du corps de pompe, et il n'en est jamais ainsi ; il reste toujours un petit espace u (très petit dans les bonnes machines) dans lequel une petite quantité d'air vient se loger pendant la descente du piston : on l'appelle l'**espace nuisible.**

Il est facile de comprendre à quel moment on n'enlèvera plus de gaz au récipient. Supposons que tout l'air qui remplit le corps de pompe soit refoulé dans l'espace nuisible par le piston descendant ; pour que cet air puisse s'échapper, il faudrait qu'il puisse avoir une pression plus grande que la pression atmosphérique, sans quoi il ne soulèverait pas la soupape du piston qui doit lui livrer passage. Lors donc que la pression de l'air dans le récipient sera telle qu'une portion de cet air, remplissant le corps de pompe et comprimée dans l'espace nuisible, n'y aura qu'une pression égale à la pression atmosphérique, rien ne s'échappera plus par la soupape du piston.

Soit, dans un cylindre de 1 litre, un espace nuisible de 1 centilitre. A la limite du vide, l'air refoulé dans l'espace nuisible et occupant 1 centilitre, n'aura qu'une pression de 760mm au plus; répandu dans le corps de pompe, dans un volume 100 fois plus grand, il aura une pression cent fois plus faible ou 7mm,6. L'air du récipient ne pourra donc pas être amené à une pression inférieure à 7mm,6.

28. Machine à deux corps de pompe. — Les machines à un seul corps de pompe dont nous

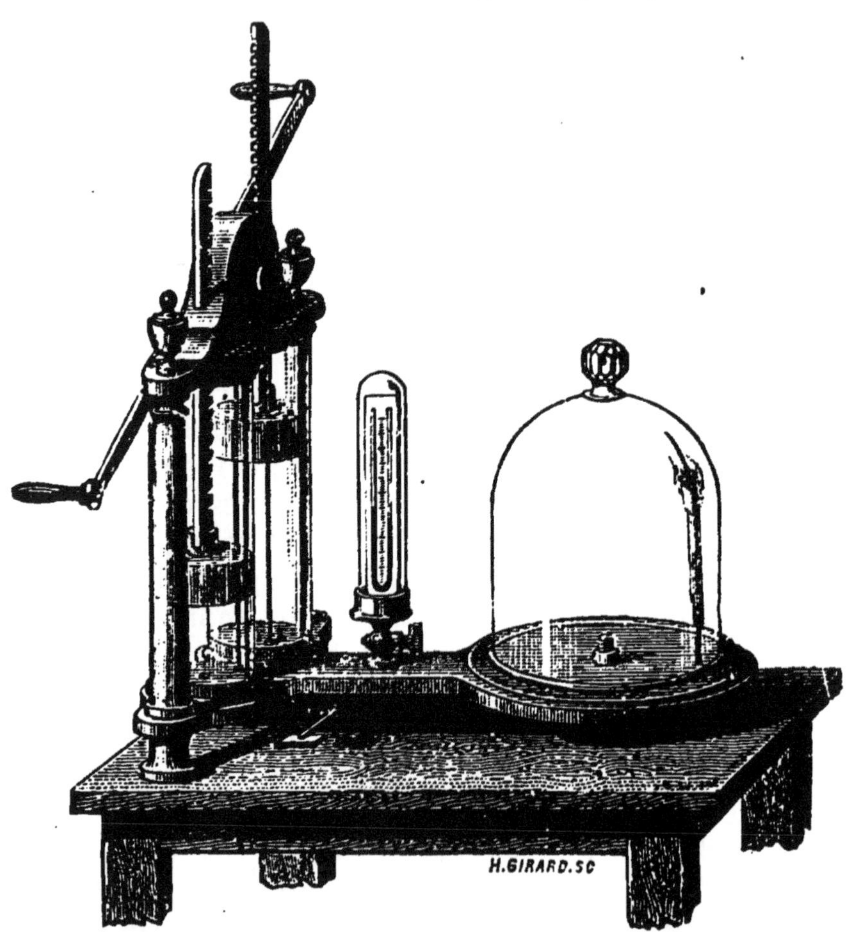

Fig. 142. — Machine pneumatique à deux corps de pompe.

venons d'indiquer la forme générale ont un double inconvénient : d'abord elles ne produisent d'effet utile que pendant la moitié de la manœuvre, puisqu'elles ne font le vide que pendant l'ascension du piston. Ensuite il faut y exercer un grand effort quand la force élastique du gaz est devenue faible dans le récipient ; en effet, pendant la montée, le piston supporte sur sa face supérieure la pression atmosphérique, tandis qu'en dessous de sa face inférieure il y a un vide plus ou moins complet. C'est donc, outre les frottements à vaincre, une force d'environ 1 kilogramme par centimètre carré de la surface du piston qu'il faut développer pour élever celui-ci : pour un piston de 8 centimètres de diamètre c'est une force de plus de 50 kilogrammes.

Les machines à deux corps de pompe remédient à ces inconvénients. Les deux cylindres sont posés à côté l'un de l'autre et leurs conduits se réunissent en un seul pour aller au récipient (fig. 142). Les tiges des pistons sont munies de crémaillères engrenant sur un pignon dont l'axe est fixé à un levier ou manivelle. Par le mouvement alternatif du levier, quand un des pistons monte, l'autre descend. La manœuvre de l'appareil est rendue moins pénible, car si la pression atmosphérique fait obstacle à l'ascension du piston qui monte, elle agit pour favoriser la descente de l'autre.

Clef ou robinet. — Sur le tube qui réunit les corps de pompe au récipient, est placé un robinet de forme particulière, qu'on appelle la *clef* de la machine pneumatique ; il a une triple fonction : il doit permettre d'établir ou de supprimer la communication entre les corps de pompe et le récipient, permettre de laisser rentrer l'air dans les corps de pompe seulement, permettre enfin de faire rentrer l'air dans le récipient (fig. 143). Il contient un canal ordinaire, et en plus un canal recourbé dont l'un des orifices débouche à l'air libre et est fermé par un bouchon métallique, l'autre orifice s'ouvre dans un plan perpendiculaire au canal principal. Quand le robinet est dans sa position normale, son canal principal fait commu

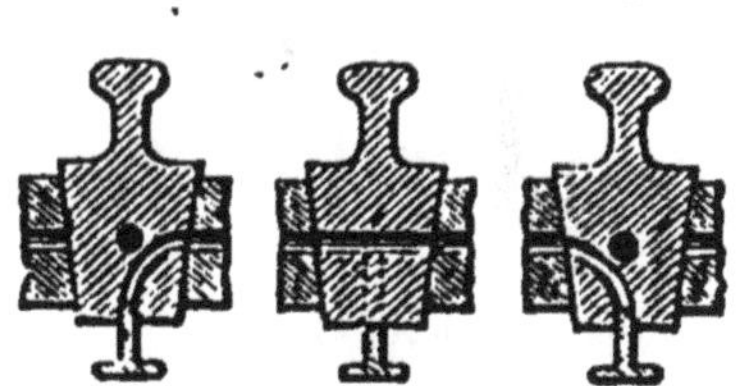

Fig. 143. — Coupe du robinet dans ses trois positions.

niquer les corps de pompe avec le récipient et le conduit coudé est fermé des deux bouts. Si on le tourne de 90°, le récipient est séparé du corps de pompe. Mais le conduit coudé vient placer l'un de ses orifices dans le sens du conduit de la machine, soit du côté du corps de pompe, soit du côté du récipient ; s'il est dans cette dernière position et si l'on enlève le bouchon métallique, l'air rentre par le conduit coudé dans le récipient. Des lettres ou des flèches indiquent dans quelle position il faut mettre le robinet suivant ce que l'on désire.

Le tube par lequel la machine enlève l'air du récipient, se recourbe à angle droit et se termine par un pas de vis sur lequel on peut adapter les ballons ou vases munis d'une monture à robinet dans lesquels on veut faire le vide.

En outre, l'appareil porte un disque de verre bien plan, la **platine**, sur lequel on pose une cloche dont le bord a été bien dressé.

On enduit de suif les bords de la cloche pour la faire adhérer par un contact parfait avec la platine.

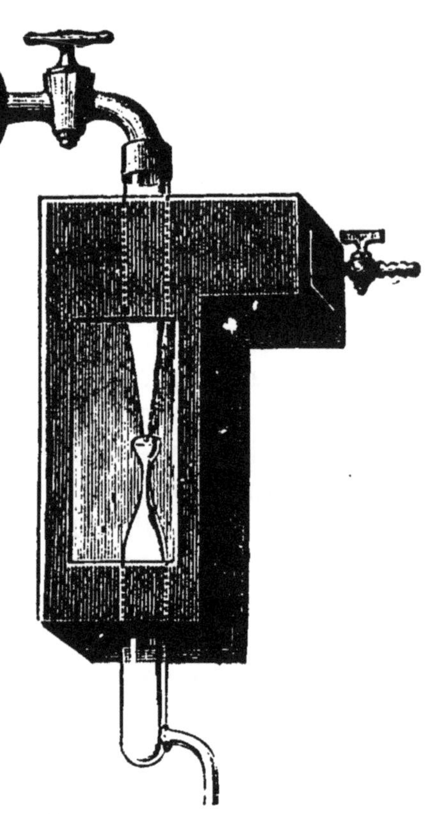

Fig. 144. — Trompe à eau.

29. Trompe à eau. — On a souvent besoin de faire un vide approché et de le maintenir un certain temps le procédé le plus avantageux est d'employer des appareils qui n'exigent pas de travail de la part de l'opérateur. La *trompe à eau* est un des plus simples et des plus commodes.

L'appareil est une petite caisse rectangulaire portant un tube horizontal et deux tubes verticaux. Le premier est mis en communication avec le récipient d'où l'on veut extraire l'air, il porte parfois une seconde branche que l'on met en rapport avec un manomètre. Le tube vertical supérieur se termine dans le milieu de la caisse en forme de cône, et son extrémité est à une petite distance du tube vertical inférieur, d'abord plus large que lui et allant en se rétrécissant (fig. 144). On fait venir un courant d'eau par le tube supérieur et le liquide s'écoule par le tube inférieur. Mais grâce à la disposition de ces deux tubes dans la caisse, l'air de la caisse est aspiré et entraîné par l'eau. Si donc la caisse communique à un réservoir, il y a une aspiration et un entraînement de l'air de ce réservoir.

La trompe à eau ne fait pas un vide bien parfait ; il reste toujours dans l'appareil de l'air ayant une force élastique au moins égale à celle de la tension maximum de la vapeur d'eau à la température où l'on opère Mais c'est un appareil très utile dans beaucoup d'opérations de laboratoire où l'on n'a pas besoin du vide complet.

30. Machine de compression. — La machine de compression est l'inverse de la machine pneumatique, elle est destinée à comprimer les gaz et à en accroître la force élastique. On pourrait la concevoir comme une machine pneumatique à un corps de pompe dont les deux soupapes s'ouvriraient de haut en bas au lieu de s'ouvrir de bas en haut. Mais on lui donne généralement une forme plus simple : c'est un corps de pompe dans lequel se meut un piston plein ; au fond est un tube muni d'une soupape ouvrant de dedans au dehors, et que l'on fixe sur le récipient où l'on veut comprimer le gaz. Sur le côté s'ouvre un autre tube muni également d'une soupape, s'ouvrant du dehors au dedans, et qui communique dans l'air ou dans le vase contenant le gaz à comprimer (fig. 145). Si le piston est au haut de sa course et le corps de pompe plein d'air ou de gaz, lorsqu'on

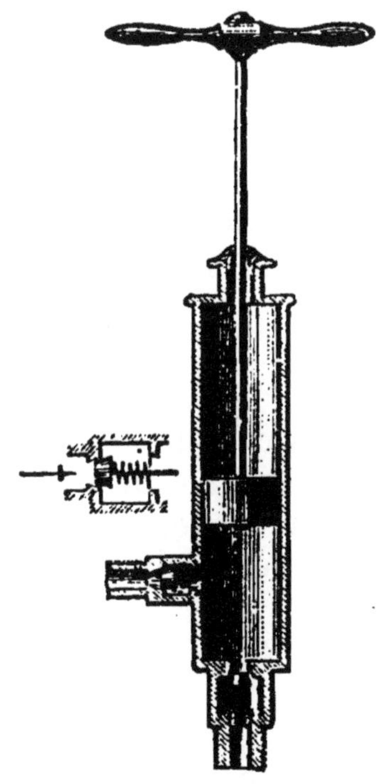

Fig. 145. — Coupe de la pompe de compression.

abaisse le piston, l'air comprimé par la diminution du volume presse la soupape inférieure et pénètre dans le récipient. Quand on relève le piston, il fait le vide, la soupape inférieure reste fermée, mais la soupape latérale s'ouvre et le corps de pompe se remplit de gaz, que l'on refoulera encore dans le récipient en abaissant à nouveau le piston.

Il est facile d'exprimer par un calcul l'effet produit après un certain nombre de coups de piston. Soient 4 litres le volume du récipient, $0^l,6$ celui du corps de pompe, 760 millimètres la pression de l'air au commencement.

L'air ou le gaz occupant 0,6 sous la pression de 760 millimètres est refoulé dans le récipient, son volume devient 4 litres; s'il était seul il y prendrait une pression x_1 donnée par la relation

$$0,6 \times 760 = 4 \times x_1$$

$$x_1 = 760 \times \frac{0,6}{4}.$$

Mais le récipient contient déjà 4 litres de gaz sous la pression 760, après le premier coup de piston, la pression sera donc :

$$H_1 = 760 + 760 \times \frac{0,6}{4} = 874.$$

A chaque nouveau coup de piston, il entrera un volume d'air de 0,6 à la pression de 760 et qui en prenant le volume de 4 litres, ajoutera à la pression de l'air du récipient une pression de

$$760 \times \frac{0,6}{4}.$$

La pression sera donc :

Après 2 coups,

$$H_2 = 760 + \left(760 \times \frac{0,6}{4}\right) \times 2 = 988.$$

Après 3 coups,

$$\Pi_3 = 760 + \left(760 \times \frac{0,6}{4}\right) 3 = 1102,$$

et ainsi de suite.

On voit que la pression grandit avec le nombre des coups de piston.

Théoriquement, on devrait donc pouvoir augmenter toujours la pression en multipliant le nombre n de coups de piston. Mais dans la pratique il faut tenir compte de l'espace nuisible.

Un exemple numérique fera comprendre que l'action de la pompe est limitée. Admettons que le corps de pompe ait un volume v égal à 400^{cc}, que l'espace nuisible soit de 20^{cc}, la pression de l'air extérieur de 760^{mm}, on aura pour la pression maximum x :

$$x = 760 \times \frac{400}{20} = 760 \times 20.$$

On pourra donc comprimer l'air à 20 atmosphères dans le récipient.

On n'atteint jamais dans la pratique, pour plusieurs raisons, la pression maximum dont l'espace nuisible donne la limite : d'abord parce que l'effort à exercer deviendrait trop considérable, puis parce que les vases pourraient n'être pas assez résistants, et enfin parce que la chaleur dégagée pendant la compression est considérable, que le cuir du piston s'altère et que le fonctionnement de la pompe serait bientôt impossible. On peut se faire une idée de l'effort à vaincre à l'aide d'un exemple : soit un piston de 6 centimètres de diamètre, sa surface sera de 28 centimètres carrés ; si l'air du récipient est à 10 atmosphères de pression, il faudra pour faire descendre le piston, exercer un effort équivalent à une pression de 9 atmosphères, c'est, par centimètre carré de surface, environ 9 kilogrammes, et pour le piston $9 \times 28 = 252$ kilogrammes.

31. Pompe de compression à double effet. — On emploie souvent une pompe à main dont on peut faire à volonté une machine pneumatique ou une machine de compression. Le corps de pompe contient un piston plein. Il est percé à sa base de deux trous munis de deux soupapes s'ouvrant en sens inverse l'une de l'autre et communiquant à deux tubes latéraux opposés (fig. 146). Quand on abaisse le piston, la soupape de droite reste fermée, l'air comprimé fait ouvrir la soupape de gauche et pénètre par le canal latéral dans un récipient. Au contraire, lorsqu'on soulève le piston, c'est la soupape de gauche qui reste fermée et celle de droite qui s'ouvre, et il se produit une aspiration d'air par le tube de droite.

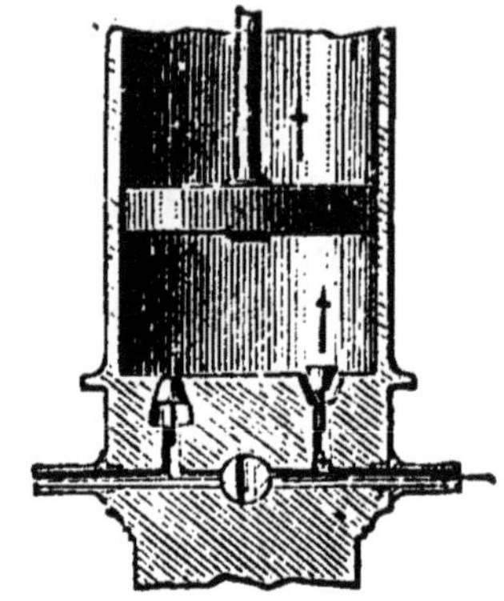

Fig. 146. — Coupe de la pompe à double effet.

Si l'on met l'appareil en communication par son tube de droite, avec un récipient clos R, en faisant fonctionner la pompe, on fait le vide dans ce récipient. Si au contraire, c'est le tube de gauche qui se rend à un récipient R', ou comprime de l'air dans celui-ci. Enfin si à droite est un gazomètre R et à gauche un vase clos R', la pompe prend du gaz à droite en R pour le comprimer à gauche en R'.

32. Usages de la pression. — Dans les cours, on comprime de l'air dans un vase à demi plein d'eau, muni d'un tube plongeant, et quand on enlève la pompe de compression, on la remplace par un ajutage effilé; alors, aussitôt qu'on ouvre le robinet de l'appareil, l'eau s'élève en un jet plus ou moins haut.

Les machines soufflantes, qui lancent l'air dans les tuyères des forges et des hauts fourneaux, sont des machines de compression. C'est avec l'air comprimé que l'on fait circuler les dépêches dans le télégraphe atmosphérique de Paris : dans le tube qui va d'une station à l'autre, on place une sorte de piston creux qui contient les dépêches et on le pousse en injectant à un bout de l'air comprimé. C'est aussi avec de l'air comprimé que l'on faisait mouvoir les machines perforatrices, employées pour le percement des tunnels des Alpes. Enfin, on emploie constamment l'air comprimé pour appuyer les freins contre les roues des wagons d'un train de chemin de fer, et obtenir ainsi un arrêt du train assez rapide.

Dans l'industrie, on comprime souvent l'air à l'aide d'une colonne d'eau qui remplace la machine de compression. On comprend en effet que si l'on met la partie inférieure d'un réservoir, contenant de l'air, en communication avec un long tube vertical contenant de l'eau, l'air du réservoir augmente de pression; il est à deux atmosphères quand il a au-dessus de lui une colonne d'eau de $10^{m},33$.

Exercices.

41. Dans une machine pneumatique, le récipient tient 3 litres et le corps de pompe 1 litre; l'air, au commencement, est à la pression de 760 millimètres; quelle est sa pression après le premier coup de piston?

42. Si le corps de pompe tient 1 litre et que l'espace nuisible soit de 2 centilitres; quelle sera la pression la plus faible à laquelle on pourra amener l'air du récipient?

43. On envoie de l'air dans un récipient de 2 litres avec une pompe de compression, dont le corps de pompe tient $0^{l},60$; quelle sera la pression après le premier coup de piston?

Questionnaire.

Quels sont les principaux organes de la machine pneumatique? Où sont situées les soupapes? Qu'arrive-t-il quand on soulève le piston? Quand on le redescend?

Qu'appelle-t-on espace nuisible?

Quelle est l'utilité de la clef ou robinet? Quels sont les avantages de la machine à deux corps de pompe?

Comment est construite la pompe de compression?

Comment fonctionne la trompe à eau?

Devoir.

Expliquer le jeu d'une machine pneumatique lorsqu'on soulève le piston et lorsqu'on le redescend. Montrer qu'on ne peut enlever tout l'air du récipient.

CHAPITRE VII

ÉCOULEMENT DES LIQUIDES

33. Écoulement par un orifice. — Si l'on pratique un orifice dans la paroi d'un vase en un point baigné par le liquide qu'il contient, l'écoulement a lieu par cet orifice en vertu de la pression exercée de dedans en dehors sur la tranche liquide qui occupe l'orifice et qui se renouvelle à chaque instant. Le jet liquide qui sort décrit une parabole.

La quantité de liquide qui s'écoule dans un temps donné se nomme la *dépense;* elle varie avec la grandeur de l'orifice et avec la vitesse du liquide à la sortie. On appelle *vitesse* de l'écoulement l'espace parcouru pendant une seconde par une molécule liquide s'échappant de l'orifice. Cette vitesse dépend essentiellement de la hauteur du niveau du liquide au-dessus de l'orifice; elle diminue peu à peu dans un vase qui se vide; elle reste constante si l'on s'arrange pour que le niveau du liquide soit lui-même constant.

Toricelli a démontré que la vitesse d'un liquide qui s'écoule par un orifice en mince paroi, est la même que celle d'un corps qui tomberait de la hauteur à laquelle se trouve le niveau au-dessus de l'orifice. On la trouve par la formule

$$v = \sqrt{2gh}$$

dans laquelle g représente $9^{m},8$.

Si donc dans un vase il y a $0^{m},50$ de hauteur entre

l'orifice et le niveau supérieur, la vitesse d'écoulement sera :

$$v = \sqrt{2 \times 9{,}8 \times 0{,}5} = 3^{m},13.$$

Et si l'orifice a une section de 40 centimètres carrés, la quantité de liquide écoulée par seconde, sera :

$$313 \times 40 = 12520^{cc}$$

ou $$12^{l},52.$$

On a ainsi la dépense théorique. Il n'en est pas tout à fait de même dans la pratique, parce que le jet liquide à sa sortie se contracte, se rétrécit un peu et ne présente plus une section aussi grande ; l'expérience a montré que la dépense réelle n'est que 0,62 de la dépense théorique. Dans l'exemple précédent la quantité de liquide écoulé serait

$$0{,}62 \times 12{,}52 = 7^{l},76.$$

34. Écoulement par les ajutages et les tuyaux. — On appelle *ajutage* une portion de tuyau que l'on adapte à un orifice pour en modifier la dépense. Les ajutages cylindriques auxquels on donne en longueur au moins trois fois le diamètre de l'ouverture augmentent notablement la dépense ; le liquide en remplit la capacité intérieure et on dit que l'écoulement a lieu à *gueule-bée.* L'expérience a montré que dans ce cas la dépense réelle est 0,82 de la dépense théorique.

Mais la vitesse d'écoulement n'est augmentée par les ajutages que s'ils sont courts. Si au contraire leur longueur est grande, la vitesse est beaucoup diminuée par les frottements. C'est ce qui arrive dans les *tuyaux* de conduite. Plus le tuyau est étroit, plus il présente de coudes ou de changements de direction, plus l'écoulement est ralenti ; aussi prend-on soin d'éviter les angles, de les remplacer par des contours arrondis pour atténuer les frottements.

35. Canaux et rivières. — Dans les canaux

ouverts à l'air et dans les rivières, l'écoulement de l'eau n'est pas le même en tous les points ; il est un peu ralenti par les frottements contre les parois. Et si l'on veut connaître au moins approximativement la quantité de liquide qui passe dans un temps donné, c'est-à-dire le *débit* ou la *dépense* du canal, il faut chercher la vitesse du liquide en différents points, afin de trouver la *vitesse moyenne*.

Pour obtenir la vitesse en un point, le moyen le plus simple consiste à mettre dans le liquide un flotteur qui y plonge presque entièrement et à compter le temps qu'il met pour parcourir une longueur connue et marquée par deux points fixes.

Lorsqu'on connaît la vitesse moyenne, en la multipliant par la *section* du canal ou de la rivière, on a la quantité d'eau qui passe dans l'unité de temps.

Il est utile de connaître cette quantité, lorsque l'on veut utiliser la force d'un cours d'eau en la faisant agir sur une roue hydraulique.

Exercices.

44. On pratique un orifice de 4 centimètres carrés à 0,80 au-dessous du niveau d'un vase plein d'eau, trouver la vitesse d'écoulement et la dépense par seconde si le niveau est supposé constant.

45. Quelle serait la dépense réelle dans le cas précédent, si l'orifice était muni d'un ajutage cylindrique réalisant l'écoulement à gueule-bée?

46. Dans un canal où la profondeur est de 4 mètres, la largeur au fond de 5 mètres et la largeur à la surface de 15 mètres, la vitesse moyenne de l'eau est de $0^m,25$ par seconde, quel est le débit de ce cours d'eau par heure?

Questionnaire.

De quoi dépend la vitesse de l'écoulement d'un liquide par un orifice en mince paroi? Qu'appelle-t-on dépense?

A quoi est égale la dépense réelle?

Quelle est l'action d'un ajutage cylindrique?

Comment peut-on trouver approximativement la quantité d'eau qu'un canal débite dans un temps donné?

CHAPITRE VIII

DISTRIBUTION DE L'ÉLECTRICITÉ

36. L'électricité se porte à la surface des corps conducteurs. — Lorsqu'il s'agit d'étudier la manière dont l'électricité se distribue sur les corps, il faut distinguer les corps conducteurs et les corps isolants. Pour ces derniers, l'électricité se distribue irrégulièrement, aussi bien à l'intérieur qu'à la surface. Dans les corps conducteurs, au contraire, la distribution est régulière. L'électricité réside seulement à la surface du corps.

On peut le prouver par plusieurs expériences. On électrise une sphère creuse de laiton (fig. 147), percée à la partie supérieure d'une petite ouverture. On touche un point de la surface intérieure avec un petit *plan d'épreuve* (petit disque de papier doré porté par un manche isolant), et on présente ce plan à un pendule sensible; on ne constate aucune trace d'électricité. Au contraire, si l'on touche avec le plan d'épreuve l'extérieur de la sphère et qu'on le présente au pendule, on voit qu'il est électrisé.

Fig. 147. — Sphère creuse et plan d'épreuve.

On a imaginé pour répéter cette démonstration plusieurs autres appareils. La figure 148 en représente un. C'est un cylindre creux de laiton portant dans son intérieur un double pendule et un second pendule à deux balles en communication métallique avec la surface extérieure. On le met en communication avec une source électrique et on constate que le pendule central ne bouge pas, tandis que les deux boules du pendule extérieur sont vivement écartées.

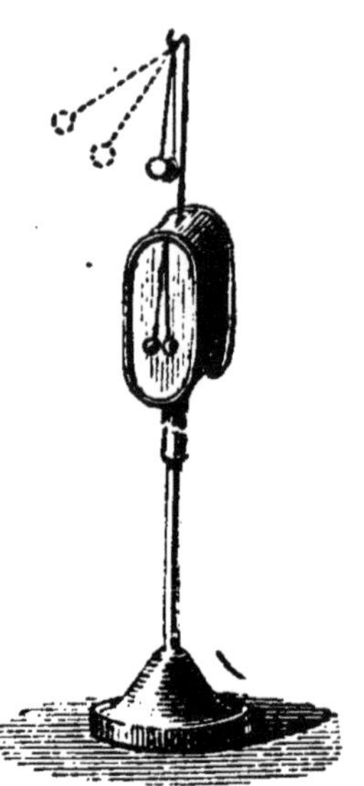

Fig. 148. — Cylindre creux pour montrer que l'électricité se porte à la surface des corps.

L'électricité s'est donc portée tout entière à la surface extérieure du cylindre, sans qu'il y en ait trace à l'intérieur.

37. Distribution de l'électricité à la surface des corps. — La manière dont l'électricité se répartit à la surface des corps a été étudiée par Coulomb en prenant avec le plan d'épreuve de l'électricité en différents points du corps et en cherchant les rapports des quantités ainsi recueillies.

L'expérience a montré que sur une sphère la charge électrique est la même en tous les points. Sur les autres corps elle varie d'un point à un autre. On peut représenter cette distribution en admettant que l'électricité forme autour du corps une couche d'une *épaisseur* variable.

Sur un cylindre l'épaisseur électrique est à peu près constante au milieu et elle va en croissant vers les extrémités (fig. 149).

Sur un ellipsoïde, l'épaisseur va en croissant depuis l'extrémité du petit axe jusqu'aux extrémités du grand axe; le rapport des épaisseurs aux extrémités des axes est le même que celui des longueurs de ces axes. Si donc l'ellipsoïde s'allonge, l'épaisseur électrique grandira aux extrémités.

Sur un ovoïde allongé, l'épaisseur est notablement

plus grande au petit bout effilé qu'à l'autre extrémité. Et si l'on augmente la charge électrique, quelle que soit

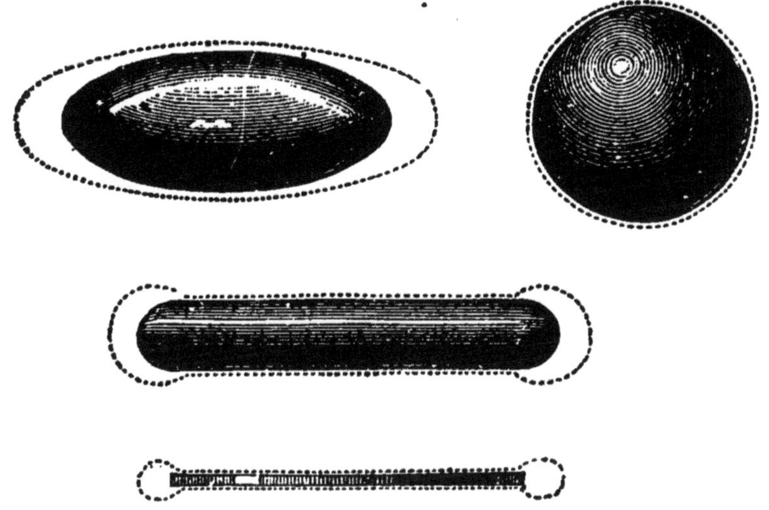

Fig. 149. — Distribution de l'électricité sur les corps.

la forme du conducteur, la distribution reste attachée à cette forme; elle augmente en chaque point proportionnellement à l'épaisseur déjà existante.

38. Pouvoir des pointes. — Si l'on considère une pointe comme un ovoïde dont le petit bout est de plus en plus effilé, on comprendra que l'électricité existant sur un corps terminé par une pointe se porte en très grande partie à la pointe. Or, les charges électriques accumulées se repoussent mutuellement d'autant plus qu'elles sont plus considérables; il arrive donc un moment où la répulsion peut vaincre la pression extérieure et s'échapper dans l'air. Cette propriété, connue depuis Franklin, est désignée ordinairement sous le nom de *pouvoir des pointes*. On la met en évidence en plaçant une pointe recourbée sur une puissante source électrique et une bougie allumée devant la pointe (fig. 150). On voit la bougie s'incliner comme elle le ferait sous un courant d'air venant de la pointe, et on constate que la source ne garde presque pas d'électricité.

Cette propriété des pointes de laisser échapper l'électricité oblige à ne laisser aux corps conducteurs sur lesquels on veut garder de l'électricité ni arêtes vives, ni

Fig. 150. — Pouvoir des pointes.

formes aiguës, ni pointes, et à les terminer au contraire en cylindre ou en parties arrondies.

39. Déperdition de l'électricité. — L'expérience montre que si on abandonne à lui-même un corps conducteur électrisé, supporté par un pied isolant, l'électricité se perd peu à peu, parfois même si vite qu'il est à peu près impossible de garder un conducteur électrisé. Cette déperdition est d'abord due à l'isolant, qui se laisse lentement traverser par l'électricité; mais elle est surtout produite par l'air et par la vapeur d'eau : les molécules de l'air en touchant la source électrique lui empruntent un peu d'électricité, et la vapeur d'eau qui rend l'air conducteur fait écouler rapidement toute la charge du corps.

Ces considérations expliquent pourquoi il est si nécessaire de dessécher les conducteurs et leurs supports isolants, et surtout l'air de la salle, si l'on veut réussir les expériences électriques. On comprend pourquoi les expériences deviennent difficiles dans une salle où il y a beaucoup d'auditeurs dont la respiration amène dans l'air beaucoup de vapeur d'eau.

Questionnaire.

Comment montre-t-on que l'électricité se porte à la surface des corps conducteurs?

Comment est distribuée l'électricité : 1° à la surface d'une sphère; 2° sur un cylindre términé par deux demi-sphères; 3° sur un ellipsoïde; 4° sur un ovoïde; 5° sur un corps en pointe?

Qu'appelle-t-on pouvoir des pointes? Quelles sont les précautions à prendre pour garder l'électricité sur les corps?

Devoir.

Comment montre-t-on que les pointes perdent l'électricité qu'on leur communique?

CHAPITRE IX

CONDENSATEURS

40. Bouteille de Leyde. — La première bouteille de Leyde, celle de Cunéus et de Muschenbroeck, était une bouteille aux trois quarts pleine d'eau dans le bouchon de laquelle passait une tige de cuivre recourbée et destinée à la suspendre au conducteur d'une machine électrique. Cunéus, après avoir électrisé la bouteille qu'il tenait d'une main, toucha de l'autre la tige métallique; il reçut une violente secousse, et c'est ainsi que furent découverts les effets du condensateur.

Depuis cette expérience, on donne le nom de *condensateur* à tout appareil formé de lames métalliques et de lames isolantes et qui possède la propriété de retenir l'électricité et de la rendre brusquement sous forme d'une grande étincelle.

La forme que l'on donne actuellement à la bouteille de Leyde est un peu différente de celle que lui avait donnée Cunéus. C'est une bouteille en verre dont le haut est recouvert d'un vernis à la gomme-laque et la plus grande partie de la surface extérieure d'une feuille d'étain qui forme le condenseur ou l'*armature externe*. La bouteille est remplie de fragments de clinquant ou de papier métallique où pénètre une tige qui traverse le bouchon et qui extérieurement se termine par une boule : c'est le collecteur ou l'*armature interne* (fig. 151).

Fig. 151. — Moyen de charger une bouteille de Leyde.

Pour charger l'appareil, on le tient à la main par l'armature externe afin de mettre le condensateur en communication avec le sol, et on présente la boule à une source électrique comme le conducteur d'une machine à plateau de verre. Ou bien encore, on suspend la bouteille par son armature interne au conducteur de la machine électrique et on met par une chaîne l'armature externe en communication avec le sol.

La décharge de la bouteille peut s'opérer de plusieurs manières, par une décharge brusque ou par des décharges successives.

Pour opérer la décharge brusque, on tient d'une main la bouteille que l'on vient de charger et de l'autre main un excitateur simple formé de deux arcs métalliques réunis. On appuie contre l'armature externe la boule d'un des arcs et on approche l'autre boule de l'armature interne de la bouteille (fig. 152). Quand la distance est assez faible, on voit jaillir une forte étincelle entre l'excitateur et la tige de la bouteille.

Si tenant la bouteille d'une main, on voulait toucher de l'autre main le bouton de l'armature interne, il partirait une étincelle entre la main et le bouton de la bouteille et l'opérateur recevrait une forte commotion.

Fig. 152. — Moyen de décharger brusquement une bouteille de Leyde.

On peut opérer les décharges successives de plusieurs manières. On pose sur un support isolant la bouteille chargée; on touche l'armature interne d'abord; il se produit une petite étincelle. On touche ensuite l'armature externe et le même phénomène a lieu; on continue ainsi à toucher successivement chacune des armatures jusqu'à ce que la bouteille n'ait plus d'électricité.

41. Jarres et batteries. — Quand on veut obtenir des décharges puissantes, on fabrique des bouteilles de Leyde de grandes dimensions, à l'aide de grands bocaux à fruits : on les nomme *jarres*.

On réunit même plusieurs jarres pour ajouter leurs effets et on constitue ainsi une *batterie*.

Cette réunion de jarres peut se faire de deux manières. Ou bien l'on réunit l'armature interne de la première à l'armature externe de la seconde, et ainsi de suite, ne laissant libre qu'une armature externe à un bout de la série et une armature interne à l'autre bout. Ou bien toutes les jarres sont posées dans une caisse doublée de papier d'étain et les armatures externes toutes réunies; alors toutes les armatures internes sont mises également en communication les unes avec les autres par des tiges métalliques partant d'une boule commune. C'est comme si l'on avait une seule bouteille de Leyde dont la surface serait égale à la somme des surfaces métalliques de toutes les bouteilles réunies.

42. Effets calorifiques. — L'étincelle et la décharge électrique produisent toujours un dégagement de chaleur. On le prouve facilement en enveloppant d'un corps très combustible, comme le coton-poudre, une des boules d'un excitateur simple avec lequel on décharge une bouteille de Leyde, le coton-poudre s'enflamme. On peut aussi enflammer des liquides comme l'alcool ou l'éther. On met l'éther dans une petite capsule métallique posée sur la table, on en approche la boule d'une tige dont l'autre extrémité touche à une machine électrique; aussitôt qu'on met la machine en marche, une étincelle part entre la tige et la capsule et met le feu à l'éther. On peut d'ailleurs donner à cette expérience plusieurs autres formes, notamment celle de la figure 153, ou encore la suivante : on monte sur le tabouret isolant, on pose une main sur la machine électrique; on approche de l'éther un doigt de l'autre main et le liquide prend feu.

Fig. 153. — Inflammation de l'éther par l'étincelle.

Une décharge électrique un peu forte peut porter à l'incandescence et même volatiliser un fil métallique. On monte l'expérience comme l'indique la figure 154; le fil métallique est tendu entre les deux tiges isolées d'un excitateur universel et derrière lui est placé un carton; l'une des tiges communique par une chaîne avec l'armature externe d'une batterie; l'autre tige est en rapport avec une des boules d'un excitateur à manche de verre dont on approche la seconde boule de l'armature

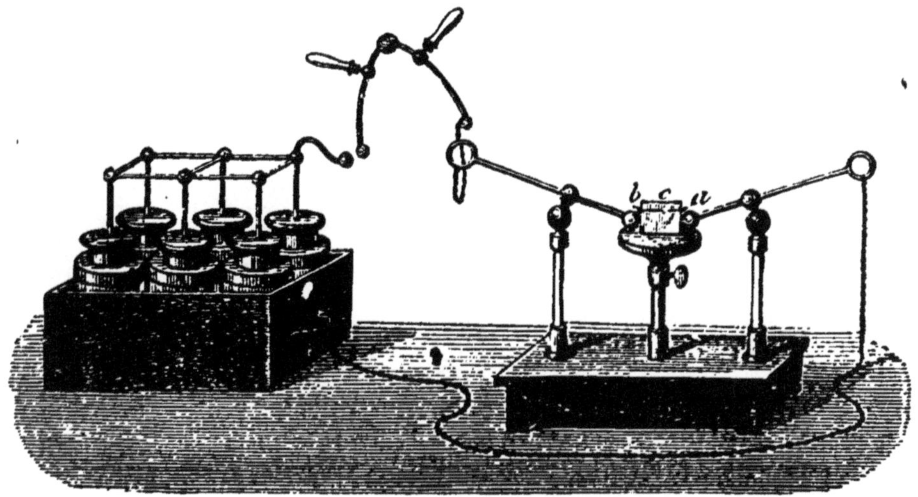

Fig. 151. — Volatilisation d'un fil métallique par la décharge d'une batterie.

interne de la batterie. Quand l'étincelle jaillit entre la batterie et l'excitateur, le fil est volatilisé s'il est assez fin, et l'on retrouve sur le papier les vapeurs métalliques condensées.

C'est par la volatilisation d'une feuille d'or, au travers d'un carton découpé, que l'on fait imprimer sur un ruban de soie blanche, dans les cours, le portrait de Franklin.

43. Effets chimiques. — Le passage de l'électricité dans les corps composés ou dans les mélanges de corps simples peut produire dans les uns des décompositions et dans les autres des effets de combinaison.

Parmi ces derniers nous citerons l'explosion d'un mélange d'hydrogène et d'oxygène employée dans les cours pour effectuer la synthèse de l'eau. Une étincelle électrique jaillissant dans le mélange y met le feu et détermine la combinaison.

On répète l'expérience avec les appareils appelés *eudiomètres* quand on veut mesurer les gaz employés et les gaz restants, et avec le *pistolet de Volta* quand on veut seulement montrer la force de l'explosion. Le pistolet de Volta est une petite bouteille de fer-blanc, dont la paroi est traversée par une tige à deux boules dont l'une aboutit à l'intérieur tout près de la paroi opposée (fig. 155). La

Fig. 155. — Pistolet de Volta.

tige est mastiquée dans un petit tube de verre et isolée ainsi des parois métalliques de la bouteille. On remplit l'appareil du mélange d'hydrogène et d'oxygène et on le ferme avec un bon bouchon; puis tenant la bouteille d'une main, on approche la tige latérale d'une machine électrique, une étincelle part entre la boule extérieure de la tige et la machine, et le bouchon saute avec force : c'est qu'une étincelle a jailli en même temps que la première dans l'intérieur de la fiole et a fait détoner le mélange gazeux.

Parmi les décompositions que l'étincelle électrique peut produire nous citerons la décomposition de l'ammoniaque : si l'on fait passer une série d'étincelles dans du gaz ammoniac, on voit doubler le volume du gaz; c'est que la séparation de l'azote et de l'hydrogène a été effectuée : ces deux gaz libres occupent en effet un volume double de celui du composé qu'ils forment en se combinant. Nous reprendrons plus loin l'étude des effets chimiques de l'électricité, quand nous étudierons les piles et les actions du courant électrique.

44. Effets physiologiques. — Lorsqu on approche le doigt d'une machine électrique et qu'il jaillit une étincelle, on ressent une secousse, une commotion dans les articulations des doigts et du poignet. La commotion est plus violente et peut se faire sentir dans tout le bras quand on décharge une bouteille de Leyde ; elle serait dangereuse avec une batterie.

C'est au brusque passage de l'électricité au travers du corps qu'il faut attribuer la commotion. L'électrisation directe par contact avec un corps électrisé ne produit pas les mêmes effets; ainsi lorsqu'on monte sur le tabouret isolant et qu'on touche une machine électrique en marche, on n'éprouve rien qu'un léger souffle sur les mains et sur le visage, ou comme un courant d'air dû à la déperdition de l'électricité. Mais une étincelle provoque toujours une commotion plus ou moins forte.

La commotion par la décharge d'une bouteille de Leyde peut être donnée simultanément à plusieurs personnes qui se tiennent par la main et qui forment une chaîne. La première personne tient la bouteille par son armature externe et présente l'armature interne à la main libre de la personne qui termine la chaîne.

Questionnaire

Quelle était la forme de la première bouteille de Leyde? Quelle forme lui donne-t-on aujourd'hui? Comment faut-il s'y prendre pour la charger? Comment la décharge-t-on avec l'excitateur?

Comment peut-on enflammer un corps combustible; volatiliser un fil métallique avec l'étincelle électrique?

Quels sont les effets de l'électricité sur un mélange d'hydrogène et d'oxygène, sur un corps composé comme l'ammoniaque?

Devoir.

Indiquer les effets de l'étincelle électrique sur les animaux et sur le corps de l'homme.

CHAPITRE X

ÉLECTRICITÉ ATMOSPHÉRIQUE

45. Premières recherches sur l'électricité atmosphérique. — *Franklin, Dalibard et Romas.* — A peine les physiciens eurent-ils produit avec les machines électriques et les condensateurs des étincelles de quelques centimètres de longueur, qu'ils firent de suite la comparaison entre l'électricité des machines et la foudre. C'est Franklin qui, le premier, indiqua la méthode pour tirer de l'électricité aux nuages et constater l'identité de l'électricité atmosphérique avec l'électricité produite par le frottement.

En 1752, un jour d'orage, dans la plaine de Philadelphie, il lança en l'air un cerf-volant armé d'une pointe métallique et retenu par une corde de chanvre, dont il tenait l'extrémité à la main. Uu premier nuage orageux passa au-dessus du cerf-volant sans produire d'effet; mais une petite pluie ayant mouillé la corde et l'ayant rendue conductrice de l'électricité, Franklin eut la satisfaction de tirer de la corde des étincelles brillantes et nombreuses.

Dalibard fit dresser peu de temps après, à Marly-la-Ville, une barre métallique, dont la partie supérieure était terminée en pointe et la partie inférieure en boule. Un nuage orageux ayant passé au-dessus de la pointe, l'extrémité inférieure se chargea d'électricité comme si la pointe avait été mise en présence d'une machine électrique en activité; on en tirait des étincelles et on put, en la mettant en communication avec divers appareils, répéter un grand nombre d'expériences.

On s'exposait à de grands dangers en opérant ainsi. Romas, qui répéta à son tour les expériences de Franklin et de Dalibard, eut soin de placer, autour de la corde conductrice qui recueillait l'électricité des nuages, plusieurs conducteurs en communication avec le sol et de ne tirer les étincelles qu'à l'aide d'un excitateur. C'est ainsi qu'il faut agir pour éviter tout accident et pour n'être pas exposé à des décharges foudroyantes.

L'air est presque toujours chargé d'électricité, comme on peut le reconnaître avec des électroscopes sensibles. Si on lance verticalement une flèche métallique en communication avec un électroscope par un fil conducteur qui se déroule en même temps que la flèche monte, on constate que l'électroscope indique de l'électricité d'autant plus que la flèche monte plus haut. Cette expérience peut être faite en tout temps; et toujours, même par un ciel serein, les lames de l'électroscope divergent.

46. Nuages électrisés. — Éclair. — Tonnerre. — Si l'atmosphère, à sa partie inférieure, est électrisée positivement, les nuages, en se formant, se chargeront d'électricité positive. Il peut y avoir également des nuages chargés d'électricité négative; on comprend en effet qu'il se produit des phénomènes d'influence entre les nuages et les masses électriques atmosphériques. Soumis à une influence électrique quelconque, un nuage se chargera des deux électricités ; s'il se résout en pluie par sa partie inférieure, l'électricité inférieure disparaîtra; s'il se sépare en fragments, chaque masse provenant de la division aura l'une ou l'autre des deux électricités.

Quand deux nuages fortement électrisés de signes contraires se rapprochent assez, il jaillit entre eux une forte étincelle; on désigne la vive lueur sous le nom d'*éclair*, et on donne le nom de *tonnerre* ou de *foudre* au bruit qui accompagne l'étincelle ou même à la décharge entière.

Les *éclairs* offrent plusieurs aspects : les uns ont l'apparence d'un trait de feu en zigzags, à contours très nets : ils ressemblent, à part la grandeur, aux grandes étincelles de nos machines puissantes. Les autres illuminent tout une partie de l'horizon, sans affecter une forme définie, mais avec une durée souvent appréciable et des colorations diverses. On peut les considérer comme des éclairs de l'ordre précédent, dont la vue nous est cachée par les nuages inférieurs, ou bien encore comme des décharges successives qui ont lieu dans l'intérieur d'un nuage électrisé. D'autres éclairs enfin présentent la forme de boules de feu; on les voit bien plus rarement que les deux autres formes, et ils n'ont pas encore été observés en assez grand nombre pour qu'on puisse être bien fixé sur les circonstances de leur apparition.

Le *tonnerre* est accompagné d'un bruit sec, strident, comme le cri de la déchirure d'un papier métallique, suivi ou précédé d'un roulement. C'est le bruit de la grande étincelle électrique qui jaillit entre deux nuages et qui met parfois une ou plusieurs secondes à arriver à notre oreille. On donne plusieurs causes au roulement du tonnerre : d'abord le bruit primitif nous arrive répercuté par les nuages, le sol et les montagnes et comme une succession très rapide de bruits répétés par des échos multiples; il suffit d'avoir entendu un bruit fort comme un coup de canon produit dans les montagnes, pour se rendre compte de cette influence; d'ailleurs le roulement du tonnerre n'est nulle part aussi long et aussi continu que dans les gorges des régions montagneuses. En outre les nuages présentent des formes très complexes et un grand nombre de décharges partielles y accompagnent la décharge principale. Enfin l'éclair n'est pas une étincelle simple, mais le plus souvent une succession d'étincelles produites à la suite les unes des autres dans un temps très court et dont les bruits s'ajoutent et se continuent.

47. Effets de la foudre. — L'étincelle électrique, au lieu de jaillir entre deux nuages et de ne produire qu'un phénomène lumineux très vif et instantané et qu'un bruit sec ou prolongé, peut jaillir entre un nuage et le sol électrisé contrairement au nuage par influence. Dans ce dernier cas, elle provoque tous les effets d'une étincelle électrique avec une très grande puissance. Elle met le feu aux matières inflammables; elle fond et volatilise les métaux, elle détruit les corps mauvais conducteurs, brise et déchire les arbres, fond le sable et les matières terreuses en des sortes de tubes que l'on désigne sous le nom de *fulgurites*. Elle provoque des combinaisons chimiques, produit l'ozone, donne naissance avec les éléments de l'air et de l'eau aux composés nitrés et à l'ammoniaque. Enfin elle provoque chez les êtres animés des commotions si violentes et si soudaines que la mort peut en résulter. Elle inspire la crainte et la frayeur aux animaux et à l'homme, qui cherchent à échapper à ses redoutables effets.

48. **Choc en retour.** — L'homme et les animaux peuvent être foudroyés sans être directement atteints par l'étincelle électrique, au moment où l'éclair jaillit entre un nuage et le sol à quelque distance, c'est le phénomène du *choc en retour*. Le nuage orageux électrise fortement par influence tous les objets à la surface du sol; une grande quantité d'électricité s'accumule ainsi dans la partie supérieure du corps de l'homme et des animaux à mesure que le nuage se rapproche. Au moment où l'éclair jaillit entre le sol et le nuage, celui-ci est déchargé, il est ramené à l'état naturel; alors rien ne retient plus l'électricité développée par influence; elle retourne au sol en traversant brusquement le corps de l'homme et des animaux en y produisant de graves désordres comme en aurait produit la foudre elle-même.

L'influence exercée à distance par les nuages électrisés se manifeste souvent sous forme d'aigrettes lumineuses, surtout à l'extrémité des corps en pointe; et les marins, qui les observent fréquemment à l'extrémité des mâts de leurs navires, les ont désignées sous le nom de feu *Saint-Elme*.

49. **Paratonnerre.** — C'est Franklin qui a proposé le premier, dès 1750, de protéger les édifices de la foudre en les armant de paratonnerres formés d'une barre métallique terminée en pointe et mise en communication avec le sol par un conducteur métallique non interrompu.

Lorsqu'on approche d'une machine électrique en activité une pointe métallique communiquant au sol, celle-ci s'électrise contrairement à la machine; mais l'électricité n'y peut séjourner, elle s'échappe par la pointe, s'écoule sur la machine et la ramène à l'état naturel. C'est cette même propriété des pointes qui est mise à profit dans le paratonnerre, et l'effet produit est facile à comprendre.

Un nuage orageux chargé d'électricité positive arrive-t-il au-dessus de l'édifice? il agit par influence sur tous les corps conducteurs dont cet édifice est formé; il attire dans la pointe un flux d'électricité négative qui s'échappe d'une manière continue et va neutraliser celle du nuage, pendant que le fluide positif, repoussé par le fluide du nuage, se rend dans le sol par le conducteur métallique. Si tous les corps bons conducteurs, toutes les masses métalliques de l'édifice sont reliées à la tige du paratonnerre, des deux électricités que le nuage développera par influence, l'une s'écoulera par la pointe, l'autre vers le sol. Le paratonnerre empêche donc l'accumulation de l'électricité dans les parties élevées de l'édifice.

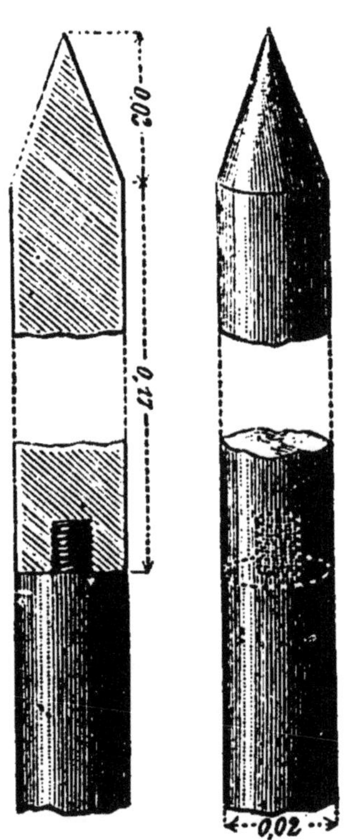

Fig. 156.
Tige du paratonnerre.

Si les nuages qui passent au-dessus d'un paratonnerre sont très fortement électrisés et qu'un éclair jaillisse, c'est le paratonnerre qui est frappé et l'électricité en mouvement suit la chaîne conductrice qui relie la pointe au sol.

Pour qu'un paratonnerre soit établi dans de bonnes conditions, il lui faut une pointe effilée; on la faisait autrefois en platine, mais on ne lui donnait pas en général assez de grosseur, et elle s'émoussait vite par la fusion provoquée par les décharges. On la fait aujourd'hui en cuivre et on la visse solidement à une forte tige de fer (fig. 156). Cette tige de fer est continuée par un câble conducteur qui ne présente aucune solution de continuité et qui se termine dans le sol jusqu'à une couche d'eau persistante. Il est très important que la communication de la tige avec le sol soit aussi parfaite que possible, sans cela le paratonnerre deviendrait un danger au lieu d'être un appareil de protection.

On estime que la surface protégée par un paratonnerre est un cercle de rayon double de la hauteur de la tige.

Paratonnerre Melsens. — M. Melsens a proposé de substituer au paratonnerre à tige une sorte de cage métallique terminée inférieurement dans le sol et supérieurement par un grand nombre de pointes en aigrettes (fig. 157). L'édifice se trouve ainsi au milieu d'un corps conducteur et l'on sait que, dans ces conditions, si le conducteur fonctionne bien, il n'y a pas d'influence électrique dans une telle cage métallique. Cette forme nouvelle présente donc des avantages appréciables, surtout dans les cas où la communication avec une couche aquifère du sol est quelque peu difficile; il est probable que l'usage s'en répandra.

Fig. 157. — Paratonnerre à aigrettes de Melsens.

Questionnaire.

Quels sont les savants qui se sont les premiers occupés de rechercher l'analogie de l'électricité des machines avec celle des images?

Comment prouve-t-on qu'il y a toujours de l'électricité dans l'air? Comment explique-t-on la production des éclairs? Comment explique-t-on le roulement du tonnerre? Quels sont les principaux effets de la foudre?

Comment explique-t-on le phénomène du choc en retour?

Devoir.

Qu'est-ce qu'un paratonnerre? Quelles conditions doit-il remplir? Comment protège-t-il un édifice de la foudre?

CHAPITRE XI

EFFETS CHIMIQUES DU COURANT ÉLECTRIQUE

50. Décomposition des corps composés. — Le courant électrique décompose l'eau et porte l'hydrogène au pôle négatif, l'oxygène au pôle positif; il décompose également les composés binaires qu'il peut traverser. Davy a reconnu qu'en soumettant au courant d'une forte pile des oxydes métalliques comme la potasse, la soude, etc., ces oxydes sont décomposés, comme l'eau, en leurs éléments; c'est une de ses expériences de ce genre qui lui a fait découvrir les métaux alcalins. Davy posait un morceau de potasse sur une lame de platine; il amenait le pôle positif à la lame de platine et le pôle négatif sur la potasse (fig. 158), et il

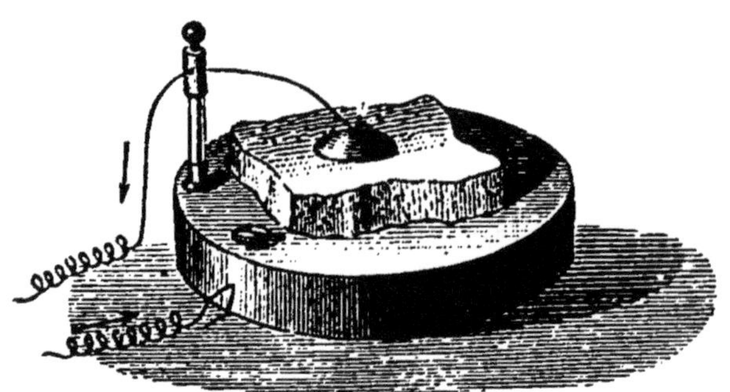

Fig. 158. — Décomposition de la potasse par l'électricité.

constatait à ce dernier pôle que des globules métalliques venaient brûler à l'air.

Dans cette décomposition, *le métal se porte au pôle négatif*, comme l'hydrogène quand on décompose l'eau.

Ainsi, toutes les fois que le courant peut traverser un composé binaire, il le décompose, et *il porte l'hydrogène ou le métal au pôle négatif*. Voici quelques exemples que l'on peut facilement réaliser :

	CORPS	POLE +	POLE −
Eau.	HO	O	H
Acide chlorhydrique.	HC*l*	C*l*	H
Chlorure de plomb. .	P*b*C*l*	C*l*	P*b*
Iodure de potassium.	KI	I	K

L'expérience avec ce dernier corps est assez curieuse. On met dans un tube en U une solution d'iodure de potassium, et dans la branche où l'on amènera le pôle + de la pile, on ajoute un peu d'empois d'amidon. Aussitôt qu'on fait passer le courant, on voit le liquide devenir au pôle positif bleu violacé : c'est l'iode mis en liberté qui a agi sur l'empois et qui l'a coloré en bleu.

Les *sels* dissous ou fondus subissent aussi la décomposition électro-chimique quand ils sont traversés par un courant. *Le métal se porte au pôle négatif* et le reste au pôle positif : telle est la loi générale; et si quelques résultats en paraissent différents, c'est que l'action primitive du courant a été suivie d'une action secondaire.

L'expérience est particulièrement nette avec le sulfate de cuivre dissous. On le met dans un tube en U ou même dans un verre quelconque et on y plonge les deux électrodes *en platine* d'une pile : l'électrode négative se recouvre de cuivre rouge, tandis qu'à l'électrode positive il se dégage de l'oxygène et il vient un acide.

Influence de l'électrode. — Si l'on décompose un sel métallique en prenant des fils de platine comme électrodes, le métal se dépose au pôle négatif, et la dissolution va en s'appauvrissant. Mais si l'on emploie comme électrode positive une lame du métal même contenu dans le sel, cette lame est attaquée par l'oxygène et par l'acide qui arrivent au pôle positif; elle se dissout peu à peu et maintient la dissolution à peu près dans le même état. Ainsi tout se passe comme si le métal de l'électrode positive était transporté sur l'électrode négative. En réalité le métal qui se dépose est emprunté à la dissolution.

Cette sorte d'électrode, qui porte le nom d'*électrode* ou d'*anode soluble*, est très employée dans la galvanoplastie.

81. Pile à gaz. — Quand on a fait passer un courant quelque temps dans un voltamètre à grandes lames ou à longs fils de platine, qu'on supprime le courant et qu'on met en communication avec un galvanomètre les deux bornes du voltamètre, on constate que le circuit nouveau ainsi formé est traversé par un courant de sens contraire à celui qui avait servi à décomposer l'eau. Les deux gaz disparaissent peu à peu et le courant prend fin quand tout le gaz a disparu.

Le voltamètre plein de gaz après le passage du courant se comporte donc comme une pile dont le pôle positif est le fil correspondant à la cloche pleine d'oxygène. On donne le nom de courant *secondaire* au courant ainsi produit. La réunion de plusieurs voltamètres produisant des courants secondaires constitue une *pile à gaz* ou *pile secondaire*.

Sous la forme précédente, la pile secondaire n'a pas d'emploi. M. Planté est parvenu à la modifier et à la rendre capable de produire de grands effets.

82. Pile secondaire de Planté. — Principe des accumulateurs. — La *pile Planté* se compose de deux lames de plomb enroulées en spirale et constamment séparées l'une de l'autre par des bandes de caoutchouc ou de gutta-percha, le tout plongeant dans un vase cylindrique en verre rempli d'eau acidulée (fig. 159).

On fait passer dans ces deux lames, comme dans un voltamètre, le courant d'une pile faible pendant plusieurs heures : les deux lames se polarisent et retiennent les deux gaz de l'eau, à leur surface que l'on fait très grande ; la charge est atteinte quand des bulles de gaz commencent à se dégager.

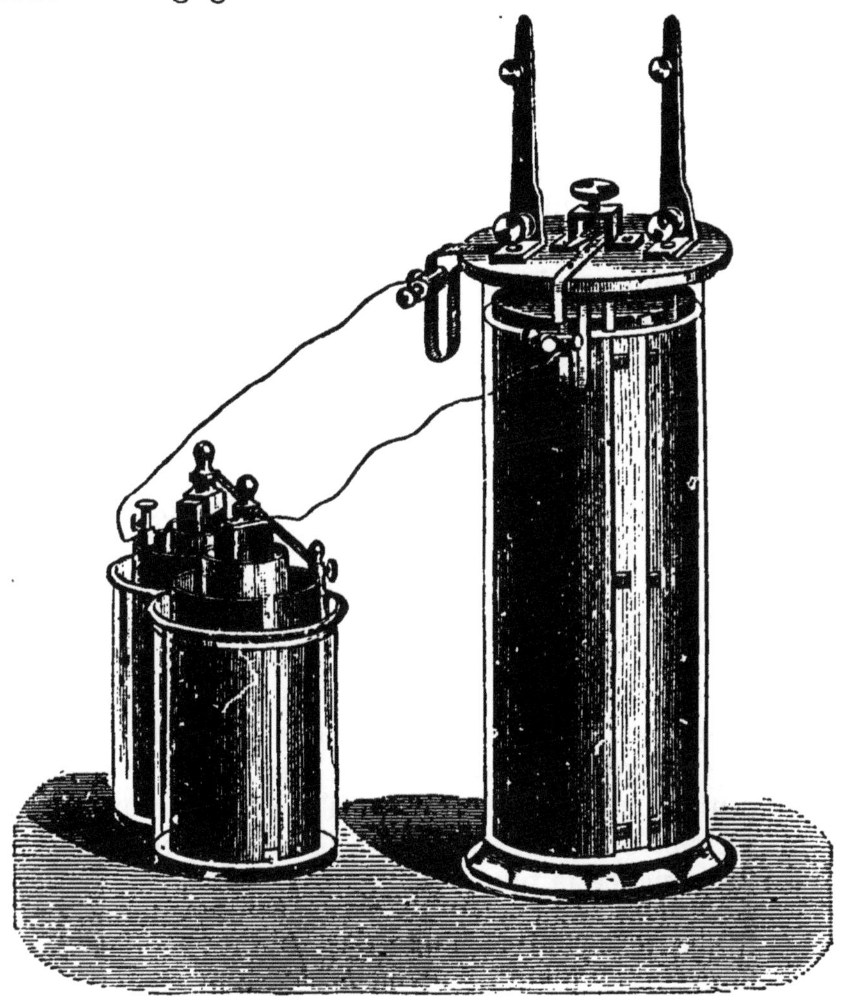

Fig. 159. — Pile secondaire de Planté. Exemple d'accumulateur.

Si alors on supprime la pile et qu'on réunisse les lames de plomb par un fil conducteur, ce fil sera traversé par un *courant secondaire* de peu de durée, mais de forte intensité.

On a ainsi *accumulé* lentement pendant plusieurs heures

l'électricité de la première source; l'appareil peut la garder longtemps si ses deux bornes restent isolées l'une de l'autre, il la rend rapidement aussitôt qu'on ferme son circuit.

Un *accumulateur* se compose d'une batterie d'éléments secondaires analogues à celui que nous venons de décrire. Un dispositif simple et commode met d'abord tous les pôles positifs de chacun des éléments en communication; la résistance de l'ensemble est faible; le courant d'une source faible peut y passer et charger tous les appareils. On change alors la communication des pôles, et l'on fait communiquer le positif du premier avec le négatif du second et ainsi de suite. L'appareil rend alors, sous une assez forte tension, l'électricité qu'il avait accumulée, et l'on peut lui faire produire des effets très énergiques.

53. **Galvanoplastie.** — Quand on plonge les deux pôles d'une pile dans une dissolution métallique, le métal de la dissolution se dépose sur le pôle négatif. Si le courant est bien réglé, ni trop fort, ni trop faible, le dépôt métallique est homogène. Quand ce dépôt se moule exactement sur l'objet sans y adhérer, qu'il en reproduit tous les détails et peut en être séparé, on a fait de la *galvanoplastie*. Si, au contraire, le dépôt est très mince et très adhérent, qu'il constitue une couche protectrice ou décorative, on a fait de l'*électro-chimie*.

L'expérience la plus simple de galvanoplastie consiste à reproduire en cuivre l'une des faces d'une médaille métallique dont on obtient en creux tous les reliefs et inversement. On peut la réaliser avec une pile et un vase distinct de la pile contenant la dissolution de sulfate de cuivre : c'est l'**appareil composé**.

On entoure une médaille ou une pièce de monnaie d'un fil de cuivre; on recouvre de cire fondue l'une des faces et le pourtour. On attache la médaille, par le fil qui l'entoure, au pôle négatif d'un élément de Bunsen, et on la plonge dans un vase contentan du sulfate de cuivre.

Au pôle positif de la pile est un fil terminé par une lame de cuivre que l'on plonge dans la dissolution pour servir d'*anode soluble ;* au bout de quelque temps la médaille est couverte sur sa face libre d'une couche de cuivre dont l'épaisseur s'accroît peu à peu à mesure que le courant passe. On laisse marcher l'opération assez de temps pour qu'on puisse ensuite détacher la lame déposée sans la briser.

84. Appareil simple. — On obtient d'aussi bons résultats avec un seul vase monté comme une pile de Daniell; au lieu et place de la lame de cuivre qui doit former le pôle positif de la pile, on met la médaille M à reproduire; la pile fonctionne quand cet objet à recouvrir est mis, extérieurement à la pile, en communication métallique avec le zinc *Zn* : l'objet se couvre peu à peu de cuivre métallique en couche homogène (fig. 160).

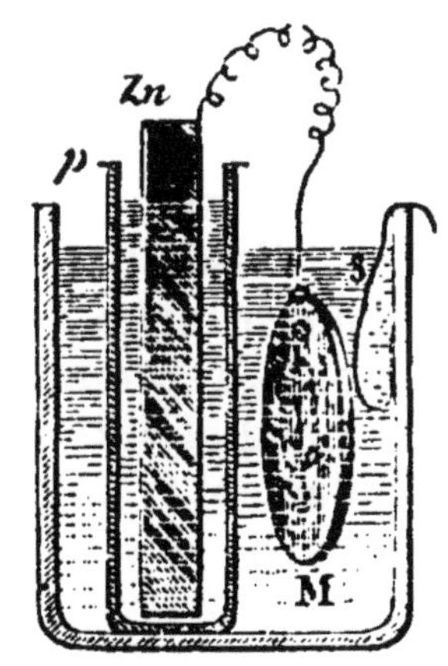

Fig. 160. — Appareil simple pour dépôt galvanoplastique.

On peut même donner n'importe quelle forme à cet appareil simple, remplacer le vase poreux *p* par une vessie formant le fond d'un tamis de bois, pourvu que l'objet à recouvrir plonge dans du sulfate de cuivre et qu'il soit mis extérieurement en communication avec une lame de zinc qui plonge dans l'eau. Un courant même très faible suffit à faire déposer le cuivre en couche homogène sur l'objet.

La raison de ce dépôt de cuivre se comprend aisément. Dans l'appareil composé où le liquide traversé par l'électricité est distinct de la pile, le courant porte le cuivre sur la lame négative, c'est-à-dire sur l'objet à recouvrir, tandis qu'il porte sur l'anode l'oxygène et l'acide qui forment peu à peu, avec l'anode, du sulfate de cuivre maintenant la dissolution à peu près au même degré de concentration.

Dans l'appareil simple, la première action chimique est celle de l'eau acidulée et du zinc, qui dégage de l'hydrogène ; c'est ce gaz hydrogène qui dans la pile se porte sur le pôle positif, y décompose le sulfate de cuivre et fait déposer le cuivre sur l'objet conducteur qui forme ce pôle.

55. Emploi des moules. — Il est plus commode d'employer un moule de l'objet. On fait ce moule en plâtre, en stéarine, en cire, en gélatine, en gutta-percha, même en alliage fusible, en un mot, en une matière plastique qui garde bien la forme qu'on lui a donnée par compression, par fusion ou par coulage sur l'objet.

On rend ce moule conducteur de l'électricité en le frottant avec un pinceau enduit de plombagine. On le met au pôle négatif d'une pile, on le fait plonger dans une dissolution de sulfate de cuivre, et il se recouvre d'une couche dont une des faces, celle qui touche le moule, reproduit exactement l'objet.

La dissolution de sulfate de cuivre s'appauvrirait rapidement ; mais dans le cas de l'appareil simple, on y suspend des sachets de toile remplis de cristaux de sulfate de cuivre ; et dans le cas de l'appareil composé, on termine le pôle positif de la pile par une plaque de cuivre au moins égale en surface à l'objet qu'il s'agit de recouvrir : de cette manière, c'est le métal de la dissolution qui se dépose sur l'objet, mais en même temps la surface de l'anode soluble se dissout et maintient la dissolution saturée.

Les applications de la galvanoplastie à la reproduction des médailles, des bas-reliefs, des planches gravées, des gravures sur bois, etc., sont tout particulièrement intéressantes. Ainsi c'est par la galvanoplastie qu'on produit les clichés au moyen desquels sont tirées les figures des livres. Le dessin est d'abord gravé en relief sur un bloc de buis. Mais ce bloc s'userait vite au tirage. On en prend une empreinte en gutta-percha et sur cette empreinte rendue conductrice on opère un dépôt galvanique qui reproduit en cuivre rouge tous les traits du dessin original.

Rien n'empêche de prendre du même et unique objet gravé plusieurs empreintes qui seront toutes semblables et qui permettront d'obtenir sur une même planche un certain nombre de dessins identiques du même original C'est ainsi qu'on opère pour le tirage des timbres-postes.

56. Électro-chimie. — Le but de l'*électro-chimie*, c'est de recouvrir un métal commun ou un objet quelconque métallisé d'une couche d'un métal précieux ou inaltérable qui ne change pas les détails de la surface et qui présente une adhérence parfaite et une certaine résistance au frottement.

L'argenture, la dorure galvanique et le nickelage sont les trois principaux exemples.

Avant 1840 on dorait à l'aide d'un amalgame de mercure, posé sur les pièces métalliques, puis chauffé pour chasser le mercure et déposer le métal précieux ; c'était un procédé nuisible à la santé des ouvriers à cause des vapeurs de mercure qui se produisaient pendant le chauffage de l'objet recouvert de l'amalgame.

Quand Elkington et Ruolz proposèrent l'emploi du courant électrique, leur procédé fut immédiatement mis en pratique : c'était une œuvre d'humanité autant qu'une découverte scientifique.

Avant eux on savait décomposer une solution métallique d'argent ou d'or par le courant électrique; mais on n'obtenait qu'un dépôt pulvérulent; leur découverte consiste à avoir proposé l'emploi du cyanure d'argent ou d'or dissous dans le cyanure de potassium, qui donne un dépôt absolument homogène et parfaitement adhérent.

L'argenture ou la dorure et même le nickelage exigent l'emploi de l'appareil composé, c'est-à-dire une cuve contenant la solution métallique à décomposer et une pile distincte.

Elles exigent également que les objets à recouvrir aient été au préalable parfaitement décapés avant leur mise au bain. A leur sortie, il faut les sécher, les brosser fortement, les polir ou les brunir.

On dépose non seulement des métaux différents, mais on sait même déposer des alliages ressemblant au cuivre jaune ou au bronze. Et c'est une industrie très prospère que celle de l'électro-chimie en général et celle de l'argenture en particulier.

Argenture. — Pour préparer le liquide d'argenture on fait dissoudre dans 100^{cc} d'eau distillée 10 grammes de nitrate d'argent. On verse dans le liquide 6 grammes de cyanure de potassium dissous dans le moins d'eau possible, on laisse déposer le précipité, et on le décante. Puis on y verse du cyanure de potassium dissous jusqu'à ce que le précipité soit entièrement redissous. On étend d'eau distillée au volume d'un litre. On filtre si besoin est; ce liquide est prêt à servir.

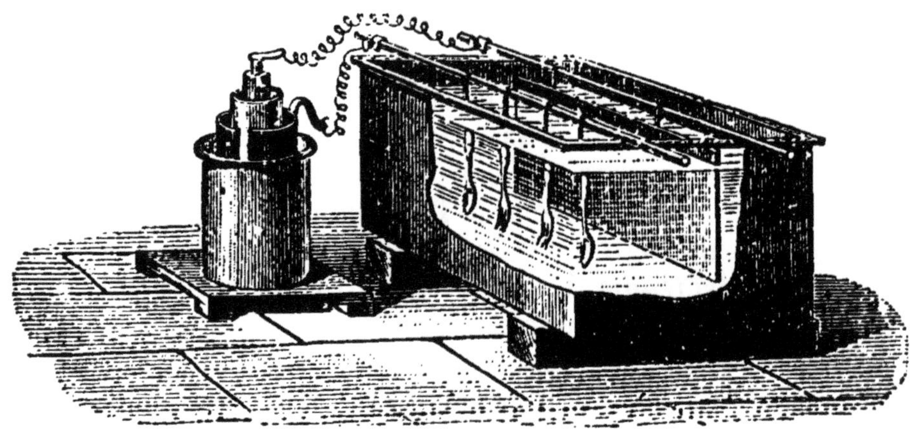

Fig. 161. — Appareil composé pour électro-chimie.

Pour une expérience de laboratoire, on décape un objet à argenter et un gros fil de cuivre en les brossant dans une solution de cristaux de soude, puis ensuite avec de la crème de tartre finement pulvérisée. On les attache au pôle négatif d'un élément de pile (fig. 161) et on les plonge dans le bain d'argenture. On met au pôle positif et plongeant dans le bain une lame d'argent, et on laisse le tout plus ou moins de temps suivant l'épaisseur du dépôt que l'on veut obtenir.

On retire les objets du bain, on les lave à l'eau distillée, on les sèche dans de la sciure de bois légèrement chauffée. Il suffit de les brosser ensuite avec une brosse dure pour leur donner le brillant métallique.

Dorure. — Pour préparer le bain d'or, dissoudre dans un peu d'eau 2 grammes de chlorure d'or; dans 200^{cc} d'eau, 20 grammes de prussiate jaune de potasse; mêler les deux liquides, et chauffer presque jusqu'à l'ébullition puis filtrer.

Placer dans le bain d'or *chauffé à* 60°, le fil de cuivre argenté ou l'objet à dorer, attaché au pôle négatif de la pile; mettre au pôle positif une lame d'or et laisser tremper vingt minutes au plus. Retirer le fil du bain, le laver, le sécher, le frotter fortement pour lui donner le brillant de l'or.

Nickelage. — Pour faire un bain, dissoudre dans un demi-litre d'eau bouillante 60 grammes de sulfate de nickel et d'ammoniaque; dans un autre demi-litre 30 grammes de sulfate d'ammoniaque pur et un petit cristal d'acide citrique. Mêler les deux liquides, y ajouter peu à peu du carbonate d'ammoniaque jusqu'à ce que le bain ne rougisse plus le papier de tournesol, et filtrer.

Plonger dans ce bain les objets à nickeler après les avoir convenablement décapés. Mettre au pôle positif une anode de nickel. Au bout de quelque temps les objets sont recouverts; il ne reste plus qu'à les sécher, les brosser et les polir.

Questionnaire.

Comment le courant électrique décompose-t-il un composé binaire, comme l'eau ou la potasse?

Comment décompose-t-il le sulfate de cuivre?

Qu'est-ce qu'une pile à gaz? Comment est montée la pile Planté? Comment joue-t-elle le rôle d'un accumulateur?

En quoi consiste le galvanoplastie et l'électro-chimie? Comment monte-t-on une reproduction galvanoplastique dans un appareil simple?

Comment pratique-t-on la dorure et le nickelage ?

Devoir.

Dire en quoi consiste l'argenture par la pile, comment on la réalise. Montrer que la découverte de ce procédé a été un grand progrès.

CHAPITRE XII

EFFETS CALORIFIQUES ET LUMINEUX DE L'ÉLECTRICITÉ

57. Effets calorifiques du courant électrique. — Quand on fait passer le courant d'une pile dans un fil fin, on voit ce fil rougir et même fondre si le courant est suffisamment fort. On montre ce phénomène avec un seul couple de Wollaston dont les deux pôles zinc et cuivre sont très rapprochés et réunis par un fil très fin de platine; aussitôt qu'on plonge l'élément dans de l'eau acidulée, le fil de platine rougit. On peut également faire l'expérience avec une forte source électrique sur des fils plus longs et un peu plus gros : elle est particulièrement brillante avec une pile de 50 éléments qui permet de porter au rouge une aiguille à tricoter.

58. Effets lumineux du courant. — Quand on approche l'une de l'autre les extrémités des fils attachés aux pôles d'une pile ordinaire, on ne constate aucune étincelle. C'est que la force électro-motrice d'une pile n'est pas grande. Mais comme cette force électro-motrice est proportionnelle au nombre des éléments, si on accouple en série un assez grand nombre d'éléments, on aura aux pôles une étincelle analogue à celle que donnent les machines électriques, avec cette différence que l'étincelle paraîtra continue.

On a un moyen plus simple d'obtenir des effets lumineux par le courant. On attache aux deux pôles des baguettes de charbon taillées en pointe et l'on met les deux pointes en contact. Le courant traverse très difficilement ces deux conducteurs qui ne se touchent que par quelques points, il éprouve une grande résistance, et il en résulte un grand dégagement de chaleur; les deux pointes sont portées à l'incandescence; elles deviennent, si la source électrique est suffisante, une *source de lumière* que l'on peut utiliser pour l'éclairage.

La première expérience d'éclairage électrique a été faite en 1844 sur la place de la Concorde à Paris, un soir de fort brouillard. Une pile de 50 éléments fournissait le courant. Les deux électrodes étaient des bâtons taillés de charbon de bois mis bout à bout, d'abord au contact, puis éloignés un peu l'un de l'autre. On les rapprochait à la main à mesure de leur usure.

Peu après on substitua aux deux tiges de charbon de bois deux baguettes de charbon de cornue, taillées en pointe. On emploie aujourd'hui des charbons artificiels faits avec du poussier de coke. Et ce n'est plus aux piles mais à des machines dynamo-électriques qu'on fait produire le courant électrique.

59. **Arc voltaïque.** — Pour que le courant passe, il faut que les charbons soient d'abord au contact. Ils s'échauffent, deviennent incandescents et produisent un point lumineux. On peut alors les écarter un peu, on observe que les deux extrémités émettent une lumière éclatante, qu'elles sont réunies par une lueur d'une forme courbe, que l'ensemble constitue un arc lumineux, l'**arc voltaïque** (fig. 162). Cet arc électrique est la source de chaleur la plus puissante que l'on connaisse, tous les corps y fondent ou s'y volatilisent. Les deux charbons se consument peu à peu par leur combustion à l'air, le pôle positif plus que le pôle négatif; leur distance augmente, le circuit est rompu, et la lumière s'éteint. Pour la faire reprendre il faut remettre les charbons au contact puis les écarter un peu.

Si les deux charbons étaient placés dans le vide, on

verrait le pôle positif se creuser rapidement, tandis que le pôle négatif semblerait s'accroître et se taillerait en

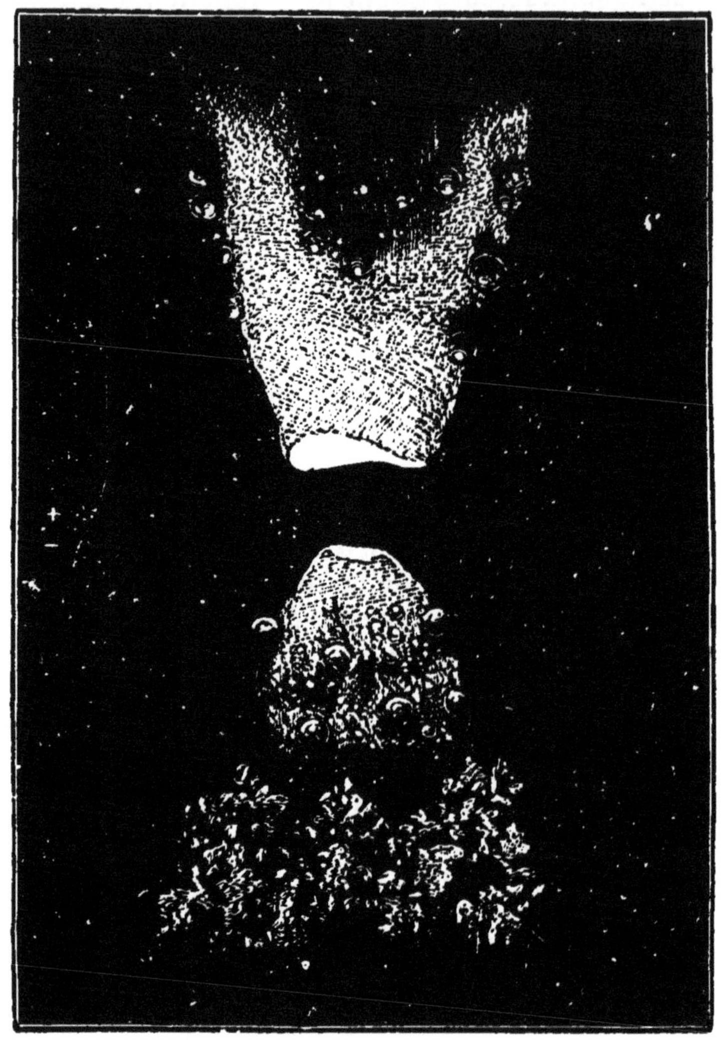

Fig. 162. — Image formée par la projection des charbons donnant la lumière électrique.

pointe; des particules de charbon portées à l'incandescence sont en effet transportées par le courant et assurent son passage d'un charbon sur l'autre. Quand on opère à l'air, les charbons s'usent tous deux; on peut suivre leur combustion en les plaçant dans une lanterne à projection et en produisant sur un écran, dans une chambre obscure, leur image agrandie.

Si l'on veut éviter les extinctions, il faut employer une disposition qui maintienne la distance des deux charbons dans des limites inférieures à celle où la rupture de l'arc voltaïque peut avoir lieu. On y arrive par les *régulateurs*.

Les régulateurs ont tous pour but de prévenir l'extinction qui se produirait dans l'arc électrique par suite de l'usure des charbons; ils doivent donc être disposés pour rapprocher les deux charbons à mesure qu'ils s'usent et pour maintenir autant que possible invariables la position et la grandeur de l'arc lumineux.

60. Bougies Jablockoff. — On emploie depuis quelques années un système dû à M. Jablockoff et qui ne nécessite aucun régulateur. Les deux charbons sont disposés parallèlement, à une petite distance l'un de l'autre, séparés par une couche de plâtre; à la base ils sont mis en communication avec les deux pôles d'une source électrique; à l'autre extrémité ils sont réunis par de la plombagine qui sert à les allumer (fig. 163). Quand le courant passe, la plombagine rougit, allume les deux bouts des charbons, l'arc électrique s'établit; le plâtre interposé se volatilise à mesure de l'usure des charbons; tout

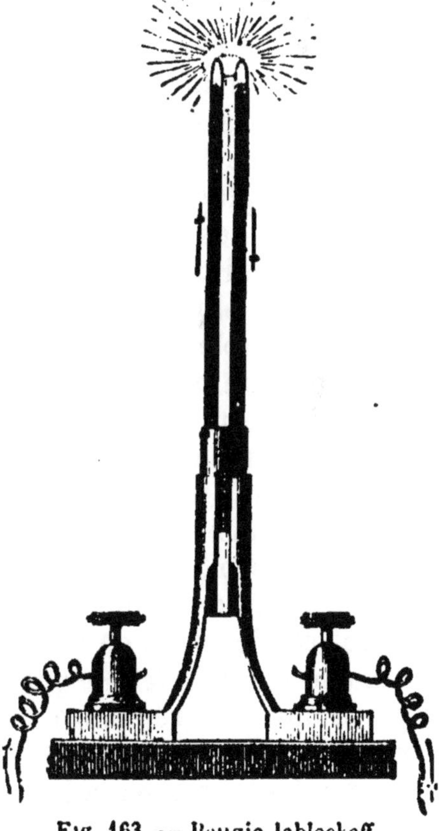

Fig. 163. — Bougie Jablockoff.

le système diminue progressivement de hauteur comme une *bougie*, d'où le nom qui lui a été donné.

Il faut que l'usure des deux charbons soit égale; on ne peut donc prendre comme source électrique qu'une machine magnéto-électrique à courants alternatifs et non pas une pile ni une dynamo-électrique à courant continu.

61. Lampes à incandescence. — Au lieu de prendre comme source de lumière deux charbons séparés l'un de l'autre, on a employé deux charbons très inégaux, l'un gros qui ne rougit pas, l'autre très mince qui devient incandescent sur une petite longueur traversée par le courant; c'est le principe des *lampes à incandescence à l'air* : le charbon fin s'use très vite. Les appareils de ce genre n'ont pas passé dans la pratique courante.

Si l'on met un fil fin de platine pour réunir les deux pôles, il devient incandescent, un charbon aussi, pourvu qu'il soit assez court et assez mince. Et pour que l'appareil dure quelque temps, on place le corps qui doit devenir incandescent dans le vide. Ainsi sont construites les petites lampes électriques les plus nouvelles : le modèle le plus simple est un petit globe de verre où l'on a fait le vide et que l'on a ensuite fermé; il tient à l'intérieur, en communication avec deux fils extérieurs, soit un fil de platine, soit un filet de charbon. Le passage du courant fait produire une lumière jaune d'une teinte agréable.

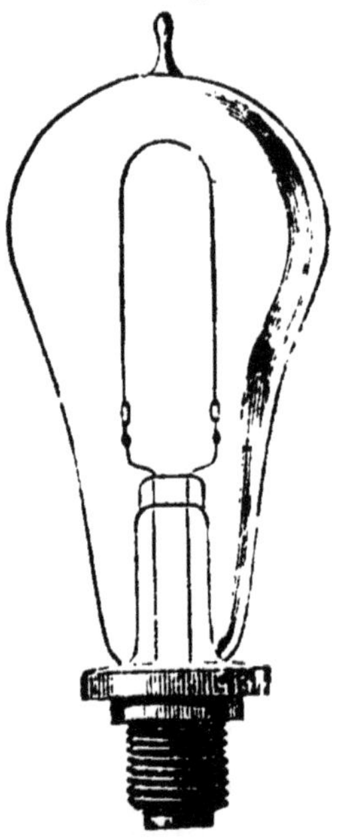

Fig 164. Lampe Édison.

Tel est le principe des *lampes à incandescence dans le vide* qui tendent aujourd'hui à se répandre : le courant, continu ou alternatif, est envoyé dans un conducteur assez mince et assez résistant pour devenir incandescent, assez rigide pour ne pas ployer par la dilatation, assez réfractaire pour n'être ni fondu, ni volatilisé.

C'est Édison qui est l'inventeur de ce mode d'éclairage. La figure 164 représente sa lampe.

Le charbon est un mince filament tourné en fer à cheval, soudé par les deux bouts à des fils de platine assez gros pour ne pas rougir et qui viennent dans le pied de la lampe à une borne et à une virole où l'on envoie les deux pôles du courant. Le tout est disposé dans un globe de verre où l'on fait le vide le plus complet possible. Quand le courant passe, le fil de charbon rougit et il donne une belle lumière de la coloration de celle du gaz.

62. Avantages de la lumière électrique. — La lumière électrique des grands foyers est très blanche et ne change pas l'aspect des couleurs; on est avec elle à l'abri des explosions ou des incendies que l'on peut craindre quand on emploie le gaz. Mais elle vacille quelque peu quand le régulateur ne fonctionne pas régulièrement, ce qui est une cause de fatigue pour les yeux; elle ne convient d'ailleurs qu'aux grands espaces.

La lumière des lampes à incandescence est moins blanche que celle des grands foyers, mais elle est plus fixe, et si son prix de revient est encore très élevé, elle se prête si bien à l'éclairage des petits espaces et des appartements qu'elle aura vite conquis son droit de cité.

Questionnaire.

Comment montre-t-on que le courant électrique passant dans un fil fin dégage de la chaleur? Comment est monté l'élément de Wollaston, qui sert à cette expérience?

Comment fait-on produire de la lumière au courant électrique? Quelles sources électriques emploie-t-on? Comment sont disposés les charbons que le courant électrique rend incandescents?

Comment est faite la bougie Jablockoff? Comment sont montées les petites lampes à incandescence, quel est leur principe, comment explique-t-on qu'elles puissent durer longtemps, comment y fait-on le vide?

Quels sont les avantages de la lumière électrique?

Devoir.

Que faut-il pour qu'un fort courant électrique produise de la lumière ? Quels sont les principaux genres de brûleurs produisant de la lumière électrique ?

CHAPITRE XIII

AIMANTS

63. Aimant naturel. — Il existe dans la nature, notamment en Suède et à l'île d'Elbe, un minerai de fer qui jouit de la propriété d'attirer l'acier, le fer et quelques autres métaux. On lui donne le nom de *pierre d'aimant* ou d'*aimant naturel*. C'est un oxyde de fer de la formule Fe^3O^4. Plongé dans la limaille de fer, il l'attire en certains points sous forme de houppes disposées irrégulièrement (fig. 165).

Fig. 165. — Aimant ordinaire.

Cette attraction était connue des Chinois et des Grecs et le nom de *magnétisme* que nous donnons aujourd'hui à l'ensemble des phénomènes dérivant de l'attraction du fer par ce minerai particulier vient du nom que les Grecs donnaient au minerai qui nous occupe.

L'attraction magnétique est différente de l'attraction électrique puisqu'elle ne s'exerce pas sur tous les corps indistinctement.

64. Aimants artificiels. — La propriété de la pierre d'aimant peut être communiquée par simple contact à des barreaux d'acier fortement trempés ;

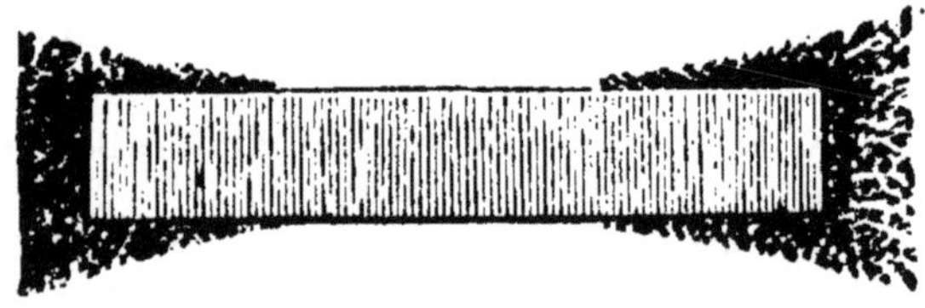

Fig 166. — Aimant artificiel

ceux-ci, frottés sur l'aimant naturel, prennent la propriété d'attirer le fer, mais ils l'attirent surtout à leurs extrémités; on leur donne le nom d'aimants artificiels et on les emploie de préférence aux pierres d'aimant pour étudier tous les effets magnétiques.

On peut leur donner plusieurs formes, celle d'une lame mince taillée en losange très allongé ou aiguille aimantée, ou celle de lame épaisse et de barreaux prismatiques (fig. 166).

65. Propriété générale des aimants. — Quand on plonge dans la limaille de fer une aiguille aimantée ou un barreau, la limaille s'attache surtout aux

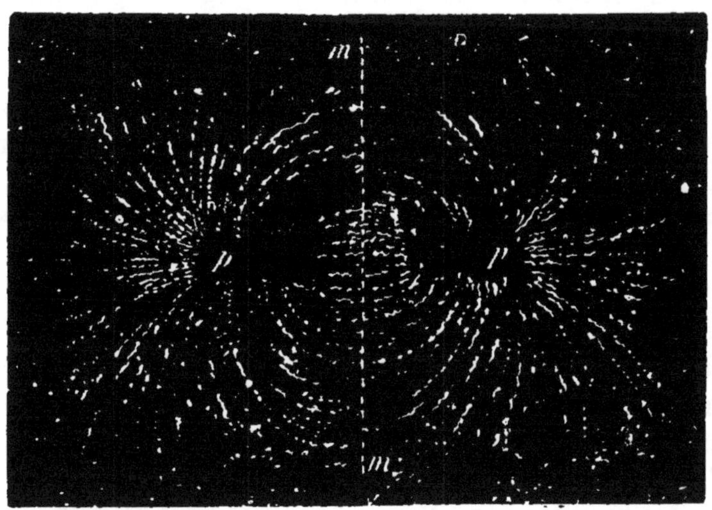

Fig. 167. — Spectre magnétique

extrémités; la force attractive va en croissant du milieu du barreau où elle est nulle vers les extrémités où elle est maximum. On désigne sous le nom de PÔLES les centres d'attraction de la limaille et on appelle LIGNE NEUTRE la ligne sur laquelle aucune attraction ne se manifeste.

On montre les pôles d'un aimant en le retirant de la limaille de fer où il a été d'abord plongé; les parcelles de limaille restent retenues les unes aux autres en longues houppes aux deux extrémités de l'aimant. On donne encore une autre forme à l'expérience. On pose un aimant sur la table, on le recouvre d'une feuille de carton. Puis, à l'aide d'un tamis, on fait tomber de la limaille sur le carton : en donnant à celui-ci quelques petites secousses, on voit les grains de limaille se disposer très régulièrement les uns à la suite des autres aux pôles de l'aimant (fig. 167). Si les deux pôles sont rapprochés comme dans un aimant en fer à cheval, la limaille forme des lignes courbes qui se rejoignent et qui tracent ce que l'on a appelé le *spectre magnétique* ou encore les lignes de force des aimants.

66. Direction des aimants libres. — Un aimant librement suspendu se dirige et s'oriente dans une direction voisine de la direction nord-sud. Écarté de sa position, il y revient, et c'est toujours la même exrémité qu'il tourne vers le nord. On attribue ce phénomène à une action exercée par la terre sur les aimants.

Il est commode, pour désigner les pôles des aimants, d'appeler *pôle nord* celui qui se dirige toujours vers le nord et *pôle sud* le pôle opposé, il ne peut y avoir alors aucune confusion.

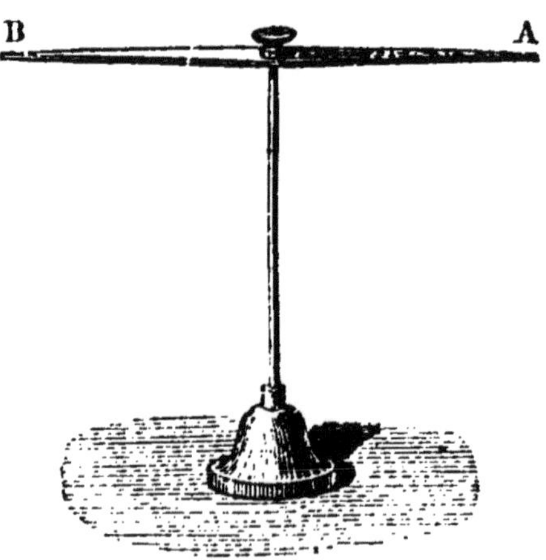

Fig. 168. — Aiguille aimantée sur son pivot.

Les aimants les plus mobiles sont les aiguilles munies en leur centre d'un petit godet ou *chape* dont le fond est constitué par un morceau d'agate et qui repose sur un pivot en pointe (fig. 168). Ces aiguilles sont en acier trempé que l'on a recuit jusqu'à ce qu'il ait pris une teinte bleu foncé. Mais on ne conserve ordinairement la teinte bleue que sur la moitié de l'aiguille qui se tourne vers le nord; l'autre moitié est polie.

On peut rendre mobiles les barreaux aimantés en les posant sur un bouchon qui flotte sur l'eau (fig. 169); ou encore en les posant sur une encoche de papier supportée par quatre fils réunis en un seul à quelque distance de l'encoche. Par ces deux derniers modes, le

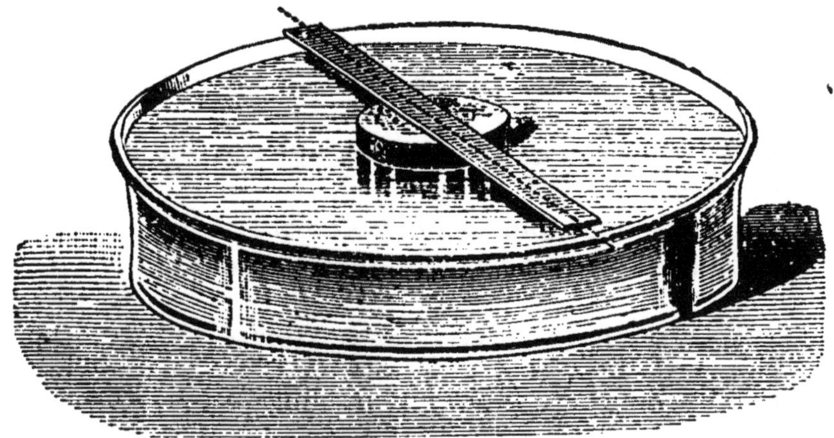

Fig. 169. — Aimant sur un flotteur se dirigeant de lui-même.

barreau est moins facilement mobile qu'une aiguille sur sa pointe, mais il prend comme l'aiguille, de lui-même, une direction fixe à laquelle il revient si on l'en écarte.

Plusieurs aimants libres, placés à quelque distance l'un de l'autre, prennent librement des directions parallèles.

67. Action d'un aimant fixe sur un aimant mobile. — Sur le milieu d'un long barreau aimanté on pose une aiguille mobile sur son pivot : celle-ci se place parallèlement au barreau; quelle que soit la direction de celui-ci, l'aiguille lui demeure parallèle comme si elle lui était invariablement liée; la même moitié de l'aiguille est attirée par la même moitié du barreau. On s'appuie sur cette expérience pour conclure que lorsque l'aiguille est dirigée par la terre, c'est comme si elle obéissait à un fort aimant ayant une direction voisine de la direction du méridien du lieu.

Qu'on place à une assez grande distance l'une de l'autre deux aiguilles aimantées, tout à fait pareilles, elles se placeront en équilibre dans deux directions rigoureusement parallèles. Les pôles nord des deux aiguilles pourront être considérés comme de même nom, de même espèce, puisqu'ils prennent la même direction sous l'action de la terre et qu'ils obéiraient de la même façon à un barreau fixe qui leur serait présenté. Si alors on prend à la main l'une des aiguilles pour l'approcher de l'autre, on constate :

Que le pôle nord de l'une repousse le pôle nord de l'autre et attire son pôle sud;

Que le pôle sud de l'une repousse le pôle sud de l'autre et attire son pôle nord.

On en conclut que *les pôles de nom contraire s'attirent et que les pôles de même nom se repoussent.*

68. Aimantation par influence. — Lorsqu'on approche d'un aimant un morceau de fer doux, c'est-à-dire de fer absolument pur, celui-ci présente immédiatement les caractères d'un aimant; il peut attirer la limaille de fer et la retenir à ses deux extrémités. Il a deux pôles, et celui qui se forme dans la partie voisine du pôle influent est un pôle contraire à celui de l'aimant.

De plus, comme dans le cas de l'électrisation par influence, l'aimantation du fer doux augmente quand le barreau s'approche de l'aimant; elle diminue quand il s'éloigne; elle disparaît entièrement à quelque distance.

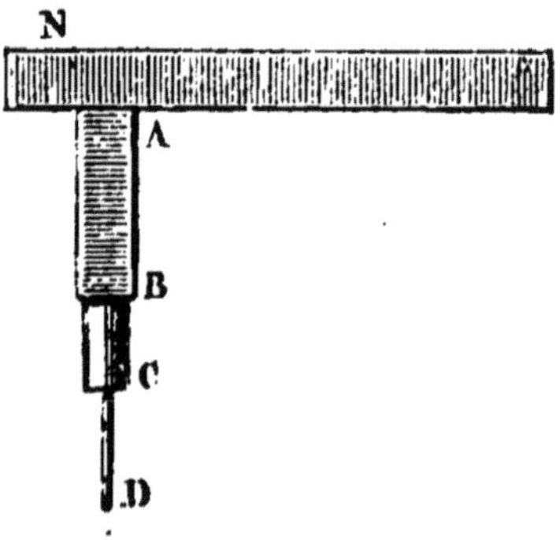

Fig. 170. — Aimantation du fer doux.

Un deuxième barreau de fer placé à la suite du premier devient à son tour un aimant sous l'action du premier barreau, comme ce dernier l'a été sous l'action de l'aimant influent. Un troisième barreau à la suite du second prend également la propriété magnétique. On le montre facilement par l'expérience. A un barreau N on présente un cylindre de fer doux AB qui y reste attaché (fig. 170); un second cylindre C est attiré par AB; il en attire de même un troisième D. On peut ainsi, avec un aimant fort, faire tenir attachés les uns aux autres un certain nombre de barreaux, pourvu qu'on ait soin de les prendre de plus en plus petits.

Mais tous les morceaux de ce chapelet perdent leur propriété d'aimant et tombent si on enlève l'aimant inducteur ou même encore, sans enlever l'aimant inducteur, si l'on diminue sa force d'attraction en lui présentant le pôle contraire d'un autre aimant.

Si au lieu de fer doux, on emploie de l'acier, le phénomène d'influence a encore lieu, bien qu'il paraisse moins intense; mais l'acier une fois séparé de l'aimant inducteur conserve de l'aimantation, le magnétisme qui y a été développé est persistant : l'acier reste aimant après l'influence ou le contact; le fer doux ne garde aucune aimantation; le fer plus ou moins aciéré participe un peu à la propriété de l'acier; on dit qu'il garde du *magnétisme rémanent*.

Ainsi pour faire des aimants permanents il faut prendre des morceaux d'acier : le fer ne peut donner que des aimants temporaires qui n'ont d'aimantation que tant que dure l'influence produite.

69. Procédés d'aimantation. — On produit les aimants artificiels avec des barres ou des lames d'acier trempé, soit en les frottant avec des aimants permanents, soit en faisant agir sur elles un courant électrique par un procédé que nous étudierons plus loin.

Le procédé d'aimantation le plus anciennement employé consiste à frotter le barreau avec une pierre d'aimant ou avec un aimant artificiel fort. On peut effectuer cette friction de plusieurs manières différentes, par la *simple touche*, par la *touche séparée* et par la *double touche*.

La *simple touche* consiste à faire glisser un aimant B naturel ou artificiel (fig. 171) le long du barreau d'acier CA; on frotte toujours dans le même sens, de gauche à droite par exemple, et sans revenir en arrière. L'aimant développe un pôle de même nom que le sien à l'extrémité dont il s'éloigne, un pôle contraire à l'extrémité dont il s'approche.

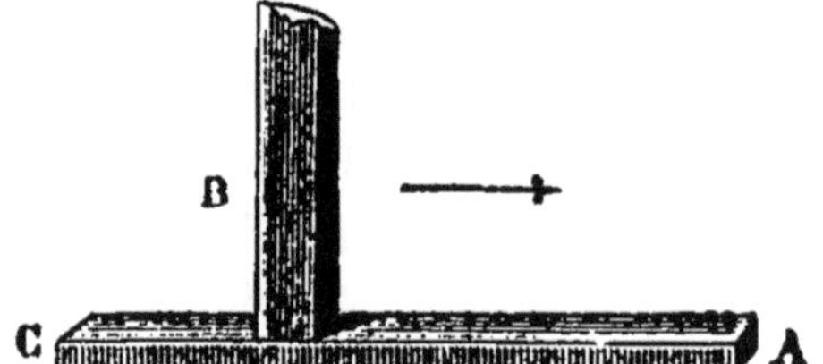

Fig. 171. — Aimantation par la simple touche.

Dans la *touche séparée*, on emploie deux aimants d'égale force; on les tient inclinés à environ 30° sur le barreau à aimanter, en son milieu, les pôles de nom contraire en regard. On les écarte à la fois du milieu en frottant jusqu'aux extrémités; puis on les rapporte au milieu pour recommencer à frotter comme précédemment.

Dans la *double touche* on emploie encore deux aimants, mais on les réunit par leurs pôles contraires (fig. 172) au

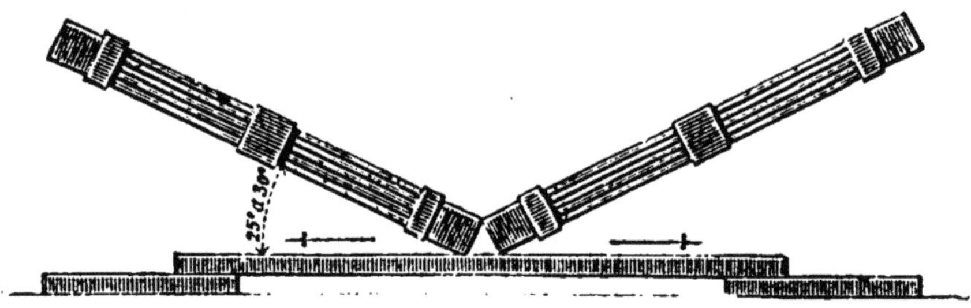

Fig. 172. — Aimantation par la double touche.

moyen d'une ficelle et d'une cale. On les promène ensemble en frottant dans le sens d'une extrémité du barreau à l'autre. Les actions des deux pôles se neutralisent à peu près sur les points extérieurs, tandis qu'elles s'ajoutent sur les points qui sont entre eux. L'aimantation est très régulière.

En employant les deux dernières méthodes, on obtient une aimantation plus forte si l'on pose les extrémités de la lame qu'il s'agit d'aimanter sur les deux pôles contraires de deux aimants.

Quand la friction n'a pas été régulière, l'aimant a plus de deux pôles et il n'est pas aussi fort que s'il était régulier. La limaille s'attache en certains points autres que les extrémités; on donne à ces points formés de pôles opposés le nom de *points conséquents*.

70. Formes des aimants. — Quand on veut utiliser séparément les deux pôles d'un aimant, la forme la plus simple est celle de barreaux ou d'aiguilles. Au contraire, s'il s'agit de porter des poids, la forme en fer à cheval est plus avantageuse parce qu'elle rapproche l'un de l'autre les deux pôles. On présente aux pôles une pièce de fer doux qu'on appelle *armature* et qui y reste attirée.

Fig. 173. — Aimant Jamin

En général, un aimant est d'autant plus puissant que ses dimensions sont plus grandes; mais s'il a une certaine épaisseur, l'intérieur ne s'aimante pas ou presque pas. Pour obtenir de forts aimants, au lieu de prendre une grosse masse prismatique, on réunit par les pôles de même nom, dans une même armature, plusieurs aimants minces.

En superposant des lames d'acier aimantées séparément; en les repliant en fer à cheval et en engageant leurs extrémités dans des armatures de fer doux, M. Jamin a obtenu des aimants capables de porter un grand poids (fig. 173).

71. Conservation des aimants. — Il faut quelques précautions pour conserver aux aimants leurs propriétés magnétiques. Pour les barreaux rectilignes, on les met deux à deux, parallèlement, dans une boîte, en les séparant par une règle de bois; on place au même bout de la boîte le pôle nord de l'un et le pôle sud de l'autre; et devant les pôles on met une pièce de fer doux qui s'aimante par influence sous chacun des pôles des aimants et qui conserve ainsi le magnétisme des barreaux.

Pour les aimants en fer à cheval dont les pôles sont rapprochés, on réunit les pôles par une pièce de fer ou armature à crochet. On suspend l'aimant et on charge graduellement son armature. Si l'on augmente progressivement la charge, on reconnaît que la force portative augmente et que l'aimant devient capable de supporter un poids plus grand que celui qu'on aurait pu lui suspendre du premier coup.

L'expérience a montré qu'un barreau d'acier ne reste fortement aimanté que lorsqu'il a été très fortement trempé, toutes les causes qui diminuent la trempe influent aussi sur l'aimantation.

72. Action de la terre sur les aimants. — Si l'on abandonne à elle-même une aiguille aimantée librement suspendue par son centre (fig. 174), on la voit s'orienter dans un plan vertical voisin du méridien géographique du lieu, et en même temps s'incliner sur l'horizon : voilà ce que montre l'expérience.

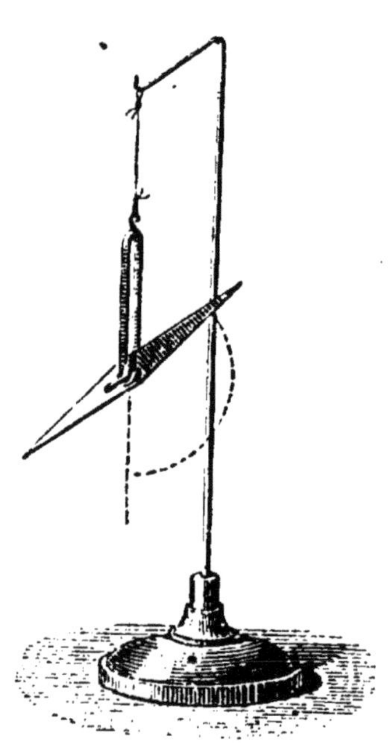

Fig. 174. — Aiguille d'inclinaison se mettant librement dans le plan du méridien magnétique.

Le plan vertical qui passe par les deux pôles de l'aiguille porte le nom de *méridien magnétique*. L'angle de ce plan avec le méridien géographique s'appelle *angle de déclinaison* ou plus simplement la *déclinaison*. L'angle que fait l'horizontale avec la partie nord de l'aiguille s'appelle *l'inclinaison*.

La manière la plus simple de se rendre compte de ces phénomènes, c'est de supposer que la terre agit comme un aimant dont les pôles seraient sur un diamètre un peu oblique à la ligne des pôles géographiques. On peut constater en effet que si l'on met sur le milieu d'un barreau aimanté placé dans la direction du méridien magnétique une petite aiguille aimantée, celle-ci se met parallèle au barreau et reste horizontale; qu'elle s'incline au contraire tout en restant dans le plan des pôles du barreau, si on la transporte du milieu vers l'un ou l'autre des pôles, et qu'elle est très inclinée à chacune des extrémités.

On donne le nom général de *boussoles* aux aiguilles aimantées qui servent à trouver la déclinaison et l'inclinaison.

La déclinaison subit des variations lentes : orientale et de 11°30' en 1580, elle a été nulle en 1663; occidentale depuis; de 22°34' en 1814, de 20°41' en 1818, de 16°52' en janvier 1880. Depuis 1814, l'aiguille aimantée revient lentement vers le méridien.

73. Boussoles terrestres et marines. — L'aiguille de déclinaison qui se dirige toujours dans le méridien magnétique donne le moyen d'obtenir dans un lieu une direction fixe et de trouver la position du nord si l'on connaît la déclinaison. Aussi emploie-t-on les boussoles pour tracer la direction des points cardinaux, pour la topographie et pour se diriger sur mer.

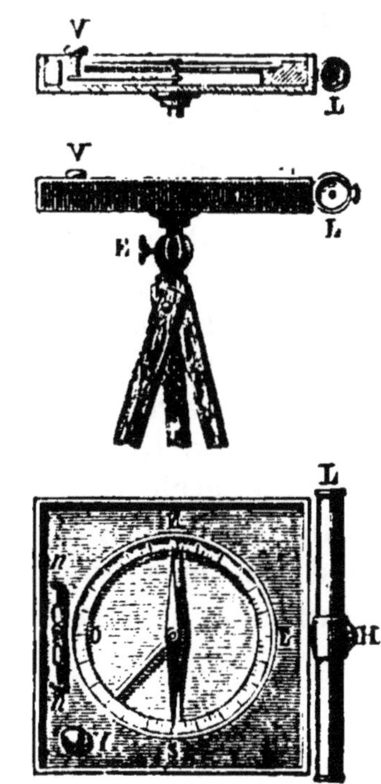

Fig. 175. — Boussole ordinaire.

Les boussoles terrestres sont généralement formées d'une boîte rectangulaire que l'on peut poser sur un plan ou fixer sur un pied à trois branches et dans une position horizontale. L'aiguille se meut au centre de la boîte au-dessus d'un cadran gradué (fig. 175). La boîte porte sur un de ses côtés une lunette qui peut se mouvoir autour d'un axe horizontal mais tout en restant parallèle à la ligne 0-180 du cercle divisé.

Veut-on tracer dans un lieu la direction nord-sud? On place la boîte de la boussole horizontale à l'aide des niveaux dont elle est munie; on tourne la boîte jusqu'à ce que la pointe nord de l'aiguille fasse avec la ligne 0-180 et à gauche un angle égal à la déclinaison; la ligne de visée de la lunette est alors la direction nord-sud cherchée.

Veut-on employer l'appareil à relever un point ou à mesurer un angle? On tourne la boîte jusqu'à ce que la ligne de visée de la lunette rencontre le point, ou soit sur un des côtés de l'angle; alors la division du cercle sur laquelle se trouve la pointe nord de l'aiguille indique l'angle que fait la ligne de visée avec la direction fixe de l'aiguille aimantée.

Boussole marine. — La boussole marine employée sur les navires porte le nom de *compas;* elle est constituée par une aiguille mobile sur pivot et au-dessus de laquelle on colle un disque où est dessinée une rose des vents dont la ligne nord-sud correspond au diamètre occupé par l'aiguille; l'aiguille est donc invisible, mais elle porte elle-même le cercle gradué. Sur le couvercle de la boîte, du côté de l'avant du navire, est un trait vertical qui avec le pivot de l'aiguille se trouve sur la ligne de symétrie du navire; on l'appelle la *ligne de foi*. Pour savoir dans quelle direction on navigue, il suffit de lire la division du cercle porté par l'aiguille qui se trouve devant la ligne de foi. Supposons qu'on lise N. N. E. ou 22°30', la direction suivie fait réellement avec le nord-sud géographique un angle à l'est de

$$22°30' - 16°50' \text{ ou } 5°40'.$$

Il faut en effet dans ce cas retrancher la valeur de la déclinaison. Au contraire, si le point de la rose des vents qui se trouve devant la ligne de foi est N. N. O. par exemple, la direction que suit le navire fait avec le méridien géographique un angle à l'ouest de

$$22°30' + 16°50 = 39°20'.$$

Il a fallu dans ce cas ajouter la déclinaison à l'angle formé par l'axe de l'aiguille et par la ligne de foi.

Pour que l'aiguille reste horizontale dans les mouvements de tangage et de roulis du navire, la boussole est portée par une suspension de Cardan : la caisse fixée au navire est munie de deux tourillons entre lesquels tourne librement un premier cercle métallique; celui-ci porte deux tourillons perpendiculaires aux premiers autour desquels tourne la boîte qui contient l'aiguille; de la sorte le pivot de l'aiguille peut rester toujours vertical.

On peut, sans boussole, déterminer le méridien géographique, c'est-à-dire la direction nord-sud. On se sert le jour de l'ombre produite par le soleil et la nuit de l'observation des étoiles.

L'ombre d'une tige verticale à midi vrai, marque la direction nord-sud. Si l'on ne connaît pas l'instant du midi vrai, voici comment on opère. On plante verticalement une tige. Vers neuf heures du matin on marque la direction et la longueur de son ombre. Avec un rayon égal à cette longueur, et du pied de la tige comme centre, on décrit sur le sable un arc de cercle. Vers trois heures de l'après-midi on vient observer à nouveau l'ombre de la tige, et quand elle atteint l'arc tracé on marque sa trace. La bissectrice de l'angle formé par l'ombre du matin, et l'ombre égale du soir marque la direction de l'ombre à midi, c'est-à-dire la ligne nord-sud cherchée.

La nuit quand les étoiles sont visibles, on trouve facilement l'*étoile polaire;* on mène dans l'espace une ligne qui joigne les deux dernières étoiles de la constellation de la *grande ourse*, jusqu'à une petite étoile brillante appartenant à la *petite ourse*, et qui est l'étoile polaire. Si alors on braque sur cette étoile une lunette mobile dans un plan vertical autour d'un axe horizontal, le plan de la lunette est le méridien.

74. Aimantation par la terre. — La terre exerce une action magnétique sur les masses de fer doux et d'acier et elle peut les transformer, dans certaines circonstances, en aimants. Cette aimantation est la plus grande possible quand le barreau de fer doux ou d'acier est orienté dans le sens de l'aiguille d'inclinaison; les forces terrestres ont alors sur lui toute leur action. Que l'on place dans la direction de l'aiguille d'inclinaison un faisceau de fils d'acier ou de petits barreaux prismatiques et qu'on les frappe à coups de marteau ou qu'on les torde violemment, on les transformera en aimants permanents avec un pôle nord dans la partie inférieure et un pôle sud à l'autre bout.

Cette action de la terre s'exerce sur tous les outils d'acier tels que les limes que l'on trouve très souvent aimantées.

Questionnaire.

Qu'est-ce qu'un aimant naturel? Comment avec un tel aimant fait-on les aimants artificiels? Quelles sont les principales formes qu'on leur donne?

Comment se dirige un aimant libre? Comment donne-t-on des noms aux pôles des aimants?

Comment agit un aimant sur un autre aimant libre? Comment agissent les aimants sur des morceaux d'acier ou sur des morceaux de fer que l'on en approche?

Comment fait-on les aimants? Quelles précautions faut-il pour les conserver?

Comment se dirige une aiguille aimantée suspendue? Qu'appelle-t-on déclinaison?

L'aiguille indique-t-elle le nord?

Quelle est la forme de la boussole et quels sont ses usages?

Devoir.

Quels sont les moyens de trouver la direction du méridien, c'est-à-dire la direction du nord au sud?

CHAPITRE XIV

ACTION DU COURANT ÉLECTRIQUE SUR L'AIGUILLE AIMANTÉE. — AIMANTATION

75. Expérience d'Œrsted. — Loi d'Ampère. — Œrsted a remarqué le premier, dès 1820, que si l'on fait passer un courant électrique dans le voisinage d'une aiguille aimantée, celle-ci est déviée de sa position d'équilibre et tend à se mettre en croix avec le courant.

Le sens de la déviation dépend du sens du courant et de sa position par rapport à l'aiguille.

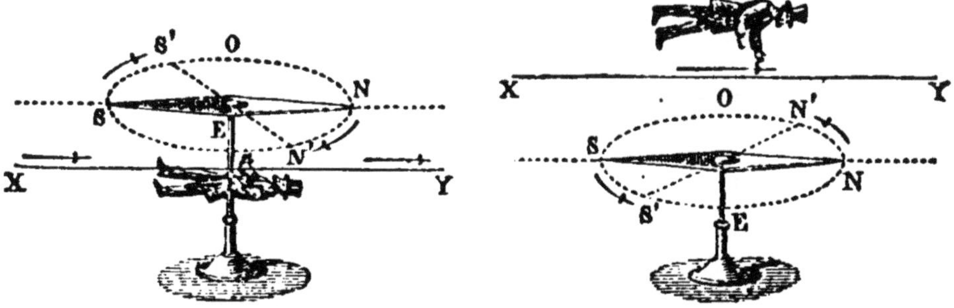

Fig. 176. — Loi d'Ampère sur l'action d'un courant sur une aiguille aimantée.

Ampère a montré qu'on peut toujours prévoir dans quel sens l'aiguille déviera sous l'action d'un courant, si l'on suppose un observateur couché sur le fil, astreint à regarder l'aiguille et dans une position telle que le courant lui entre par les pieds, c'est-à-dire qu'il ait la tête vers le pôle négatif et les pieds vers le pôle positif de la pile fournissant le courant. Dans tous les cas *le pôle nord de l'aiguille aimantée se porte à gauche de cet observateur.*

On confond souvent cet observateur d'Ampère avec le courant et l'on dit droite et gauche du courant au lieu de dire droite et gauche de l'observateur. La loi d'Ampère se formule alors simplement : *le pôle nord de l'ai-*

guille aimantée se porte toujours à la gauche du courant.

La figure 176 montre comment on fait l'expérience, en plaçant le fil constituant le circuit fermé d'une pile soit au-dessus, soit au-dessous de l'aiguille. On note le sens du courant et on s'assure que dans tous les cas le pôle nord de l'aiguille se porte à la gauche de ce courant.

76. Multiplicateur. — L'expérience prouve qu'un courant donné qui traverse un fil enroulé plusieurs

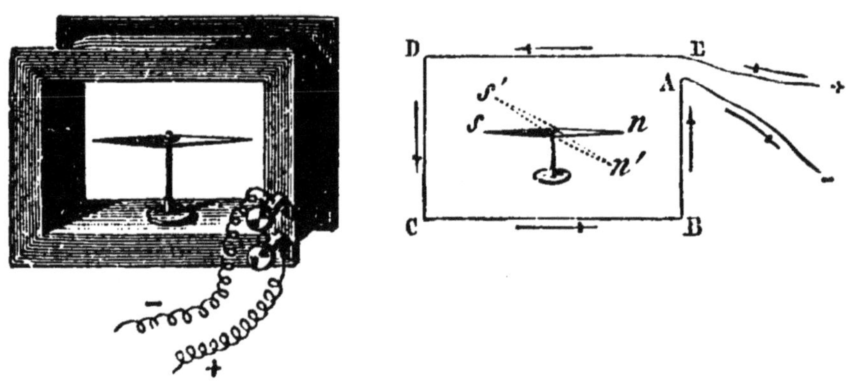

Fig. 177. — Action d'un cadre de fil sur une aiguille aimantée.

fois autour d'un cadre de bois (fig. 177) a bien plus d'action sur une aiguille aimantée qu'il n'en aurait s'il passait seulement une fois au-dessus ou au-dessous de l'aiguille comme dans l'expérience d'Œrsted.

Montrons en effet que les quatre côtés d'un rectangle traversé par un courant, au milieu duquel est une aiguille, agissent tous quatre sur l'aiguille pour produire des déviations de même sens et que leurs actions s'ajoutent : celles d'une seconde spire s'ajoutent à celles d'une première et ainsi de suite.

Soit le cadre de fil ABCDE dans lequel le courant entre en E et sort en A. Soit *ns* l'aiguille aimantée. La portion ED du courant agit pour porter le pôle nord (*n*) de l'aiguille en (*n'*) en avant du plan de la figure. La portion DC agit également pour porter le pôle nord en avant du plan de la figure. Il en est de même de la portion CB où la gauche du courant est encore en devant de la figure, et aussi de BA. Toutes les parties du rectangle ajoutent donc leur action sur l'aiguille. Tel est le principe du *multiplicateur* employé pour révéler l'existence des courants. Il est entendu que toutes les spires doivent être isolées les unes des autres, ce que l'on obtient en employant un fil recouvert de soie ou de gutta-percha.

Le **galvanomètre** est un multiplicateur disposé pour constater l'existence des courants dans un circuit et en mesurer l'intensité d'après la déviation de l'aiguille.

Quand l'aiguille du multiplicateur est déviée de sa position par le courant, la force magnétique de la terre tend à la ramener dans le plan du méridien magnétique; il s'établit un état d'équilibre entre l'action du courant et celle de la terre, et cet état d'équilibre est indiqué par la déviation.

Si l'aiguille est fortement aimantée, la force de la terre est plus grande par rapport à celle du courant, et la déviation est faible pour les courants faibles. Si au contraire la force de la terre est diminuée, un faible courant peut produire une déviation assez notable.

77. Aimantation de l'acier. — Un fil métallique traversé par un fort courant prend momentanément des propriétés magnétiques, quelle que soit d'ailleurs la nature du métal dont il est formé. Arago a en effet montré qu'un fil de cuivre dans lequel il avait fait passer un fort courant attirait la limaille de fer, mais que la limaille tombait sitôt que le circuit était ouvert. La propriété magnétique était donc essentiellement passagère.

Arago a également fait voir qu'en plaçant dans le voisinage d'un courant une aiguille d'acier non aimantée, on transforme celle-ci en un aimant permanent, qui se forme peu à peu, mais qui garde la force magnétique que le courant lui a donnée.

On a donc ainsi un moyen de produire des aimants avec les courants.

Pour obtenir l'aimantation d'une aiguille d'acier, on la place au milieu d'une hélice traversée par le courant.

Dans la figure 178, 1, si le courant suit le sens indiqué par les flèches, qu'il entre par l'extrémité *b* en tournant de gauche à droite, le courant paraîtra tourner comme les aiguilles d'une montre à l'extrémité *b*, c'est à cette extrémité que sera le pôle sud de l'aimant.

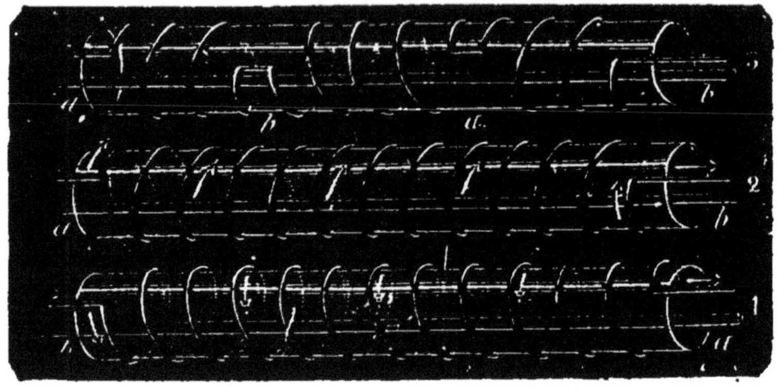

Fig. 178. — Hélices pour produire l'aimantation par le courant électrique.

Habituellement, comme l'effet est d'autant plus grand que le courant a une plus grande longueur en présence du barreau à aimanter on enroule un fil isolé en spires serrées sur un tube de verre.

Il est essentiel que l'enroulement du fil de la spirale soit très régulier; s'il change de sens, il se développera dans l'aiguille aimantée des *points conséquents*. Ainsi, dans la figure 178, 3, l'aimant formé aurait quatre pôles, dont deux aux points de rebroussement de l'hélice, et il serait bien moins fort qu'un même aimant n'ayant que ses deux pôles extrêmes.

On emploie un fil recouvert de soie pour que les spires soient isolées.

78. Aimantation du fer doux. — Si l'on met au centre de l'hélice traversée par un courant un barreau de fer doux, l'aimantation se manifeste avec énergie tout le temps que le courant passe dans l'hélice; elle cesse aussitôt que l'on ouvre le circuit.

On le prouve facilement : on place un barreau de fer doux dans une spirale de fil de cuivre où l'on fait passer un courant. On approche l'un des bouts du barreau de la limaille qui s'y attache en houppes comme à un aimant. On rompt le courant et aussitôt la limaille tombe.

On obtient ainsi avec le fer des aimants très puissants qui offrent le très grand avantage de pouvoir être faits et défaits instantanément; on leur donne le nom d'**électro-aimants.**

Les électro-aimants peuvent être droits, mais alors leurs pôles sont éloignés l'un de l'autre.

Comme on les fait d'ordinaire pour produire l'attraction d'une armature de fer doux, on leur donne de préférence la forme d'un fer à cheval. Sur les deux branches on enroule en bobines un certain nombre de spires de fil de cuivre recouvert de soie ou d'une enveloppe isolante. L'enroulement du fil est inverse sur les deux bobines; il faut qu'il en soit ainsi pour que si le barreau en fer à cheval était rendu droit l'enroulement soit du même sens sur toute sa longueur; alors il se développe des pôles contraires aux deux extrémités.

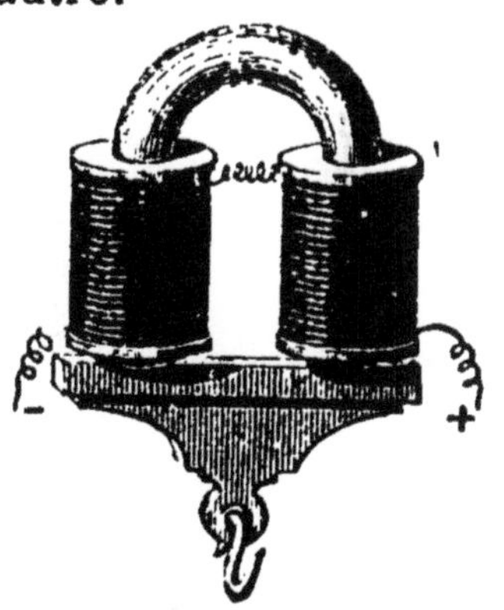

Fig. 179. — Électro-aimant en fer à cheval avec son armature.

On obtient ainsi par cette disposition les mêmes effets que si le barreau avait été en entier couvert par la spirale où l'on fait passer le courant. On sait que dans un aimant il n'y a pas de magnétisme libre au centre; on ne met donc des spires de fil qu'aux extrémités du noyau; et on les multiplie par la forme en bobine pour augmenter leur action. Aux deux pôles on présente une armature de fer (fig. 179).

On peut même supprimer l'arc de fer doux qui va d'une bobine à l'autre et le remplacer par une traverse en fer perpendiculaire aux deux branches (fig. 180); l'appareil tient ainsi moins de place et il a les mêmes propriétés.

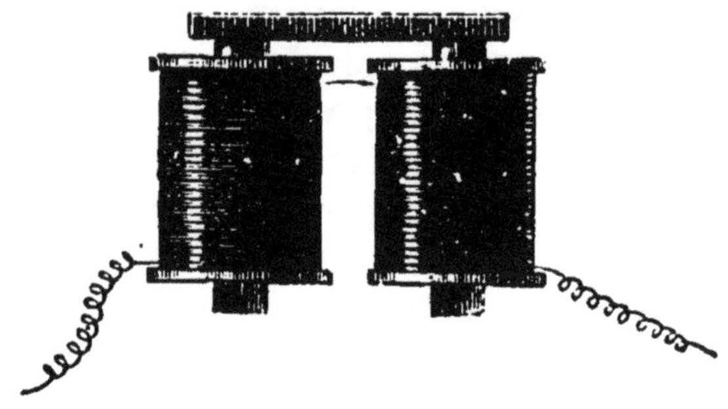

Fig. 180. — Forme commune des électro-aimants.

On a donc trois formes principales d'électro-aimants; mais ce ne sont pas les seules.

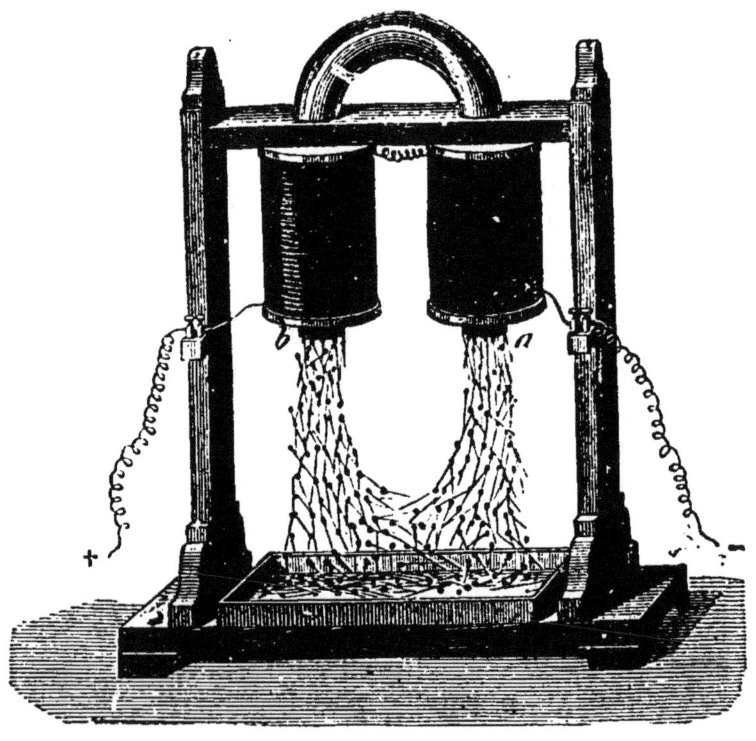

Fig. 181. — Attraction de pointes de fer par un fort électro-aimant.

Les électro-aimants avec de grosses bobines donnent des effets considérables, même avec des courants peu intenses : on fait supporter de grands poids à leur armature.

Au lieu d'y suspendre des poids, on peut supprimer l'armature et présenter à chaque pôle des pointes en fer; on les voit s'attirer les unes les autres et former des files analogues à celles des grains de limaille dans le spectre magnétique (fig. 181). Aussitôt qu'on interrompt le courant, toutes les pointes tombent.

Les électro-aimants sont des appareils très employés; ils peuvent donner des effets bien supérieurs à tous ceux qu'on obtient des aimants proprement dits; leurs applications reposent sur la possibilité de faire naître ou cesser à volonté leur puissance. Il faut pour cela que le noyau soit en fer parfaitement doux; autrement, s'il était un peu aciéré, il garderait en partie l'aimantation, et l'armature ne se détacherait pas du noyau quand cesserait le courant. On combat le *magnétisme rémanent* en collant sur les noyaux de fer doux une feuille de papier, mieux encore en munissant l'armature d'un ressort antagoniste qui ne l'empêche pas d'être attirée quand le courant passe dans les bobines, mais qui l'éloigne aussitôt que le courant cesse.

79. Sonnerie électrique. — Une des applications les plus simples et les plus répandues des électro-aimants c'est la *sonnerie électrique.* Elle se compose d'un électro-aimant devant les pôles duquel est placée une armature en fer doux terminée par un marteau M qui peut frapper sur un timbre T (fig. 182). L'armature est mobile autour de l'une de ses extrémités; au repos elle appuie contre un ressort R en communication avec l'une des bornes B, auxquelles on attache les fils de la pile. Des deux extrémités du fil de l'électro-aimant, l'une va directement à la borne A; l'autre communique à la base de l'armature, et par cette armature et le ressort contre lequel elle appuie, à la borne B.

Aussitôt qu'on attache les deux fils d'une pile aux bornes A et B, le courant passe dans l'électro-aimant;

en effet, le courant entrant par la borne B passe dans le ressort R, puis dans l'armature, puis dans les spires des bobines, et il retourne par A à la pile. Le circuit est donc fermé; l'électro-aimant attire son armature et le marteau frappe sur le timbre. Mais aussitôt que l'armature

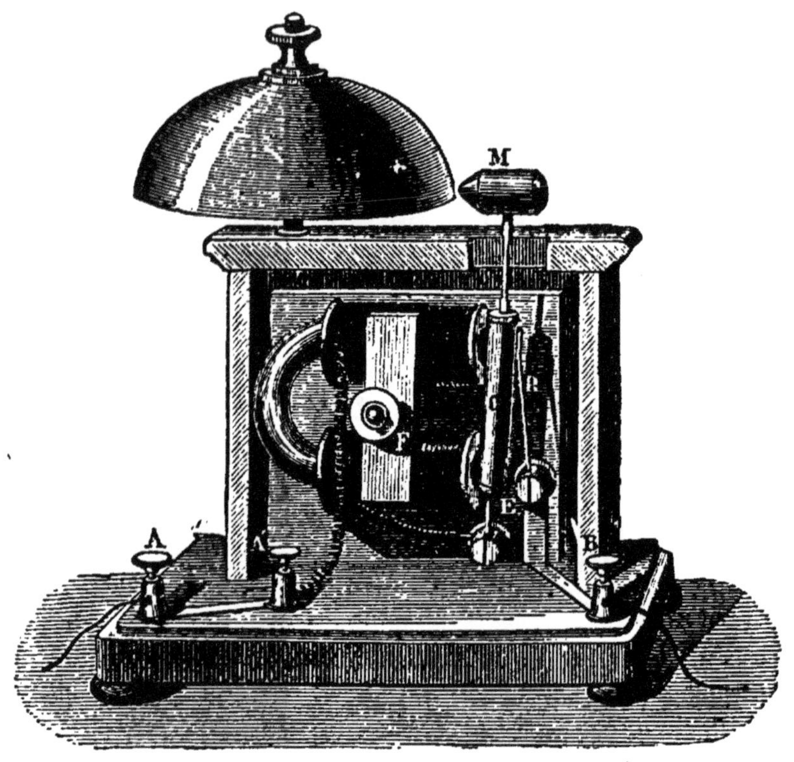

Fig. 182. — Sonnerie électrique.

a quitté le ressort R, le courant de la pile est interrompu; l'électro-aimant cesse d'être un aimant, l'armature n'est plus retenue contre les noyaux de fer doux; elle retombe et vient s'appuyer à nouveau contre le ressort R. Mais alors le courant repasse dans l'électro-aimant; l'armature frappe un second coup et le phénomène continue.

Ainsi, l'armature est une sorte de *trembleur* dont la fonction est de faire passer le courant et de l'empêcher de passer un grand nombre de fois dans un court espace de temps.

Le marteau frappe sur le timbre aussi longtemps que le courant de la pile reste en communication avec les deux bornes A et B. Quand on presse sur le bouton d'une sonnerie, on établit cette communication, qui cesse aussitôt qu'on cesse de presser sur le bouton.

Questionnaire.

Quelle est l'action qu'un courant électrique exerce sur l'aiguille aimantée? Comment répète-t-on l'expérience d'Œrsted? Comment Ampère a-t-il formulé tous les cas?

Comment peut-on aimanter une aiguille d'acier à l'aide du courant électrique? Peut-on d'avance indiquer les pôles de l'aimant?

Qu'arrive-t-il quand on aimante le fer? Qu'appelle-t-on électro-aimants? Quels sont les usages des électro-aimants?

Devoir.

Quelles sont les principales formes que l'on donne aux électro-aimants, et pourquoi les préfère-t-on souvent aux aimants?

CHAPITRE XV

TÉLÉGRAPHE ÉLECTRIQUE

80. Principe du télégraphe électrique. — Il y a longtemps que l'on a essayé de transmettre à distance des signaux, au moyen de l'électricité, même au temps où l'on ne connaissait encore que l'électricité de frottement. On avait proposé de tendre entre deux stations, 25 fils métalliques isolés, de faire communiquer l'extrémité de chacun avec un électroscope et de lancer dans l'un ou dans l'autre, la décharge d'une bouteille de Leyde. — C'était absolument impraticable de placer ainsi 25 fils entre deux points éloignés.

La découverte de la pile et celle de l'action du courant sur l'aiguille aimantée, avaient déjà simplifié le problème. On pouvait réunir deux stations par un circuit unique, comprenant une pile, mettre à la station de départ un commutateur permettant d'envoyer le courant dans un sens ou dans l'autre, à la station d'arrivée une aiguille aimantée. On conçoit qu'alors il ait été possible avec le commutateur de faire dévier l'aiguille, tantôt à droite, tantôt à gauche, et de combiner ces deux déviations pour former des signes correspondant aux lettres de l'alphabet. C'est le système qu'employait Wheatstone vers 1838.

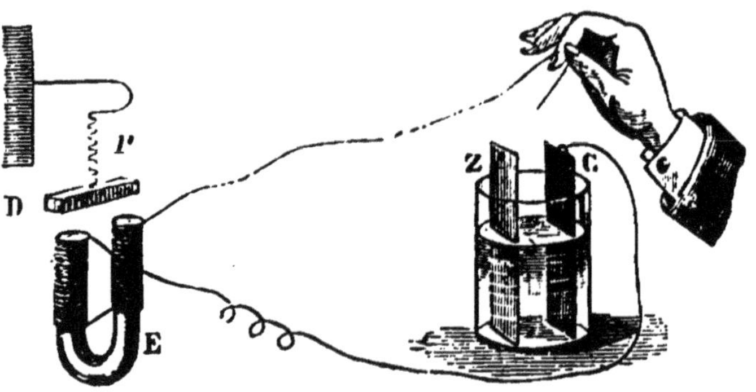

Fig. 183. — Expérience simple pour montrer le principe du télégraphe.

Au lieu de faire agir le courant sur une aiguille aimantée ou un multiplicateur, on peut lui faire actionner un électro-aimant : pendant le passage du courant, l'électro-aimant attirera son armature; aussitôt que le courant ne passera plus dans le circuit, l'armature cessera d'être attirée et elle sera ramenée dans sa position par un ressort : telle est le principe de l'appareil Morse, proposé par son auteur en 1838, et devenu en quelques années le plus repandu de tous les appareils télégraphiques.

La figure 183 indique un dispositif expérimental destiné à montrer sous une forme simple le principe de la télégraphie électrique dans ce qu'il a d'essentiel.

Un électro-aimant E est en rapport par deux fils avec une pile que nous supposerons pour plus de simplicité réduite à un élément zinc et cuivre. Au-dessus de l'électro aimant est suspendue par un faible ressort *r* une armature D en fer. Si l'on tient à la main l'un des bouts du fil dont l'autre est fixé à la pile, le courant ne passe pas; l'électro-aimant reste inactif. Mais à l'instant où l'on fait toucher le fil au zinc, le courant passe, le contact D est attiré. Aussitôt que le courant ne passe plus, le contact D est ramené par son ressort et quitte l'électro-aimant.

La pile et l'électro-aimant peuvent être à une grande distance, et quelle que soit cette distance, à l'instant où les deux fils de la pile vont se toucher, l'armature de l'électro-aimant sera attirée; elle restera contre l'électro aimant tout le temps que les fils de la pile seront réunis; elle s'éloignera à l'instant même où les deux fils seront séparés l'un de l'autre.

Mais avec cet appareil rudimentaire il faut deux fils entre les deux stations que l'on veut mettre en communication.

Dès 1837, Steinheil avait proposé une simplification en montrant que l'on pouvait relier les deux stations au moyen d'un seul fil, à condition de faire communiquer avec le sol les deux extrémités du circuit : elle est employée depuis cette époque dans tous les télégraphes.

Un télégraphe comprend toujours, à l'une des stations, une *pile* dont un pôle communique avec le sol et l'autre avec le *manipulateur* ou appareil à faire les signaux, à l'autre station un *récepteur* qui marque ou enregistre les signes transmis; entre les deux postes le *fil de ligne* dont une des extrémités part du manipulateur, et dont l'autre aboutit au récepteur.

La disposition du manipulateur et du récepteur varie beaucoup; mais l'installation générale reste la même.

Le *fil de ligne* est formé généralement de fil de fer galvanisé, c'est-à-dire recouvert de zinc pour éviter l'oxydation. Il est supporté de distance en distance par des crochets isolés dans des godets de porcelaine fixés à de solides poteaux de bois.

La *pile* doit être formée d'éléments qui présentent à la fois la constance et la durée : c'est généralement la pile de Callaud qui est aujourd'hui préférée.

81. Télégraphe Morse. — Nous décrirons d'abord le télégraphe Morse, bien qu'il n'imprime les signaux que par des points et des traits, c'est-à-dire par des signes conventionnels au lieu d'employer les lettres; nous le choisissons comme exemple parce que c'est un des plus simples et des plus faciles à comprendre.

Le **manipulateur** (fig. 184) est un levier de cuivre mobile autour d'un axe O où est attaché le fil de ligne; il

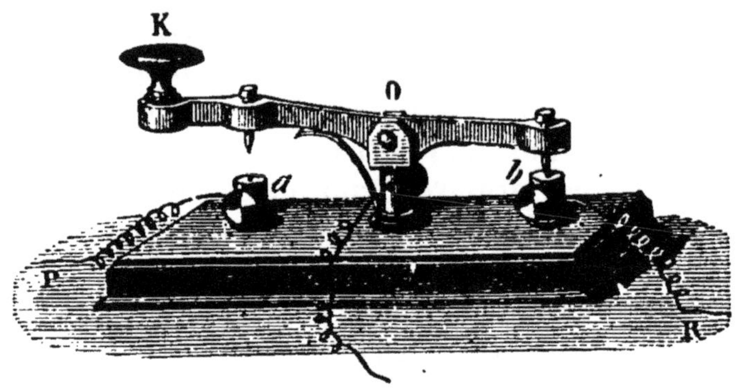

Fig. 184. — Manipulateur du télégraphe Morse.

porte en outre à une extrémité un bouton K et une pointe; puis à l'autre extrémité, une seconde pointe appuie sur une borne métallique *b* quand le levier est au repos. La borne *a*, placée en dessous de la première pointe, reçoit le courant de la pile.

Si on abaisse le levier de manière que sa pointe touche la borne *a*, le courant de la pile passe dans le fil de ligne qui le conduit au récepteur de la station avec laquelle on veut communiquer; de ce récepteur le courant va au sol et revient à la pile. On peut, en maintenant la main sur le bouton du levier plus ou moins de temps, envoyer dans le fil de ligne des courants de durée inégale, et cela suffit à obtenir les deux signes avec lesquels il est possible de correspondre.

Le **récepteur** comprend un électro-aimant, une armature portée à l'un des bouts d'un levier dont l'autre bout est une pointe mousse, un mouvement d'horlogerie qui fait dérouler une bande de papier un peu au-dessus de la pointe, une molette placée vis-à-vis de la pointe, au-dessus du papier, et qui tourne contre un tampon imprégné d'encre grasse. La figure 185 représente les diverses parties du récepteur où l'on voit les deux bobines de l'électro-aimant E, l'armature en levier BCB, le ressort D

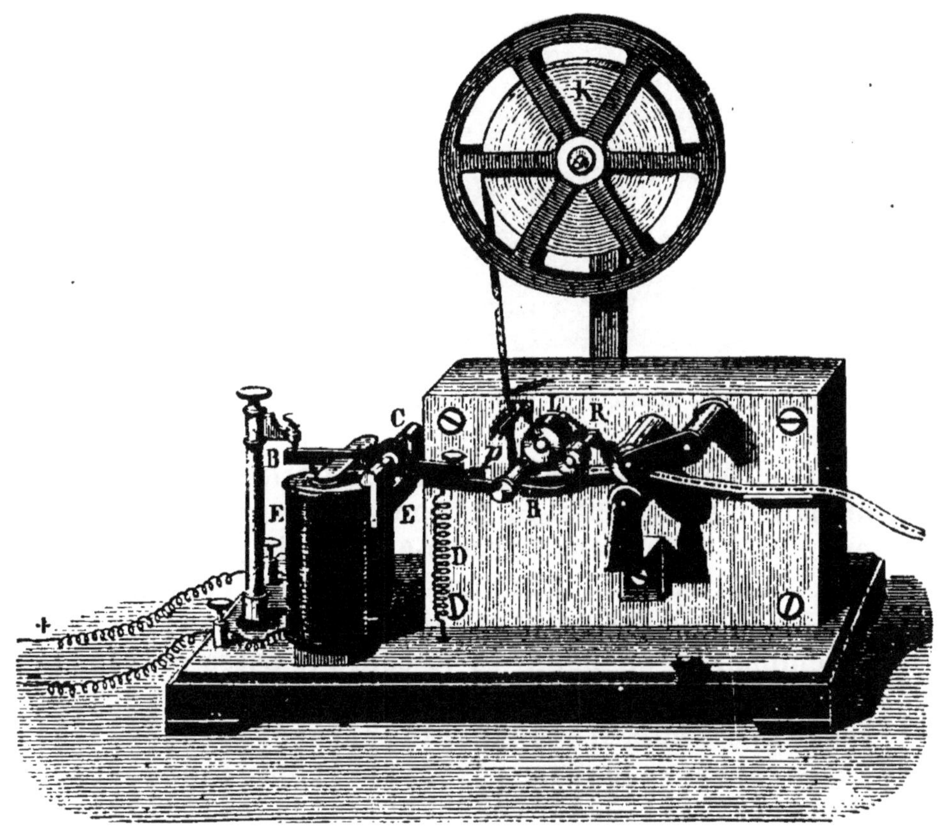

Fig 185. — Récepteur du télégraphe Morse.

qui ramène l'armature, la roue à papier K et la bande de papier passant entre les molettes qui la guident, la boîte contenant le mouvement d'horlogerie.

La figure 186 est une coupe théorique très simple pour montrer la manière dont fonctionne l'appareil. Quand le courant arrive dans l'électro-aimant, il attire l'armature A mobile autour du point O; le ressort *r* se trouve tendu ; l'extrémité V appuie le papier contre la molette *c*. Quand le courant ne passe plus, le ressort *r* ramène l'armature, et la pointe n'appuie plus contre le papier. Les deux vis *a* et *b* permettent de régler, avec la tension du ressort *r*, la course de l'armature.

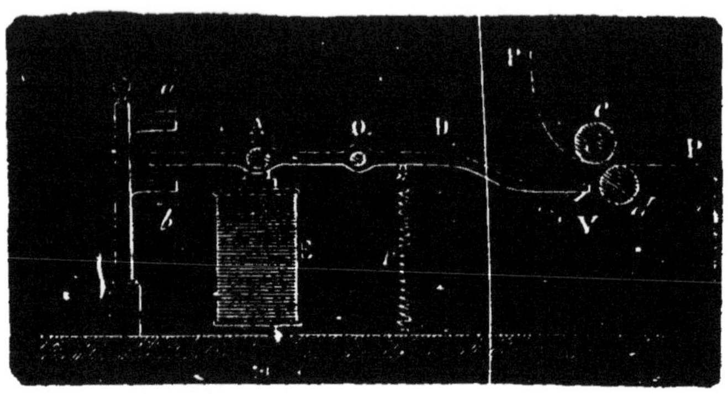

Fig. 186. — Figure théorique pour montrer le fonctionnement du récepteur Morse.

On met en marche le mouvement d'horlogerie, la bande de papier se déroule. Si le courant vient à passer un temps très court dans l'électro-aimant, la pointe se soulève, soulève avec elle la bande de papier, l'appuie contre la molette encrée et y fait marquer un trait court ressemblant à un point. Si le courant passe plus longtemps, le papier se déroulant pendant qu'il est pressé contre la molette, il y a un trait marqué.

Les signes sont donc des *points* et des *traits;* en les combinant, on a pu former l'alphabet et les chiffres.

En voici quelques exemples :

a	- —	n	— -
e	-	m	— —
i	- -	d	— - -
o	— — —	r	- — -
u	- - —	s	- - -
t	—	p	- — — -

Le mécanisme du télégraphe Morse est simple, la manœuvre assez facile à apprendre. On estime qu'une main exercée peut expédier par heure environ 400 mots de cinq lettres en moyenne.

82. Installation d'un poste complet. — Jusqu'ici nous ne nous sommes préoccupés que du dispositif nécessaire pour envoyer une dépêche d'une station A à une station B, et nous avons reconnu indispensable de mettre en A une pile et un manipulateur et en B un récepteur. Mais il faut pouvoir à n'importe quel poste, non seulement envoyer mais aussi recevoir des dépêches. Voici alors comment il faut organiser ces postes.

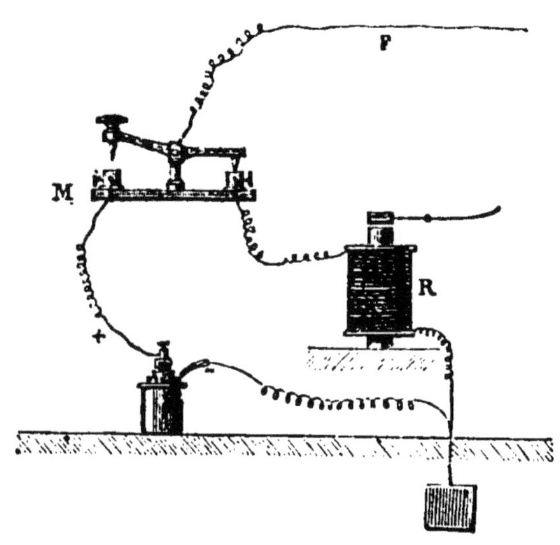

Fig. 187. — Installation d'un poste complet.

Dans chacun d'eux il y a une pile dont le pôle positif va au manipulateur et du centre de celui-ci au fil de ligne. Mais il y a aussi un récepteur dont un des fils communique à la troisième borne *b* du manipulateur tandis que l'autre fil va rejoindre le fil négatif de la pile pour aller avec lui au sol. La figure 187 indique cette disposition à l'aide de laquelle on peut envoyer et recevoir une dépêche par le même fil de ligne. En effet, s'il vient d'une station B éloignée, par le fil de ligne, de l'électricité, elle passe du centre du manipulateur dans la borne *b*, de là dans le récepteur puis au sol; le récepteur est actionné et il inscrit ses indications. Au contraire, quand on envoie une dépêche de la station A, on abaisse le manipulateur et le courant de la pile P va droit de la borne *a* au fil de ligne pour se rendre au récepteur de l'autre station et revenir par le sol.

Dans chaque poste est une sonnerie destinée à prévenir que l'autre poste désire communiquer.

Le télégraphe Morse est un appareil très simple, très solide, mais il ne se prête pas à une transmission rapide, il y faut en effet faire en moyenne trois signaux par lettre. Aussi a-t-on cherché à employer des systèmes donnant une lettre par chaque émission de courant : tel est le but du télégraphe imprimant de Hughes qui a le double avantage de permettre une transmission rapide et d'inscrire les dépêches en caractères ordinaires.

Le mécanisme de ce télégraphe est très compliqué et nous ne pouvons songer à le décrire ici.

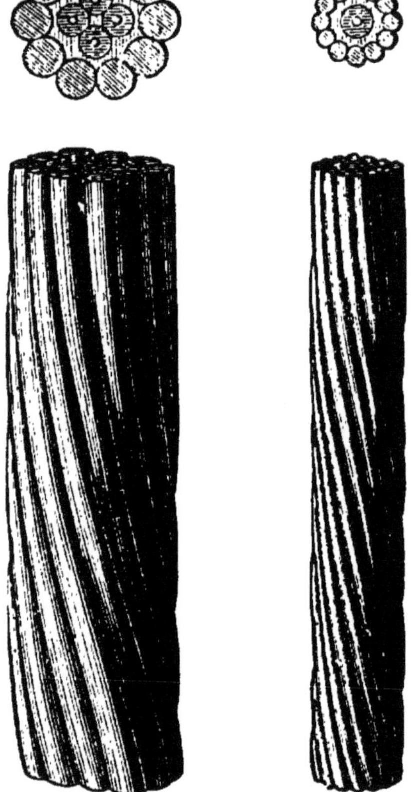

Fig. 188. — Modèles de câbles sous-marins.

83. Télégraphe sous-marin. — Lorsqu'il s'agit de relier deux continents par un fil posé dans la mer, on ne peut plus employer un simple fil comme dans les lignes aériennes, il faut avoir recours à des câbles solides. Ces câbles sont formés de trois parties (fig. 188) : au centre sont des fils de cuivre rouge tordus ensemble en un faisceau ou séparés sur toute leur longueur mais réunis à leurs extrémités de manière qu'ils soient tous à la fois traversés par le courant. Autour de ces fils est l'enveloppe isolante formée d'abord de couches de gutta-percha et d'enduit de résine, puis de cordes de chanvre goudronnées. Enfin extérieurement le cadre est protégé par des fils d'acier s'enroulant en hélice allongée et constituant une armature métallique. Un tel câble pèse plus de 600 kilogrammes par kilomètre.

La télégraphie sous-marine ne peut pas se faire par les mêmes appareils que la télégraphie aérienne. Le câble, à cause de sa constitution, forme un immense condensateur dont le fil de cuivre est l'armature interne et l'enveloppe protectrice de fer l'armature externe; par suite, lorsqu'on lance dans l'âme du câble un courant positif, il agit par influence sur les fils d'acier de l'armature protectrice qui se chargent d'électricité négative; il se développe dans le câble des contre-courants qui affaiblissent ou prolongent l'état électrique primitif. La transmission n'est pas instantanée, de plus le câble ne se décharge pas immédiatement.

Il a fallu remédier à ces divers inconvénients. On y parvient en lançant dans le câble, aussitôt après le courant qui doit produire le signal, un courant de sens contraire qui ramène le câble à l'état naturel et rend possible l'envoi d'un second signal peu après le premier. Mais alors il n'arrive plus à l'extrémité que des courants trop faibles pour faire agir les récepteurs ordinaires et il faut employer des récepteurs plus sensibles. Quoi qu'il en soit, le télégraphe sous-marin rend de très grands services puisqu'il permet la communication rapide entre tous les continents.

Questionnaire.

Que faut-il dans un poste A et dans un poste B pour qu'on puisse transmettre de A en B des signaux par l'électricité?

A quelle époque remonte l'invention du télégraphe électrique?

De quoi se compose le manipulateur du télégraphe Morse? En quoi consiste le récepteur? Comment sont imprimés les signaux?

Comme est le fil des lignes aériennes? Comment sont formés les câbles des lignes sous-marines?

Devoir.

Quels sont les appareils indispensables pour une ligne télégraphique?

CHAPITRE XVI

PHÉNOMÈNES D'INDUCTION

84. Courants induits. — Il est possible de produire des courants dans des conducteurs fermés qui ne contiennent pas de pile, en employant les actions extérieures de courants ou d'aimants. Qu'on prenne une bobine creuse recouverte d'un fil long et fin dont les deux extrémités sont reliées au fil d'un galvanomètre (le galvanomètre étant placé loin de la bobine), on a un circuit fermé qui ne contient pas de pile. Introduit-on dans la bobine brusquement un aimant? aussitôt l'aiguille du galvanomètre dévie, puis oscille pour revenir à sa première position, annonçant que le circuit fermé a été traversé par un courant électrique instantané.

Au lieu de l'aimant, introduit-on une bobine recouverte d'un fil, en communication avec les deux pôles d'une pile, le galvanomètre dévie également, et dans ce cas encore le circuit fermé a été traversé par un courant instantané.

Ces courants ainsi produits portent le nom de **courants induits** et leur production le nom de phénomène d'*induction*. Ils ont été entrevus par Ampère et étudiés par Faraday, en 1831.

La meilleure forme du circuit est celle d'une bobine sur laquelle le fil est enroulé un grand nombre de fois. Dans le cas où l'on emploie la pile et une petite bobine dont le fil est traversé par le courant de cette pile, la bobine est dite bobine *inductrice*. L'aimant est par lui-même une cause *inductrice*. L'autre bobine qui communique avec le galvanomètre est appelée bobine *induite*.

85. Induction par les courants. — Quand on approche du circuit fermé en rapport avec le galvanomètre, une bobine inductrice traversée par un courant, il y a production d'un courant induit; la déviation de l'aiguille du galvanomètre indique que la bobine induite est traversée par un courant de sens contraire à celui qui passe dans la bobine mobile, on le nomme l'*induit inverse*.

Pour faire l'expérience on dispose de deux bobines (fig. 189), l'une creuse recouverte d'un fil long et fin dont

Fig. 189. — Production des courants induits à l'aide d'un courant de pile.

on met les deux extrémités en communication avec les deux bornes d'un galvanomètre placé à quelque distance; l'autre à fil gros et court dont les deux bouts du fil communiquent à une pile. On prend la petite bobine à la main et on la plonge brusquement dans la cavité de la grande.

Il ne se produit rien quand les deux bobines restent en présence, l'aiguille du galvanomètre revient au repos. Éloigne-t-on brusquement la bobine mobile, l'aiguille indique un second courant induit de sens inverse au premier ou de même sens que le courant inducteur, c'est l'*induit direct*.

Ainsi tout mouvement du circuit inducteur, près du circuit induit, donne naissance à un courant d'induction.

Le courant induit est de sens contraire au courant inducteur ou *inverse* quand les deux circuits se *rapprochent;* il est de même sens ou *direct* quand les deux circuits s'éloignent.

b. On place les deux bobines l'une dans l'autre, sans que la petite communique encore avec la pile. On réunit la bobine centrale à la pile, autrement dit on y fait passer un courant, immédiatement le grand circuit est traversé par un courant *induit inverse.* Au contraire, si on fait cesser le courant inducteur en rompant la communication avec la pile, on constate un courant *induit direct.*

Ainsi un courant qui *commence* au sein d'un circuit fermé développe dans ce circuit un *induit inverse;* un courant qui finit développe un *induit direct.*

On peut réunir les résultats des expériences en un seul énoncé : *tout courant extérieur qui s'approche, commence ou augmente d'intensité*, près d'un circuit fermé, *développe* dans ce dernier *un courant induit inverse; tout courant qui s'éloigne, diminue ou cesse, provoque un courant induit direct.*

Fig. 190. — Production des courants induits par les aimants.

86. Induction par les aimants. — Si dans une bobine creuse dont le fil est relié à un galvanomètre, on introduit brusquement un aimant (fig. 190), il y a production d'un courant induit. Ce courant est *inverse* de celui de la bobine qu'il aurait fallu enrouler autour du morceau d'acier, pour en faire l'aimant employé. Retire-t-on brusquement l'aimant, il y a production d'un courant induit *direct.*

Les courants induits changent de sens, suivant qu'on enfonce dans la bobine, l'un ou l'autre des pôles de l'aimant; et on explique ce résultat, en assimilant l'aimant à un fil en spirale traversé par un courant.

Ainsi un aimant qui s'approche ou s'éloigne d'un circuit fermé, y développe un courant induit inverse ou direct.

L'expérience montre qu'un aimant, qui commence ou qui finit, est dans le même cas; de même un aimant dont on augmente ou dont on diminue la force d'aimantation.

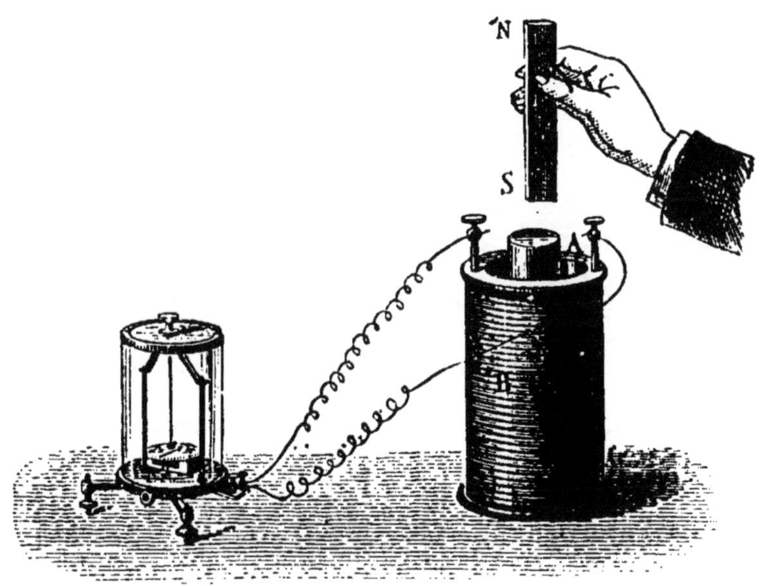

Fig. 191. — Production des courants induits par un morceau de fer doux que l'on aimante ou qui cesse d'être aimanté.

La bobine B (fig. 191), contient un cylindre de fer doux A; on approche de ce cylindre un aimant NS; le fer doux devient un aimant, il se produit dans la bobine un induit inverse. Si on éloigne l'aimant NS, l'induit direct se manifeste.

Dans ce cas particulier les induits changent de sens suivant que l'on présente au cylindre A soit le pôle nord soit le pôle sud.

Les aimants donnent donc des courants induits, comme les courants de pile et dans des conditions analogues.

87. Appareils fondés sur l'induction. — Les appareils qui produisent et utilisent les courants induits sont de deux sortes : ceux où l'induction est déterminée par un courant de pile fréquemment interrompu et ceux où les courants induits prennent naissance par l'action des aimants sur des circuits fermés. La **bobine de Ruhmkorff** est le type du premier groupe.

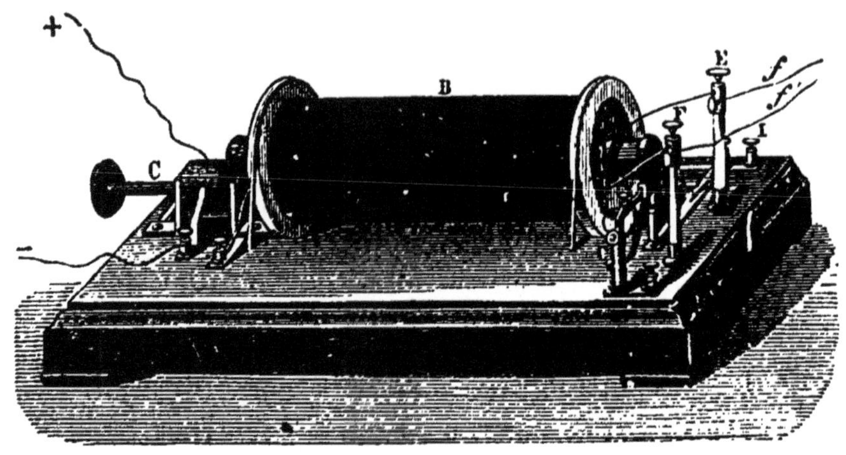

Fig. 192. — Vue d'ensemble d'une bobine de Ruhmkorff.

Elle se compose de deux bobines superposées, l'une, la bobine *inductrice*, est formée d'un fil assez gros enroulé sur un faisceau de fils de fer qui lui sert d'axe; elle est recouverte d'une enveloppe isolante. La seconde, qui constitue la bobine *induite*, est enroulée sur la première; elle est formée d'un très grand nombre de spires d'un fil long et fin dont les extrémités sont amenées dans deux supports isolés EF où l'on viendra prendre les courants induits produits (fig. 192).

Toutes les fois qu'on lance un courant dans la bobine centrale, il se produit un double phénomène : d'abord ce courant transforme en aimants les fils de fer du noyau; ces aimants, qui commencent avec le courant qui prend naissance dans l'inducteur, agissent avec lui pour déterminer un fort courant induit dans la bobine extérieure. Si, au contraire, on interrompt le courant inducteur, les aimants cessent d'être aimants, et il y a deux causes, la rupture du courant d'une part et la diminution d'aimantation d'autre part, pour déterminer dans la bobine induite un fort courant induit direct. Ces courants d'induction seront d'autant plus intenses que les spires de la bobine induite seront plus nombreuses et plus près de l'inducteur; c'est pourquoi l'on prend le fil induit si long et si fin; dans les grands appareils il mesure plus de trente kilomètres.

Il faut donc produire de fréquentes interruptions du courant inducteur et les réaliser automatiquement. L'appareil le plus simple, c'est l'interrupteur à marteau ou à trembleur construit pour ainsi dire comme celui d'une sonnerie électrique. L'extrémité du faisceau de fils de fer qui forme l'âme de la bobine centrale porte une pièce métallique. En avant de cette pièce se trouve l'armature ou marteau dont une extrémité est fixée sur un ressort et dont l'autre appuie au repos contre un support métallique où se rend l'un des fils de la pile, tandis que l'autre fil va directement à la bobine inductrice.

Les effets de la bobine sont comparables à ceux d'une batterie électrique : l'étincelle y est sinueuse et crépitante; elle peut détruire les corps mauvais conducteurs, enflammer les corps combustibles.

Pour produire l'étincelle, on termine les deux extrémités du fil induit par des tiges métalliques munies de boules que l'on approche peu à peu l'une de l'autre.

On a construit un modèle de bobine où l'étincelle atteint 75 centimètres de longueur; cette étincelle a tous les caractères apparents d'un petit éclair.

On peut avec une bobine un peu forte répéter toutes les expériences que l'on fait avec les batteries : destruction des corps métalliques en fil ou en lames minces, percement du verre, etc., il ne faut essayer les commotions qu'avec les petits modèles (avec les grands la commotion serait trop forte; elle serait même très dangereuse).

L'étincelle traverse le vide et aussi les gaz raréfiés;

elle prend alors la forme de stries alternativement très brillantes et presque dénuées d'éclat. On étudie les effets de l'électricité dans les gaz raréfiés à l'aide de *tubes* dits *de Geissler*, tubes de toutes formes, avec parfois une ou plusieurs enveloppes concentriques (fig. 193).

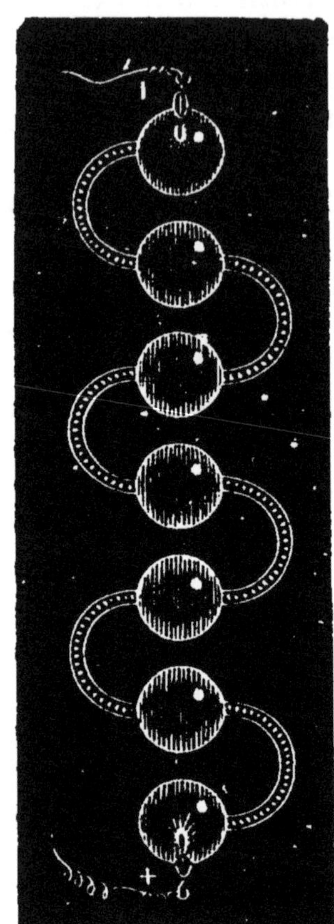

Fig. 193. — Tube de Geissler.

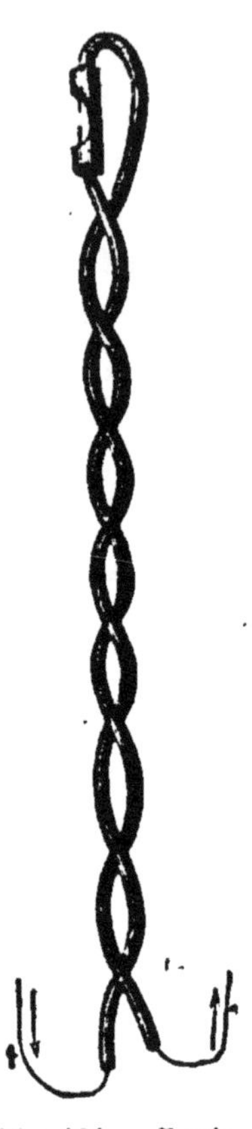

Fig. 194. — Fusée.

La bobine de Rhumkorff n'a pas beaucoup d'emplois en dehors des laboratoires. Cependant, elle sert utilement à l'inflammation des mines; dans ce cas on se sert de cartouches particulières dues à Statham, à l'intérieur desquelles se trouvent, en regard et très près, les deux fils qui viennent de la bobine et autour d'eux un corps très combustible (fig. 194). Quand on tourne le commutateur, la bobine marche, l'étincelle se produit à distance, met le feu à la fusée qui à son tour enflamme la poudre.

88. Machines magnéto-électriques. — La production continue des courants d'induction par les aimants a été réalisée dans des appareils auxquels on a donné le nom général de machines *magnéto-électriques*. Ces machines sont aujourd'hui très répandues; on en obtient de grandes quantités d'électricité, qu'on ne pourrait obtenir des piles qu'à grand'peine et avec des frais beaucoup plus considérables. Ce sont les sources auxquelles on s'adresse pour avoir l'électricité qui sert à la galvanoplastie et à l'éclairage; il importe d'en connaître le principe et d'en étudier au moins une.

La première a été imaginée par Pixii en 1833.

Un électro-aimant est fixé au haut d'une potence. En dessous de lui est placé un fort aimant en fer à cheval, monté pour pouvoir tourner devant les noyaux de fer doux de l'électro-aimant et mis en rotation par une manivelle et une série d'engrenages.

Quand l'aimant est en croix avec l'électro-aimant, les deux noyaux de fer doux de celui-ci ne sont pas aimantés. Si l'on fait tourner brusquement l'aimant d'un quart de tour, chacun de ses pôles aimante le noyau de fer dont il s'approche, et la spirale de fil qui enveloppe ce noyau est traversée par un courant d'induction. Il en est de même dans le second quart de tour de l'aimant. On peut donc recueillir dans les deux extrémités du fil de l'électro-aimant une succession de courants induits alternativement de sens contraire, que l'on pourra utiliser tels, ou bien après les avoir rendus tous de même sens par un commutateur.

Tel est le principe de cette première machine à la quelle on a renoncé à cause de la difficulté de manœuvrer un fort aimant, mais qui mérite néanmoins d'être citée car elle a servi de point de départ aux autres.

Dans ces machines magnéto et dynamo-électriques, l'origine première de l'électricité réside dans le travail mécanique qu'il faut dépenser pour mettre la machine en mouvement; c'est donc une dépense de travail qui se transforme et se retrouve en électricité.

Lorsqu'on produit l'électricité par les piles on dépense du zinc dans chaque élément; quand on la produit avec les machines précédentes, on emprunte le mouvement à une machine à vapeur, et c'est une quantité donnée de charbon qu'on dépense; aussi l'électricité revient à meil leur marché dans les machines que dans les piles, et l'éclairage électrique n'a été économiquement possible qu'avec ces nouvelles sources d'électricité.

Questionnaire.

Dans quelles conditions le courant d'une pile peut-il produire des courants instantanés dans un circuit voisin ?

Qu'appelle-t-on circuit inducteur ? Quelles sont les propriétés des courants induits ?

Comment produit-on des courants induits à l'aide des aimants ?

Comment classe-t-on les appareils qui produisent des courants induits ?

Pourquoi l'électricité est-elle moins coûteuse avec les machines magnéto-électriques qu'avec les piles ?

CHAPITRE XVII

TÉLÉPHONE

80. Téléphone Bell. — On donne le nom de *téléphones* à des appareils destinés à transmettre la parole à distance comme on transmet des signaux par l'électricité. Bien que le téléphone ne date que de 1876, il en existe déjà beaucoup de systèmes qui peuvent se ramener à deux types : les *téléphones magnétiques sans pile* où le transmetteur et le récepteur sont identiques, et les *téléphones à pile* où le récepteur diffère notablement du transmetteur.

Le *téléphone de Graham Bell* est le type des téléphones sans pile.

Une lame mince et circulaire de fer, serrée par les bords, forme le fond d'une embouchure devant laquelle on parle. Perpendiculairement à la lame et tout près d'elle est un aimant NS (fig. 195) entouré à un bout d'une bobine de fil de cuivre; les deux extrémités de cette bobine sont reliées à deux bornes portées par un manche de bois, qui sert à prendre l'appareil à la main pour diriger l'embouchure devant la bouche ou contre l'oreille, suivant que l'on veut parler ou écouter. Un premier appareil qui sert de transmetteur est relié par deux fils SS longs à un second tout semblable qui est le récepteur. Une personne parle devant le premier; une autre écoute à l'aide du second.

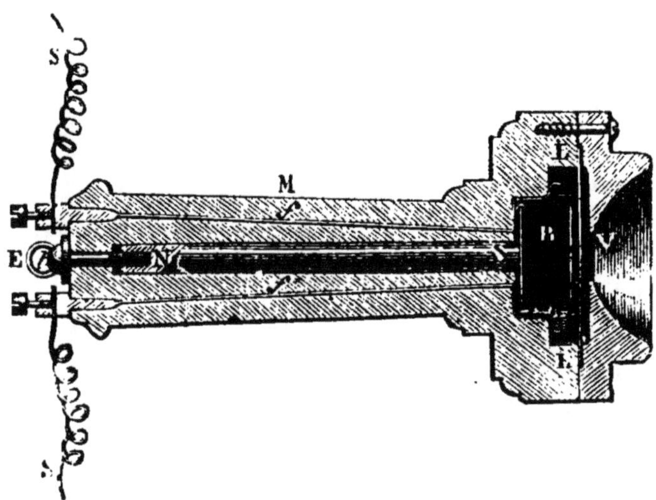

Fig. 195. — Coupe du téléphone Bell.

Lorsqu'on parle à voix distincte devant l'embouchure, les sons formés par la parole font vibrer la lame, chaque vibration détermine un changement dans le magnétisme de l'aimant, et ces modifications de l'aimantation engendrent des courants induits dans la bobine. Ces courants vont au second instrument modifier de la même manière le magnétisme de l'aimant, et de ces modifications résultent pour la seconde lame des vibrations analogues, et des sons semblables à ceux qui ont agité la première. La parole se trouve ainsi transmise.

L'installation de deux postes comprend deux appareils identiques placés l'un à la station de départ, l'autre à la station d'arrivée. Ils sont réunis par deux fils formant un double circuit, à la rigueur on pourrait se contenter d'un seul fil de ligne en remplaçant le second fil par la terre, comme on le fait pour les télégraphes, mais il vaut mieux employer deux fils.

Le téléphone Bell n'est plus employé actuellement que comme appareil récepteur.

90. Téléphone à pile. — Le *téléphone d'Édison* transmet les sons avec plus d'intensité. La lame vibrante est la même; elle appuie par l'intermédiaire d'un petit cylindre de fer A contre un cylindre de charbon C, traversé par le courant d'une pile, dont les fils vont à un téléphone récepteur à aimant (fig. 196). Les vibrations de la lame font varier la résistance du cylindre de charbon, elles amènent des changements d'intensité du courant et par suite des modifications dans l'aimantation de l'aimant placé devant la seconde membrane de fer, et celle-ci reproduit des vibrations analogues à celles de la première. Les mouvements de la lame vibrante devant laquelle on parle ne sont donc employés qu'à faire varier la résistance du courant qui traverse le charbon; aussi peut-on obtenir dans cet appareil des effets plus puissants que dans le précédent.

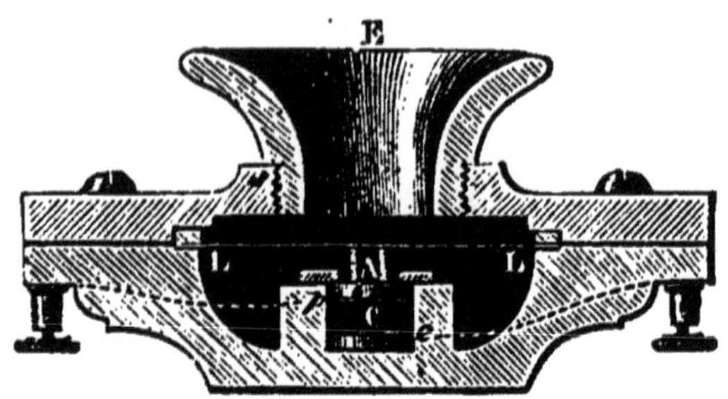

Fig. 196. — Coupe du transmetteur Édison.

91. Téléphone Ader. — Le téléphone Ader qui est presque exclusivement employé en France se compose d'un transmetteur et d'un récepteur très différents l'un de l'autre.

Le *récepteur* est un téléphone magnétique analogue à celui de Bell, mais dont l'aimant est en forme d'anneau circulaire et vient présenter ses deux pôles près de la plaque vibrante. La bobine est double et les deux extrémités du fil vont au double fil de ligne ou bien l'une à la terre et l'autre au fil de ligne.

Le *transmetteur* a pour organe principal un microphone dont il nous faut indiquer le principe.

On a appelé *microphone* un appareil destiné à amplifier des sons très faibles dans un circuit téléphonique. Le plus simple est celui de *d'Hughes :* c'est une baguette de charbon taillée en pointe à ses deux bouts et appuyée contre deux petits blocs de charbon A et B supportés eux-mêmes par une petite planchette D, qui est posée verticalement sur une autre (fig. 197). Le courant d'une pile vient dans les deux petits blocs et de là à un téléphone ordinaire à aimant.

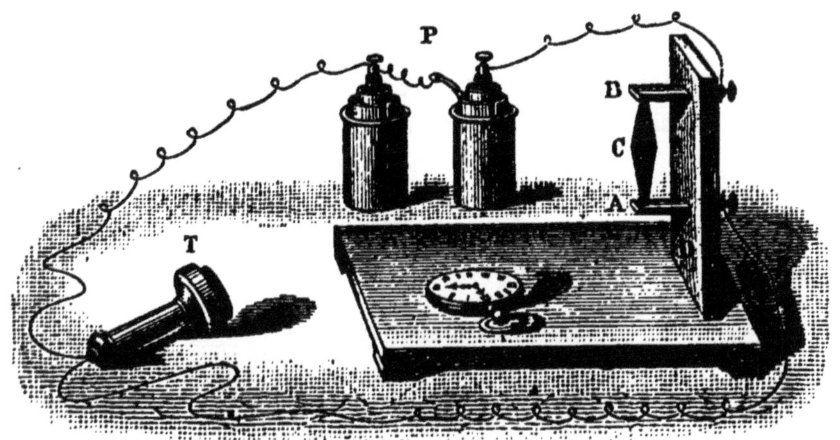

Fig. 197. — Manière de monter le microphone.

Si l'on place une montre sur la tablette de l'appareil et qu'on tienne le téléphone contre l'oreille, on entend très bien le tic-tac de la montre. On peut même rendre perceptibles au téléphone les pas d'une mouche enfermée dans une petite boîte que l'on pose sur la tablette.

On pense que les sons de la montre, transmis à la baguette de charbon, la font osciller sur son support où elle n'est que posée; les mouvements de la baguette changent la résistance du courant, et celui-ci modifie successivement l'aimantation de l'aimant du téléphone, dès lors la membrane du téléphone vibre et reprodui les sons.

Sous cette forme simple le microphone est sans emploi

pour la transmission de la parole à distance; mais son principe est utilisé dans la plupart des transmetteurs téléphoniques et notamment dans celui d'Ader.

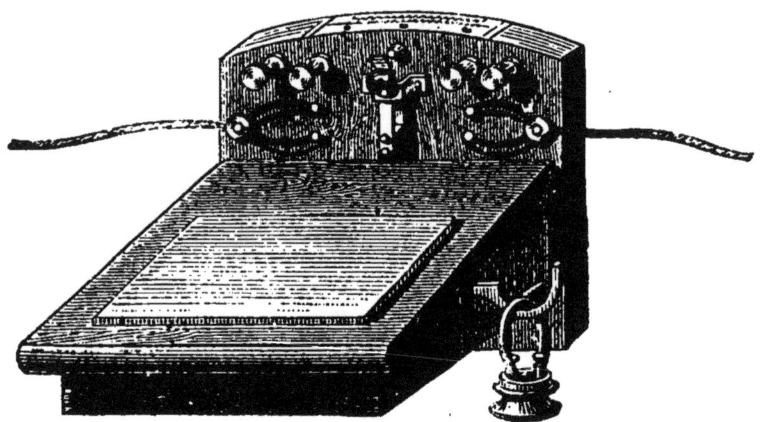

Fig. 198 — Vue extérieure du transmetteur Ader.

Le *transmetteur Ader* a extérieurement la forme d'un pupitre (fig. 198), le dessus est une planchette de sapin

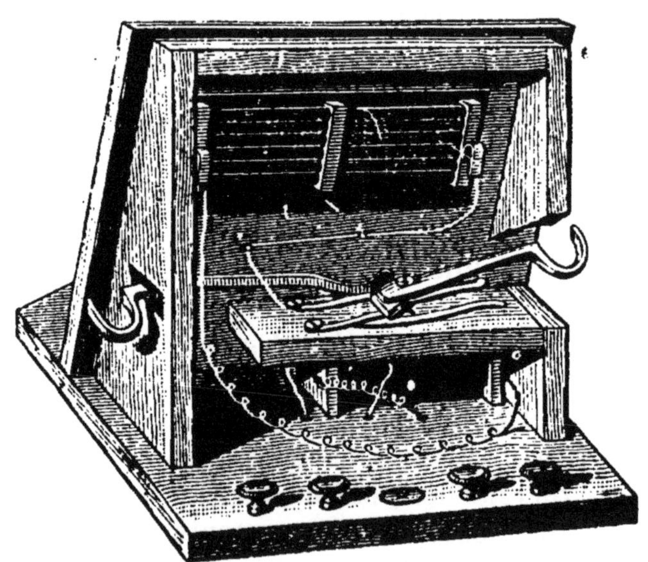

Fig. 199. — Intérieur du transmetteur Ader.

près de laquelle on parle. A la face inférieure de cette planchette est un microphone multiple (fig. 199) constitué par douze charbons disposés comme une sorte de grille. Le courant communique aux deux bouts de cette grille; et lorsqu'on parle devant la petite planchette qui recouvre les charbons, les vibrations imprimées à ceux ci modifient la résistance des points de contact, par suite l'intensité du courant, et donnent naissance à des effets téléphoniques dans le récepteur.

92. Installation d'un téléphone. — Chaquè poste comprend un *transmetteur* avec sa pile locale, deux récepteurs accrochés aux deux côtés du petit pupitre transmetteur et une sonnerie. Celle-ci est placée en dérivation sur un fil spécial dans le circuit. Quand on presse le bouton de la sonnerie à la station de départ, on lance le courant dérivé dans la sonnerie de la station d'arrivée; mais cette dernière sonnerie cesse de se faire entendre aussitôt qu'on a décroché les récepteurs pour les porter à son oreille et que les crochets qui les suspendaient ont pu se relever et ne plus fermer le courant dérivé. Ainsi, quand on veut communiquer d'une station A à une station B reliées entre elles, on presse le bouton de A et l'on met les deux récepteurs à ses oreilles. La sonnerie de B fonctionne jusqu'à ce que la personne qui est en B décroche ses récepteurs; la communication verbale peut alors s'établir.

Dans les villes où est établi un réseau téléphonique, chaque abonné est en communication avec le bureau central qui se charge alors d'établir directement toutes les communications d'abonné à abonné qui lui sont demandées. Ainsi supposons que l'abonné 10 veuille correspondre avec l'abonné 27, il presse le bouton de sa sonnerie tout en laissant les récepteurs en place; il produit ainsi au bureau central un signal qui découvre son numéro. L'employé du bureau central accroche alors son récepteur au fil de ligne de l'abonné, lui renvoie un appel de sonnerie et attend ses ordres. Aussitôt qu'on lui a indiqué le numéro du correspondant avec lequel on veut communiquer il envoie un appel à ce dernier, puis il établit la communication directe entre les deux abonnés qui peuvent alors correspondre.

Ces communications verbales sont extrêmement commodes; aussi l'usage s'en répand de jour en jour.

Questionnaire.

Comment est construit le téléphone de Graham Bell? Comment faut-il disposer les deux instruments pour correspondre entre deux salles séparées?

De quoi se compose un microphone? Comment doit-on le monter pour qu'il augmente les effets du téléphone?

Comment est construit le récepteur Ader? De quoi est composé le transmetteur?

Devoir.

Indiquer les avantages du téléphone et les comparer avec ceux du télégraphe.

TROISIÈME ANNÉE

TROISIÈME ANNÉE

CHAPITRE PREMIER

LE MOUVEMENT

1. Le mouvement. — L'observation journalière nous montre que les corps à la surface de la terre n'occupent pas toujours la même place, qu'ils changent ou peuvent changer de position les uns par rapport aux autres. Un corps qui change ainsi de place est dit en mouvement. Le **mouvement** est donc l'état d'un corps qui se transporte d'un point à un autre de l'espace.

On reconnaît qu'un point matériel est en mouvement quand sa distance à d'autres points supposés fixes, n'est pas invariable. Pour fixer la position d'un point, on ne se contente pas de chercher sa distance à deux points fixes; on préfère souvent la rapporter à deux axes rectangulaires qui contiennent le point dans leur plan, ou même à trois plans perpendiculaires; le point considéré est alors bien déterminé, et il est facile de s'assurer que sa position est ou n'est pas invariable.

2. Le mouvement est absolu ou relatif. — Si les points de repère auxquels on rapporte le mouvement d'un corps ou d'un point sont rigoureusement fixes, le mouvement du point ou du corps est un **mouvement absolu.** Si au contraire, les différentes positions du corps qui se déplace, sont rapportées à des lignes ou à des points qui se transportent eux-mêmes dans l'espace, le mouvement du corps est un **mouvement relatif.**

A la surface de la terre, nous ne pouvons observer

que des mouvements relatifs, puisque tous nos points de repère participent au mouvement du globe. Nous nous croyons immobiles et nous attribuons aux astres un mouvement inverse de celui qui nous anime; comme un observateur placé dans un wagon en marche, croit voir les objets immobiles, arbres et maisons, fuir en sens inverse du train.

3. **Le repos.** — Un corps est en **repos absolu** s'il conserve toujours la même place dans l'espace : telles paraissent être les étoiles que les astronomes ont prises comme points de repère pour reconnaître la position des astres qui se déplacent.

A la surface de la terre, les corps qui conservent toujours la même position, les uns par rapport aux autres, ou relativement à une personne qui les observe, sont en **repos relatif.**

4. **L'inertie.** — Un corps ne se met jamais en mouvement de lui-même; s'il passe de l'état de repos à l'état de mouvement, c'est qu'une cause, étrangère à lui, est venue agir sur lui. Lorsqu'un corps est en mouvement, il est impuissant également à modifier de lui-même le mouvement qu'il possède; il doit donc marcher jusqu'à ce qu'une cause extérieure ait modifié ou arrêté son mouvement. C'est dans ce double fait, énoncé pour la première fois par Képler, que consiste l'**inertie** de la matière, autrement dit l'impossibilité pour la matière de modifier l'état de repos ou de mouvement qu'elle possède.

Si l'on voit un corps d'abord au repos commencer à se déplacer, ou s'arrêter quand il est en marche, ou changer la régularité de son mouvement, on dit qu'il est soumis à l'action d'une *force*. On appelle donc **force** toute cause capable de produire le mouvement d'un corps, de l'arrêter ou d'en modifier la nature.

Que les corps ne puissent pas eux-mêmes sortir du repos pour se mettre en mouvement, tout le monde l'admet parce que l'expérience de chaque jour le démontre; il faut une force pour faire mouvoir n'importe quel corps. Mais on admet moins facilement au premier abord que tout corps en mouvement doit garder ce mouvement jusqu'à ce qu'une cause extérieure à lui le modifie et l'arrête. On voit, en effet, presque tous les corps en mouvement s'arrêter au bout d'un certain temps. La roue du tour à laquelle on imprime un rapide mouvement de rotation et qu'on abandonne, tourne bien quelque temps, mais elle finit par s'arrêter sans qu'on la touche. La boule qu'on lance sur un terrain uni roule plus ou moins loin, puis elle s'arrête sans avoir rencontré d'obstacles apparents. Mais une observation plus attentive va nous montrer que si les corps en mouvement tendent à s'arrêter, c'est que des frottements et la résistance de l'air tendent sans cesse à diminuer le mouvement et finissent par l'annuler. En effet, si au lieu de lancer la boule sur un sol peu uni, on la lance successivement, avec une force égale, sur un sol sans aspérités, sur un pavé lisse, sur un plan de marbre, elle ira de plus en plus loin à mesure qu'elle roulera sur une surface plus polie. On conçoit donc bien que si l'on pouvait supprimer d'une manière complète le frottement de la boule contre le plan, cette boule marcherait indéfiniment

L'inertie de la matière explique un certain nombre de faits. Lorsqu'un cheval monté par un cavalier et lancé à grande vitesse s'arrête brusquement, le cavalier peut être projeté en avant; en effet, le cavalier participait au mouvement du cheval; au moment de l'arrêt brusque de celui-ci, si le cavalier n'a pas pu modifier ou contrarier la vitesse qu'il possédait, il est projeté au-dessus de la tête de l'animal. Lorsqu'on saute d'une voiture en mouvement, on peut, si l'on n'y prend garde, être précipité par terre dans le sens de la marche. C'est qu'en effet, lorsqu'on touche le sol, la vitesse du pied se trouve annulée tandis que les parties supérieures du corps conservent la vitesse qu'elles tenaient de la voiture et sont emportées en avant. On évite cet accident en se penchant, au moment où l'on quitte la voiture, en sens inverse de la marche de celle-ci. Quand la locomotive d'un train va choquer contre un obstacle qui l'arrête, les voitures qui la suivent continuent leur marche en vertu de la vitesse qu'elles possèdent; elles montent les unes sur les autres, et c'est là ce qui rend si désastreux les accidents de chemin de fer.

5. **Mouvement uniforme.** — Un corps qui se meut parcourt un chemin plus ou moins long, dans un temps plus ou moins court. La ligne que suit un point en se déplaçant se nomme sa **trajectoire**; elle peut être une ligne droite ou une ligne courbe, les mouvements ont donc une direction *rectiligne* ou *curviligne*.

Au point de vue des espaces parcourus et du temps employé à les parcourir, le mouvement peut être **uniforme** ou **varié**.

Le mouvement est **uniforme** quand les espaces parcourus dans des temps égaux sont égaux, en d'autres termes quand les espaces sont proportionnels aux temps; en sorte qu'on connaîtra l'espace parcouru dans un temps donné en multipliant le chemin parcouru en une seconde par le nombre de secondes.

Cet espace parcouru dans une seconde se nomme la **vitesse** du mouvement uniforme; à moins d'indications particulières, on prend la seconde comme unité de temps. C'est ainsi qu'on dit que la vitesse de propagation du son est de 340 mètres et celle de la lumière de 280,000 kilomètres, pour exprimer les distances parcourues en une seconde par le son et la lumière.

Il est très facile de trouver l'espace parcouru par un corps qui se meut d'un mouvement uniforme pendant un temps donné, si l'on connaît la vitesse. Ainsi le son parcourt 340 mètres par seconde, en 20 secondes un son aura parcouru un espace e égal à

$$e = 340 \times 20 = 6800 \text{ mètres.}$$

Si v est la vitesse, t le nombre de secondes,

$$e = vt$$

telle est la formule qui lie entre elles les trois quantités, l'espace, le temps et la vitesse.

Pour $t = 1$ $\qquad e = v,$

ce qui indique bien que la vitesse est l'espace parcouru pendant l'unité de temps.

6. **Mouvement varié.** — Dans le mouvement varié, le corps parcourt des espaces inégaux dans des temps égaux, c'est le cas d'une pierre qui tombe. ou d'un train de chemin de fer qui ralentit sa marche et va s'arrêter.

On ne peut plus dire que la vitesse du corps est l'espace qu'il parcourt dans l'unité de temps, puisque cet espace change d'une seconde à la suivante. On peut bien encore définir la **vitesse moyenne** du corps, c'est-à-dire la vitesse dont il faudrait supposer le corps animé, pour qu'en marchant d'un mouvement uniforme, il fasse, dans le même temps, le même chemin que celui qu'il fait réellement. Ainsi un corps a parcouru 10 mètres dans la première seconde, 15 dans la deuxième, 18 dans la troisième, 20 dans la quatrième, son mouvement est varié; l'espace total est 63 mètres, le temps employé est 4 secondes; un autre corps partant en même temps que le premier et marchant d'un mouvement uniforme, aurait dû parcourir $\frac{63}{4}$ ou $15^{m},75$ par seconde pour arriver au même moment; ces $15^{m},75$ représentent la *vitesse moyenne* du premier mobile. On voit de suite par cet exemple que la vitesse moyenne ne donne pas une juste idée du mouvement réel du corps.

Puisque la vitesse, dans le mouvement varié, change à chaque instant, il faut pouvoir indiquer la vitesse pour un instant précis et définir la *vitesse à un moment donné*.

D'une manière générale, la *vitesse à un moment donné* dans le mouvement varié, c'est l'espace que le corps parcourrait dans l'unité de temps qui suit, si, à partir de l'instant considéré, le mouvement du corps cessait de s'accélérer ou de se ralentir. Ainsi, dire que la vitesse d'un mobile, après cinq secondes, est de 40 mètres, c'est dire que si le mouvement devenait uniforme après cinq secondes, avec la vitesse qu'il possède à cet instant, le corps parcourrait 40 mètres dans la seconde suivante.

7. Mouvement uniformément varié. — Parmi les mouvements variés qui diffèrent les uns des autres par les variations de la vitesse, il en est un qu'il faut étudier spécialement : c'est celui dans lequel la vitesse s'accroît de quantités égales dans des temps égaux; on l'appelle le mouvement **uniformément varié.**

La quantité constante dont la vitesse augmente à chaque unité de temps, porte le nom d'**accélération**.

Si on représente l'accélération par γ, que le corps parte du repos, d'après la définition précédente, la vitesse sera γ au bout du temps 1, 2γ au bout du temps 2; 3γ au bout du temps 3....., γt au bout du temps t.

On aura donc en général, en appelant v la vitesse,

$$v = \gamma t.$$

Cette expression est la définition même du mouvement uniformément varié, dans lequel *la vitesse croît proportionnellement au temps.*

Nous verrons que les corps prennent en tombant librement un mouvement uniformément accéléré et que *les espaces parcourus sont proportionnels aux carrés du temps.*

Exercices.

47. Un corps qui se meut d'un mouvement uniforme avec une vitesse de 0,60 par seconde, a marché pendant 3 heures 15′ 20″, quel chemin a-t-il parcouru?

48. Un point de la terre pris sur l'équateur parcourt 40,000 kilomètres en 24 heures, trouver sa vitesse.

Questionnaire.

Comment reconnaît-on qu'un corps est en mouvement?
Citer des exemples de mouvement relatif et de repos relatif.
En quoi consiste l'inertie?
Quel est le caractère du mouvement uniforme?
Comment y définit-on la vitesse?
Peut-on définir la vitesse dans le mouvement varié? Qu'est-ce que la vitesse moyenne? La vitesse à un moment donné?
Qu'est-ce que l'accélération dans le mouvement uniformément varié?

Devoir.

Quels sont les exemples les plus communs et les plus frappants qui prouvent qu'un corps en mouvement ne perd pas de lui-même le mouvement qu'il possède?

CHAPITRE II

LES LOIS DE LA CHUTE DES CORPS. — LE PENDULE

8. **Lois de la chute des corps.** — L'observation de la chute directe d'un corps est difficile à faire exactement pendant un certain nombre de secondes à cause de la rapidité de la chute et de la grandeur des espaces parcourus; un corps parcourt en effet près de 5 mètres pendant la première seconde, près de 20 mètres en deux secondes. Il faut donc user d'artifices si l'on veut pouvoir étudier commodément l'action de la pesanteur; il faut retarder la chute des corps pesants sans changer la nature du mouvement qui leur est imprimé. C'est ce qu'a fait Galilée : il faisait tomber un corps le long d'un plan incliné; l'espace parcouru sur un tel plan dans un temps donné, est d'autant plus petit que le plan est plus près d'être horizontal, et il conserve un rapport constant avec la hauteur dont tomberait le corps dans le même temps en chute libre.

Voici les deux lois constatées; l'une concerne l'espace parcouru, l'autre la vitesse :

1° *Les espaces parcourus par un corps qui tombe sont proportionnels aux carrés des temps ;*

2° *La vitesse est proportionnelle au temps.*

L'expérience apprend qu'un corps en tombant parcourt 4m,90 pendant la première seconde. D'après la première loi, un corps parcouru en tombant pendant

2″	$2^2 \times 4{,}90$ ou $4 \times 4{,}90 = 19^m{,}60$
3″	$3^2 \times 4{,}90$ ou $9 \times 4{,}90 = 44^m{,}10$
4″	$4^2 \times 4{,}90$ ou $16 \times 4{,}90 = 70^m{,}40$
t''	$t^2 \times 4{,}90.$

On peut ainsi calculer l'espace parcouru par un corps qui tombe quand on connaît le temps de sa chute.

La vitesse après une seconde, c'est l'espace que le corps pourrait parcourir dans la deuxième seconde, d'un mouvement uniforme, si la pesanteur cessait d'agir sur lui. L'expérience prouve que cette vitesse est de 9m,80. La seconde loi de la chute des corps indique que la vitesse acquise après 2,3... t secondes est égale à 2,3... t fois 9m,80.

Ce nombre 9m,80 qui représente l'accroissement de la vitesse à chaque seconde, s'appelle l'*accélération* due à la pesanteur.

Un corps qui tombe pendant 6″ acquiert une vitesse de

$$6 \times 9{,}80 = 58^m{,}80$$

il est capable de parcourir dans la septième seconde 58m,80 si la pesanteur cesse d'agir sur lui.

Si on désigne par e l'espace parcouru, par g l'accélération, par v la vitesse, par t le nombre de secondes, les lois de la chute des corps sont alors représentées par les deux formules :

$$e = g\frac{t^2}{2},$$

$$v = gt,$$

dont on tire en éliminant t :

$$v = \sqrt{2ge}.$$

La vitesse acquise après la première seconde, ou l'accélération. est le double de l'espace parcouru, c'est en effet ce que l'on tire de la formule de l'espace quand on y fait le temps égal à 1 :

$$e = g\frac{t^2}{2}$$

pour $t = 1'', e = \frac{g}{2}$ ou $g = 2e.$

Exercice. — Un corps tombe d'une hauteur de 433m,6, combien de temps a duré sa chute et quelle est sa vitesse en arrivant à terre?

$$e = g\frac{t^2}{2}$$

$$433.6 = \frac{9.8}{2} \times t^2$$

$$t^2 = \frac{433.6 \times 2}{9.8} = 64$$

$$t = 8''$$

$$v = \sqrt{2ge}$$

$$v = \sqrt{2 \times 9.8 \times 433.6} = 78^m,4.$$

La chute durera 8″ et le corps arrivera à terre avec une vitesse de 78m,4.

9. **Le pendule.** — Tout corps lourd suspendu à un fil et pouvant tourner autour d'un point fixe prend le nom de **pendule** : un tel corps est en équilibre quand

le centre de gravité est sur la verticale du point de suspension; écarté de cette position, il y revient, mais après avoir accompli à droite et à gauche de sa position d'équilibre des mouvements de va-et-vient, autrement dit des oscillations.

Galilée, après une série d'observations, a formulé les lois du pendule :

1° *Les petites oscillations sont isochrones,* c'est-à-dire que leur durée reste la même tant que l'amplitude (ou l'angle des deux positions extrêmes) ne dépasse pas 4° ou 5°;

2° La durée des oscillations ne dépend pas de la substance qui forme le pendule, si l'on opère dans le vide : dans cette condition deux sphères de même diamètre, l'une de métal, l'autre de bois, accomplissent les mêmes oscillations;

3° La durée d'une oscillation dépend de la longueur (l) du pendule, de l'intensité (g) de la pesanteur.

On a trouvé par le calcul, pour exprimer le temps t d'une oscillation, la formule :

$$t = \pi \sqrt{\frac{l}{g}}.$$

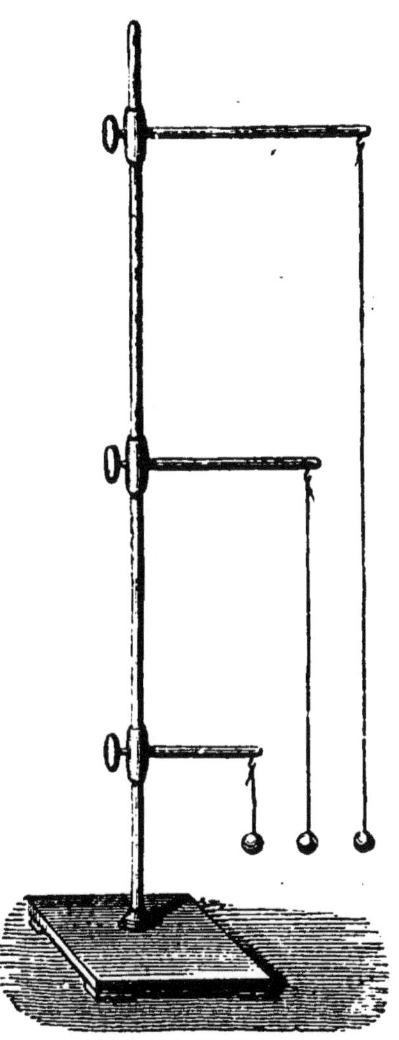

Fig. 200. — Pendules de différentes longueurs.

Cette formule n'est pas susceptible d'une vérification expérimentale rigoureuse, puisqu'elle répond à un pendule irréalisable; mais on s'en approche de très près en prenant pour pendules des sphères lourdes d'un petit rayon, suspendues à un fil très léger.

On en tire des conséquences importantes :

La première, c'est que, dans un même lieu, pour des pendules de longueurs différentes, les durées d'une oscillation sont proportionnelles aux racines carrées des longueurs.

$$\frac{t}{t'}=\frac{\sqrt{l}}{\sqrt{l'}}.$$

C'est ce que l'expérience vérifie : de deux pendules, dont les longueurs sont l'une 1, l'autre 4, les durées des oscillations sont comme $\frac{\sqrt{1}}{\sqrt{4}}$ ou comme 1 à 2 : le premier pendule fait dans le même temps deux fois plus d'oscillations que le second.

Les trois pendules de la figure 200 ont des longueurs de 1, 4, 9; le premier fait trois oscillations quand le dernier en fait une; il fait deux oscillations quand le second en fait une.

La seconde conséquence, c'est qu'il sera possible avec un pendule de longueur exactement connue de trouver (g) l'intensité de la pesanteur.

10. Détermination de l'accélération de la pesanteur. — De la formule du pendule, on tire :

$$t^2=\pi^2\frac{l}{g}.$$

D'où :

$$g=\frac{\pi^2 l}{t^2}.$$

Si donc on peut avoir exactement la longueur (l) d'un pendule, et connaître exactement le temps (t) d'une oscillation, en portant ces deux quantités dans la formule précédente, on connaîtra g.

On obtient t en comptant la durée de 100 oscillations par exemple et en divisant le nombre par 100.

Quant à la longueur, elle est plus difficile à mesurer parce qu'on emploie toujours un pendule dont le poids du fil ne peut être négligé, autrement dit un **pendule composé**. Quelle qu'en soit la forme, on peut par expérience trouver la longueur du pendule simple dont les oscillations auraient la même durée; c'est la longueur qu'il importe de connaître.

Les expériences faites à Paris ont donné pour g la valeur $9^m,8088$. Et en opérant à diverses latitudes on a constaté que l'intensité de la pesanteur va en croissant de l'équateur où elle vaut $9^m,77$ au pôle où elle est $9^m,8325$. On attribue cette augmentation à l'aplatissement de la terre et à son mouvement de rotation.

11. Pendule battant la seconde. — On peut se proposer de chercher la longueur du pendule capable de battre la seconde dans un lieu pour lequel l'accélération de la pesanteur est connue.

Si on fait $t=1$ dans la formule, on aura :

$$l=\frac{g}{\pi^2}.$$

A Paris, $l=0^m,994$.

12. Application du pendule à la mesure du temps. — Le pendule est employé pour régulariser la marche des horloges; on le désigne alors ordinairement sous le nom de balancier. Voici le principe de cette application trouvée par Huyghens en 1656.

Dans les horloges ou dans les pendules d'appartement, le moteur est un poids qui, en descendant, fait tourner le cylindre sur lequel est enroulée la corde qui le suspend, ou bien c'est un ressort tendu dont l'action sur le cylindre est la même que celle du poids. Le poids ou le ressort, s'ils étaient libres, prendraient un mouvement accéléré, et l'aiguille fixée à l'axe du cylindre ne marquerait pas des espaces égaux dans des temps égaux. Pour obtenir une marche régulière, on munit le cylindre d'une roue dentée R et d'une **pièce d'échappement** en arc ABC que le balancier devra faire mouvoir (fig. 201). Alors quand le balancier commence son oscillation de gauche à droite il entraîne l'ancre ABC; l'extrémité C abandonne la dent contre laquelle elle appuyait et la roue tourne sous l'action du poids. Mais à la fin de l'oscillation la roue se trouve arrêtée par l'extrémité A; elle ne reprendra son mouvement qu'à l'oscillation suivante. La roue tourne donc par secousses régulières à chaque oscillation du balancier; et comme les petites oscillations se font dans des temps égaux, il s'ensuit que la roue tourne à chaque fois d'une égale quantité et le chemin parcouru par l'aiguille sert à mesurer le temps.

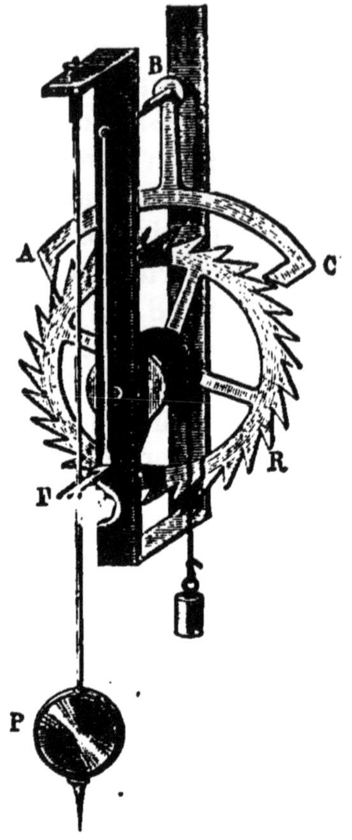

Fig. 201. — Application du pendule aux horloges.

Comme le balancier oscille dans l'air et qu'il y a toujours un frottement au point de suspension, l'appareil finirait par s'arrêter. Mais on a obvié à cet inconvénient en terminant par des plans inclinés les extrémités A et C de la pièce d'échappement : de cette manière le pendule reçoit une légère impulsion de la roue à chacune de ses oscillations et son mouvement se maintient.

Exercices.

45. Un corps tombe librement pendant 6 secondes, quel est l'espace qu'il a parcouru et quelle est sa vitesse en arrivant à terre ?

80. On laisse tomber un corps d'une hauteur de 156 mètres, combien de temps durera sa chute et quelle sera sa vitesse à l'arrivée?

81. On lance verticalement en l'air un corps avec une vitesse de 80 mètres, à quelle hauteur s'élèvera-t-il et au bout de combien de temps sera-t-il revenu à terre?

Questionnaire.

Quelles sont les deux lois de la chute des corps? Comment varie la vitesse d'un corps qui tombe?

Qu'est-ce qu'un pendule? Quelles sont les lois des oscillations du pendule?

Comment Huyghens a-t-il appliqué le pendule à la marche des horloges et par suite à la mesure du temps?

Devoir.

Pourquoi ne peut-on pas étudier facilement la chute directe d'un corps? Quel artifice Galilée a-t-il employé pour trouver les lois de la chute des corps? Quelles sont ces lois?

CHAPITRE III

LES FORCES

13. Forces. — On appelle **force** en physique, toute cause capable de produire le mouvement d'un corps ou de l'arrêter, ou d'en modifier la nature.

Les forces diffèrent entre elles par leur origine, bien qu'elles soient identiques quant à l'effet mécanique qu'elles produisent et qui est toujours un mouvement ou une modification de mouvement : elles peuvent provenir de l'action musculaire de l'homme ou des animaux, de l'action d'un corps déjà en mouvement qui en rencontre un autre, de la résistance que les corps solides opposent à la fusion ou aux déformations de toute espèce, de l'attraction d'un corps sur un autre.

Quelle que soit leur origine, les forces sont des gran

deurs mesurables qu'il importe d'évaluer numériquement. On conçoit, en effet, que deux forces sont égales en intensité quand elles produisent le même effet sur un corps, par exemple lorsqu'elles font subir la même flexion à un ressort d'acier auquel on les applique successivement. On peut donc mesurer une force en la comparant à une autre force facile à évaluer. On a choisi comme **unité de force** la *pression ou la traction exercée par le poids d'un kilogramme*, et on évalue l'intensité des forces à l'aide d'appareils simples appelés **dynamomètres.**

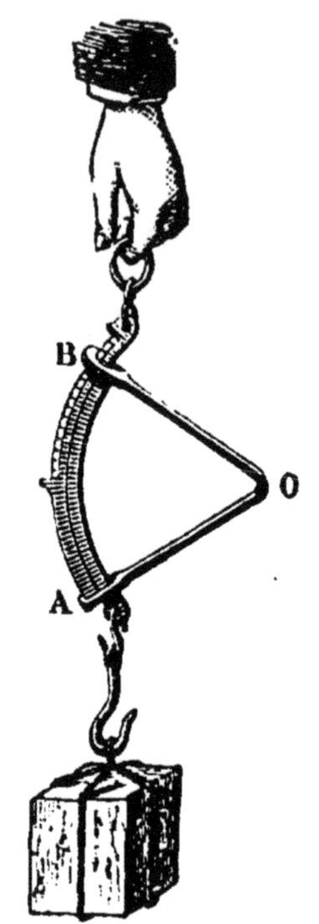

Fig. 202. — Comparaison des forces aux poids.

14. Mesure des forces. — Dynamomètre. — Le dynamomètre le plus simple est le **peson** du commerce. C'est une lame d'acier AOB courbée en forme de V (fig. 202); à l'extrémité de la branche supérieure OB est fixé un arc métallique qui traverse la branche OA et se termine inférieurement par un crochet; à l'extrémité de la branche OA est fixé un second arc métallique portant une graduation, qui passe dans la branche OB et se termine par un anneau à l'aide duquel on peut suspendre l'appareil à un support fixe. Pour graduer l'instrument, on suspend successivement au crochet des poids de 1, 2, 3 kilogrammes, etc., la lame OB fléchit et l'on marque les chiffres 1, 2, 3, etc., aux points de l'arc de cercle vis-à-vis desquels s'arrête chaque fois la lame OB. Si alors on fait agir sur le crochet une force quelconque qui fasse fléchir l'instrument jusqu'à la division 3 par exemple, on dit que l'intensité de la force essayée est de 3 kilogrammes : elle produit en effet sur la lame élastique la même flexion qu'un poids de 3 kilogrammes.

15. Qualités d'une force. — Une force n'est pas complètement déterminée quand on a indiqué son intensité en kilogrammes; il faut encore connaître le point où elle est appliquée et la direction dans laquelle elle agit. Une force a donc trois qualités : le *point d'application*, la *direction*, et l'*intensité*.

Les deux derniers éléments permettent de la représenter géométriquement : du point où la force est appliquée, on mène une ligne dans la direction même où la force agit, et on prend sur cette ligne, à partir du point d'application, une longueur proportionnelle à l'intensité de la force : ainsi une force de 5 kilogrammes sera représentée par une ligne droite tracée dans la direction de la force et égale au quintuple de la longueur que l'on a prise comme unité.

16. Composition des forces. — On admet que deux forces agissant sur le même point et dans la même direction, produisent chacune le même effet que si elles étaient seules : l'effet total est la somme des effets partiels; on peut donc remplacer les deux premières forces par une force unique égale à leur somme; ce qui revient dans la construction géométrique à ajouter bout à bout les lignes qui les figurent.

Si deux forces faisant un angle agissent sur le même point, on comprend qu'une force unique puisse communiquer au point le même mouvement que les deux forces réunies : cette force unique produisant le même effet que les deux premières s'appelle leur **résultante** et chacune des forces qui concourent à la former en est une des **composantes**.

Le problème de la composition des forces est du domaine de la mécanique; nous n'en prendrons que les résultats dont nous aurons à faire usage.

17. Forces concourantes. — Lorsque deux forces sont concourantes, c'est-à-dire appliquées au même point, il peut se présenter trois cas :

1° *Les forces ont la même direction; leur résultante est de même direction qu'elles et égale à leur somme;*

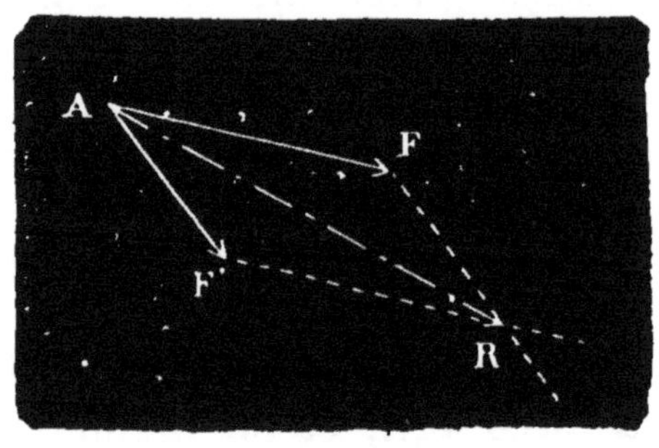

Fig. 203. — Composition de deux forces concourantes.

2° *Les forces ont des directions exactement opposées; leur résultante est une force dirigée dans le sens de la plus grande et elle est égale à leur différence;*

3° *Les forces font un angle; leur résultante est représentée en grandeur et en direction par la diagonale du parallélogramme construit sur les deux lignes qui représentent les forces* (fig. 203).

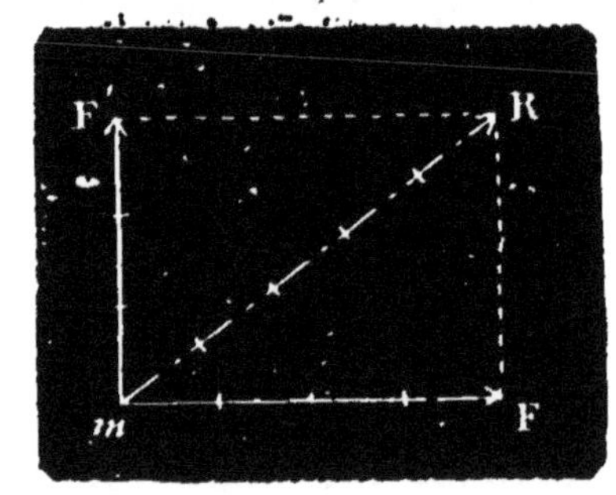

Fig. 204. — Valeur de la résultante dans le cas de deux forces rectangulaires.

Dans le cas particulier où les deux composantes font entre elles un angle droit, par exemple la force F de 4 kilogrammes, et la force F′ de 3 kilogrammes, la valeur de la résultante est donnée par la grandeur de l'hypoténuse du triangle rectangle construit sur les deux forces : le point *m* (fig. 204) soumis à F et à F′ sera comme s'il était soumis à une force unique de direction *m*R et ayant pour intensité $\sqrt{3^2 + 4^2}$ ou 5 kilogrammes.

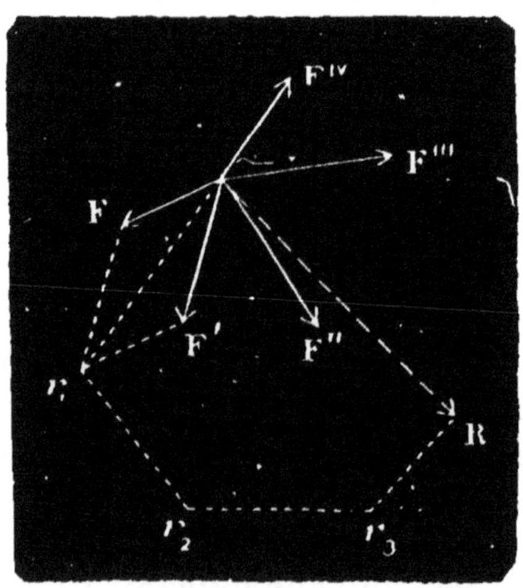

Fig. 205. — Tracé de la résultante de plusieurs forces concourantes.

Le cas de la composition de plusieurs forces

appliquées au même point peut également être résolu graphiquement à l'aide des énoncés précédents. On commencera, en effet, par composer entre elles deux des forces données, puis leur résultante avec une troisième force, la nouvelle résultante avec une quatrième et ainsi de suite jusqu'à obtenir une force unique. La figure 205 montre qu'au lieu de chercher chacune des résultantes, on peut se borner à tracer un contour polygonal en menant de l'extrémité de la première force une ligne égale et parallèle à la seconde force, puis de l'extrémité de la ligne ainsi menée une ligne égale et parallèle à la troisième force, et ainsi de suite. La résultante définitive R est obtenue en joignant le dernier point au point de concours des forces.

Réciproquement, étant donnée une force unique MC, on pourra toujours la remplacer par deux composantes, produisant le même effet et dont les deux directions seront données en Mx et My (fig. 206); il suffira de mener du point C deux parallèles aux deux directions données; les deux forces cherchées seront représentées en grandeur, l'une par MA, l'autre par MB.

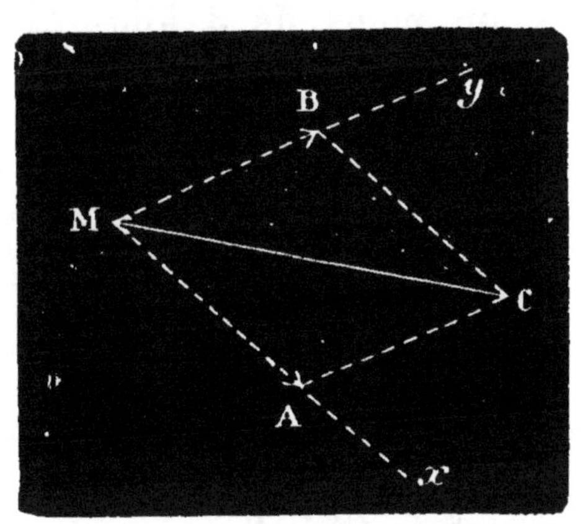

Fig. 206. — Décomposition d'une force en deux autres de direction donnée.

18. Forces parallèles. — On a souvent à considérer, au lieu de forces concourantes, des forces parallèles entre elles appliquées en différents points d'un corps solide. Lorsque deux forces parallèles sont appliquées à un corps solide, on peut les remplacer par une seule capable de produire le même effet, c'est leur **résultante.**

Pour déterminer la grandeur de cette résultante et son point d'application, on peut recourir à l'expérience et généraliser par une démonstration géométrique le résultat trouvé. On étudie d'abord la composition de deux forces parallèles et de même sens, puis celle de deux forces parallèles et de sens contraire, enfin d'un nombre quelconque de forces parallèles.

(a) Cas de deux forces parallèles et de même sens.

Expérience.—On prend une tige de bois portant 9 divisions égales (fig. 207); on suspend à l'extrémité A un poids de 3 kilogrammes, à l'extrémité B un poids de 6 kilogrammes, et on suspend la règle au crochet d'un dynamomètre suspendu lui-même. Pour que la règle reste horizontale, il faut que le crochet du dynamomètre soit en un point C partageant la distance AB en deux parties inversement proportionnelles aux poids 3 et 6; et le dynamomètre indique en C une force de 9 kilogrammes (il indique en plus le poids de la tige).

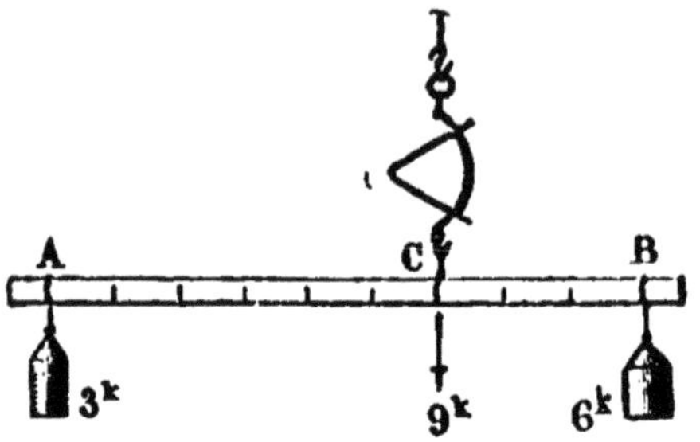

Fig. 207. — Appareil permettant de montrer la valeur et la position du point d'application de la résultante de deux forces parallèles et de même sens.

On en conclut que la résultante des deux forces parallèles appliquées aux deux bouts de la règle est *parallèle à leur direction, égale à leur somme, et qu'elle est appliquée à la barre rigide en un point partageant la droite en deux segments inversement proportionnels aux forces.*

On appelle **bras de levier** de chaque force la distance de son point d'application au point d'application C de la résultante. Si la force F appliquée en A est de 3 kilogrammes, la force F' appliquée en B de 6 kilogrammes, et que la barre AB ait 54 centimètres de longueur, il faut que les deux bras de levier AC et CB soient entre eux comme 6 et 3, que la longueur AB soit partagée en deux parties proportionnelles aux nombres 6 et 3 ; il faut que l'on ait

$$\frac{F}{F'}=\frac{CB}{AC}=\frac{18}{36};$$

on en tire en faisant les produits en croix :

$$F \times AC = F' \times CB,$$

et on énonce le théorème :

Le *produit de chaque force par son bras de levier est un nombre constant.*

Il en résulte que si l'une des deux forces est 2, 3, 10 fois plus grande que l'autre, son bras de levier est 2, 3, 10 fois plus petit que le bras de levier de la seconde force.

(*b*) Cas de deux forces parallèles de sens contraire.

Dans ce cas, *la résultante des forces est égale à leur différence, de même sens que la plus grande; elle est appliquée en un point du prolongement de la barre rigide tel, que les distances à ce point de chacune des forces soient inversement proportionnelles aux forces.*

Ce point d'application est en dehors de la ligne joignant les deux forces; mais comme dans le cas précédent, le produit de chaque force par son bras de levier est constant.

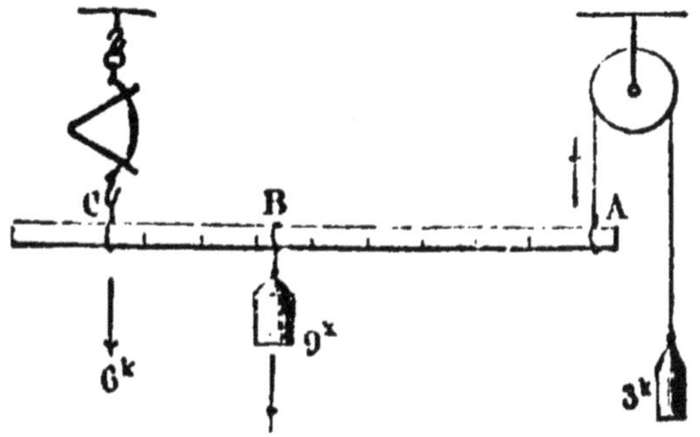

Fig. 208. — Appareil pour la composition de deux forces parallèles et de sens contraire.

La démonstration expérimentale se fait avec l'appareil du cas précédent un peu modifié par l'emploi d'une poulie (fig. 208) : sur la barre AB un poids de 3 kilogrammes agit en A de bas en haut, un poids de 9 kilogrammes en B de haut en bas; il faut suspendre la barre en C au dynamomètre qui indique une résultante de haut en bas égale à 6 kilogrammes.

Deux forces parallèles et de sens contraire n'ont pas de résultante si elles sont égales : elles constituent un système que l'on nomme un **couple,** et dont l'effet est de faire tourner le corps sur lui-même et non pas de l'entraîner dans une direction plutôt que dans une autre.

(*c*) **Cas de plusieurs forces.**

Si plusieurs forces parallèles et de même sens agissent en plusieurs points d'un corps, on peut trouver leur résultante en les composant deux à deux; *cette résultante est égale à la somme de toutes les forces* (fig. 209).

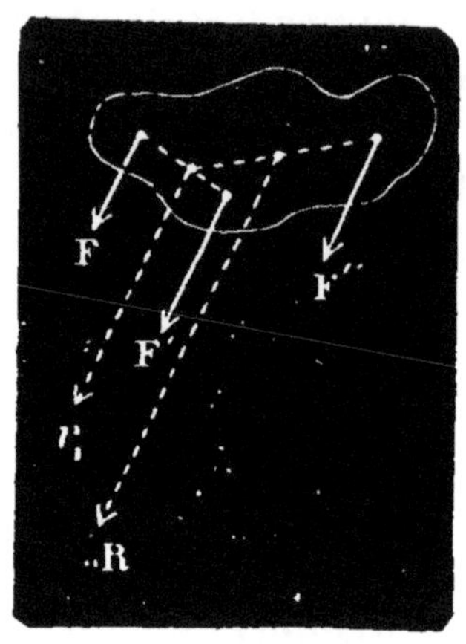

Fig. 209. — Résultante de plusieurs forces parallèles.

Si les forces parallèles sont les unes d'un sens, les autres de sens opposé, on les compose en deux groupes, et l'on obtient deux forces parallèles et de sens contraire, dont on trouve la résultante.

Le point d'application d'un ensemble de forces parallèles est indépendant de la direction que peuvent prendre les forces toutes ensemble : on l'appelle **centre des forces parallèles.**

Dans le cas de la pesanteur, le point d'application de la résultante porte le nom de centre de gravité : c'est le centre des forces parallèles que l'on suppose appliquées aux différents points matériels composant le corps.

19. Travail des forces. — L'observation des faits les plus vulgaires nous montre des forces qui déplacent leur point d'application d'une quantité déterminée dans un temps donné : c'est ici un homme qui élève l'eau du fond d'un puits, là un cheval qui gravit une pente en traînant une voiture chargée, ailleurs l'eau qui fait tourner une roue de moulin, la vapeur qui fait avancer une locomotive en animant d'un mouvement de va-et-vient le piston sur lequel elle agit. Quand les forces déplacent ainsi les corps où elles sont appliquées, on dit qu'elles produisent du **travail mécanique**.

Comment évaluer ce travail, de quels facteurs dépend-il, comment varie-t-il? Telle est la première question à résoudre. Cherchons-en la solution à l'aide d'exemples. Deux hommes montent des pierres d'un rez-de-chaussée à un premier étage, le chemin parcouru est le même, leur travail s'estime par le poids des pierres qu'ils ont transportées. Si le premier, à la fin de la journée, a monté un poids de pierres double du poids monté par le second, on dit que le travail du premier est double de celui du second. Le chemin parcouru a été le même, le travail est proportionnel à l'effort exercé.

Si les deux ouvriers sont d'égale force, mais que le premier monte les pierres d'une hauteur deux fois plus grande que le second, quand ils auront transporté un égal poids de pierres, le premier aura fait un travail double de celui du second. Ici l'effort a eu la même valeur, le travail produit est proportionnel au chemin parcouru.

La grandeur du travail qu'une force peut accomplir dépend donc de deux quantités : 1° *de l'intensité de la force;* 2° *de la longueur du chemin qu'elle fait parcourir à son point d'application.*

20. Unité de travail. — L'unité de travail doit correspondre au travail produit par l'unité de force, le kilogramme, qui se déplace de l'unité de longueur, le mètre; on lui a donné le nom de **kilogrammètre.**

L'expression du travail d'une force F est *le produit de la force par le chemin qu'elle fait parcourir à son point d'application.*

L'intensité de la force est exprimée en kilogrammes et le chemin parcouru en mètres. Une force F de 8 kilogrammes déplace son point d'application de 12 mètres dans un temps donné, le travail T, que l'on écrit aussi TF (travail de la force d'intensité F) a pour expression

$$TF = Fe = 96 \text{ kilogrammètres.}$$

Si le mouvement s'effectue dans une direction oblique à celle de la force agissante, on remplace cette dernière par deux composantes, l'une perpendiculaire au mouvement, sans influence sur lui, et l'autre dans le sens même du mouvement. Le travail utile est alors égal au produit du chemin parcouru par la projection de la force sur la direction du mouvement.

21. Travail moteur et travail résistant. — Il est évident *a priori* que si pour imprimer à un corps une vitesse donnée au bout d'un temps *t* il a fallu employer une force F développant un certain travail, il faudra pour ramener le corps au repos employer une force qui développe en sens contraire un travail égal au premier.

Il y a donc deux manières de considérer le travail : si le mouvement est produit dans le sens de la force, le travail est dit **positif** ou **moteur**; si au contraire la force agit en sens inverse du mouvement, le travail est dit **négatif** ou **résistant**. Un poids qui tombe développe du travail moteur; tandis que l'action de la pesanteur sur un corps que l'on soulève est un travail résistant.

La notion du travail permet de comprendre que l'on puisse obtenir le même effet mécanique avec deux forces inégales, si les vitesses qu'elles impriment aux masses sur lesquelles elles agissent sont différentes. On l'applique à l'équilibre des machines.

22. L'énergie. — Tout corps qui à un moment donné pourra être mis en mouvement possède par là même la propriété de pouvoir produire du travail. C'est à cette propriété du corps de pouvoir produire du travail qu'on donne le nom d'*énergie*. Ainsi une pierre qui tombe, l'eau qui coule, possèdent de l'énergie; car la pierre en arrivant sur le sol, l'eau en venant battre les ailes d'une roue de moulin pourront produire du travail mécanique.

Dans ces exemples et les analogues, l'énergie est en quelque sorte tangible, elle résulte du mouvement du corps, on l'appelle **énergie de mouvement** ou encore **énergie actuelle.**

Mais l'énergie peut être moins apparente, n'exister en quelque sorte que virtuellement et comme pouvant se produire seulement à un moment donné. Ainsi un corps lourd est suspendu en l'air, si l'on coupe le lien qui le suspend il tombera et produira du travail mécanique par sa chute; la charge de poudre d'un fusil ou d'un canon devient tout à coup capable de faire mouvoir un projectile aussitôt qu'une étincelle tombe sur elle. Le corps suspendu et la poudre possèdent incontestablement de l'énergie; c'est comme de l'énergie en réserve, on l'appelle **énergie potentielle.**

Tous les phénomènes que nous pouvons observer nous montrent que ces deux formes de l'énergie varient en sens inverse, mais qu'elles ont une somme constante; l'exemple le plus simple est celui d'une pierre qui s'élève et qui perd peu à peu son énergie actuelle; à mesure qu'elle monte, son énergie actuelle décroît et son énergie potentielle s'accroît et quand elle retombera, l'énergie potentielle en décroissant peu à peu se transformera à son tour en énergie actuelle.

Exercices.

82. Deux forces, l'une de 9 kilogrammes, l'autre de 12 kilogrammes sont appliquées à angle droit au même point, quelle est l'intensité de leur résultante?

83. Deux forces parallèles et de même sens, l'une de 4 kilogrammes, l'autre de 6 kilogrammes sont appliquées aux deux extrémités d'une barre rigide de $0^m,80$; à quel point de la barre se trouvera le point d'application de leur résultante?

84. On a une force de 6^k4; on la décompose en deux autres forces rectangulaires et égales; trouver l'intensité de chacune de ces dernières.

Questionnaire.

Qu'appelle-t-on force? Quand deux forces sont-elles concourantes? Comment trouve-t-on leur résultante? Quelle est la valeur de cette résultante dans le cas où les deux forces sont à angle droit?

Comment trouve-t-on la valeur de la résultante de deux forces parallèles et de même sens? Où est placé le point d'application de cette résultante?

Comment compose-t-on deux forces parallèles et de sens contraire, plusieurs forces parallèles et de même sens? Qu'est-ce qu'un couple?

Quand dit-on qu'une force produit le travail? De quels facteurs dépend le travail d'une force? Quelle est l'unité de travail? Quelle est l'expression du travail d'une force?

Qu'appelle-t-on énergie?

Devoir.

Montrer par un exemple que du travail d'une force dépend de deux facteurs. Dire quelle est l'unité de travail.

Indiquer par des exemples ce que l'on entend par énergie actuelle et par énergie en réserve.

CHAPITRE IV

MACHINES SIMPLES

23. Machines. — Il arrive fréquemment que l'on ne peut pas appliquer directement une force aux points matériels qu'il s'agit de faire mouvoir; alors on applique la force à des corps solides ou autres qui servent d'intermédiaires pour appliquer l'effort à exercer : c'est ainsi que pour moudre le blé en employant la force de l'eau, on fait agir celle-ci sur une roue à aubes et sur différents organes qui communiquent le mouvement aux meules écrasant le blé.

On appelle *machines* les corps ou les assemblages de corps disposés pour transmettre le travail des forces. Les plus simples sont le *levier*, la *poulie* et le *treuil*. Les machines composées présentent un ensemble de machines simples qui réagissent les unes sur les autres en vertu de leur liaison mutuelle.

Dans les machines simples, on trouve des forces agissantes et des résistances. S'agit-il d'élever un fardeau, l'effort que l'on développe est la force agissante, la pesanteur dont il faut vaincre l'effet est la résistance. Veut-on broyer un corps, la résistance est représentée par la cohésion du corps. Il y a donc à étudier dans les machines les relations des forces entre elles, et à tenir compte du travail que les unes et les autres peuvent produire.

24. Levier. — Le *levier* est une barre rigide assujettie à se mouvoir autour d'un point fixe qu'on nomme le *point d'appui*. Il peut affecter une forme quelconque; mais il est souvent droit et l'exemple le plus simple est celui de la pince qui sert aux maçons à soulever de lourdes pierres (fig. 210).

Fig. 210. — Levier et point d'appui.

On peut ramener à deux les forces qui agissent sur le levier : l'une, l'effort à exercer que l'on appelle la *puissance;* l'autre, l'effort à vaincre que l'on nomme *résistance.*

Si l'on se place dans le cas le plus simple d'un levier droit et de deux forces parallèles, on appelle *bras de levier* la distance du point d'application de chaque force au point d'appui. Les deux forces tendent à faire tourner le levier en sens inverse; elles ont une résultante qui passe par le point d'appui. On peut dès lors leur appliquer la composition des forces parallèles et on exprime que le rapport des forces est le suivant :

La puissance est à la résistance en raison inverse de leur bras de levier.

Il en résulte comme conséquence qu'en diminuant la longueur du bras de levier de la résistance, on diminue la force capable de vaincre cette résistance; il est donc possible avec une faible force, au moyen d'un levier, de vaincre une grande force.

Voici un exemple numérique. *Dans un levier* BAC (fig. 211) *la longueur* BA *est de* $0^m,10$, *la longueur* AC *de* $1^m,20$; *il y a en* B *une résistance de* 240 *kilogrammes, quelle force faut-il appliquer en* C? Soit x le poids à appliquer en C; d'après le principe des forces parallèles que le produit de chaque force par son bras de levier est constant, on écrit :

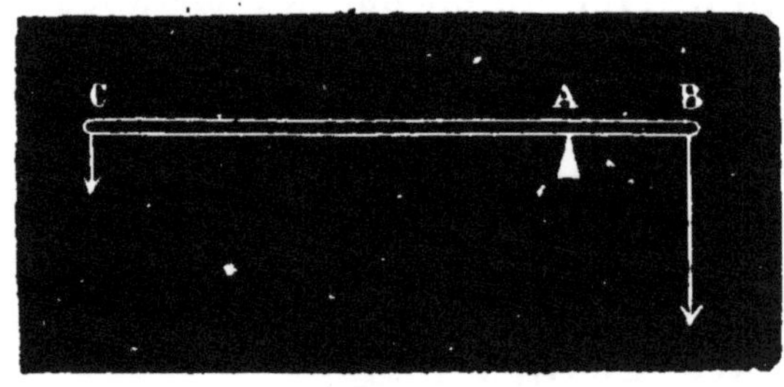

Fig. 211. — Figure théorique du levier du premier genre.

$$x \times 1.20 = 0.10 \times 240$$

d'où

$$x = 240 \times \frac{0.10}{1.20} = \frac{240}{12} = 20^{kg}$$

Il suffira d'appliquer en C une force de 20 kilogrammes.

25. Genres de leviers. — Le point d'appui peut occuper trois positions par rapport à la puissance et à la résistance. Dans l'exemple précédent, il est entre les deux forces. On dit que le levier est du premier genre. Ainsi est la balance.

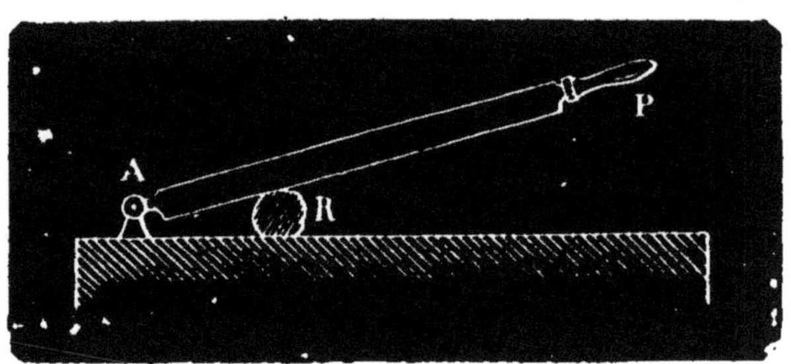

Fig. 212. — Exemple d'un levier du deuxième genre.

Il peut être à une extrémité, la puissance étant à l'autre; c'est le levier du deuxième genre, comme le couteau des saboticrs (fig. 212), une brouette, etc.

Il peut enfin être à une extrémité, la résistance étant à l'autre; c'est le troisième genre dont les pincettes de foyer offrent l'exemple le plus commun.

Il est facile de voir que le deuxième genre est avantageux au point de vue de la force, puisque le bras de levier de la puissance est toujours plus grand que celui de la résistance et, par suite, la puissance toujours plus petite que la résistance. C'est l'inverse pour le troisième genre, désavantageux au point de vue de la force qu'il faut développer pour vaincre un effort.

Mais si l'on fait intervenir la notion du travail, si l'on suppose que le levier se déplace et qu'on écrive qu'il y a égalité entre le travail de la puissance et celui de la résistance, on arrive à formuler l'axiome suivant : *ce que l'on gagne en force, on le perd en chemin parcouru et réciproquement.* Et en effet, quand la puissance est plus petite que la résistance (2e genre), elle fait un chemin plus grand (fig. 213), et quand la puissance est plus grande que la résistance, elle fait un bien plus court chemin.

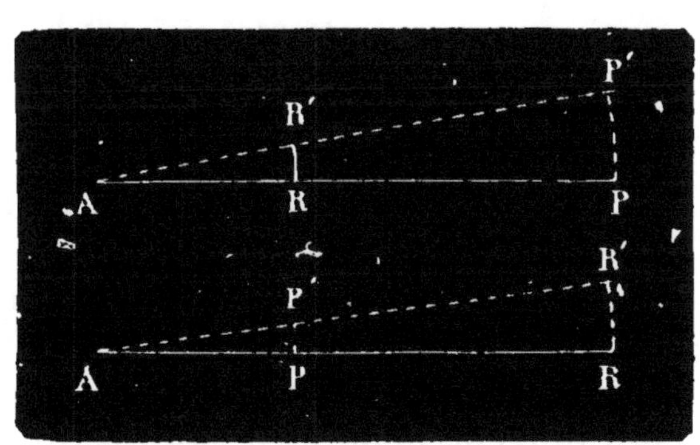

Fig. 213. — Figure théorique montrant le chemin parcouru par la puissance et la résistance dans les deux derniers genres de leviers.

26. Poulie. — La poulie est un disque circulaire en bois ou en métal pouvant tourner librement autour d'un axe perpendiculaire à son plan et passant par son centre. Sur le pourtour du disque est creusée une rainure, appelée la **gorge** de la poulie, où s'engage la corde aux extrémités de laquelle agiront les deux forces, puissance et résistance.

La poulie est *fixe* quand son axe est dans une position invariable, elle est *mobile* quand son axe se déplace; dans ce dernier cas, l'axe, au lieu d'être porté par deux tourillons ou suspendu par un double crochet, suspend au contraire un crochet auquel on attache le poids à soulever.

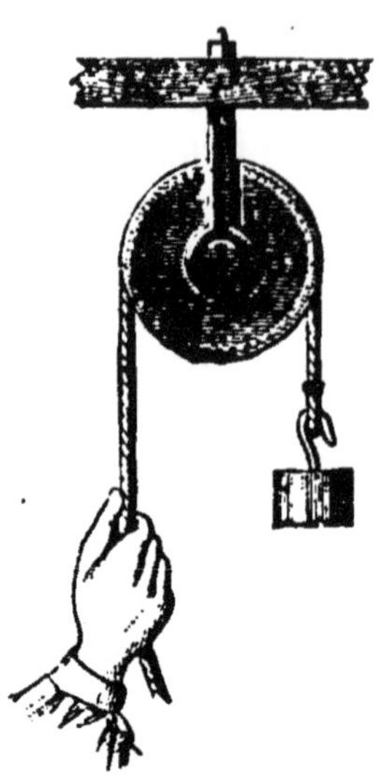

Fig 214. Poulie fixe.

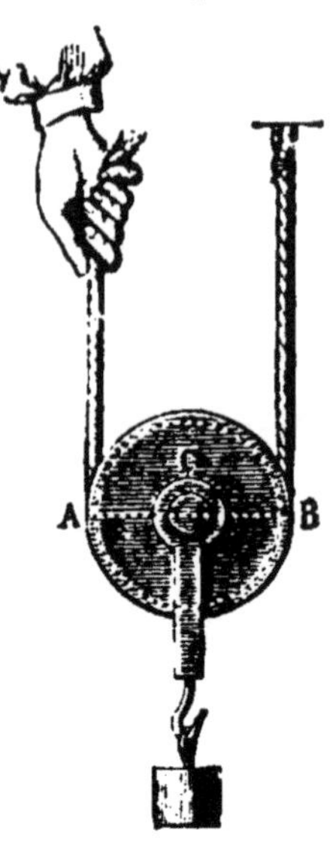

Fig 215. — Poulie mobile.

27. Poulie fixe. — La poulie fixe sert à soulever un corps de bas en haut en exerçant un effort de haut en bas (fig. 214).

Si les deux brins de la corde, celui qui suspend le poids C et celui sur lequel s'exerce la puissance A, sont parallèles, les deux forces ont des bras de levier égaux; elles doivent donc être égales. On voit du reste que le chemin parcouru par l'une est le même que celui de l'autre. On peut donc dire que dans la poulie fixe la puissance est égale à la résistance. Cet appareil n'a donc pour effet que de changer la direction de l'effort et de le rendre ainsi plus facile.

28. Poulie mobile. — Dans la poulie mobile, la corde passe dans la partie inférieure de la gorge; un des brins de cette corde est fixé à un point invariable; on tire sur l'autre brin (fig. 215), et la poulie avec le poids qu'elle suspend monte peu à peu.

Nous considérerons seulement le cas le plus simple, celui où les deux brins de la corde sont parallèles. Sur le diamètre horizontal de la poulie s'exercent trois forces : l'une en C de haut en bas représente le poids à soulever, autrement dit la résistance R; l'autre en A de bas en haut représente l'effort à exercer, ou la puissance P; enfin la troisième en B, de bas en haut comme la seconde, est représentée par la tension du brin fixe de la corde. Ces deux dernières font équilibre à la première; et comme elles ont les mêmes bras de levier, elles sont égales; chacune d'elles est donc la moitié de la résistance R.

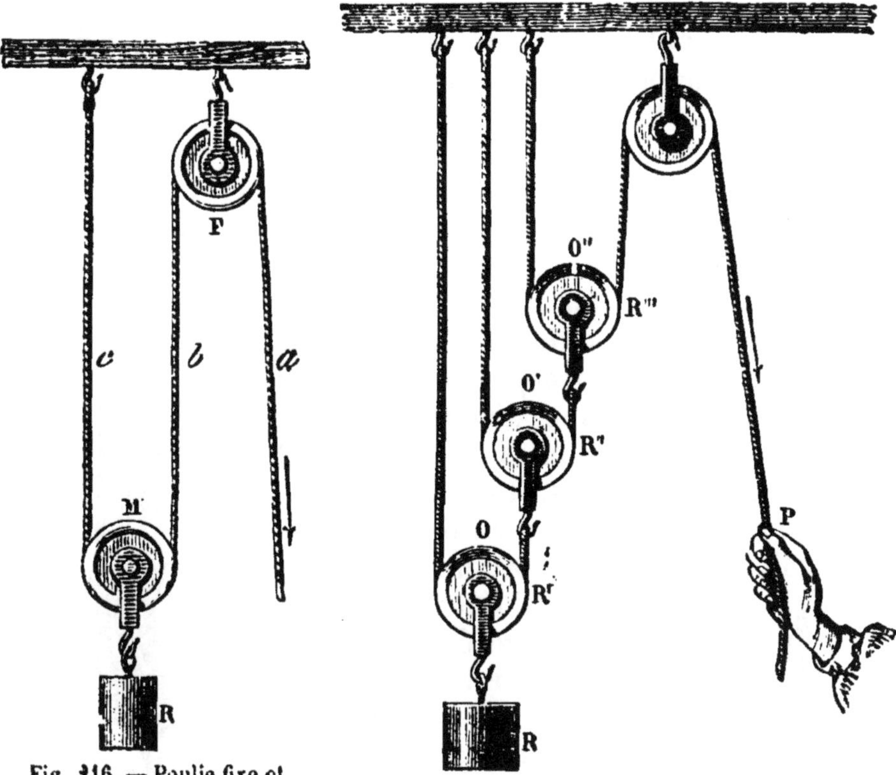

Fig 216. — Poulie fixe et poulie mobile.

Fig. 217. — Moufle.

Ainsi dans la poulie mobile la puissance n'est que la moitié de la résistance.

En revanche, comme les deux forces doivent exécuter le même travail, il faut que le *chemin parcouru par la puissance* soit le *double du chemin parcouru par le poids soulevé.*

La poulie mobile n'est pas avantageuse pour le chemin parcouru, mais elle est avantageuse au point de vue de la force, puisqu'en développant une force de 1 kilogramme on peut soulever un corps de 2 kilogrammes.

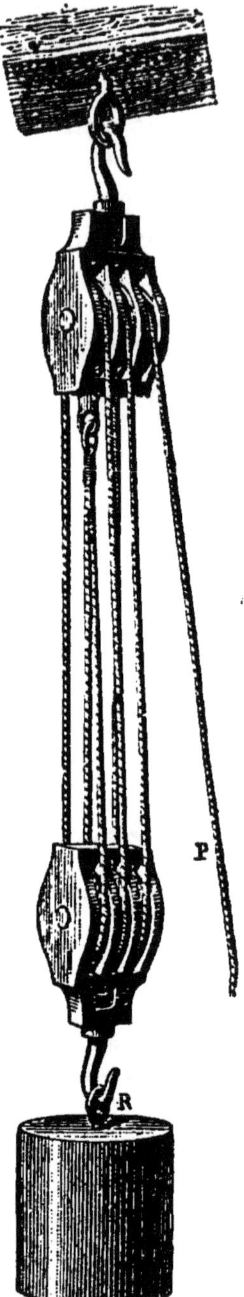

Fig. 218. — Palan.

29. Assemblage de poulies. Moufle et palan.— Dans l'exemple précédent, la force à appliquer en A doit s'exercer de bas en haut. Il est souvent plus commode de la transformer en une force verticale de haut en bas; on se sert à cet effet d'une poulie fixe F (fig. 216) qui change la direction de l'effort à exercer sans en changer la valeur.

En employant plusieurs poulies fixes et mobiles reliées les unes aux autres, on arrive à diminuer l'effort à faire pour soulever un poids donné : cet assemblage de poulies fixes et mobiles porte le nom de *moufle*. La figure 217 en représente une disposition avec trois poulies mobiles o , o' , o'' et une poulie fixe B. La résistance à vaincre R se partage en deux parties égales sur les deux cordons de la poulie o. La résistante R' qui n'est que la moitié de R se partage également en deux forces égales par la poulie mobile o'. La résistance R'' qui n'est que la moitié de R' se partage également en deux forces dont l'une est R''', et celle-ci se retrouve sur le cordon P. En résumé la puissance à exercer n'est avec cette disposition que $\frac{1}{2}$ de $\frac{1}{2}$ de $\frac{1}{2}$ de R, ou $\frac{1}{8}$ de la résistance à vaincre.

La moufle peut présenter encore d'autres dispositions. Quand elle est formée d'un certain nombre de poulies fixes réunies sur le même axe et d'un égal nombre de poulies mobiles montées aussi sur un même axe, elle prend le nom de *palan* (fig. 218). Le palan est employé pour soulever de lourds efforts : le chemin parcouru par la puissance P est de beaucoup plus considérable que le chemin parcouru par le corps à soulever ; mais avec un faible effort on peut soulever un grand poids.

30. Treuil. — Le *treuil* se compose d'un cylindre généralement en bois terminé à ses deux extrémités par deux tourillons autour desquels le cylindre tourne quand on agit sur la manivelle (fig. 219). Une corde attachée

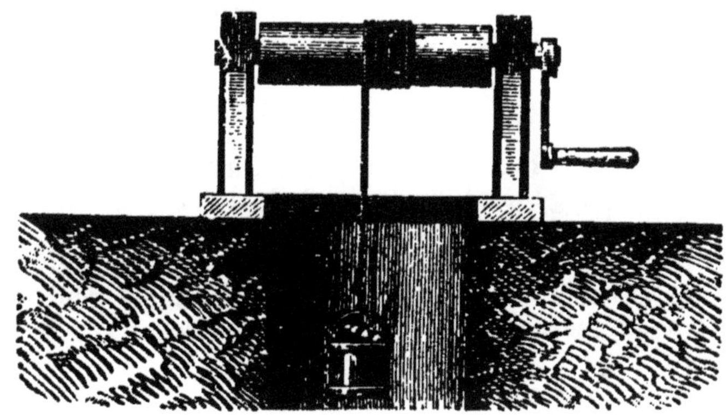

Fig. 219. — Treuil.

en un des points du cylindre est enroulée sur sa surface et porte le poids qu'il s'agit de soulever ou la résistance à vaincre. L'effort s'exerce par une manivelle ou par une roue d'un rayon beaucoup plus grand que celui du treuil.

Le chemin parcouru par la puissance dans un tour est la circonférence de la manivelle ; le chemin correspondant du poids à soulever est égal à la circonférence du treuil ; il en résulte que la force à déployer est à la force à vaincre comme le rayon du treuil est au rayon de la manivelle. En augmentant celui-ci on diminue l'effort à exercer ; un exemple frappant est le treuil des carriers où la manivelle est une roue à très grand rayon; aussi la force d'un homme y peut-elle suffire à élever une pierre d'un poids considérable.

Le treuil transforme un mouvement circulaire appliqué à la manivelle en un mouvement rectiligne du poids à élever.

Exercices.

85. Dans un levier du premier genre PRA, la résistance R est de 200 kilogrammes, le bras de levier RA de la résistance est de 0m,20, la longueur totale du levier est de 1 mètre, quelle doit être la puissance P?

86. Dans un levier du deuxième genre RPA, la résistance R est de 200 kilogrammes, le bras de levier RA de la résistance est de 0m,20, la longueur totale du levier PA est de 1 mètre, quelle doit être la puissance?

87. Dans un levier de troisième genre RPA de 1 mètre de long, la résistance R est de 200 kilogrammes, le bras de levier de la puissance est de 0m,20, quelle doit être la valeur de la puissance?

Questionnaire.

Qu'appelle-t-on machines simples? Qu'est-ce qu'un levier? Quel est le principe général du levier? Combien y a-t-il de genres de leviers? Quels sont les exemples communs?

Qu'est-ce qu'une poulie? Comment sert une poulie fixe? Quel avantage présente la poulie mobile? Comment peut-on diminuer l'effort à exercer en accouplant des poulies fixes à des poulies mobiles?

Quel est l'avantage du treuil?

Devoir.

Montrer que dans l'emploi des leviers ce que l'on gagne en force, on le perd en chemin parcouru et réciproquement.

CHAPITRE V

BALANCES

31. Les **balances**, qui servent à trouver le poids des corps, peuvent être groupées en deux classes suivant qu'elles représentent un levier du premier genre dont les bras sont égaux ou bien un ou plusieurs leviers du premier genre à bras inégaux. Dans le premier groupe rentrent la balance à plateaux suspendus et la balance Roberval, les types les plus employés. Dans le second groupe se placent le **peson**, la **romaine** et la balance **bascule** sous ses diverses formes.

Nous avons décrit les deux premiers de ces appareils. Le levier y porte le nom de **fléau** et le point d'appui est au milieu. Les deux points de suspension du plateau et celui du fléau sont sur une même ligne droite. Le centre de gravité du fléau est en-dessous du point d'appui pour que l'équilibre soit stable et que le fléau oscille librement. Et quand les deux bras de levier sont égaux en longueur et en poids, la balance est *juste;* le fléau revient à sa première position horizontale à condition que ses deux extrémités supportent des poids égaux.

Nous avons dit qu'une balance est *sensible* quand le fléau s'incline pour une faible augmentation de poids dans l'un des plateaux de plus que dans l'autre. Une balance est d'autant plus sensible que le fléau est plus léger, les bras du levier plus longs et le centre de gravité plus près du point d'appui.

On construit des **balances de précision** qui possèdent une très grande sensibilité et qui s'approchent le plus possible des conditions de justesse: les *trébuchets* des chimistes et des pharmaciens permettent de peser à moins d'un demi-milligramme.

32. Romaine et peson. — La romaine et le peson sont des leviers du premier genre, mais dont un des bras varie de longueur. C'est une tige supportée en un point O par un anneau (fig. 220). Près d'une des extrémités, en un point A, est fixé un crochet ou un plateau D, destiné à recevoir les corps à peser. Il n'y a qu'un seul poids p, appelé **curseur** et que l'on porte plus ou moins loin sur la tige BE.

Quand le plateau est vide et que le curseur est en B

(au zéro de la graduation), la tige est horizontale; deux aiguilles fixées l'une à la tige, l'autre à son axe fixe O,

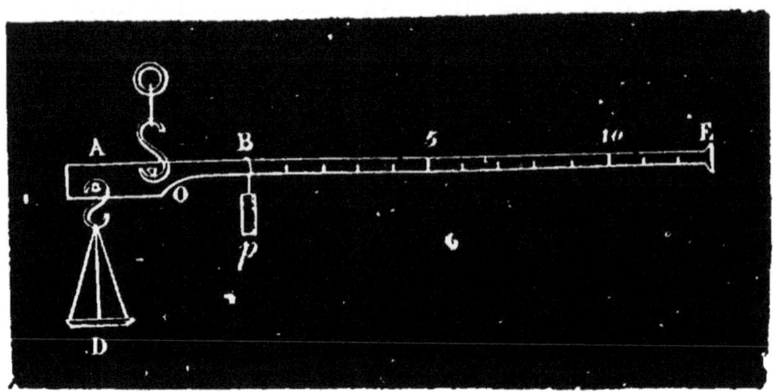

Fig. 220. — Romaine.

permettent de juger de cette horizontalité. Quand le plateau est chargé d'un poids de 5 kilos, il faut mettre le curseur au chiffre 5 de la graduation.

L'appareil est simple et commode; mais il n'est pas très sensible et l'on ne peut l'employer pour des pesées très exactes.

33. Balance-bascule. — La balance-bascule est disposée de manière qu'un poids P d'un kilogramme placé sur le plateau suspendu en B fasse équilibre à un corps du poids de 10 kilogrammes mis en T sur l'appareil. L'équilibre est indiqué par la coïncidence de deux petites pointes dont l'une est fixe et dont l'autre est mobile avec le plateau où l'on met les poids marqués.

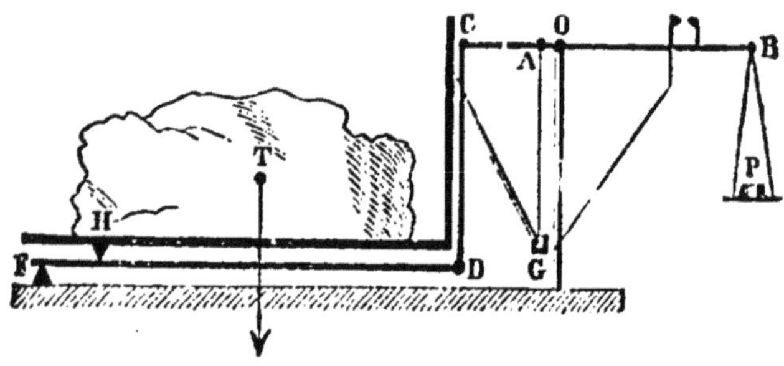

Fig. 221. — Balance-Bascule.

La figure 221 représente les leviers dont est formé

l'appareil. Le levier principal est CAOB, dont le point l'appui est en O. La longueur AO égale $\frac{1}{10}$ de OB; si donc un effort est exercé en A, il faudra pour lui faire équilibre mettre en B un poids dix fois moindre. La longueur OC égale $\frac{1}{2}$ de OB; il en résulte qu'un effort exercé en C exigera un poids deux fois plus faible placé en P pour l'équilibre. La tablette de l'appareil, sur laquelle on met le corps, repose en H sur un levier qui a son point d'appui en F, de manière que FH égale $\frac{1}{5}$ de FD. Cette même tablette appuie en G et transmet une partie de son effort en A.

Le poids du corps T se répartit en G et en H; la portion agissant en G, et par suite en A exige dans le plateau suspendu en B un poids de $\frac{1}{10}$ de l'effort exercé; l'autre portion presse en H et se transmet en D et en C. Mais un poids de 10 kilogrammes appuyant en H est équilibré par un poids cinq fois moindre en D ou en C; il fait donc sur le point C l'effet d'un poids de 2 kilogrammes. Et comme $CO = \frac{1}{2} OB$; il suffit en définitive de mettre en B un poids de 1 kilogramme pour équilibrer un poids T de 10 kilogrammes.

Dans les pesées, on multiplie donc par dix les poids placés dans le plateau pour avoir le poids du corps placé sur la table de la bascule.

Les bascules en usage dans les chemins de fer sont un peu différentes; il n'y a pas de plateau placé en B; mais le levier est prolongé, et sur sa tige graduée on porte plus ou moins loin un poids curseur comme dans la romaine, qui indique par sa place le poids du corps à peser.

Exercices.

88. Dans une romaine le curseur *p* pèse 500 grammes; il faut le

mettre lorsque le plateau est vide à une distance OB (fig. 220) de 6 centimètres; la distance OA est de 3 centimètres. On demande à quelle distance de B il faudra mettre le curseur si l'on place sur le plateau un poids de 4 kilogrammes?

89. Dans une bascule (fig. 221) FH $= \frac{1}{4}$ FD ; CO $= \frac{1}{2}$ OB ; AO $= \frac{1}{8}$ de OB. On place en T un poids de 40 kilogrammes, quel poids faudra-t-il mettre sur le plateau suspendu en B?

Questionnaire.

Comment peut-on classer les balances? Quelles sont les conditions de sensibilité d'une balance à plateaux suspendus?

Comment est constituée la romaine? Comment effectue-t-on une pesée avec la romaine? Comment l'a-t-on graduée?

Comment est formée la balance-bascule?

Devoir.

Quelles sont les conditions que doit remplir une balance? Comment s'assurer qu'une balance est juste? Comment peut-on trouver approximativement jusqu'à quel poids une balance est sensible.

CHAPITRE VI

APPLICATIONS DE LA DILATATION DES CORPS PAR LA CHALEUR

34. Coefficients de dilatation. — Voici les principaux résultats constatés par les expériences sur la dilatation des solides. Entre 0 et 100°, l'allongement produit sur une barre par la chaleur est sensiblement proportionnel à la température; en d'autres termes l'allongement est le même pour chaque degré; il est double pour deux degrés, triple pour trois, etc. Il s'ensuit que si l'on connaît, pour une barre d'un métal donné, l'allongement pour 1°, on pourra calculer l'allongement pour un nombre quelconque de degrés, inférieur à 100°.

Ce nombre, qui exprime l'*allongement de l'unité de longueur pour* 1°, s'appelle le *coefficient de dilatation linéaire.*

Pour le fer, ce coefficient est 0m,000012.

Une barre de fer de 1 mètre s'allongera donc de douze millièmes de millimètre pour 1°;

L'allongement pour 10°, 20°, 60°, sera 10 fois, 20 fois, 60 fois 0mm,012;

L'allongement pour une barre de 30 mètres, chauffée de 20°, sera :

$$30 \times 20 \times 0^{mm},012 = 7^{mm},2.$$

Il est donc facile de calculer la longueur qu'a prise une barre chauffée d'une température à une autre, si l'on connaît le coefficient de dilatation.

Les coefficients de dilatation varient d'un corps à un autre; et pour une même substance ils dépendent de l'état physique. Nous donnons dans le tableau ci-dessous ceux des substances les plus employées; les coefficients y sont exprimés en fractions de millimètre.

Fer en tiges ou lames. . . .	de	0,0116	à	0,0123
Acier.	de	0,0107	à	0,0119
— trempé.	de	0,0123	à	0,0137
Argent				0,0191
Cuivre jaune.				0,0188
— rouge				0,0172
Fer en fils.				0,0144
Or.				0,0147
Platine				0,0088
Plomb.				0,0287
Verre en tubes.				0,0090
Zinc.				0,0295

35. Problèmes sur les variations de longueur, de volume et de densité des solides.

1. *Un fil de fer mesure* 50 *mètres à* 0°, *quelle sera sa longueur à* 100°?

L'allongement subi de 0° à 100° sera .

$$50 \times 0,000012 \times 100$$

La longueur nouvelle sera donc :

$$50 + 50 \times 0,000012 \times 100 = 50^{m},06$$

Si l'on veut généraliser la question, on appelle :

l_0 la longueur à 0°,
k le coefficient linéaire,
t le nombre de degrés,
l_t la longueur cherchée,

et on peut écrire :

$$l_t = l_0 + l_0 \times k \times t$$

ou

$$l_t = l_0 (1 + kt).$$

Et on en tire :

$$l_0 = \frac{l_t}{1 + kt},$$

formule qui permet de déterminer la longueur à zéro quand on connait la longueur à une température quelconque.

2. *Un cube de laiton mesure* 0,30 *de côté à* 0°, *quel sera son volume à* 100°? *Le coefficient linéaire du laiton est* 0,0000188. *On sait que la dilatation cubique est le triple de la dilatation linéaire.*

L'accroissement de l'unité de volume pour un degré est donc :

$$3 \times 0{,}0000188 = 0{,}0000564.$$

Le volume du cube à 0° est :

$$V^0 = 0{,}30^3 = 0^{mc}{,}027.$$

L'accroissement de 0° à 100° est :

$$0{,}027 \times 0{,}0000564 \times 100$$

Le volume cherché est donc :

$$0{,}027 + 0{,}027 \times 0{,}0000564 \times 100 = 0^{mc}{,}027152.$$

Pour généraliser, on appelle :

V^0 le volume à zéro degré,
k le coefficient cubique (trois fois le coefficient linéaire),
t le nombre de degrés,
V_t le volume cherché,

et on écrit :

$$V_t = V_0 + V_0 \times K \times t,$$

$$V_t = V_0 (1 + Kt).$$

D'où l'on tire :

$$V_0 = \frac{V_t}{1 + Kt},$$

formule qui permet de trouver le volume à 0° quand on connait le volume à une température quelconque.

3. *Trouver la densité du laiton à 100°, sachant que la densite à 0° est 8,8.*

Soit un poids donné de laiton; si son volume augmente par l'action de la chaleur, sa densité doit diminuer, puisqu'on doit avoir :

$$P = V_0D_0 = V_tD_t.$$

Les densités sont en raison inverse des volumes.

Mais on sait que le volume V_t est égal au volume V_0 multiplié par $(1 + Kt)$.

Par suite, on peut écrire :

$$V_0D_0 = V_0\,(1 + Kt)\,D_t$$

ou

$$D_t = \frac{D_0}{1 + Kt},$$

et dans l'exemple précédent :

$$D \text{ à } {}_{100°} = \frac{D_0}{1 + 100K} = \frac{8{,}8}{1 + 0{,}0000564 \times 100} = 8{,}75.$$

36. Applications de la dilatation des solides. — La dilatation des corps solides est un phénomène dont il faut toujours tenir compte lorsqu'on fixe des pièces métalliques l'une à l'autre ou des métaux à d'autres substances. C'est ainsi que dans un chemin de fer il faut laisser de petits espaces libres entre les rails pour leur permettre de se dilater; sans cette précaution, les rails pourraient éprouver, par suite des variations de température, des flexions qu'il faut éviter. Les lames de zinc employées pour les toitures ne doivent jamais être ni soudées ensemble, ni clouées par tous leurs côtés, sans quoi elles se déchireraient l'hiver et se gonfleraient et se plisseraient l'été. On ne les fixe habituellement que d'un côté et on les agrafe les unes aux autres par les replis de leurs bords. Les tuyaux en fonte qui servent à retenir les eaux ou à distribuer le gaz entrent à frottement doux l'un dans l'autre par leurs extrémités, et lors même qu'ils sont réunis par un mastic ils peuvent se dilater sans se déformer.

Comme les corps solides ne sont presque pas compressibles, il faudrait leur opposer une force énorme si on voulait empêcher leur dilatation par la chaleur. Inversement, si on fixe à deux corps de grande masse une barre métallique chauffée et qu'on la laisse refroidir, la force de contraction sera assez grande pour déplacer les supports. Un exemple numérique va faire comprendre la grandeur de cette force. Une barre de fer d'un centimètre carré de section doit être chargée d'environ 2,000 kilogrammes pour s'allonger d'un millimètre par mètre. Pour lui donner ce même allongement par la chaleur, il suffit de la chauffer à 83°. Si donc elle est posée entre des obstacles absolument fixes qui l'obligent à garder sa longueur primitive, elle exercera sur ces obstacles, si on la chauffe au-dessus de 80°, une pression de 2,000 kilogrammes. Si au contraire elle a été fixée chaude, elle produira en se refroidissant une traction égale.

Cette force de contraction a pu être employée pour redresser les murs d'une galerie. Elle est journellement mise à profit pour fixer une pièce de fer à une autre par encastrement ou par des rivets et pour cercler de fer les roues de voitures; dans ce dernier cas, on pose à chaud le cercle qui doit réunir les pièces de bois composant la jante; ce cercle se contracte en se refroidissant, il resserre toutes les parties de la roue et les consolide.

37. Pendule compensé. — Une application importante de la dilatation inégale des métaux, c'est la compensation du pendule des horloges. Quand la température s'élève, la tige des pendules s'allonge, la durée de l'oscillation devient plus grande et l'horloge retarde. Pour éviter cet inconvénient et obtenir que le pendule garde toujours la même durée d'oscillation, on a imaginé plusieurs sortes d'appareils; nous ne décrirons que le *pendule à gril* de Leroy (fig. 222). Il est formé d'une série de tiges en fer et en laiton. La première tige est en fer et suspend un cadre rectangulaire de même métal; un second rectangle à trois côtés, en laiton, appuie sur la base inférieure du premier; un troisième rectangle en fer à trois côtés est suspendu à la partie supérieure du second, et ainsi de suite jusqu'à la dernière tige qui supporte le corps lourd oscillant. On voit de suite que l'effet de la chaleur sur la première tige a pour effet d'abaisser la lentille du pendule, mais que l'effet sur la seconde est de la relever, et ainsi de suite pour les autres. Et on comprend qu'on puisse associer les verges métalliques de telle façon, que la lentille conserve la même distance au point de suspension, quelle que soit la température, et qu'alors le pendule aura toujours la même longueur.

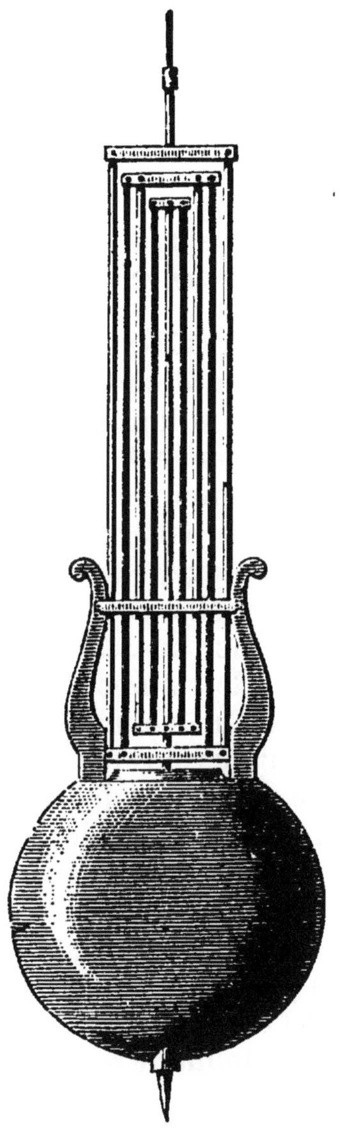

Fig. 222. — Pendule compensé de Leroy.

38. Dilatation apparente et dilatation absolue des liquides. — Les liquides sont toujours contenus dans des vases ; lors donc que l'on élève leur température, le vase qui les renferme se dilate en même temps que le liquide et dissimule en partie l'accroissement de volume du liquide. Il faut donc considérer la **dilatation absolue**, c'est-à-dire l'augmentation réelle du volume du liquide, et la **dilatation apparente**, ou la variation de son volume dans le vase qui le renferme. C'est cette dernière qui s'observe le plus facilement et que présentent les thermomètres. On peut d'ailleurs concevoir, à l'aide d'un exemple simple, ce qu'il faut entendre par dilatation apparente. On suppose un vase divisé en parties d'égale capacité; s'il contient un liquide jusqu'à la 120e division à 0°, et si à 100° il marque 130 divisions, l'augmentation apparente du volume 120 entre 0° et 100° est de 10, celle de l'unité de volume aurait été de $\frac{10}{120}$ ou $\frac{1}{12}$, et ce nombre représente bien la dilatation du liquide, évaluée sans qu'on lui ait ajouté celle du vase.

Les deux dilatations des liquides sont liées l'une à l'autre par une relation simple : *La dilatation absolue est égale à la dilatation apparente augmentée de la dilatation de l'enveloppe.*

39. Dilatation de l'eau. — L'eau présente dans sa dilatation un phénomène tout particulier. Tandis qu'un liquide, comme le mercure ou l'alcool, diminue constamment de volume à mesure qu'il se refroidit, l'eau diminue bien de volume jusqu'à un certain point; mais à partir de ce point et bien qu'on la refroidisse davantage, elle augmente. Il y a donc une température à laquelle une quantité donnée d'eau a le plus petit volume; au-dessous comme au-dessus de cette température, le volume devient plus grand. Ainsi, que l'on observe un volume donné d'eau à partir de 0°, on le voit diminuer jusqu'à 4°, puis augmenter au-dessus de 4°, de telle sorte que vers 8° l'eau aura repris sensiblement le volume qu'elle avait à 0°.

L'expérience inverse n'est pas moins probante : si on prend un volume d'eau à 15°, qu'on le refroidisse lentement, on verra son volume diminuer jusqu'à 4°, puis à partir de 4° jusqu'à 0° le volume augmentera. Il y a donc pour l'eau vers 4° un minimum de volume ou un maximum de densité.

40. Maximum de densité de l'eau. — L'existence du maximum de densité de l'eau est démontrée par l'expérience suivante due à Hope. On prend une éprouvette en verre remplie d'eau et dont deux thermomètres fixés l'un en haut, l'autre en bas, indiquent la température (fig. 223). L'éprouvette porte vers le milieu un manchon métallique dans lequel on met de la glace. L'eau est d'abord à la température ordinaire, et les deux thermomètres marquent le même degré. Mais on voit bientôt le thermomètre inférieur t' baisser, tandis que l'autre ne change pas; c'est que l'eau, refroidie par son contact avec la glace, a gagné le fond; elle est donc devenue plus lourde en se refroidissant. Le thermomètre t' marque bientôt 4° et il cesse de baisser. A partir de ce moment, c'est le thermomètre supérieur qui baisse, qui atteint 4° et qui descend même jusqu'à 0°. C'est donc que l'eau refroidie à partir de 4° jusqu'à zéro a cessé de descendre, et qu'elle est au contraire devenue plus légère.

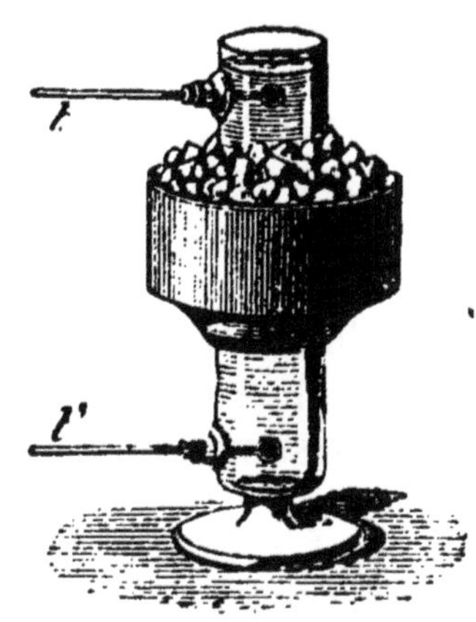

Fig. 223. — Appareil de Hope pour montrer que l'eau a un maximum de densité.

L'eau est plus lourde à 4° qu'à toute autre température; c'est alors qu'elle a son maximum de densité.

41. Recherche du maximum de densité de l'eau. — Il est très intéressant de connaître la température à laquelle l'eau a le plus petit volume, puisque c'est le poids d'un centimètre cube d'eau à son maximum de densité qui détermine l'unité de poids. Il semble au premier abord que la détermination de cette température est chose facile et simple; mais, entre le moment où l'eau cesse de se contracter sensiblement et le moment où elle commence à se dilater d'une manière appréciable, il y a un intervalle où elle ne change pas de volume, et c'est ce qui rend délicate la recherche du maximum de densité.

La première méthode employée est celle de Lefebvre-Gineau qui fut chargé de déterminer l'étalon du kilogramme. Elle consistait à peser un cube métallique dans de l'eau pure à diverses températures; c'est évidemment à l'instant où le poids du cube est le plus diminué que la température du maximum de densité est atteinte; on trouva 4°4.

Plus tard, Despretz reprit la question en plongeant dans un même bain, dont il faisait varier la température depuis 0° jusqu'à 15°, un thermomètre à eau et un thermomètre à mercure; il observait le volume occupé par l'eau aux diverses températures, et il conclut de ses recherches que le maximum de densité est à 4°.

L'existence du maximum de densité de l'eau explique comment l'eau des lacs et des rivières peut rester dans le fond à une température de 4°, même quand elle est congelée à la surface. L'hiver, quand l'air se refroidit et qu'il refroidit la surface de l'eau, celle-ci devenant plus lourde à mesure qu'elle se refroidit tombe au fond; et il en est ainsi tant que toute la masse n'est pas à 4°; mais à partir de ce moment, si le refroidissement continue, l'eau de la surface qui redevient plus légère ne tombe plus; elle reste à la surface où elle continue à se refroidir et se congèle même; et le fond reste à 4°, ce qui rend la vie possible à tous les animaux aquatiques.

42. Dilatation des gaz. — Les gaz se dilatent beaucoup plus que les liquides par l'action de la chaleur. Mais leur augmentation de volume peut provenir aussi d'une diminution survenue dans leur pression. Il faut donc, pour connaître l'effet dû à la chaleur seule, chercher à mesurer la dilatation en tenant constante la pression.

Les premières expériences pour trouver le *coefficient de dilatation d'un gaz*, c'est-à-dire l'augmentation que subit l'unité de volume pour 1°, sont dues à Gay-Lussac.

Les résultats de ses expériences sont formulés dans les deux lois suivantes :

1° *Tous les gaz se dilatent de la même manière entre* 0° *et* 100°;

2° *Le coefficient de dilatation de l'air et des gaz est de*

0,00375, c'est-à-dire qu'un litre de gaz augmente son volume de 3 centimètres cubes 75 pour chaque degré de température.

Des expériences plus précises de Regnault ont fait adopter le nombre 0,00367 pour le coefficient de dilatation des gaz.

43. Problèmes relatifs à la dilatation des gaz. — Les lois de Gay-Lussac permettent de déterminer le volume que prendra, à une température t, une masse gazeuse dont le volume à 0° est V^o. Il y a deux cas à considérer : celui où la pression est constante et celui où elle varie.

1° *La pression est constante.* — Soit à *chercher ce que devient à* 100° *un volume de* 20 *litres d'air pris à* 0°

1 litre de 0° à 1° devient 1 + 0,00367.

1 litre de 0° à 100° devient 1 + 0,00367 × 100.

20 litres de 0° à 100° deviennent 20 (1 + 0,00367 × 100) = 27,34.

En général le volume V_0 devient donc à t^o :

$$V_t = V_0 (1 + \alpha t).$$

Si l'on prend, pour valeur de α, $\frac{1}{273}$, on voit que pour la température de 273 degrés au-dessus de zéro, le volume sera le double de ce qu'il est à 0°.

$$V_{273} = V_0\left(1 + \frac{1}{273} 273\right) \qquad \text{ou} \qquad V_{273} = 2V_0.$$

2° *La pression varie.* — Soit à *chercher ce que deviendrait à* 100° *sous la pression* 570mm, *un volume de gaz de* 20 *litres pris à* 0° *sous la pression* 760mm.

Si le volume restait à 0° et passait de la pression 760 à la pression 570, il prendrait, d'après la loi de Mariotte, une valeur V_1.

$$V_1 = \frac{20 \times 760}{570}.$$

Ce volume V_1, en passant de 0° à 100°, deviendra :

$$V_1 (1 + 0,00367 \times 100).$$

Le volume cherché sera donc :

$$V = \frac{20 \times 760 (1 + 0,00367 \times 100)}{570} = 36,45$$

3° On peut également résoudre le problème inverse, c'est-à-dire prendre une masse gazeuse occupant un volume V sous la pression

H à la température t, et chercher son volume dans les *conditions normales*, c'est-à-dire à 0° et sous la pression de 760; on a alors :

$$V_0 \times 760 = \frac{VH}{1 + \alpha t}.$$

D'où

$$V_0 = \frac{VH}{(1 + \alpha t)\,760} \quad \text{ou} \quad V \times \frac{H}{760} \times \frac{1}{1 + \alpha t}.$$

Ces différentes formules permettent de résoudre tous les problèmes sur les variations du poids ou du volume des gaz.

Un volume de gaz, chauffé de 0° à 273°, devient *double* s'il est libre de se dilater, c'est-à-dire si la pression reste la même; puisque le même poids de gaz occupe un volume double, sa densité n'est plus que la moitié de ce qu'elle était à 0°. Si on l'empêche de se dilater et si l'on veut qu'il conserve son volume primitif, il faudra que sa force élastique devienne égale à 2 atmosphères.

Le changement de volume dû à la dilatation d'une masse gazeuse intervient aussi dans les causes qui produisent le tirage des cheminées, dans la recherche de la densité des gaz, dans le calcul du poids d'une quantité donnée d'un gaz.

44. Tirage des cheminées. — Les causes qui produisent le tirage des cheminées sont encore dues à la dilatation des gaz. En effet, à l'intérieur de la cheminée il y a une colonne d'air chaud de hauteur h, à la température T. A l'extérieur, une colonne de même hauteur h est à la température t. Les poids de ces deux colonnes ne sont pas égaux; celui de la colonne d'air froid est plus grand que le premier. L'équilibre ne peut donc pas exister dans le plan horizontal qui passe par le foyer. L'air froid pousse l'air chaud, s'échauffe à son tour, monte dans le tuyau, et le phénomène continue. Mais il faut que la chambre où est le foyer ne soit pas absolument close et que l'air froid puisse s'y renouveler; c'est une condition qui se trouve toujours réalisée dans la pratique, car les jointures des portes et des fenêtres laissent toujours passer une quantité d'air suffisante.

On comprend que plus la hauteur du tuyau augmente, plus augmente aussi la différence entre le poids de l'air chaud et celui d'une colonne d'air froid de même hauteur. Mais il y a une limite : il est indispensable que l'air arrive au sommet du conduit plus léger, autrement dit plus chaud, que l'air extérieur; il ne faut par conséquent pas que son trajet ait été assez long pour l'avoir refroidi entièrement.

45. Densité des gaz. — Tandis que l'on compare à l'eau les solides et les liquides pour en déterminer la densité, on a choisi l'air comme terme de comparaison pour les gaz. On appelle densité d'un gaz par rapport à l'air *le rapport du poids de ce gaz au poids du même volume d'air pris dans les mêmes conditions de température et de pression.* Et quand on dit que la densité du chlore est 2.46, celle de l'acide carbonique 1.52, ces nombres expriment ce que chacun de ces gaz pèse de fois plus que l'air dans les mêmes conditions.

Comme il est commode d'indiquer une fois pour toutes le poids de l'air dans des conditions connues, on l'indique à la température 0° et sous la pression de 760^{mm}; et quand on veut comparer le poids d'un gaz à celui d'un égal volume d'air, on les prend tous deux à 0° et sous la pression de 760^{mm}.

Il paraît facile au premier abord de trouver la densité d'un gaz, puisqu'en principe il s'agit de connaître le poids d'un volume déterminé du gaz et le poids d'un égal volume d'air dans les mêmes conditions de température et de pression. Il semble alors qu'il suffise de peser un ballon plein du gaz, le même ballon vide, puis le ballon plein d'air, et d'en tirer le poids du gaz et le poids de l'air. Mais la pesée exacte d'un gaz est chose très délicate, non seulement parce que les variations de température modifient le poids du gaz, mais surtout parce que la poussée exercée par l'air sur le ballon contenant le gaz est presque de même grandeur que le poids du gaz, et que cette poussée peut varier si la température change, si l'état hygrométrique se modifie. Un grand nombre de physiciens ont cherché à résoudre ce problème. C'est Regnault qui a donné la solution la plus précise et la plus simple.

Voici les nombres qu'il a trouvés pour quelques-uns des gaz les plus connus :

Oxygène.	1,1056	Azote.	0,971
Hydrogène	0,0692	Acide carbonique. . .	1,529
Chlore.	2,44	Gaz des marais.	0,558
Gaz ammoniac.	0,597	Gaz sulfureux.	2,25

Le poids du litre d'air à 0° et sous la pression de 760^{mm} a été trouvé égal à 1^{gr},293.

46. Calcul du poids des gaz. — Avec la connaissance du poids d'un litre d'air à 0° et à 760^{mm} de pression, on peut calculer le poids d'un volume quelconque V d'air à une température *t* et à une pression H, et aussi le poids d'un autre gaz dont on donne la densité.

Soit à chercher *le poids de* 40 *litres d'air à* 100° *et sous la pression* 570^{mm}.

Le volume ramené à 0° deviendrait :

$$\frac{40}{1 + 0,00367 \times 100}.$$

Et si au lieu d'être à la pression 570, il était à la pression 760, le volume serait :

$$\frac{40}{1 + 0,00367 \times 100} \times \frac{570}{760}.$$

Le poids de cette quantité d'air est donc :

$$P = \frac{40 \times 570}{(1 + 0,00367 \times 100)760} \times 1,293 = 28^{gr},3.$$

Si on généralise la question, qu'on appelle V le volume à *t*° et à la pression H, α le coefficient de dilatation des gaz, on a pour l'expression du poids :

$$P = V \times 1,293 \times \frac{H}{760} \times \frac{1}{1 + \alpha t}.$$

Quand il s'agit d'un autre gaz, puisque la densité d est le nombre de fois que le gaz pèse plus que l'air dans les mêmes conditions, on a pour l'expression du poids :

$$P' = V \times 1{,}293 \times d \times \frac{H}{760} \times \frac{1}{1+\alpha t}.$$

D'ordinaire, on prend le litre pour unité de volume; alors si le volume est exprimé en litres, le poids est obtenu en grammes; c'est une remarque qu'il ne faut pas perdre de vue, surtout quand on compare le poids d'un gaz à celui d'un liquide ou d'un solide; on sait en effet que pour ces derniers, au volume exprimé en litres corres pond le poids en kilogrammes.

Les deux formules précédentes sont d'un usage courant, soit pour déterminer le poids d'un volume donné de gaz, soit pour trouver le volume qu'occuperait, dans des conditions indiquées de température et de pression, un poids connu d'un gaz.

En chimie, on prend souvent comme terme de comparaison le poids d'un litre d'hydrogène à 0° et à 760^{mm}, c'est-à-dire le nombre 0,0895, parce que la densité des gaz principaux est en rapport simple avec la densité de l'hydrogène. Ainsi quand on veut trouver le poids d'un litre d'oxygène, d'azote, d'acide carbonique, à 0° et à 760^{mm}, on multiplie le poids du litre d'hydrogène par 16, 14, 22; c'est souvent plus commode que d'avoir recours directement au poids du litre d'air et à la densité du gaz.

Exercices.

60. Un fil de fer de 500 mètres à 0° passe à la température de 50°, quelle sera sa nouvelle longueur?

61. Un cube de laiton pèse à 0° $4^{kg},5056$, trouver son volume à 100°.

62. On a un litre de mercure à 0°; il pèse $13^{kg},596$, on le chauffe à 200°; quel sera son volume et quel sera le poids du centimètre cube?

63. Trouver le volume à 0° et sous la pression de 760^{mm} d'une masse de gaz qui est de $4^{l},5$ à 60°, sous la pression 570^{mm}.

64. On a mesuré 750^{cmc} d'oxygène à 40° sous la pression 720^{mm},

trouver le poids de ce gaz, sachant que le litre d'oxygène à 0° et sous la pression 760mm pèse 1gr437.

Questionnaire.

La quantité dont s'accroît un solide est-elle la même pour chaque degré de chaleur? Qu'appelle-t-on coefficient de dilatation?

Quelles sont les principales applications de la dilatation des solides?

Comment se dilatent les liquides? Diminuent-ils tous et toujours quand la température s'abaisse?

Comment se dilatent les gaz? Comment explique-t-on le tirage des cheminées?

Comment calcule-t-on le poids d'une quantité donnée de gaz?

Devoir.

Comment montre-t-on que l'eau a un maximum de densité? A quelle température se trouve-t-il? Quels sont les phénomènes qui en dépendent?

CHAPITRE VII

PROPAGATION DE LA CHALEUR

47. La chaleur se propage de deux manières différentes : elle se transmet d'un point à un autre dans certains corps comme les tiges métalliques en échauffant successivement les différentes parties qu'elle traverse, c'est la propagation par *conductibilité;* ou bien elle franchit des espaces plus ou moins considérables sans échauffer nécessairement les corps intermédiaires; ce dernier mode de propagation, analogue à celui de la lumière, a reçu le nom de *rayonnement* ou de *chaleur rayonnante.*

48. Conductibilité des solides. — Les corps solides ne conduisent pas tous la chaleur avec une même facilité; ainsi tandis qu'on peut tenir sans crainte de se brûler un bout de bois ou de charbon, une allumette assez près du point de sa combustion, on ressent une impression douloureuse si l'on prend une tige métallique dont un bout est placé dans un foyer. On dit que le métal est *bon conducteur* et que le charbon ou le bois conduisent mal.

On peut mettre en évidence la différence de conductibilité de deux métaux, par exemple le fer et le cuivre, par une expérience simple.

On prend une barre de chaque métal que l'on oppose bout à bout (fig. 224) ou bien deux fils, l'un de cuivre,

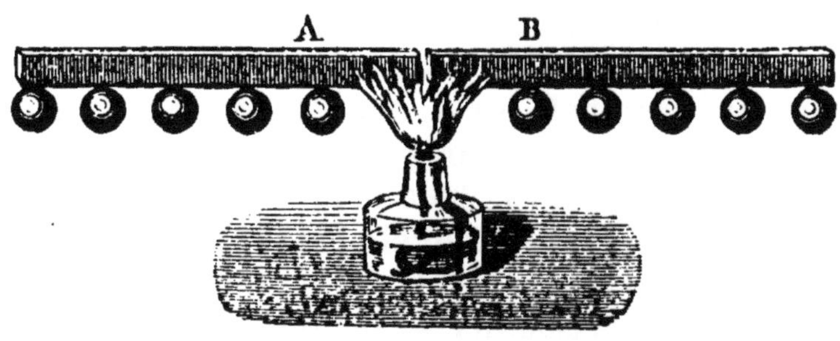

Fig. 224. — Différence de conductibilité de deux métaux.

l'autre de fer, tordus ensemble par leurs extrémités. On leur suspend à des distances égales à l'aide de cire ou de tout autre corps facilement fusible de petites boules. Et on chauffe le point de réunion des deux barres ou la jonction des deux fils. On voit alors les petites boules se détacher plus vite et plus loin de la source de chaleur sur l'une des tiges que sur l'autre. C'est donc que la chaleur s'est propagée inégalement vite dans les deux tiges.

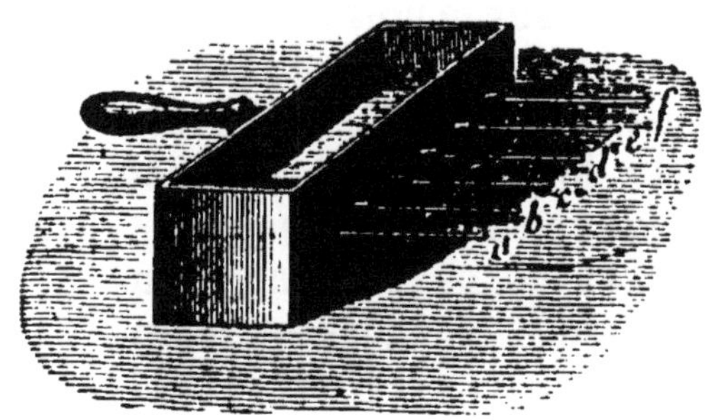

Fig. 225. — Appareil d'Ingenhouz.

Pour établir l'ordre de conductibilité des principaux solides on se sert de l'appareil d'Ingenhouz. C'est une boîte de métal (fig. 225) sur une des parois de laquelle sont plantées perpendiculairement une série de tiges les unes métalliques, les autres de bois et de verre. Ces tiges ont même longueur et même diamètre; elles n'ont chacune que leur extrémité en contact avec l'intérieur de la boîte. On leur fait une surface uniforme en les plongeant dans de la cire fondue et en laissant la cire qu'elles ont retenue s'y fixer par refroidissement. On verse alors de l'eau bouillante dans la boîte. Au bout de quelque temps l'on voit la cire fondre sur quelques-unes des tiges et pas sur d'autres. La chaleur se communique aux tiges par conductibilité, et l'on remarque celles qui conduisent le mieux parce que la cire y fond sur une plus grande longueur. On reconnaît ainsi que l'argent est le métal le meilleur conducteur, après lui viennent le cuivre, le laiton, le zinc, le fer; le bois et le verre conduisent mal, la cire y fond à peine de quelques millimètres.

Les métaux sont les meilleurs conducteurs. Après eux le marbre, la porcelaine, la brique, le bois conduisent moins bien. Les matières pulvérulentes et filamenteuses conduisent mal.

On montre très facilement que le fer conduit la chaleur beaucoup mieux que le bois : on prend un porte-plume ordinaire; on colle une étiquette mi-partie sur le fer, mi-partie sur le bois; on chauffe l'endroit ainsi recouvert dans la flamme d'une lampe à alcool; le papier se carbonise sur le bois parce qu'il garde la chaleur qu'il a reçue du foyer; il reste blanc sur le métal qui est bon conducteur de la chaleur.

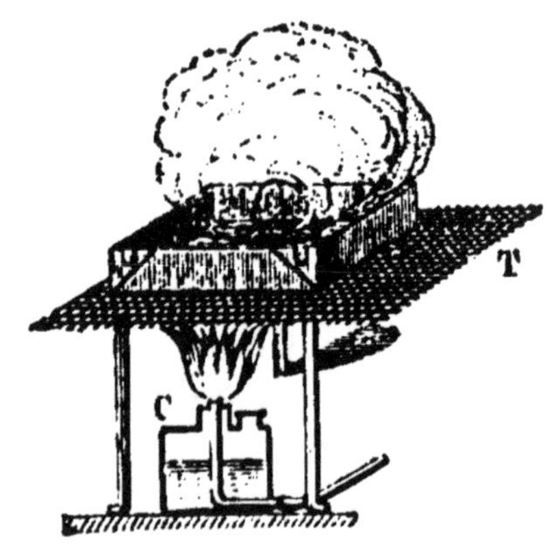

Fig. 226.

Les corps mauvais conducteurs se laissent néanmoins traverser par la chaleur quand ils sont peu épais et en contact avec un corps bon conducteur. On en a une preuve dans l'expérience suivante qui consiste à faire bouillir de l'eau dans un vase en papier. On pose un vase en papier contenant de l'eau sur une toile métallique T (fig. 226) et on met au-dessous de la toile une lampe allumée; au bout de peu de temps on voit l'eau bouillir sans que le papier soit carbonisé. La plus grande partie de la chaleur du foyer a été prise par la toile métallique; une portion a été transmise à l'eau au travers du papier et comme l'eau en absorbe beaucoup pour s'échauffer, la température du papier ne dépasse pas 100° tant qu'il est baigné par l'eau.

49. Conductibilité des liquides et des gaz. — Si on chauffe par le fond un vase contenant un liquide, les premières couches chauffées s'élèvent, transportent avec elles la chaleur qu'elles ont reçue et la cèdent aux couches voisines : c'est un échauffement par transport ou par *convection* et non par conduction ou conductibilité. Pour étudier la conductibilité des liquides, il faut les chauffer par leur surface supérieure, on reconnaît alors que la conductibilité est très faible. Au-dessus de l'eau d'un verre et dont on a mesuré la température, on verse de l'alcool que l'on enflamme; quand l'alcool a brûlé, on plonge de nouveau le thermomètre dans l'eau et on voit que la température de l'eau a très peu varié. La chaleur du foyer supérieur ne s'est donc pas transmise facilement au liquide.

Tous les liquides, à part le mercure qui est un métal, sont mauvais conducteurs.

Il en est de même des gaz; et si habituellement on les échauffe avec assez de facilité, c'est comme les liquides, par les courants qui s'y produisent. L'air au repos est très mauvais conducteur de la chaleur.

L'hydrogène paraît être meilleur conducteur que les autres gaz.

50. Applications. — On peut se proposer soit de préserver une substance du refroidissement, soit de l'empêcher de recevoir la chaleur ambiante plus grande que la sienne, soit inversement de refroidir un corps le plus promptement possible.

Dans les deux premiers cas, il faut couvrir le corps d'une enveloppe peu conductrice de la chaleur, par exemple d'une étoffe de laine ou de soie, d'un corps pulvérulent, de plumes légères qui emprisonnent des couches d'air isolantes ou qui rendent les courants gazeux impossibles. Dans le dernier cas, il faut mettre le corps à refroidir en contact avec un corps bon conducteur.

Les exemples à citer sont très nombreux. Les murs épais en briques creuses, les doubles fenêtres enferment une couche d'air qui empêche la chaleur intérieure de se répandre au dehors. Les vêtements de laine conservent à l'homme du nord sa propre chaleur; ils préservent l'homme des contrées chaudes de la chaleur extérieure. La glace se conserve dans une étoffe de laine; elle peut être transportée l'été dans la sciure de bois; on la garde dans des cavités protégées par des murs de terre et des toits de paille.

On refroidit un corps métallique en le mettant sur un autre corps métallique de grande masse. On refroidit une flamme avec une toile métallique assez grande pour que les gaz qui la forment cessent de brûler; c'est le principe de la lampe de Davy si utile aux mineurs.

Les différents poêles dont on se sert dans les pays froids diffèrent en ce que les uns conduisent mieux que les autres la chaleur.

La sensation qui fait croire l'hiver que le fer est plus froid que le bois est aussi un effet de conductibilité.

Les feutres, les fourrures doivent leurs emplois à la propriété de ne pas se laisser traverser par la chaleur et de la garder dans les corps qu'ils servent à envelopper ou à couvrir.

81. Chaleur rayonnante. — Le caractère de la chaleur rayonnante c'est de se transmettre à distance sans le secours de la matière pondérable. Elle peut en effet se transmettre à travers le vide; ainsi la chaleur solaire ne nous parvient qu'après avoir traversé les espaces interplanétaires où il n'existe aucune matière pondérable. L'expérience classique de Rumford montre que la chaleur qui n'est pas accompagnée de lumière se transmet à travers le vide aussi bien que la chaleur solaire.

On prend un ballon auquel on a soudé un thermomètre et dont on prolonge le col par un tube de 80 centimètres de long (fig. 227). On remplit le tout de mercure sec pour en faire un baromètre dans lequel le ballon reste entièrement vide. On fond à la lampe la partie supérieure du col, et en étirant on sépare le ballon du tube. Ce ballon vide, on le jette dans de l'eau chaude, et aussitôt qu'il y plonge le thermomètre indique une élévation de température. Or la chaleur n'a pu lui arriver en quantité un peu notable par l'enveloppe de verre qui est mauvaise conductrice; la spontanéité de l'échauffement ne peut être attribuée qu'à la chaleur qui a traversé l'espace vide du ballon.

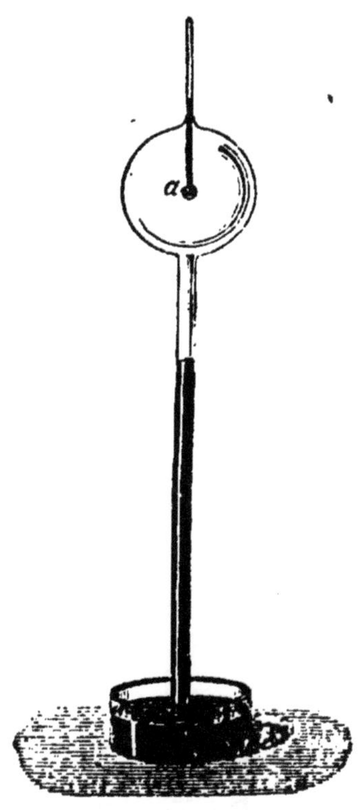

Fig. 227. — Expérience de Rumford.

Diverses expériences ont démontré que *la chaleur traverse certains corps sans les échauffer*. Ainsi on peut enflammer de la poudre au foyer d'une lentille de glace que l'on expose aux rayons solaires. Prévost de Genève a fait voir que la chaleur d'un boulet rouge peut impressionner un thermomètre placé de l'autre côté d'une nappe d'eau tombant d'un réservoir, et dans ces deux cas la chaleur n'a pas d'abord échauffé la nappe d'eau, ni la lentille de glace; elle les a traversées sans élever sensiblement leur température.

Voilà donc bien démontré le caractère de la chaleur rayonnante. En répétant pour la chaleur les premières expériences que l'on fait pour la lumière, on démontrerait que *la chaleur se propage en ligne droite*, qu'on peut l'obtenir en faisceaux ou en rayons, qu'un point calorifique en émet dans toutes les directions, que *la quantité de chaleur reçue par une surface constante est inversement proportionnelle au carré de la distance à la source*, qu'on peut appeler *intensité d'une source calorifique* la quantité envoyée par cette source sur une surface égale à l'unité placée à l'unité de distance.

32. Appareils employés. — Les appareils employés pour l'étude de la chaleur rayonnante sont de deux sortes : les *sources de chaleur* et les *appareils sensibles*.

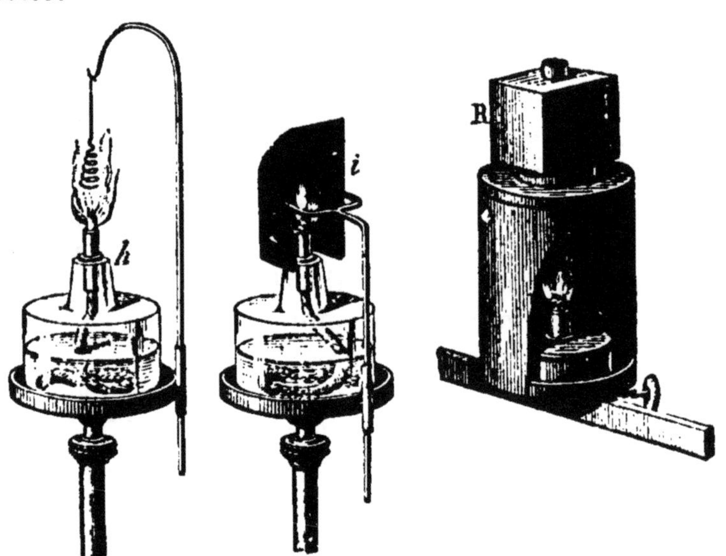

Fig. 228. — Cube, fil de platine, lame de cuivre.

Leslie qui le premier a étudié les phénomènes du rayonnement employait comme source de chaleur un *cube métallique* à faces de divers métaux rempli d'eau chaude, et comme appareil sensible le *thermomètre différentiel*.

Melloni a choisi quatre sources de chaleur dont deux donnent de la chaleur lumineuse et deux de la chaleur obscure. C'est la *lampe de Locatelli* munie de son petit réflecteur, le *fil de platine porté à l'incandescence* d'une part, et d'autre part un *cube métallique* analogue à celui de Leslie et une *lame de cuivre chauffée à environ* 400° (fig. 228). Il a pris comme appareil de mesure un instrument d'une très grande sensibilité, le **thermo-multiplicateur**, composé d'une pile thermo-électrique réunie à un galvanomètre.

Cette *pile thermo-électrique* est formée de barreaux de bismuth soudés à des barreaux d'antimoine de manière que les soudures paires soient toutes sur une même face et les soudures d'ordre impair sur une face opposée. Les deux faces sont munies d'étuis métalliques terminés par un petit couvercle (fig. 229). On tourne l'une des faces après avoir levé son couvercle, dans la direction d'un faisceau calorifique : le groupe de soudures qui correspond à cette face est plus échauffé que celui de l'autre face; il en résulte un courant électrique d'autant plus intense que la différence de température entre les deux faces de la pile est plus considérable.

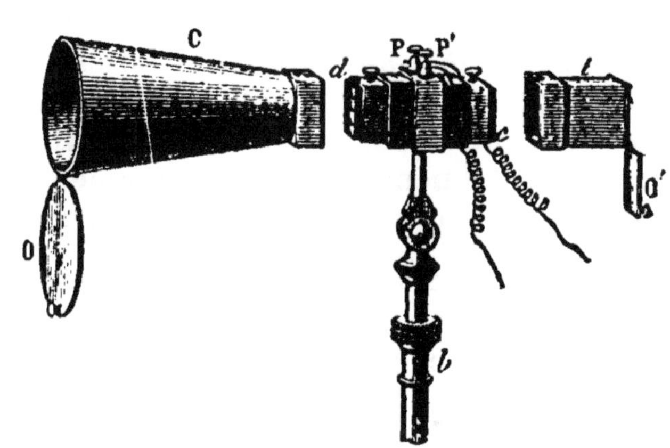

Fig. 229. — Pile de Melloni.

L'expérience a prouvé que dans ce double appareil, avec un galvanomètre à fil court, les déviations de l'aiguille en deçà de 30° sont proportionnelles aux quantités de chaleur, que deux sources égales placées ensemble devant l'une des faces de la pile provoquent une déviation double de la déviation que l'on obtiendrait en employant une seule des deux sources. L'intensité du courant observé au galvanomètre peut donc servir à mesurer les quantités de chaleur que l'on envoie sur la pile.

353. Division du sujet. — Dans l'étude de la chaleur rayonnante il y a d'une part *un corps chaud* qui *émet* de la chaleur; d'autre part *un corps qui la reçoit;* et entre eux un corps qui la *transmet.* En général quand de la chaleur arrive sur un corps, une partie est *réfléchie régulièrement;* une autre portion est réfléchie irrégulièrement ou *diffusée,* et enfin une certaine quantité est *absorbée* et sert à l'échauffement du corps.

Il y a donc lieu d'étudier l'*émission* et de définir les *pouvoirs émissifs* des différents corps, la *transmission* ou le passage au travers des solides, des liquides et des gaz, l'*absorption,* la *diffusion* et la *réflexion.* Tel serait l'ordre logique; on le renverse souvent dans l'enseignement élémentaire pour profiter de tous les avantages de la méthode expérimentale, et l'on commence par étudier le partage de la chaleur qui tombe sur un corps.

354. Réflexion de la chaleur. — La chaleur qui accompagne la lumière se réfléchit comme elle, et se concentre au foyer d'un miroir concave puisqu'on y peut enflammer des corps combustibles.

Les anciens le savaient; ils employaient les miroirs ardents. Leslie, en plaçant le cube plein d'eau chaude à une certaine distance d'un grand miroir de cuivre poli, sur l'axe du miroir, a montré que cette source calorifique avait un foyer conjugué où se concentrait la chaleur. Il a donc ainsi fait la preuve que la chaleur obscure se réfléchit comme la lumière.

Dans les cours, on rend cette preuve très saisissante par l'expérience des *miroirs conjugués.* On a deux grands miroirs de laiton dont chacun est porté par un pied A (fig. 230), et mobile autour d'un axe horizontal; un support V*vt* permet de placer devant le miroir un corps chaud ou un corps combustible. On dispose les deux miroirs vis-à-vis l'un de l'autre, de manière que leurs axes coïncident. On cherche le foyer de chacun d'eux. Au foyer de l'un on place du coton-poudre tenu dans une petite pince métallique; au foyer de l'autre, dans une corbeille en toile métallique, on met des charbons allumés. Si les deux miroirs ont bien leurs axes en par-

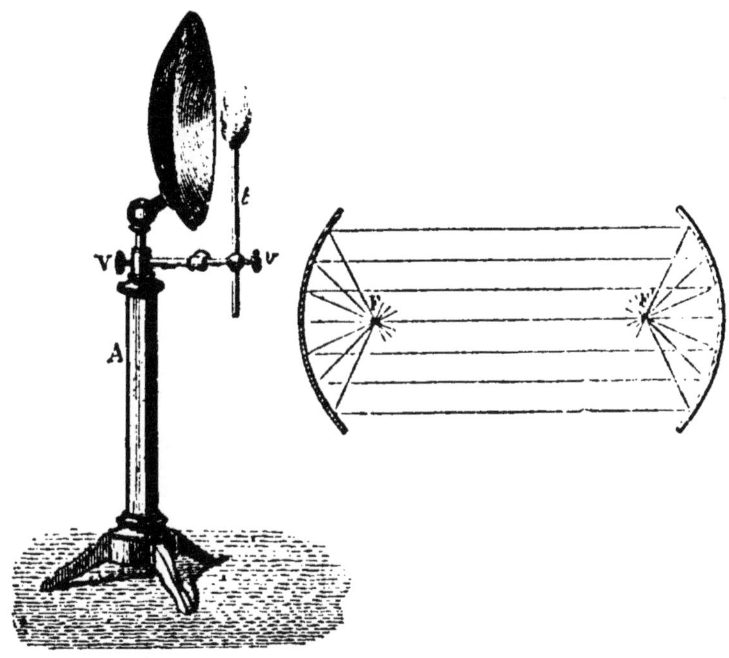

Fig. 230. — Expérience des miroirs conjugués.

faite coïncidence, la chaleur provenant des charbons allumés, renvoyée d'un miroir sur l'autre, produit l'inflammation du coton-poudre à plus de sept mètres de distance. Les rayons calorifiques partis du foyer F, réfléchis sur le miroir M ont formé un faisceau parallèle qui s'est réfléchi sur le miroir M' et s'est concentré en son foyer F'.

L'appareil de Melloni permet de faire la preuve directe que la chaleur suit les mêmes lois que la lumière pour la réflexion, et de plus il sert à mesurer le pouvoir réflecteur des différents corps. On monte l'expérience comme l'indique la figure 231 ; on place la pile sur un bras mobile. A représente la source de chaleur, D un écran, B la surface réfléchissante inclinée sur la direction

AD. On reconnaît d'abord que la pile ne reçoit de la chaleur réfléchie que quand l'angle de réflexion est égal à l'angle d'incidence. On met donc la pile, l'écran étant relevé, dans la position convenable. On abaisse l'écran et on note la déviation de l'aiguille, on a ainsi l'intensité i

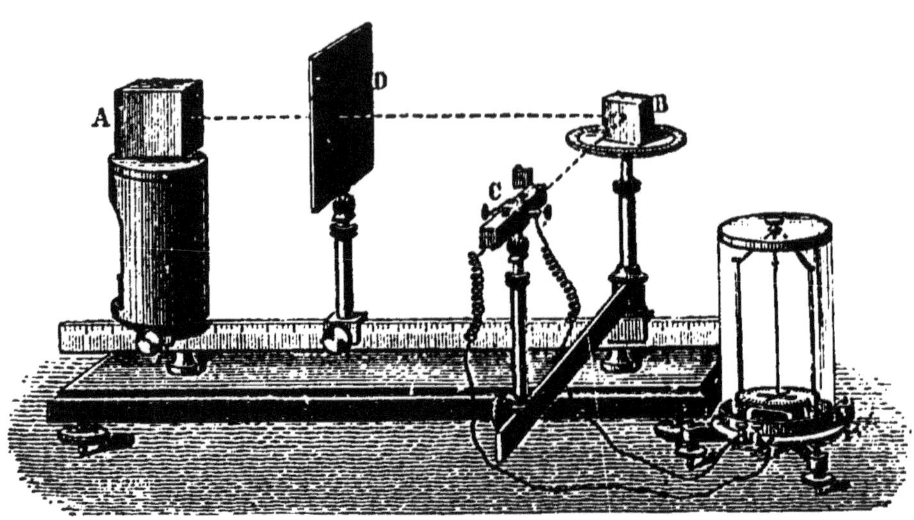

Fig. 231. — Vérification des lois de la réflexion et mesure du pouvoir réflecteur.

du courant que la chaleur a déterminé. On enlève la substance B et l'on tourne le bras qui porte la pile de manière que celle-ci reçoive directement la chaleur ; on observe alors une intensité i' au galvanomètre. Dans les deux positions, la chaleur reçue par la pile a parcouru la même longueur ; les quantités de chaleur sont donc dans le rapport $\frac{i}{i'}$, et ce rapport indique le pouvoir réflecteur de la substance.

Les métaux sont les corps dont le pouvoir réflecteur est le plus grand ; ainsi l'argent poli réfléchit 0,96 de la chaleur incidente. Pour le verre et le cristal de roche qui sont en outre transparents, la quantité de chaleur réfléchie augmente avec l'angle d'incidence.

55. Diffusion de la chaleur. — Les substances mates comme le blanc de céruse, le papier, le verre dépoli ne réfléchissent pas la chaleur dans une direction unique, mais dans tous les sens. C'est le phénomène de la *diffusion*. Avec une substance polie placée en B dans l'expérience précédente, il n'y a qu'une position où la pile reçoive de la chaleur; avec une substance mate au contraire, la pile reçoit de la chaleur dans plusieurs directions. Le pouvoir diffusif d'un corps est moins facile à mesurer que le pouvoir réflecteur; il faut en effet recueillir la chaleur tout autour de la surface qui diffuse et faire la somme de toutes les quantités trouvées.

56. Transmission de la chaleur. — Certaines substances se laissent traverser par la chaleur; ainsi le verre laisse passer la chaleur solaire. On donne le nom de corps *diathermanes* aux corps transparents pour la chaleur, et on appelle *athermanes* ceux qui ne sont pas traversés par la chaleur incidente.

Pour étudier le degré de transparence des diverses substances pour la chaleur, on les taille en plaques que l'on place sur le trajet des rayons calorifiques.

On remarque que la quantité de chaleur transmise varie avec la nature de la lame, avec son épaisseur, et aussi avec la nature de la source de la chaleur.

Il résulte d'un certain nombre d'expériences que le sel gemme est la seule substance qui laisse passer intégralement toute la chaleur sans rien absorber, quelle que soit la source calorifique. Les autres substances ne se comportent pas de même; elles ne sont pas également transparentes pour les divers rayons calorifiques; elles arrêtent même complètement certaines radiations. Ainsi le verre ordinaire qui se laisse traverser par la chaleur lumineuse est complètement opaque pour la chaleur obscure comme celle du cube de Leslie.

Il y a là un fait analogue à celui de la transparence inégale des divers milieux colorés pour les différentes radiations lumineuses. Le verre ordinaire est, par rapport à la chaleur obscure, ce qu'un verre rouge, par exemple, est au point de vue de la lumière par rapport à toutes les radiations des autres couleurs que la sienne.

Inversement certains corps opaques pour la lumière laissent passer la chaleur, telle est la dissolution d'iode dissous dans le sulfure de carbone. Placée dans un ballon sphérique sur le trajet d'un faisceau lumineux, cette dissolution éteint la lumière ; mais au delà du ballon les rayons calorifiques viennent converger en un foyer et peuvent y enflammer un corps combustible.

Ces diverses actions ont des applications intéressantes; elles permettent d'expliquer le rôle des serres, des châssis ou des cloches pour accroître la chaleur sur un point et y activer la végétation; elles font comprendre pourquoi le refroidissement nocturne est plus vif, et le dépôt de rosée plus abondant quand le ciel est pur; elles donnent la clef de l'utilisation de la chaleur solaire par l'appareil de M. Mouchot.

De deux espaces d'égale surface, l'un couvert d'une cloche ou d'un châssis de verre, l'autre découvert, le premier s'échauffe beaucoup plus que le second sous l'action des rayons solaires. Ils ne reçoivent pas plus de chaleur l'un que l'autre; mais tandis que l'espace découvert peut rayonner et laisser perdre peu à peu la chaleur qu'il a reçue, sous la cloche, la chaleur lumineuse qui a traversé le verre et qui a échauffé le sol et les plantes est devenue chaleur obscure et elle ne peut plus traverser à nouveau le verre et se perdre au dehors; elle reste sous la cloche où la température s'élève promptement.

La vapeur d'eau est comme le verre, elle est athermane pour la chaleur obscure. Si donc pendant une nuit le ciel est chargé de nuages, ces nuages forment un écran que la chaleur obscure venue du sol ne peut pas traverser; cette chaleur obscure ne se perd pas comme si le ciel était pur; elle reste entre les nuages et le sol, et le refroidissement nocturne est moins grand. Aussi le dépôt de rosée est-il bien moins abondant une nuit où le ciel est nuageux que les nuits où le ciel est découvert.

Appareil Mouchot. — Cet appareil se compose d'un grand miroir métallique que l'on expose au soleil et dans l'axe duquel on place un vase particulier destiné à recueillir la chaleur réfléchie par le miroir (fig. 232). Ce vase est en cuivre mince noirci à l'extérieur et il est enveloppé d'un cylindre de verre. Le verre laisse passer les rayons de chaleur lumineuse réfléchis par le miroir; ces rayons traversent le verre, ils sont absorbés par la surface noircie du cuivre et ils servent à échauffer le liquide contenu dans le vase de cuivre. A mesure que le liquide et le vase s'échauffent, ils deviennent une source de chaleur, mais les rayons qu'ils sont capables d'émettre ne sont plus accompagnés de lumière et l'enveloppe de verre les arrête et les retient dans le vase de cuivre. C'est ainsi que la chaleur solaire venant sans cesse par le miroir, se transforme en chaleur obscure par absorption et qu'elle échauffe très rapidement le vase et peut en quelques minutes amener à l'ébullition le liquide qui s'y trouve.

Fig. 232. — Appareil Mouchot pour recueillir et employer la chaleur solaire.

On conçoit que cet appareil puisse recevoir d'importantes applications dans les contrées où le soleil reste découvert pendant de longues périodes; il ne peut être qu'un instrument de démonstration, capable de fonctionner accidentellement, dans les contrées un peu brumeuses.

87. Émission. — Pouvoir émissif. — La quantité de chaleur émise par un même corps augmente à mesure que la température s'élève. Elle est différente avec la nature du corps comme on le montre en présentant successivement à la pile placée à une distance invariable les quatre faces du cube de Leslie recouvertes de substances différentes.

De tous les corps c'est le noir de fumée qui émet le mieux la chaleur. On l'a choisi comme terme de comparaison pour comparer les corps au point de vue de l'émission ; et l'on appelle *pouvoir émissif* d'un corps, le rapport entre la quantité de chaleur qu'il émet et celle qu'émettrait dans les mêmes conditions le noir de fumée.

Le *pouvoir émissif d'un corps est le même que son pouvoir absorbant pour des rayons calorifiques de même nature ;* ce principe que l'expérience vérifie et que la théorie généralise, en disant qu'un corps ne peut émettre que la radiation qu'il a absorbée, donne le moyen de trouver l'un par l'autre ces deux pouvoirs égaux. Ainsi dans le cas particulier d'un corps dont la diffusion est nulle, le pouvoir absorbant est facile à déterminer, puisqu'il est l'inverse du pouvoir réflecteur que l'expérience peut faire connaître avec exactitude; le pouvoir émissif de ce corps sera également l'inverse du pouvoir réflecteur.

Un corps métallique poli extérieurement possède un grand pouvoir réflecteur; il est capable par exemple de renvoyer par réflexion les 0,9 de la chaleur qu'il reçoit; il n'en absorbera donc que 0,1 au plus. Et quand il sera chauffé à une certaine température et qu'il deviendra une source de chaleur, son pouvoir émissif n'étant comme son pouvoir absorbant que de 0,1, le corps perdra lentement sa chaleur. Ainsi sont les théières d'argent poli qui gardent longtemps chaud le liquide que l'on y met.

88. Refroidissement. — Le refroidissement d'un corps dépend de sa surface, de sa température, de son pouvoir émissif; plus celui-ci est grand, plus le refroidissement est rapide; mais il dépend aussi de l'état des corps voisins ou de l'enceinte dans laquelle se trouve le corps.

On admet que tous les corps rayonnent de la chaleur et que pour chacun d'eux la quantité de chaleur émise est d'autant plus grande que la température est plus élevée. Un corps chaud est-il mis en présence d'un corps froid, le premier se refroidit, parce qu'il émet plus de chaleur qu'il n'en reçoit du second, et celui-ci s'échauffe parce que son absorption est supérieure à son émission; mais il y a eu rayonnement du second vers le premier comme du premier vers le second.

Questionnaire.

Quels sont les deux modes de propagation de la chaleur?

Comment montre-t-on l'inégale conductibilité de deux métaux, de plusieurs métaux et autres substances en tiges?

Par quelle expérience simple fait-on voir que le fer conduit mieux la chaleur que le bois? et que les corps mauvais conducteurs se laissent traverser par la chaleur quand ils sont peu épais et placés sur un corps bon conducteur.

Comment prouve-t-on que les liquides conduisent mal la chaleur? Pourquoi faut-il dans ce cas les chauffer par le haut?

Quels sont les principaux moyens de préserver une substance de la chaleur extérieure, ou de l'empêcher de perdre sa chaleur?

Quel est le caractère de la chaleur rayonnante? Comment montre-t-on qu'elle traverse le vide? Quels sont les appareils qui permettent de l'étudier?

Que devient la chaleur qui tombe sur un corps? Comment montre-t-on que la chaleur se réfléchit comme la lumière?

La chaleur obscure traverse-t-elle toutes les substances? Pourquoi emploie-t-on les châssis et les cloches des jardiniers? Comment est conçu l'appareil Mouchot et à quoi peut-il servir?

Qu'est-ce que le pouvoir émissif et de quoi dépend-il? Quels sont les corps qui émettent le mieux la chaleur et qui se refroidissent le plus vite? Qu'arrive-t-il lorsqu'on met en présence deux corps inégalement chauds?

Devoirs.

1. Expliquer pourquoi on transporte la glace, l'été, dans de la laine ou dans de la sciure de bois.

2. Pourquoi peut-on couper une flamme avec une toile métallique?

3. Pourquoi la température est-elle plus élevée sous un châssis de verre ou sous une cloche qu'à côté?

4. Pourquoi la rosée est-elle plus abondante dans les nuits claires que dans les nuits où il y a des nuages?

CHAPITRE VIII

SOURCES DE CHALEUR

59. **Sources de chaleur.** — On donne le nom de sources de chaleur à toutes les causes capables d'amener dans les corps une élévation de température. On les distingue en deux groupes : les **sources permanentes** qui, d'une manière continue, par le jeu des forces naturelles, dégagent de la chaleur ; les **sources accidentelles** ou **artificielles** que l'homme peut susciter à volonté par différents moyens, comme un métal à l'incandescence, un foyer allumé, un corps échauffé par le frottement ou la percussion.

La première et la plus importante des sources permanentes, c'est le soleil dont le rayonnement échauffe tout notre système planétaire. Avec lui se classent les étoiles qui sont comme des soleils très lointains, et la terre à cause de sa chaleur propre.

Les sources accidentelles peuvent être ramenées à deux groupes principaux : la *chaleur dégagée par les actions chimiques et la chaleur provenant des actions mécaniques.*

Tout nous porte à penser que le mouvement est la cause primordiale de la chaleur ; c'est donc par l'étude des actions mécaniques que nous devrions logiquement commencer ce chapitre. Mais nous préférons donner d'abord quelques détails sur chacune des sources et dans l'ordre adopté ci-dessus, sauf à résumer notre étude et à présenter ensuite quelques notions sur le mouvement considéré comme cause de la chaleur.

60. **Chaleur solaire.** — Le soleil est pour nous la plus importante des sources de chaleur ; elle n'agit pas comme les autres sources en quelques points restreints et limités, à quelque distance seulement du centre d'activité, mais elle élève la température de toutes les

regions que nous pouvons parcourir et elle se répand dans les espaces immenses où la terre n'est qu'un point. Dès que le soleil paraît sur l'horizon, la température s'élève; elle va en croissant à mesure que les rayons sont moins obliques et elle échauffe l'air et le sol. Mais celui-ci rayonne une partie de la chaleur qu'il a reçue, et tant que la quantité qu'il perd est inférieure à celle qu'il reçoit, la température s'accroît; ce phénomène se remarque jusque vers deux heures après midi. A partir de ce moment il y a décroissance jusqu'à ce que le soleil reparaisse à l'horizon.

L'importance de la chaleur solaire n'a été méconnue à aucune époque, mais ce n'est qu'en 1838 qu'on a, pour la première fois, mesuré la quantité de chaleur que le soleil envoie à la terre et celle qu'il donne tout autour de lui. C'est Pouillet qui a fait cette détermination.

Des expériences faites par Pouillet et de celles qui ont été faites depuis par M. Violle, il résulte que pendant une minute le soleil envoie à la terre sur un mètre carré environ 18 calories. Et si la quantité totale que la terre reçoit dans le cours d'une année était uniformément répartie sur tous les points du globe et employée sans aucune perte à fondre de la glace, elle serait capable de fondre une couche de glace qui envelopperait la terre et qui aurait plus de 30 mètres d'épaisseur.

En tenant compte de l'absorption exercée par l'atmosphère qui est d'environ 0,4, on peut remonter à la chaleur totale émise par le soleil. Si en effet on suppose une sphère décrite avec un rayon égal à la distance qui sépare le soleil de la terre, chaque mètre carré de cette sphère recevra autant de chaleur que la terre, si celle-ci était supposée privée d'atmosphère. La quantité totale de chaleur ainsi trouvée, divisée par la surface du soleil, donnera le nombre de calories que chaque mètre carré de la surface solaire distribue chaque minute. En transformant cette chaleur en quantité de glace fondue, on arrive au résultat suivant : c'est que la chaleur émise par le soleil en un jour serait capable de fondre une couche de glace qui envelopperait le globe solaire et qui aurait 17 kilomètres d'épaisseur.

61. Chaleur propre de la terre. — La chaleur propre de la terre est à peu près sans influence sur la surface de notre globe; la température de celle-ci varie en effet avec la puissance de la radiation solaire, avec l'heure du jour et avec les saisons. Mais à une faible profondeur, une vingtaine de mètres environ, la température est constante l'hiver comme l'été. A partir de cette couche constante et en descendant plus profondément, on constate une augmentation de température qui varie suivant les lieux, mais que l'on évalue à 1° pour 30 mètres de profondeur. On n'a pas pu vérifier cet accroissement sur une distance assez grande pour affirmer qu'il se maintient le même à de grandes profondeurs. On n'en peut pas moins conclure avec certitude que l'intérieur de la terre est à une température très élevée sous laquelle aucune substance ne peut tenir à l'état liquide.

La chaleur de l'eau des puits artésiens, celle des sources thermales amène les mêmes conclusions, et l'hypothèse du feu central apparaît alors comme une réalité.

62. Chaleur dégagée par les actions chimiques. — Toute action chimique est accompagnée d'une production de chaleur. On peut le montrer par bien des exemples dont quelques-uns sont très saisissants. L'eau jetée sur un morceau de chaux vive rend cette chaux brûlante, et la chaleur produite réduit en vapeur une partie du liquide. Un mélange d'acide sulfurique et d'eau s'échauffe presque jusqu'à 100 degrés. L'acide sulfurique versé goutte à goutte sur de la baryte caustique rend celle-ci incandescente. Mais de toutes les actions chimiques, celle à laquelle nous demandons le plus fréquemment la chaleur pour les besoins de l'industrie et pour nos usages domestiques, c'est la *combustion*, c'est-à-dire la combinaison d'un corps dit combustible (bois, charbon, houille, gaz, etc.) avec un comburant (l'oxygène).

C'est la chaleur dégagée par les combinaisons chimiques qui est le plus souvent utilisée pour produire les températures élevées. Exceptionnellement, pour accumuler sur un corps de grandes quantités de chaleur, on a pu faire intervenir à la fois la chaleur solaire concentrée par une forte lentille, la chaleur de l'arc voltaïque produit par une pile et le dard du chalumeau oxydrique, mais ordinairement on n'utilise que la combustion du charbon et celle de l'hydrogène.

Un poids donné de charbon ne peut fournir en brûlant qu'une quantité déterminée de chaleur. Mais s'il n'est aucun moyen d'accroître cette quantité de chaleur, on peut du moins l'accumuler dans un espace restreint et la développer dans le temps le plus court possible. C'est ce qu'a réalisé M. Sainte-Claire Deville en disposant convenablement le fourneau où il voulait chauffer un corps et en activant la circulation de l'air au travers du combustible. Mais c'est la combustion de l'hydrogène par l'oxygène dans le chalumeau oxydrique (fig. 233), échauffant un petit creuset de chaux, qui a permis d'obtenir les plus hautes températures et notamment de réaliser la fusion du platine.

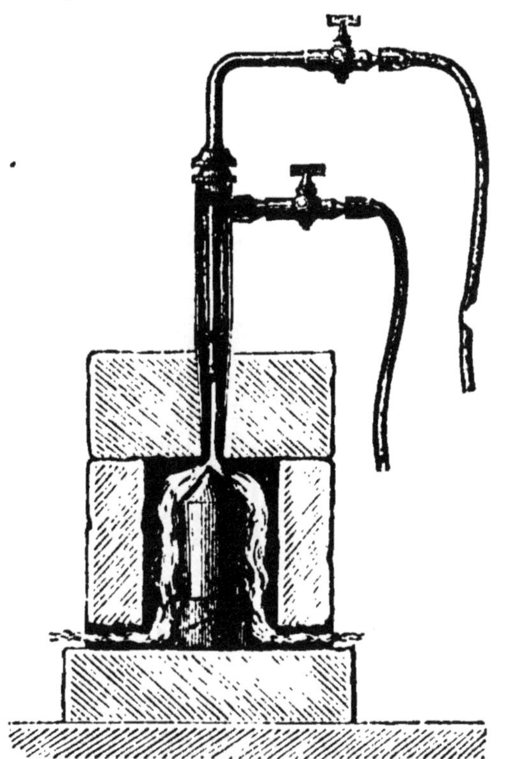

Fig. 233. — Chalumeau oxydrique et fourneau de chaux.

03. Chaleur animale. — La chaleur des animaux peut être considérée comme produite par des actions chimiques. Elle est en effet due à la combustion, au sein des organes, des matériaux combustibles tirés des aliments et transportés par le sang dans toutes les parties du corps ; ces matériaux sont brûlés par l'oxygène de l'air, introduit dans le sang par l'acte de la respiration.

S'il en est ainsi, la quantité de chaleur qu'un animal produit dans un temps donné est corrélative de la combustion respiratoire et dépend de la quantité d'oxygène

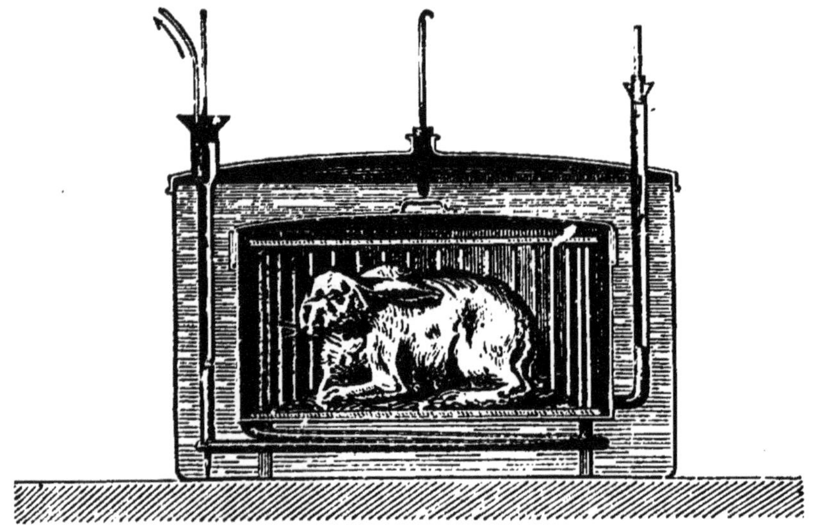

Fig. 234. — Loge contenant un lapin et placée au sein d'un calorimètre.

ingéré ; l'animal est donc comparable à un foyer où brûle du combustible et où se développe de la chaleur. Bien que le phénomène de la production de la chaleur animale ne soit pas aussi simple que nous venons de le dire, la chaleur animale est en rapport avec le carbone et l'hydrogène dépensés et avec l'eau et l'acide carbonique produits. C'est ce que Lavoisier a le premier prouvé en enfermant un animal dans une cage posée au milieu d'un vase d'eau (fig. 234), en lui fournissant assez d'air et en recueillant la vapeur d'eau et l'acide carbonique produits. L'expérience a montré que, dans la plupart des cas, la chaleur totale dégagée est celle que pourrait produire, dans un foyer ordinaire, une quantité de charbon et d'hydrogène égale à celle que l'animal a consommée.

64. Chaleur dégagée par les actions mécaniques. — *Le frottement est une source de chaleur.* — Les exemples sont nombreux pour prouver que le frottement dégage de la chaleur. Le plus familier est la friction des deux mains l'une contre l'autre pour les réchauffer. L'essieu d'un chariot peut dans une marche rapide s'échauffer assez pour mettre le feu aux roues. Les tourillons d'un arbre de machine s'échauffent fortement quand ils ne sont pas suffisamment lubréfiés. C'est le frottement de l'acier contre un silex qui enflamme les petites parcelles détachées du morceau d'acier et qui les rend incandescentes. La roue du rémouleur produit une gerbe d'étincelles sous l'instrument qu'on y applique pour l'aiguiser. Certaines peuplades sauvages se procurent du feu en faisant tourner rapidement un morceau de bois dur taillé en fuseau et appuyé par sa pointe contre un autre morceau de bois très inflammable. Tous ces faits, et bien d'autres que nous pourrions citer, sont du même ordre, et ils ont été bien souvent observés avant qu'on n'en puisse donner, comme on peut le faire aujourd'hui, une explication satisfaisante.

Expérience de Rumford. — La production de chaleur par le seul fait du frottement avait vivement frappé Rumford et l'avait conduit à imaginer une expérience ayant pour but de prouver que la chaleur dégagée par le frottement est inépuisable. Rumford fit monter sur un tour une pièce de canon portant encore sa masselotte, c'est-à-dire la masse de bronze coulée avec le canon et que le travail du tour doit en séparer. Contre la masselotte était appliqué un large foret émoussé frottant fortement contre la pièce métallique quand on faisait tourner celle-ci. Les deux pièces étaient entourées de dix litres d'eau. Au bout de deux heures d'un mouvement de rotation communiqué à la masse par l'arbre d'un manège, l'eau de la caisse était en ébullition : le frottement de la tarière fixe contre la masse mobile avait donc dégagé beaucoup de chaleur.

Expérience de Davy. — L'expérience imaginée par Davy est tout aussi curieuse : elle consiste à faire fondre deux morceaux de glace en les frottant l'un contre l'autre dans un espace maintenu à une température inférieure à zéro. Lorsqu'on veut la répéter l'hiver dans une enceinte au-dessous de 0°, on prend deux gros morceaux de glace taillés de manière à présenter chacun une surface plane; on les tient à la main à l'aide d'un corps mauvais conducteur et on les frotte l'un contre l'autre; au bout de quelque temps on voit couler de l'eau des surfaces frottées. La quantité de chaleur engendrée est grande ; on sait qu'il en faut beaucoup pour fondre la glace.

Fig. 235. — Appareil de Tyndall pour montrer la chaleur dégagée par le frottement.

Appareil de Tyndall. — On montre aujourd'hui, dans les cours, la production de chaleur par le frottement à l'aide de l'appareil imaginé par Tyndall. On fait tourner rapidement, à l'aide de deux roues qui se commandent, un tube de cuivre rouge que l'on a rempli aux trois quarts d'un liquide et que l'on a fermé d'un bon bouchon (fig. 235). Pendant la rotation, on serre le tube entre les deux mâchoires d'une pince de bois un peu large. Au bout de peu de temps le bouchon du tube est projeté en l'air avec force. Le frottement du tube contre la pince a dégagé de la chaleur en assez grande quantité pour faire bouillir le liquide, et la vapeur produite a pressé sur le bouchon et l'a fait sauter.

65. La percussion et le choc développent de la chaleur. — Quand on frappe un morceau de fer à coups redoublés sur une enclume, il devient brûlant et peut mettre le feu à un morceau d'amadou. Le plomb martelé de même entre en fusion et s'éparpille en gouttelettes. Les médailles que l'on frappe deviennent brûlantes sous le choc du balancier. La balle de fusil qui frappe une plaque de fonte avec force, s'arrête et tombe, mais elle est devenue très chaude. En général, toutes les fois que l'on déforme un corps ductile, par une action mécanique, il y a un développement de chaleur.

66. La compression des gaz dégage de la chaleur. — La grande compressibilité des gaz rend ces corps aptes à produire de la chaleur lorsque, par une pression, on leur fait subir un changement de volume. Tous les gaz comprimés dégagent de la chaleur; et si la compression est rapide, la température s'élève assez pour mettre le feu à des matières inflammables. C'est ce qui arrive dans le briquet à air (fig. 4) que nous avons déjà décrit. Le mouvement très brusque du piston comprime l'air très rapidemeut; et la chaleur produite enflamme l'amadou. Quand on opère dans l'obscurité, on voit au moment de la compression une lueur dans le tube; elle est due à la combustion de la matière grasse dont le tube est enduit et l'air imprégné.

Toutes les fois que l'on comprime un gaz il s'échauffe et il échauffe le vase qui le contient. On vérifie ce fait facilement en fixant la pompe de compression sur un récipient métallique où l'on veut comprimer de l'air. Si la compression est rapide, le vase s'échauffe assez pour qu'on puisse constater une augmentation de température sur ses parois ; quant à la pompe elle-même, son échauffement est dû au frottement du piston.

67. Froid produit par l'expansion des gaz. — L'expansion d'une masse gazeuse, qui est l'inverse de la compression, doit produire un résultat contraire, c'est-à-dire un abaissement de température. L'expérience le démontre pleinement. On fait le vide dans une cloche à robinet, posée sur la platine de la machine pneumatique ; puis on visse sur cette cloche un ballon tubulé, à robinet, plein d'air ordinaire un peu humide (fig. 236). Aussitôt qu'on ouvre le robinet de la cloche, on voit le ballon se remplir d'une buée. L'air du ballon s'est détendu en se répandant dans la cloche ; son expansion a amené un refroidissement, et la vapeur d'eau qu'il contient s'est condensée en brouillard.

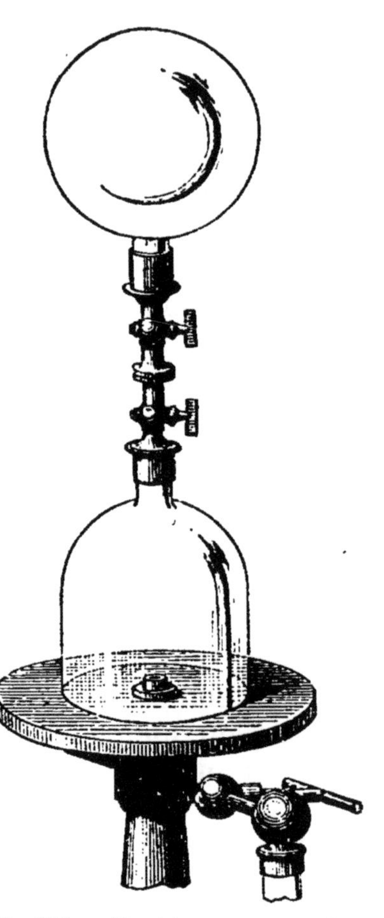

Fig. 236. — Expérience pour montrer que l'air en se dilatant se refroidit.

Quand on commence à faire le vide sous la cloche de la machine peneumatique et que l'air est humide, on peut constater un phénomène du même genre ; dès le premier coup de piston on voit les parois de la cloche se couvrir d'un léger voile : voici ce qui s'est passé : l'air de la cloche a diminué de pression ; il s'est un peu refroidi, et la vapeur d'eau qu'il contient subissant ce refroidissement, a éprouvé un commencement de condensation.

Enfin si l'on expose un thermomètre à un jet de gaz sortant d'un réservoir où le gaz était comprimé, on voit le thermomètre baisser (fig. 237). Et même si l'air est humide, sa vapeur d'eau se refroidit et peut se congeler quand la pression du gaz comprimé est notablement supérieure à la pression extérieure.

Fig. 237. — Preuve que la dilatation de l'air comprimé est une cause de refroidissement.

Le refroidissement de la vapeur qui s'échappe d'une chaudière où elle était à plusieurs atmosphères, est un phénomène du même genre : la vapeur en sortant se dilate beaucoup; elle a besoin de beaucoup de chaleur pour accomplir cette dilatation, et elle se refroidit au point qu'on tient impunément la main dans un jet sortant d'une chaudière où la vapeur était à 10 atmosphères de pression ou autrement dit à une température d'environ 180°.

Ainsi toutes les actions mécaniques sont accompagnées de chaleur : le choc, la percussion, la compression en développent; la dilatation, l'expansion des gaz en absorbent. Il reste à chercher la relation qui existe entre le mouvement et la chaleur?

68. **L'énergie et la chaleur**. — Laissons tomber de la même hauteur, sur un plan de marbre, deux corps de même poids, l'un très élastique comme une bille d'ivoire, l'autre mou comme une bille de plomb : la bille d'ivoire rebondira et remontera à son point de départ, la bille de plomb se déformera légèrement et restera sur le sol. Les deux corps partis du repos ont gagné peu à peu de l'énergie; en arrivant sur le plan de

marbre, la force vive de l'un était égale à la force vive de l'autre; mais les effets ont été tout différents. Après le choc l'énergie de mouvement de la bille d'ivoire a fait remonter la bille et s'est peu à peu transformée en énergie potentielle; en vertu de sa vitesse acquise, la bille d'ivoire a pris un mouvement contraire à celui que lui avait donné la pesanteur et elle a remonté jusqu'à la hauteur dont elle était tombée. Pour le corps mou, la même énergie de mouvement produite par la chute semble ne donner aucun effet, avoir disparu, n'être plus ni énergie potentielle, ni énergie actuelle. Mais un phénomène nouveau se produit : le corps mou s'échauffe. On est donc conduit à penser que la chaleur ainsi produite a pris la place de l'énergie disparue et à chercher dans les phénomènes de mouvement la source principale de la chaleur.

69. Le travail se convertit en chaleur. — Toutes les fois qu'on arrête brusquement un corps en mouvement, il s'échauffe; le travail mécanique produit ou l'énergie acquise se transforme en chaleur : des billes de plomb envoyées avec une grande vitesse contre une plaque résistante s'aplatissent et elles s'échauffent assez pour fondre en partie.

La chaleur produite par le frottement a la même origine : elle est engendrée par la disparition du travail mécanique. En effet, si rien ne gêne le mouvement d'un corps et qu'on dépense un certain effort pour le mettre en mouvement, le corps acquiert une certaine vitesse, une certaine énergie de mouvement; mais si le mouvement est gêné par une cause extérieure, par un frottement, la vitesse est moins grande et cependant le travail dépensé est resté le même; il y a donc dans ce cas perte apparente d'énergie en regard de la production d'une certaine quantité de chaleur.

Nous pouvons reprendre à ce nouveau point de vue toutes les expériences que nous avons citées précédemment. Ainsi dans la compression brusque d'un gaz dans le briquet à air, le mouvement du piston s'arrête tout à coup; la force vive qu'il possédait paraît s'anéantir; elle se transforme en chaleur; l'énergie de mouvement s'est changée en énergie calorifique.

Parmi les expériences spécialement instituées pour mettre en relief cette transformation de l'énergie ou du travail, aucune n'est plus nette que celle de Foucault. On fait tourner devant les pôles d'un électro-aimant un disque de cuivre monté sur un axe mis en mouvement à l'aide d'une manivelle. Quand le disque a une vitesse régulière, on lance un courant de quelques éléments de pile dans l'électro-aimant. Aussitôt le mouvement du disque est très gêné, et pour lui garder la même vitesse qu'auparavant il faut produire plus de force, dépenser plus de travail. Il y a donc là une perte apparente de force vive, du travail mécanique qui paraît sans effet utile, de l'énergie de mouvement que l'on peut croire disparue. Mais le disque, que rien ne touche, s'échauffe notablement. La chaleur a donc été produite par la disparition du travail mécanique.

70. La chaleur se convertit en travail. — Inversement toute création apparente de travail devra exiger une dépense de chaleur et devenir par suite une source de froid. En thèse générale toutes les fois que de la chaleur disparaît, elle a dû créer du travail mécanique, se transformer en énergie de mouvement; mais on aurait grand'peine à prouver ce fait pour tous les cas; il faut se contenter de quelques exemples particuliers. Le plus frappant est celui de la machine à vapeur: lorsque la vapeur a agi sur le piston et produit en déplaçant celui-ci un travail souvent considérable, elle s'est notablement refroidie. Le froid produit par l'expansion subite des gaz a une cause analogue. Un gaz sort brusquement d'un réservoir comprimé; il refoule devant lui l'atmosphère; il produit donc du travail; il dépense de la chaleur et sa température s'abaisse.

71. Équivalence du travail mécanique

et de la chaleur. — Toutes les fois que du travail semble être dépensé sans produire un mouvement correspondant il y a production de chaleur. Inversement toutes les fois que du travail mécanique est engendré, il y a dépense correspondante de chaleur. Et il y a équivalence entre le travail mécanique et la chaleur : ce sont là deux quantités capables de se remplacer et de se transformer l'une dans l'autre : la même quantité de travail dépensé donnera toujours naissance à la même quantité de chaleur.

Dans quelle proportion se manifeste l'équivalence du travail et de la chaleur, combien faut-il dépenser de chaleur pour produire un travail d'un kilogrammètre ou inversement quel nombre d'unités de travail sont nécessaires à la production d'une unité de chaleur? telle est la question. Elle nous amène à définir ce que l'on entend par unité de chaleur et à apprendre à mesurer les quantités de chaleur nécessaires pour produire les phénomènes que nous avons constatés.

Questionnaire.

Comment divise-t-on les sources de chaleur? Quelles sont les sources permanentes, les sources artificielles?

Quelle est la grandeur de la chaleur solaire?

Quelles sont les preuves de la chaleur terrestre? Citer des exemples d'actions chimiques qui dégagent de la chaleur. A quelle action chimique s'adresse-t on d'ordinaire pour produire la chaleur? Quel est le moyen d'obtenir la plus haute température actuellement réalisable?

Quels sont les exemples qui prouvent que le frottement dégage de la chaleur? Citer les expériences classiques de Rumford, de Davy et de Tyndall.

Comment prouve-t-on que la compression échauffe les gaz, que la dilatation les refroidit?

Quelles sont les preuves que le travail mécanique se convertit en chaleur? les preuves que la chaleur peut engendrer du travail mécanique?

N'y a-t-il pas équivalence entre le travail et la chaleur?

Devoir.

1. Citer les exemples les plus communs et les plus probants

pour montrer que le frottement, la percussion et le choc produisent de la chaleur.

2. A quelle cause rapporte-t-on la chaleur animale? Peut-elle être comparée au moins approximativement à la chaleur produite par les combustibles les plus communs?

CHAPITRE IX

NOTIONS DE CALORIMÉTRIE

72. Quantités de chaleur. — Dans tous les phénomènes calorifiques que nous avons étudiés jusqu'ici, nous ne nous sommes pas préoccupés de la dépense de chaleur nécessaire pour les produire. Il est cependant indispensable de mesurer la chaleur mise en jeu dans chaque cas et d'en obtenir une expression numérique. Avant tout, il faut montrer que la chaleur est susceptible de mesure.

On admet sans peine que deux kilogrammes de charbon, en brûlant complètement, donnent deux fois plus de chaleur qu'un kilogramme. On admet également comme évident que pour chauffer deux kilogrammes d'eau entre les mêmes limites, il faut deux fois plus de chaleur que pour un seul. On a donc l'idée des quantités de chaleur sans savoir précisément quelle est la nature de la chaleur; on peut dès lors les comparer, et pour effectuer cette comparaison on choisit une unité.

73. Unité de chaleur ou calorie. — Pour évaluer les quantités de chaleur et avoir des résultats indépendants de toute théorie, on prend pour unité un effet produit sur un corps qu'il est toujours facile de se procurer identique à lui-même.

On a choisi l'eau comme terme de comparaison, et on définit l'unité de chaleur que l'on appelle *calorie*, la *quantité de chaleur nécessaire pour échauffer un kilogramme d'eau de* 0° *à* 1°.

Si l'on prouve que l'eau a un échauffement régulier, que le même poids exige la même quantité de chaleur pour s'élever de 1°, quelle que soit la température, on pourra définir la calorie, la quantité de chaleur nécessaire pour chauffer un kilogramme d'eau de 1°.

L'expérience montre que l'eau s'échauffe régulièrement entre 0° et 100°.

En effet, si on mélange, dans un vase qui ne perde ni ne gagne de chaleur, un kilogramme d'eau à 0°, avec un kilogramme d'eau à 2°, toute la masse prend une température de 1° ; le kilogramme d'eau qui s'est refroidi de 2° à 1° a échauffé l'autre kilogramme de 0° à 1°, il a donc abandonné une calorie ; on en conclut qu'il faut une calorie pour chauffer un kilogramme d'eau de 1° à 2°, et par suite 2 calories pour chauffer un kilogramme d'eau de 0° à 2°.

Que l'on mêle un kilogramme d'eau à 0° avec un kilogramme à 4°, le mélange prendra une température moyenne de 2° ; l'un des deux kilogrammes aura gagné 2 calories ; l'autre les aura abandonnées, et on pourra conclure qu'il faut 4 calories pour chauffer un kilogramme d'eau de 0° à 4°.

Il en est encore de même quand on espace davantage les deux températures :

1 kilogramme d'eau à 0°	donnent 2 kilog. à 10°.
avec 1 kilogramme — à 20°	

Le premier a gagné 10 calories, le second les a fournies en se refroidissant de 10 degrés.

On peut donc dire qu'il faut la même quantité de chaleur pour échauffer de 1° un kilogramme d'eau, quelle que soit la température dont on parte, pourvu qu'elle soit inférieure à 100°.

En partant de la définition même de la calorie, il est facile d'exprimer la quantité de chaleur nécessaire pour échauffer un poids connu d'eau d'un certain nombre de degrés, par exemple de 10° à 50°, ou en général de t à t'.

Soit à trouver le nombre de calories nécessaires pour élever 30 kilogrammes d'eau de 10° à 50°.

1 kilogramme d'eau pour	1°	exige	1 calorie,
1 kilogramme	—	40°	—	40 calories,
30 kilogrammes	—	40°	—	30 × 40.

Et si l'on veut garder les deux températures de l'énoncé, on écrit :

$$30\,(50 - 10)$$

Cette quantité exprime aussi la chaleur qu'abandonnerait un même poids d'eau en se refroidissant de 50° à 10°.

74. Chaleurs spécifiques. — Tous les corps n'exigent pas la même quantité de chaleur pour s'échauffer au même degré, et inversement quand ils sont chauffés au même degré ils n'abandonnent pas la même quantité de chaleur en se refroidissant jusqu'au même point. On peut en donner plusieurs preuves.

On sait que si l'on mélange un kilogramme d'eau à 0° avec un kilogramme d'eau à 100°, on aura 2 kilogrammes de liquide à 50°. Mais si l'on prend un kilogramme de mercure à 100° pour le mêler à un kilogramme d'eau à 0°, le mélange n'accusera qu'une température de 3° ; c'est donc que le mercure n'a abandonné que 3 calories en se refroidissant de 100° à 3°, c'est-à-dire de 97 divisions de l'échelle thermométrique. Le mercure abandonne donc en se refroidissant bien moins de chaleur que l'eau. Inversement il faudra pour l'échauffer une dépense de chaleur beaucoup moindre que pour l'eau. La chaleur agit donc diversement sur les différents corps.

L'expérience de Tyndall en donne une preuve palpable. On prend des billes de différents métaux (fer, étain, plomb, cuivre) et de même poids, et après les avoir chauffées au même degré dans un même bain d'huile, on les retire et on les pose ensemble sur un gâteau de cire assez mince (fig. 238). Au bout de peu de temps la bille de fer passe au travers du gâteau, puis un peu après la bille de cuivre, même la bille d'étain; mais la bille de plomb s'y enfonce à peine. Chacune des billes a cédé de sa chaleur à la cire et en a déterminé la fusion; les premières ont cédé beaucoup plus de chaleur que les dernières en se refroidissant entre les mêmes limites.

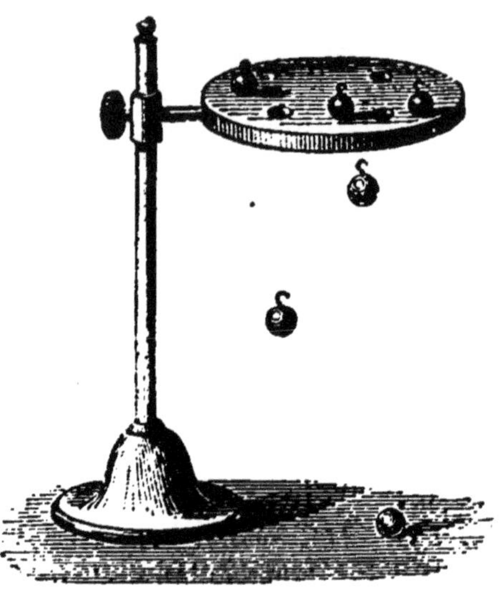

Fig. 238. — Gâteau de cire sur lequel on pose des billes chauffées.

Il faut donc des quantités de chaleur différentes pour échauffer un même poids de différents corps entre deux températures données.

La quantité de chaleur nécessaire pour chauffer de 1° un kilogramme d'un corps, s'appelle sa *chaleur spécifique.*

La détermination de la chaleur spécifique d'un corps est intéressante au même titre que la détermination du coefficient de dilatation ou celle de la densité. C'est le premier problème que l'on résout dans la *calorimétrie*, c'est-à-dire dans la partie de la physique qui apprend à mesurer les quantités de chaleur.

Lorsqu'on dit que la chaleur spécifique du fer est 0,114, on veut qu'un kilogramme de fer chauffé de 1° absorbe 0,114 calorie ou 114 millièmes d'une calorie : avec cette notion on peut exprimer la quantité de chaleur nécessaire pour chauffer un poids connu de fer entre deux températures données (par exemple 5 kilogrammes de fer de 10° à 100°).

1 kilogramme de fer pour		1°	exige	0,114 calorie.
1 kilogramme	—	90°	—	$0,114 \times 90$.
5 kilogrammes	—	90°	—	$5 \times 0,114 \times 90$.

Et si l'on veut conserver les nombres de l'énoncé,

$$\times 0{,}114\ (100 - 10).$$

75. Détermination des chaleurs spécifiques. — La méthode la plus employée pour déterminer les chaleurs spécifiques est la *méthode des mélanges*. En voici le principe. Si on met un corps chaud dans un liquide froid, celui-ci gagne de la chaleur tandis que l'autre corps en perd; au bout de peu de temps ils arrivent à la même température. Alors, si aucune portion de la chaleur n'a été perdue par le vase où s'est opéré le mélange, on peut écrire que la chaleur abandonnée par le corps chaud pendant son refroidissement a été prise par le corps froid et a servi à l'échauffer. On écrit donc l'égalité entre les deux quantités de chaleur et on en déduit la chaleur spécifique cherchée.

Voici un exemple numérique : *On a chauffé à* 100° 2 *kilogrammes de fer; on les a plongés dans* 4 *kilogrammes* 560 *d'eau à* 16°; *la température finale du mélange est de* 20°, *trouver la chaleur spécifique du fer* (on ne tiendra pas compte de la perte de chaleur par le vase où s'opère le mélange).

Le fer s'est refroidi de 100° à 20°, si x est sa chaleur spécifique, on peut écrire que la chaleur abandonnée est :

$$q' = 2 \times x\,(100 - 20).$$

L'eau s'est échauffée de 16° à 20°, la quantité de chaleur qu'il lui a fallu est :

$$q = 4{,}56\ (20 - 16).$$

Ces deux quantités de chaleur sont égales; on peut donc écrire :

$$2x\,(100 - 20) = 4{,}56\ (20 - 16),$$

$$2x \times 80 = 4{,}56 \times 4,$$

$$x = \frac{4{,}56 \times 4}{160} = \frac{4{,}56}{40} = 0.114.$$

Dans la pratique, le calcul est moins simple; et pour obtenir un résultat exact, il faut prendre des précautions assez minutieuses.

Le vase dans lequel doit avoir lieu le mélange du corps et de l'eau est en laiton mince, poli extérieurement; il est contenu dans un autre vase plus grand, également en laiton et poli à l'intérieur; le premier ne touche pas le second; il en est séparé par une couche d'air; le vase interne repose sur des chevilles de bois ou sur des fils tendus. C'est à cet ensemble qu'on donne le nom de **calorimètre**. On y met un poids connu d'eau et on y plonge un thermomètre très sensible.

Pour montrer comment le problème peut être résolu, prenons un exemple simple : supposons qu'on a chauffé à 100° un morceau de fer de 200 grammes, qu'il y avait dans le calorimètre 912 grammes d'eau à 18°, et que la température finale du mélange a été de 20°; nous admettrons que toute la chaleur abandonnée par le fer en se refroidissant a été gagnée par l'eau.

L'eau a reçu une quantité de chaleur de

$$0,912\,(20-18)=1^c,824.$$

Le fer s'est refroidi de 100° à 20° ou de 80°. Si nous appelons x sa chaleur spécifique, nous pourrons écrire que la quantité de chaleur qu'il a abandonnée est exprimée ainsi :

$$0,200\times x\times(100-20)=16x$$

D'où

$$16x=1,824,$$

$$x=\frac{1,824}{16}=0,114.$$

76. Chaleur de fusion. — Lorsqu'un corps solide fond, comme la glace ou le plomb, sa température reste invariable, toute la chaleur qu'il reçoit du foyer est employée à accomplir le changement d'état. Inversement, quand un liquide se solidifie après avoir été suffisamment refroidi, le thermomètre qui y est plongé ne descend plus pendant tout le temps que dure la solidification; le corps liquide dégage de la chaleur en prenant l'état solide.

On appelle **chaleur de fusion** d'un corps la quantité de chaleur nécessaire pour fondre un kilogramme de ce corps sans élever sa température : c'est aussi la quantité abandonnée par un kilogramme du corps liquide passant à l'état solide.

On appelait autrefois *chaleur latente* cette quantité de chaleur pour indiquer qu'elle n'exerce pas d'action sur le thermomètre. L'expression de *chaleur de fusion* est préférable parce qu'elle ne laisse pas supposer comme la première que la chaleur fournie à un corps pendant sa fusion est dissimulée pour reparaître pendant la solidification.

On fait habituellement dans les cours une expérience qui rend sensible l'absorption de chaleur pendant la fusion et qui en permet une mesure approchée. On mêle un kilogramme d'eau à 79° avec un kilogramme de glace à 0°, et quand la glace est fondue, le thermomètre plongé dans le mélange marque 0°. L'eau chaude a abandonné 79 calories qui ont donc été employées intégralement à fondre la glace. Mais cette expérience, excellente pour donner une idée de la chaleur de fusion, doit être quelque peu modifiée pour servir à une mesure exacte.

77. Recherche de la chaleur de fusion de la glace. — Pour trouver la chaleur de fusion de la glace, on emploie le méthode des mélanges. On jette un poids connu de glace à 0° dans l'eau d'un calorimètre qui possède assez de chaleur pour fondre toute la glace, et on note la température finale que prend le mélange. L'eau cède de la chaleur à la glace, et si l'on s'est arrangé pour que la chaleur de l'eau ne se perde pas à échauffer l'air ambiant, on peut écrire que la chaleur prise par la glace est égale à la chaleur cédée par l'eau.

Voici un exemple numérique simple : *on a jeté 2 kilogrammes de glace à 0° dans 8 kilogrammes 925 d'eau à 30° et la température finale du mélange est de 10°.*

L'eau s'est refroidie de 30° à 10°; elle a abandonné

$$8,925\ (30 - 10) \quad \text{ou} \quad 178^{\text{cal}},5.$$

La glace a fondu d'abord; et l'eau produite par les 2 kilogrammes de glace s'est élevée de 0° à 10°; elle a dû absorber :

$$2 \times 10 \quad \text{ou} \quad 20 \text{ calories},$$

c'est que la glace a exigé pour fondre

$$178,5 - 20 = 158^{\text{cal}},5.$$

1 kilogramme de glace a donc pris, pour fondre,

$$\frac{158,5}{2} = 79^{\text{cal}},25.$$

78. Lenteur de la fusion de la glace et de la neige. — Une masse un peu considérable de glace ou de neige met un temps assez long pour fondre complètement, parce qu'il lui faut une très grande quantité de chaleur. Un exemple numérique rend ce fait très saisissant. Supposons un mètre carré de glace ayant 5 centimètres d'épaisseur, fondant par la chaleur que lui communique de l'eau qui tombe sur elle à 4°, et proposons-nous de trouver la quantité d'eau qui serait nécessaire.

Le volume de la glace est de $100^{\text{dmq}} \times 0^{\text{d}},5 = 50^{\text{dmc}}$.

Son poids $50 \times 0,93 = 46^{\text{kg}}$.

La chaleur nécessaire pour la fondre, $46,5 \times 79,25 = 3685$ calories.

Chaque kilogramme d'eau tombant à 4° fournira 4 calories.

Il faudra donc

$$\frac{3685}{4} \text{ ou } 911^{\text{kg}},25 \text{ d'eau.}$$

Et si cette eau présentait un volume de même surface que la glace, c'est-à-dire une surface d'un mètre carré, il en faudrait une hauteur de 92 centimètres. C'est, dans ce cas particulier, plus de 18 fois la hauteur de la glace.

79. Chaleur de vaporisation. — Pendant tout le temps qu'un liquide bout, sa température ne change pas; la chaleur fournie au liquide par le foyer est exclusivement employée à effectuer le changement d'état. La vaporisation exige de la chaleur n'importe à quelle température elle se produise; en effet, un liquide qui s'évapore un peu rapidement se refroidit beaucoup, parfois même assez pour se congeler.

La *chaleur de vaporisation* d'un liquide est le nombre de calories nécessaire pour transformer totalement en vapeur un kilogramme de ce liquide sans changer sa température; c'est aussi la chaleur qu'abandonne un kilogramme de vapeur en se condensant à l'état liquide.

La chaleur de vaporisation de l'eau à 100° est considérable. On le prouve facilement en faisant bouillir de l'eau dans un ballon muni d'un tube qui sert au dégagement de la vapeur et qui se rend dans un vase d'eau : la vapeur abandonne assez de chaleur à cette eau pour la porter en peu de temps à une température élevée.

On peut chercher la chaleur de vaporisation de l'eau ou d'un autre liquide avec l'appareil ci-contre (fig. 239). Une cornue qui contient le liquide est mise en communication avec un tube serpentin contenu dans un réfrigérant plein d'eau, muni d'un agitateur et de thermomètres. Un écran sépare la cornue du réfrigérant. On commence par porter le liquide ou l'eau de la cornue à l'ébullition ; puis seulement après quelque temps on met le col de la cornue en communication avec le tube du serpentin. La vapeur en arrivant au contact des parois froides du tube se condense et se rassemble à l'état liquide dans la boîte qui termine inférieurement le serpentin; elle échauffe l'eau du réfrigérant. Pour mettre fin à une expérience, on sépare le col de la cornue du tube du serpentin. On note la température de l'eau du réfrigérant comme on a noté sa température initiale ; on doit connaître le poids de l'eau, celui du vase et de ses différents agrès. On ouvre la boîte contenant le liquide qui provient de la vapeur ; on pèse ce liquide et on a tous les éléments du calcul.

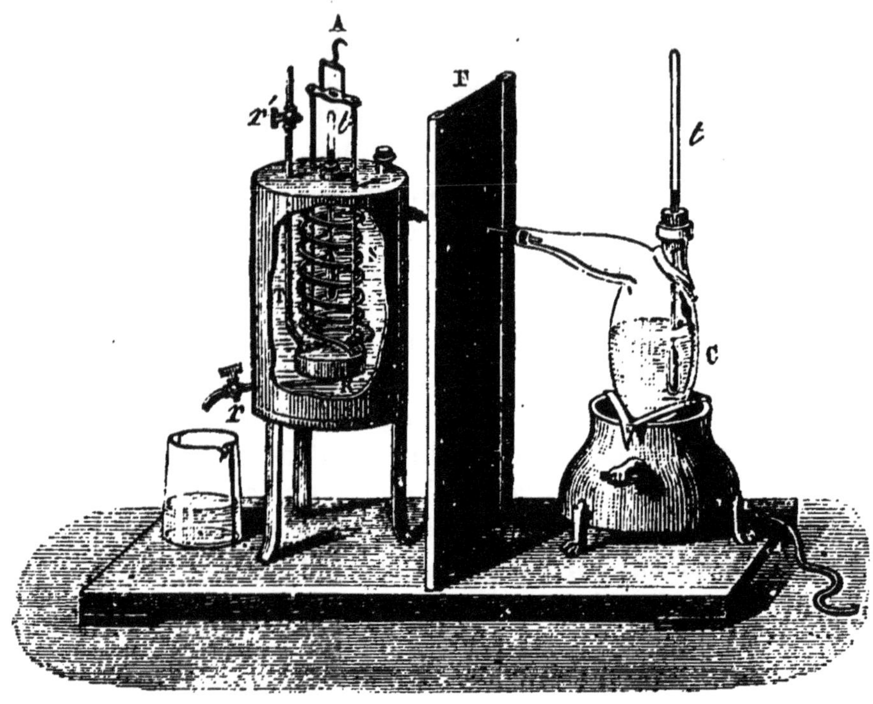

Fig. 239. — Appareil simple pour trouver la chaleur de vaporisation de l'eau.

Voici un exemple numérique simple où l'on ne tient pas compte de l'échauffement du vase formant le calorimètre. *Dans une expérience sur l'eau, on a recueilli 50 grammes de vapeur condensée ; le calorimètre contient 6 kilogrammes 070 d'eau à 25° ; la température d'ébullition est 100° ; la température finale du calorimètre est de 30°, quelle est la chaleur de vaporisation ?*

La chaleur recueillie par le calorimètre est :

$$6,07 \times (30 - 25) = 30,35.$$

Cette chaleur a été fournie d'abord par la vapeur qui

est devenue liquide sans cesser d'être à 100°, puis par l'eau provenant de la vapeur et qui s'est refroidie de 100° à 30°.

Cette dernière partie est :

$$0^k,050\,(100 - 30) = 3^c,50.$$

Il reste $26^c,85$ pour la chaleur abandonnée par 50 grammes de vapeur; on en tire que la chaleur abandonnée par 1 kilogramme de vapeur en se condensant à 100° est :

$$\frac{26,85 \times 1000}{50} = 537 \text{ calories.}$$

Telle est la valeur de la chaleur de vaporisation de l'eau à 100°.

Tel est également le nombre de calories qu'abandonne un kilogramme de vapeur d'eau en passant à l'état liquide à 100°.

Nous avons dit dans le chapitre précédent que la chaleur et le travail mécanique sont équivalents. Il résulte de nombreuses expériences que *pour produire une calorie ou une unité de chaleur, il faut dépenser un travail mécanique égal à 425 kilogrammètres.*

Exercices.

65. Quelle quantité de chaleur abandonne un volume d'eau de 15 litres en se refroidissant de 100° à 15°?

66. Quelle quantité de chaleur faut-il fournir à 2^{k}, 5 de fer pour élever leur température de 10° à 750°? — La chaleur spécifique du fer est de 0,114.

67. Dans une masse d'eau de 3^l, 8 à 18°, on jette un morceau de fer de 2^{k} chauffé à 65°; la température finale du mélange est 15°, trouver de la chaleur spécifique du fer.

68. Dans 40 litres d'eau à 30° on jette 800 grammes de glace à 0°, trouver la température finale du mélange.

69. Dans 20 litres d'eau à 12° on fait venir 1^{k}, 500 de vapeur d'eau à 100°, quelle sera la température du liquide?

Questionnaire.

Comment définit-on l'unité de chaleur? Comment prouve-t-on que l'eau a un échauffement régulier?

Tous les corps exigent-ils la même quantité de chaleur pour s'échauffer du même nombre de degrés? Qu'appelle-t-on chaleur spécifique? Quelle méthode emploie-t-on pour la trouver?

Qu'est-ce que la chaleur de fusion de la glace? Qu'appelle-t-on chaleur de vaporisation?

A quel travail équivaut une calorie?

Devoir.

Expliquer pourquoi la neige et la glace en couche épaisse sont si lentes à fondre. — Prendre un exemple pour montrer l'énorme quantité de chaleur qu'il faut leur donner.

CHAPITRE X

CHAUFFAGE

80. Combustibles. — On chauffe dans l'économie domestique comme dans l'industrie des corps solides et liquides; et dans les climats tempérés ou froids, on chauffe l'air des ateliers ou des salles d'habitation. L'étude du chauffage comprend d'abord l'étude des corps auxquels on fait produire la chaleur et qu'on nomme les **combustibles**; elle comprend en outre la description des principaux appareils où la chaleur est utilisée.

Les combustibles sont nombreux; les principaux sont le bois et la houille, le charbon de bois et le coke, les lignites et les tourbes, la tannée desséchée; les liquides comme le pétrole et l'alcool, les gaz dont le gaz de houille est le plus important.

Les combustibles peuvent être comparés les uns aux autres d'après la quantité de chaleur qu'ils peuvent donner. Cette comparaison a été faite pour les principaux corps simples d'abord, comme l'hydrogène et le carbone; elle a ensuite été appliquée à tous les corps que l'on emploie dans le chauffage.

On a trouvé qu'un kilogramme d'hydrogène brûlant dans l'oxygène dégage 34462 calories; qu'un kliogramme de charbon pur peut donner 15000 calories si l'on recueille toute la chaleur produite. On peut donc calculer la quantité maximum de chaleur qu'un combustible formé d'hydrogène et de carbone, comme le gaz d'éclairage, est capable de donner. Si, à cette donnée théorique on joint des déterminations pratiques, il est possible de connaître la valeur relative de tous les combustibles employés.

81. Chauffage des solides et des liquides. — Le chauffage des solides et des liquides s'effectue à feu nu, au bain de sable, au bain-marie, à la vapeur.

Le premier mode est celui où le vase, qui contient le corps à chauffer ou ce corps lui-même est en contact avec la source de chaleur, avec les gaz chauds produits par le combustible. C'est le mode le plus répandu, mais pour qu'il soit économique il faut utiliser le mieux et le plus complètement possible la chaleur des produits de la combustion : la forme des foyers, la disposition des canaux d'écoulement des gaz chauds doivent satisfaire à cette condition.

Le bain de sable et le bain-marie sont surtout des appareils ponr l'économie domestique et pour les laboratoires.

Le chauffage à la vapeur est surtout appliqué aux liquides. Il présente deux formes : ou bien l'on envoie directement la vapeur dans le liquide à chauffer; ou bien on la fait passer dans des tubes à serpentin plongeant dans le liquide dont on veut élever la température; dans les deux cas la vapeur se condense et elle abandonne aux corps à son contact la grande quantité de chaleur qu'elle possède. L'industrie emploie beaucoup ce mode de chauffage.

82. Chauffage de l'air. — Les appartements ou les ateliers sont chauffés à l'aide de cheminées, de poêles ou de calorifères.

Nous avons déjà expliqué le tirage de la **cheminée**. C'est un appareil coûteux qui dépense beaucoup de combustible, parce que la plus grande partie de la chaleur s'en va avec les gaz chaud et la fumée ; mais c'est un appareil qui renouvelle bien l'air d'un appartement.

Les **poêles** sont de petits foyers fermés, avec un petit passage pour l'air qui doit servir à la combustion, et des conduits pour emmener la fumée au dehors. Quand ils ont un grand développement de conduits, ils échauffent beaucoup l'air et utilisent très bien le combustible. Mais ils ne provoquent pas dans les appartements un renouvellement suffisant de l'air. Les uns s'échauffent vite et se refroidissent de même, ce sont les poêles métalliques ; les autres ont un revêtement intérieur en briques, ils s'échauffent plus lentement, mais ils restent plus longtemps chauds quand on cesse d'alimenter le foyer.

Les **calorifères** sont des appareils destinés à chauffer de grands espaces, ou un grand nombre de pièces d'une même maison avec un seul foyer. Ils font circuler dans les pièces à chauffer, dans des appareils convenablement disposés et tous reliés au foyer, soit de l'air chaud, soit de l'eau chaude, soit de la vapeur.

Exercices.

70. On sait qu'une houille contient 75 °/. de son poids de charbon pur, 4 °/. de son poids d'hydrogène ; on demande la quantité théorique de chaleur que peut dégager 1 kilogramme de ce combustible ?

71. On veut chauffer de 15° à 80° un bain liquide de 2 hectolitres 5. Quel poids de vapeur d'eau à 100° faudra-t-il y envoyer ? On admettra que ce liquide a un poids très voisin de celui de l'eau.

Questionnaire.

Quels sont les principaux combustibles ? Comment peut-on les comparer ? Quelles quantités de chaleur peuvent dégager 1 kilogr. d'hydrogène et 1 kilogr. de charbon ?

Quels sont les principaux modes de chauffage des solides? Quels sont les avantages du chauffage à la vapeur? Sous quelles formes peut-il être réalisé?

Quels sont les appareils à l'aide desquels on chauffe l'air des appartements? Quels sont les avantages des poêles et leurs inconvénients? A quoi servent les calorifères?

Devoir.

Citez les principales formes de poêles, indiquez leurs avantages et leurs inconvénients.

CHAPITRE XI

MOYENS D'ENLEVER DE LA CHALEUR

83. La vaporisation exige de la chaleur. — Quel que soit le moyen que l'on emploie pour faire passer un liquide en vapeur, il faut toujours de la chaleur pour produire le changement d'état. Dans le cas de l'ébullition ou d'une évaporation très rapide, cette chaleur est empruntée à un foyer, et la dépense de chaleur est évidente; le phénomène est analogue dans toute évaporation; et si l'on isole le liquide de tout autre corps, la chaleur est empruntée au liquide lui-même qui se refroidit notablement, et parfois même assez pour se congeler.

Froid produit par l'évaporation. — Tout le monde sait qu'un liquide très volatil comme l'éther, versé sur la main, y produit une sensation de froid parce qu'il emprunte à la main la chaleur nécessaire à sa volatilisation rapide. Deux expériences simples permettent de montrer que l'éther se refroidit en s'évaporant : la première consiste à envelopper de ouate le réservoir d'un thermomètre, à placer ce thermomètre dans un courant d'air ou à envoyer un jet d'air avec un soufflet sur le tampon d'ouate : on voit le thermomètre baisser rapidement; dans la seconde, on verse de l'éther dans un verre; on place dans le liquide un tube d'essai contenant un peu d'eau, et à l'aide d'un soufflet et d'un tube recourbé plongeant dans le verre on envoie dans l'éther un courant d'air; l'évaporation de l'éther est très rapide, et au bout de peu de temps l'eau du tube est transformée en glace : la chaleur empruntée au tube et à l'eau est assez considérable pour amener la congélation de l'eau.

La **congélation de l'eau dans le vide** réalisée pour la première fois par Leslie est un phénomène analogue. Pour la répéter, on pose sur la platine de la machine pneumatique un vase large contenant de l'acide sulfurique concentré, sur le vase un support en fils métalliques portant un bouchon large et peu épais légèrement creusé et noirci (fig. 240). On place quelques gouttes d'eau dans la cavité du bouchon; on couvre le tout de la cloche et on fait le vide rapidement. Quand le vide est fait et maintenu quelque temps, on voit l'eau se prendre en glace sur le bouchon. Si l'on suit attentivement l'expérience, on voit d'abord l'eau bouillir quand le vide est assez approché; mais la vapeur produite est absorbée par l'acide sulfurique à mesure qu'elle se forme, il y a donc un vide à peu près complet au-dessus du liquide; l'évaporation est continue, et comme aucune source étrangère ne peut fournir à l'eau qui est isolée la chaleur dont elle a besoin pour se vaporiser, l'eau se la prend à elle-même; elle abaisse sa température jusqu'à zéro et la portion du liquide qui reste se prend en glace.

Fig. 240. — Expérience de Leslie pour congeler l'eau dans le vide.

84. Applications du froid produit par la vaporisation. — L'expérience de Leslie ne permet de faire à l'aide du vide qu'un très petit morceau de glace; on en a néanmoins utilisé le principe pour la production du froid dans l'industrie, en faisant évaporer rapidement soit l'eau, soit d'autres liquides qui passent facilement à l'état gazeux.

Pompe Carré à réservoir d'acide sulfurique. — Un appareil fondé sur l'évaporation de

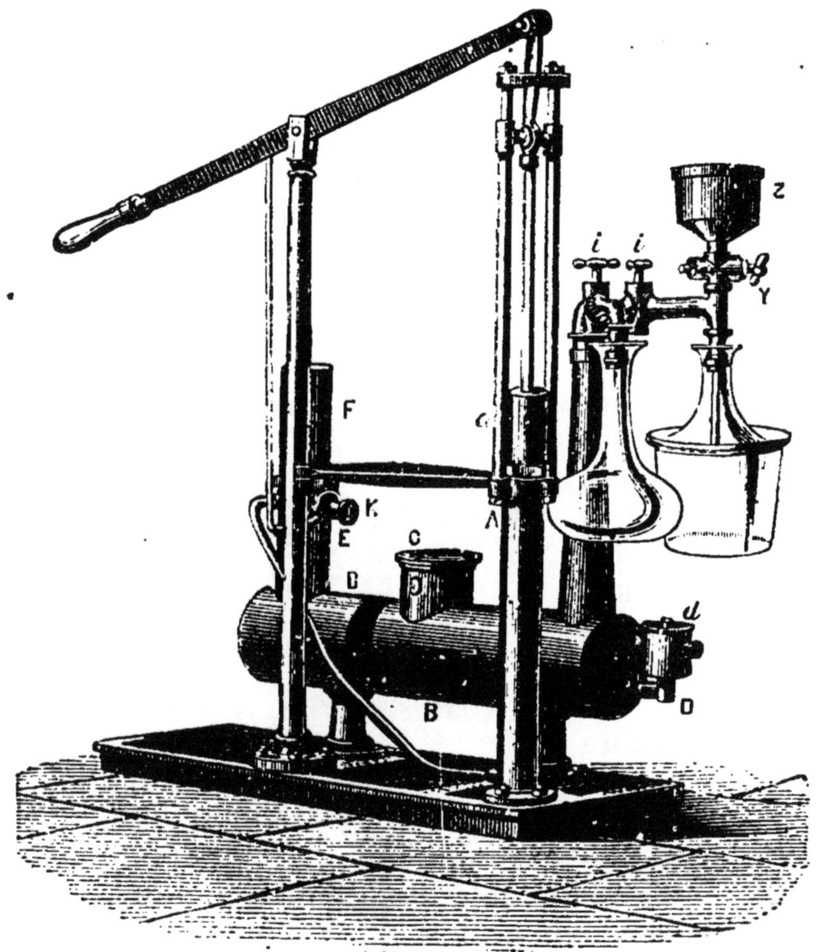

Fig. 241. — Pompe de Carré pour faire congeler l'eau par le vide.

l'eau est dû à M. Carré. Il se compose d'un réservoir en plomb B contenant de l'acide sulfurique; dans ce réservoir aboutissent deux tubes, l'un à l'extrémité duquel on fixe avec un bouchon en caoutchouc une carafe un peu large contenant de l'eau; l'autre qui communique avec une pompe à main munie d'un levier pour sa manœuvre. En faisant fonctionner la pompe, on fait le vide dans la carafe; l'eau ne tarde pas à entrer en ébullition; mais sa vapeur est absorbée par l'acide sulfurique à mesure qu'elle se produit; le vide se maintient, l'ébullition continue et la chaleur qu'elle emprunte est en assez grande quantité pour déterminer la congélation de l'eau dans la carafe.

85. Appareil congélateur fondé sur la volatilisation de l'ammoniaque. — On doit aussi à M. Carré un appareil industriel pour la fabrication en grand de la glace par l'évaporation rapide de l'ammoniaque liquide. L'appareil se compose d'une chaudière à parois fortes contenant une dissolution de gaz ammoniac (fig. 242), elle communique avec un vase annulaire, appelé le *congélateur*, par deux tubes latéraux munis d'une soupape s'ouvrant dans l'un de dedans en dehors et dans l'autre en sens inverse. L'opération présente deux phases distinctes et successives. Pendant la première, on entoure le congélateur d'eau froide et on chauffe la chaudière jusqu'à 120°. Tout le gaz ammoniac se dégage, passe dans le congélateur, et il devient en partie liquide. Quand ce premier résultat est atteint, on cesse de chauffer la chau-

Fig. 242. — Appareil pour congeler l'eau par la liquéfaction de l'ammoniaque et la vaporisation rapide de l'ammoniaque liquide.

dière; on place le congélateur dans une dissolution de chlorure de calcium et on met un vase plein d'eau dans son espace annulaire. Les vapeurs d'ammoniaque se dissolvent dans l'eau de la chaudière; l'ammoniaque liquide s'évapore rapidement puisque les vapeurs disparaissent dans l'eau de la chaudière à mesure qu'elles se produisent; il en résulte un refroidissement très vif du congélateur : l'eau du vase central se prend en glace; la dissolution de chlorure de calcium est de plusieurs degrés au-dessous de zéro, et si l'on y plonge des carafes pleines d'eau, celle-ci se solidifie rapidement. Quand l'appareil est bien clos, la même dissolution d'ammoniaque peut servir un grand nombre de fois. On obtient ainsi de la glace à bon compte; mais la production en est un peu lente.

On a proposé l'emploi dans l'industrie d'autres liquides et de dispositifs différents basés sur le même principe; ainsi on a employé dans le *système Pictet* l'acide sulfureux liquide, dans le *système Tellier* l'éther méthylique, dans le *système Vincent* le chlorure de méthyle. Dans tous, c'est le refroidissement provoqué par un liquide s'évaporant très rapidement, qui est utilisé pour la fabrication de la glace.

Questionnaire.

Comment montre-t-on que l'évaporation rapide d'un liquide exige de la chaleur et peut être une cause de refroidissement?

Comment peut-on congeler l'eau en la faisant évaporer rapidement? En quoi consiste l'expérience de Leslie? Comment fonctionne l'appareil à pompe de Carré?

Comment peut-on fabriquer de la glace avec l'appareil à ammoniaque de Carré?

Quels sont les autres corps que l'on peut employer au même objet?

Peut-on prouver qu'une dissolution rapide absorbe de la chaleur? Quel est l'exemple à citer?

Qu'appelle-t-on mélanges réfrigérants?

Quels sont les principaux de ces mélanges?

Devoir.

Quels sont les moyens de fabriquer artificiellement de la glace? Indiquer les raisons qui les font employer.

CHAPITRE XII

MACHINES THERMIQUES. — MACHINE A VAPEUR

86. Emploi de la vapeur comme force motrice. — La machine à vapeur est sans contredit l'une des inventions qui ont exercé le plus d'influence sur le développement de l'industrie et sur le progrès de la civilisation. De toutes les puissances utilisées par l'activité humaine, la force de la vapeur est la plus importante, celle qui se prête le mieux à tout genre de travail mécanique; aussi l'emploi de la vapeur comme force motrice est-il considéré comme une des découvertes de premier ordre.

On fait remonter jusqu'à l'antiquité la plus reculée la connaissance de la force que prend la vapeur produite par l'eau bouillante, dans un vase qui ne laisse au gaz qu'une petite issue, et l'on cite l'éolipyle d'Héron d'Alexandrie; mais ce n'était là qu'une simple expérience qui ne pouvait donner une idée exacte de la force de ressort de la vapeur.

Denis Papin. — Le problème de l'emploi de la vapeur comme puissance mécanique a été résolu pour la première fois en 1690, par un Français, Denis Papin, dont l'idée fondamentale est d'avoir songé à faire agir la vapeur sur un piston se mouvant dans un cylindre et à transmettre le mouvement de la tige du piston à des pompes ou à des roues à palettes de bateaux. La machine de Papin était très imparfaite, elle n'en mérite pas moins une mention bien due au premier appareil où l'on ait substitué la force de la vapeur d'eau à la force de l'homme. Un cylindre fermé en bas, ouvert en haut, contenait un piston, et sur son fond un peu d'eau. On allumait du feu sous le cylindre, des vapeurs se formaient sous le piston, et poussaient celui-ci au haut du cylindre.

On retirait le feu; les vapeurs diminuaient de force élastique en se condensant, et le piston redescendait par l'action de son poids et celle de la pression atmosphérique. Il fallait de nouveau mettre le feu sous le cylindre pour produire une nouvelle ascension du piston, enlever le feu pour que le piston pût redescendre et ainsi de suite. La manœuvre était très lente.

87. La machine atmosphérique. — Un grand progrès fut réalisé en 1705, dans la machine de

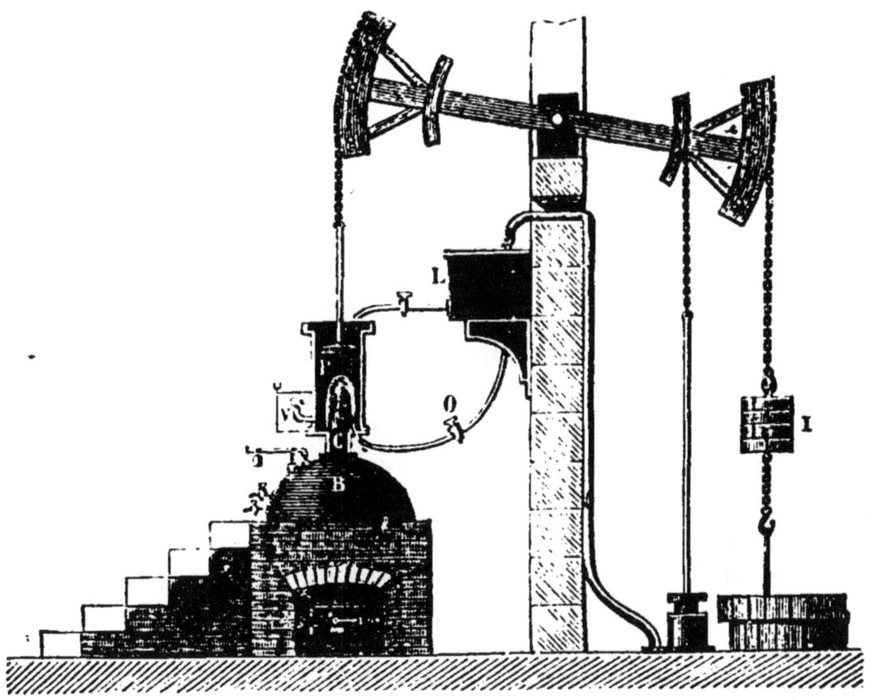

Fig. 243. — Machine à simple effet de Newcomen.

Newcomen, où la vapeur se formait dans une chaudière distincte du cylindre. La vapeur, produite en quantité suffisante et toujours prête à remplir le corps de pompe, était envoyée dans le cylindre par un tube à robinet; elle arrivait sous le piston qu'elle faisait monter. Aussitôt que le piston était arrivé au haut de sa course, il fallait fermer le robinet du tube amenant la vapeur (fig. 243).

On ouvrait alors un tube communiquant à un réservoir d'eau, et venant dans le bas du corps de pompe : l'eau injectée dans le cylindre plein de vapeur faisait condenser rapidement cette vapeur, et la pression atmosphérique produisait la descente du piston. Cette machine avait reçu le nom de machine atmosphérique; on l'appelle encore *à simple effet*, parce que la vapeur n'y agissait que sur une des faces du piston. Elle fut employée jusque vers 1770, époque à laquelle Watt proposa d'importants perfectionnements, et parvint à créer la machine à double effet telle que nous l'avons aujourd'hui, et à laquelle ce n'est que justice de donner son nom.

88. **Watt. — Le condenseur.** — Le premier perfectionnement apporté par Watt fut de supprimer l'injection d'eau froide dans le corps de pompe et d'opérer la condensation de la vapeur dans un vase à part, nommé *condenseur*, mis en communication avec ce corps de pompe au moment où l'on y veut faire le vide.

L'emploi du condenseur permit de réaliser une grande économie de combustible. On n'avait plus besoin dès lors de refroidir le corps de pompe et on économisait toute la chaleur dépensée auparavant, à chaque coup de piston, pour ramener le corps de pompe à la température de la vapeur.

Voici le principe du condenseur :

On sait que si un espace plein de vapeur à T° est mis en communication avec un espace vide à t°, la vapeur prend de suite la tension qui correspond à la température la plus basse; il y a donc une rapide condensation.

Un exemple va nous le faire comprendre. Admettons que la vapeur venue de la chaudière arrive sous le piston avec une force de 2 atmosphères. Si l'on se borne à ouvrir à l'air l'extrémité opposée du cylindre, pour permettre à la vapeur du coup précédent de sortir, le piston est pressé, sur sa face inférieure, par une force de 2 kilogrammes par centimètre carré, et sur sa face supérieure par une force de 1 kilogramme qui contre-balance a première et la réduit à la moitié de sa valeur. Si, au contraire, on met le haut du cylindre en communication avec un espace vide d'air, où l'on fait arriver de l'eau à 30°, la vapeur se trouve dans un espace dont la force élastique n'est que de trente et quelques millimètres, ou environ un vingtième d'atmosphère; il ne restera à la vapeur venant dans cet espace qu'une force élastique d'environ $\frac{1}{20}$ d'atmosphère. La force effective avec laquelle montera le piston sera $2 - \frac{1}{20}$ ou 1 atm. $\frac{19}{20}$, c'est presque le double de la force qu'il avait dans l'exemple précédent, c'est-à-dire dans une machine sans condenseur.

Le condenseur est un grand vase B en communication par un tuyau A avec le corps de pompe de la machine (fig. 244). Par le bas, un tuyau CF le fait communiquer à une pompe aspirante; enfin un conduit HGE, terminé par une pomme d'arrosoir, amène l'eau d'un réservoir. Quand la pompe aspirante a enlevé l'air du condenseur, l'eau froide du réservoir, pressée par la pression atmosphérique, jaillit par la pomme d'arrosoir et elle fait condenser la vapeur venue du corps de pompe à chaque coup de piston. Cette eau s'échauffe à son tour par la chaleur de la vapeur, mais la pompe aspirante l'enlève à mesure.

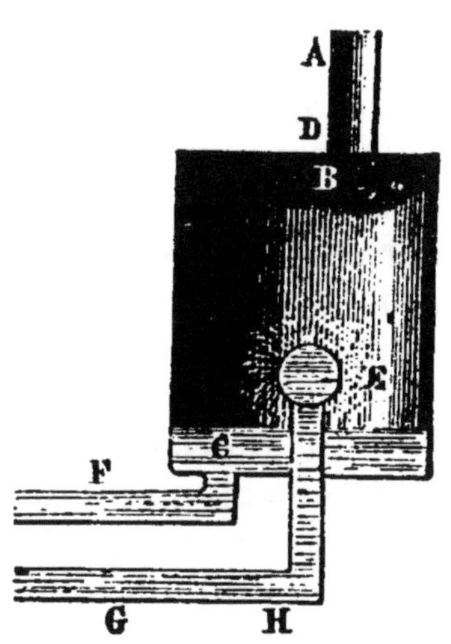

Fig. 244. — Figure théorique pour montrer le condenseur.

89. Machines à basse, à moyenne et à haute pression. — Dans les différentes machines à vapeur, la pression peut varier beaucoup, de 2 à plus de 10 atmosphères; mais on distingue ordinairement trois groupes :

Les machines à basse pression, dans lesquelles la force élastique de la vapeur est inférieure à 2 atmosphères.

Les machines à moyenne pression où la force élastique de la vapeur est comprise entre 1 1/2 et 4 atmosphères.

Les machines à haute pression où la force élastique de la vapeur est supérieure à 4 atmosphères.

Théoriquement les dernières seraient les plus avantageuses, mais les autres présentent plus de sécurité, moins d'usure, moins d'accidents, aussi sont-elles encore très employées.

90. Machine à double effet. — Watt, dès ses premiers essais, ferma le corps de pompe en haut comme en bas et fit amener la vapeur alternativement au-dessous et au-dessus du piston. Il établit ainsi la *machine à double effet* dans laquelle on n'a plus recours qu'à la vapeur. Le piston acquiert son mouvement alternatif parce que la force élastique de la vapeur s'exerce sur ses deux faces successivement, et la vapeur peut agir sous des pressions plus élevées puisqu'on ne fait plus usage de la pression atmosphérique.

Watt imagina aussi le moyen de transformer le mouvement alternatif rectiligne de la tige du piston en un mouvement circulaire continu, à l'aide du parallélogramme articulé, le moyen de proportionner l'arrivée de la vapeur aux nécessités de la marche de la machine et de mesurer le travail produit, de sorte que la machine à vapeur actuelle ne diffère de la sienne que par des perfectionnements de détail.

91. Division de l'étude d'une machine à vapeur. — Dans toute machine à vapeur il y a deux parties très distinctes : la *chaudière* ou le générateur qui produit la vapeur ; la *machine proprement dite* dans laquelle une partie de la chaleur donnée à la vapeur est transformée en travail. Il faut donc étudier d'abord la chaudière. Quant à la machine proprement dite, on peut encore faire deux groupes de ses organes :

d'abord le cylindre où se meut le piston et le système de distribution qui y amène la vapeur, puis les autres organes dont les uns font fonctionner les principales pièces d'admission de la vapeur, et dont les autres transmettent le travail produit. Nous allons exposer brièvement chacune de ces trois parties.

92. Chaudière. — La chaudière dans laquelle la vapeur est produite est construite en fer forgé, quelquefois même en acier doux. On a renoncé à la première forme, qui était un cylindre terminé par deux demi-

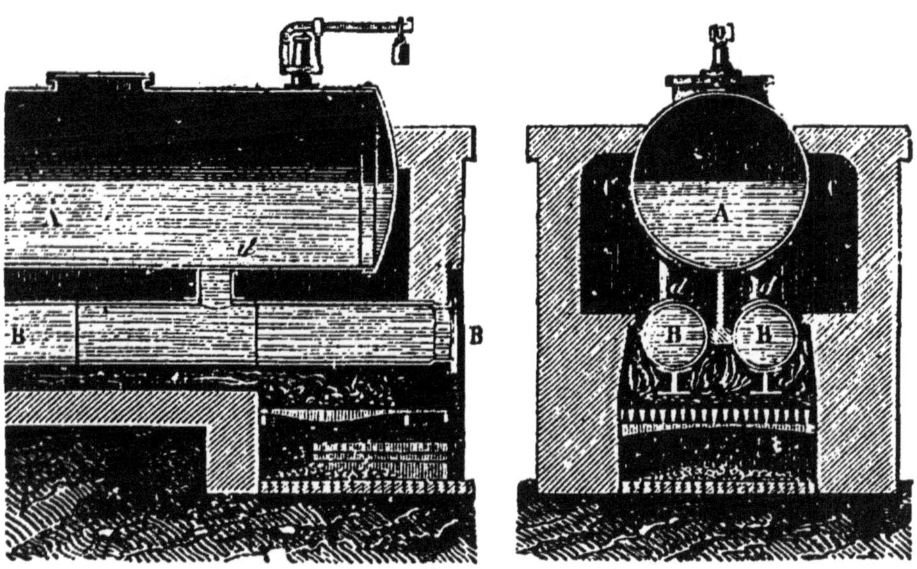

Fig. 245. — Coupes de la chaudière à bouilleurs.

sphères, et on emploie aujourd'hui, suivant les circonstances, trois formes principales : la *chaudière à bouilleurs*, la *chaudière à foyer intérieur* et la *chaudière tubulaire*.

Chaudière à bouilleurs. — La chaudière à bouilleurs est employée dans les machines fixes, quand l'on dispose de beaucoup de place. Elle se compose d'un cylindre horizontal ou *générateur* relié par deux tubes à deux cylindres horizontaux et plus petits ou *bouilleurs* (fig. 245).

Ceux-ci et la moitié du générateur sont remplis d'eau. Le tout est encastré dans un fourneau en maçonnerie, avec des cloisons convenablement disposées pour que la flamme du foyer placé à l'avant chauffe d'abord les bouilleurs, revienne d'arrière en avant en dessous du générateur, pour repartir sur les côtés de celui-ci et se rendre à la cheminée.

Chaudière à foyer intérieur. — Cette chaudière a la forme d'un cylindre traversé suivant son axe par un gros tube, ouvert aux deux bouts, dans lequel on place le foyer; les gaz chauds ne sont donc en contact qu'avec les parois de la chaudière, et la plus grande partie de leur chaleur est utilisée.

Chaudière tubulaire. — C'est un cylindre traversé dans sa longueur par des tubes ouverts aux deux extrémités et qui sont baignés par l'eau du cylindre.

Le foyer est placé à l'avant : la flamme et les gaz chauds, pour gagner la cheminée placée à l'arrière, doivent passer par tous les tubes (fig. 246). La surface de chauffe est considérable, et on peut réaliser la production d'une très grande quantité de vapeur en peu de temps.

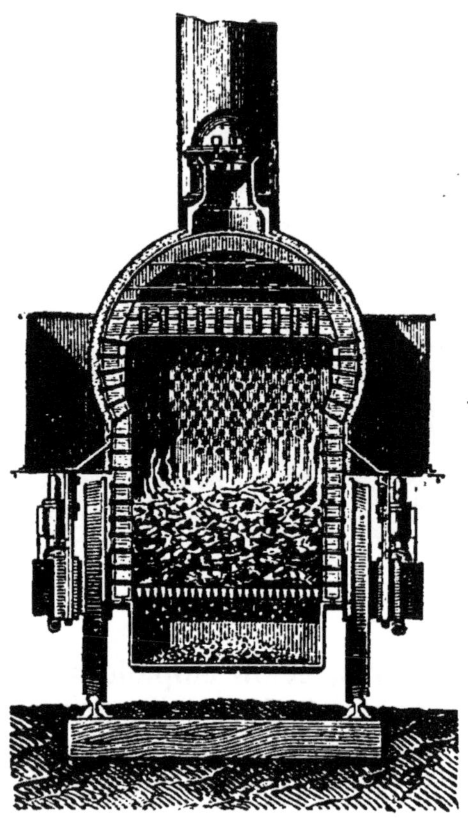

Fig. 246. — Coupe de la chaudière tubulaire.

Ce dernier type est d'un entretien difficile; mais on l'emploie surtout dans les machines mobiles, à cause de ses dimensions restreintes.

93. Accessoires de la chaudière. — Il faut à toute chaudière un *tube indicateur du niveau de l'eau*, un *indicateur magnétique*, un *flotteur*, deux *manomètres* dont un à air libre, un *dôme pour prise de vapeur*, une *soupape de sûreté*, un *appareil pour alimentation*.

Le niveau de l'eau est indiqué au chauffeur par le *tube indicateur;* c'est un tube en cristal, épais, vertical, mastiqué dans deux tubes de cuivre coudés, communiquant l'un à la partie supérieure, l'autre à la partie inférieure de la chaudière, à l'avant au-dessus du foyer.

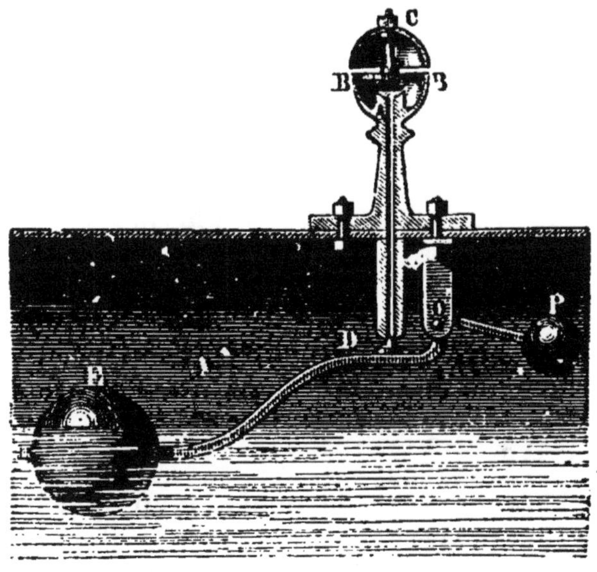

Fig. 247. — Disposition du flotteur avec sifflet d'alarme.

Un second indicateur dit *indicateur magnétique* est placé sur la partie supérieure de la maçonnerie des fourneaux.

Il y a en outre un appareil automatique muni d'un *sifflet d'alarme*, et destiné à avertir le chauffeur si le niveau de l'eau descend au-dessous d'un certain point. La figure 247 en montre bien le mécanisme : quand le niveau s'abaisse assez, le flotteur descend, débouche l'ouverture de la vapeur, et celle-ci en sortant vient frapper vivement la paroi d'une petite cloche qui rend un son aigu.

La pression de la vapeur est indiquée à tout instant par deux **manomètres**, un métallique posé à l'avant de la chaudière, pour que le chauffeur en voie facilement les indications; un autre à air libre, appuyé contre un des murs de la pièce où se trouve le générateur.

Une **soupape de sûreté** est posée sur la chaudière pour éviter que la vapeur n'y atteigne une trop forte pression. C'est un bouchon tenu sur un orifice à l'aide d'un levier du second genre dont le grand bras supporte un poids (fig. 248). On calcule facilement la

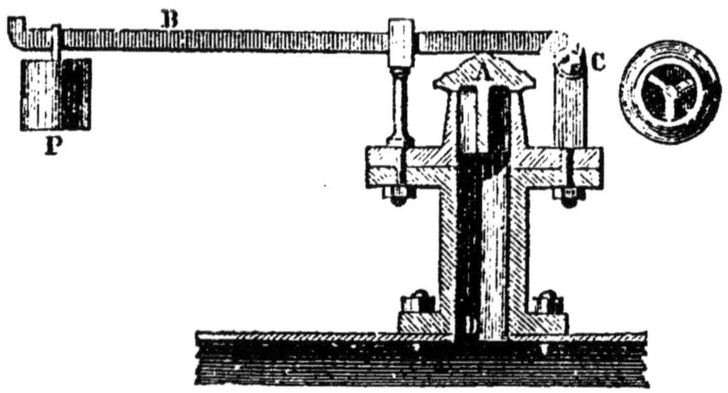

Fig. 248. — Soupape de sûreté.

place où il faut mettre le poids, pour que le bouchon représente une pression donnée. Si alors la vapeur prend dans la chaudière une pression supérieure à celle que représente la charge de la soupape, la vapeur sort par la soupape. On doit faire l'ouverture de celle-ci assez grande pour que la vapeur puisse sortir facilement.

Ordinairement la chaudière est munie d'un *dôme* dans lequel débouche le tube qui doit conduire la vapeur à la machine. L'effet de ce dôme est d'avoir de la vapeur qui ait pu déposer les gouttelettes d'eau qu'elle avait entraînées.

Il y a en outre, dans les chaudières à bouilleurs, un *trou d'homme*, fermé d'une plaque boulonnée et mastiquée, et que l'on peut ouvrir, quand il faut envoyer un ouvrier visiter l'intérieur de la chaudière et y faire des réparations.

Quant à l'*alimentation de la chaudière*, c'est-à-dire à l'introduction de l'eau devant remplacer celle qui a été vaporisée, on la fait aujourd'hui avec l'**injecteur Giffard,** un très ingénieux appareil qui permet de réaliser deux conditions nécessaires, c'est-à-dire d'envoyer l'eau au fond de la chaudière, et de l'y faire arriver par une pression supérieure à celle de la vapeur (fig. 249).

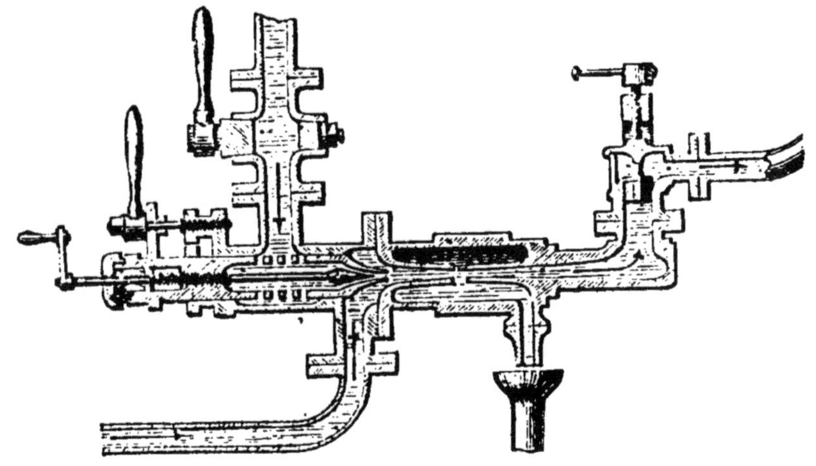

Fig. 249. — Injecteur Giffard.

Telle est la chaudière avec ses organes; elle doit avoir été essayée avant de servir, elle doit être souvent nettoyée et vérifiée, débarrassée des incrustations qui peuvent s'y produire par le dépôt des eaux, et conduite dans la marche avec une grande régularité.

94. Distribution de la vapeur dans le corps de pompe. — Il faut que la vapeur produite dans le générateur soit envoyée par un large tube, enveloppé d'une substance non conductrice qui évite les pertes de chaleur, jusqu'au cylindre où elle doit faire mouvoir le piston. Cette vapeur doit produire son effet successivement sur chacune des faces du piston, et être ensuite expulsée ou mise en communication avec le condenseur. Dans les premières machines on établissait cette marche de la vapeur en manœuvrant à la main des robinets. Aujourd'hui on obtient ce résultat par un mécanisme que la machine elle-même fait mouvoir au moment convenable.

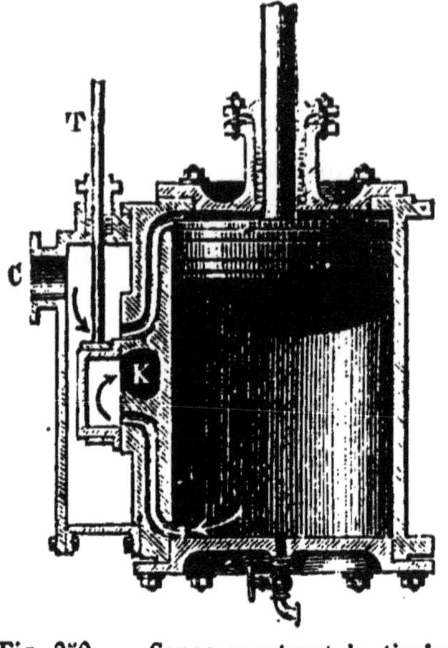

Fig. 250. — Coupe montrant le tiroir et la distribution de la vapeur.

Les *appareils de distribution* présentent diverses formes. Il nous suffit d'en connaître le principe; aussi nous ne décrirons que le plus simple, la **boîte à distribution** avec **le tiroir.**

La vapeur vient dans la boîte à distribution placée sur le côté du cylindre. Là se trouvent trois lumières, deux d'admission et une d'échappement, qui communiquent, les deux premières avec chacun des bouts du cylindre, l'autre avec le condenseur. Une pièce creuse en coquille, appelée *tiroir*, munie d'une tige, se déplace devant ces lumières en n'en laissant qu'une de libre du côté de la boîte à distribution.

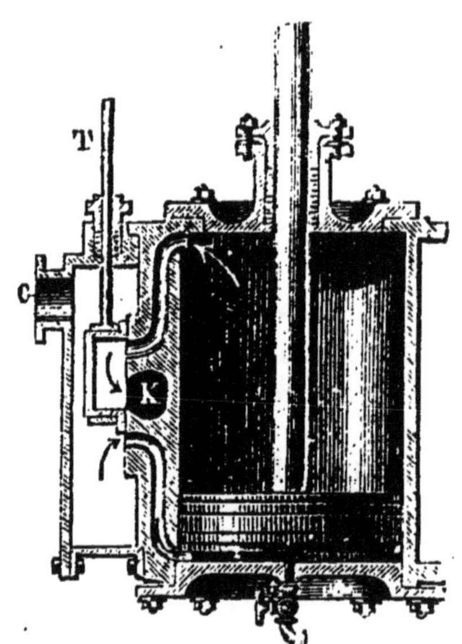

Fig. 251. — Seconde position du tiroir.

La figure 250 représente l'appareil au moment où le piston est poussé de haut en bas; l'ouverture du haut est libre et la vapeur y pénètre; la vapeur du coup précédent peut sortir vers le tiroir et par la lumière d'échappement.

L'appareil est disposé de telle sorte que le tiroir s'abaisse brusquement quand le piston est à l'extrémité de sa course; alors il présente la disposition de la figure 251; la vapeur entre en bas et sort en haut.

Le mouvement du tiroir est alternatif; il est produit par une *excentrique* calée sur l'arbre de la machine (fig. 252); le tiroir va constamment soit de gauche à droite

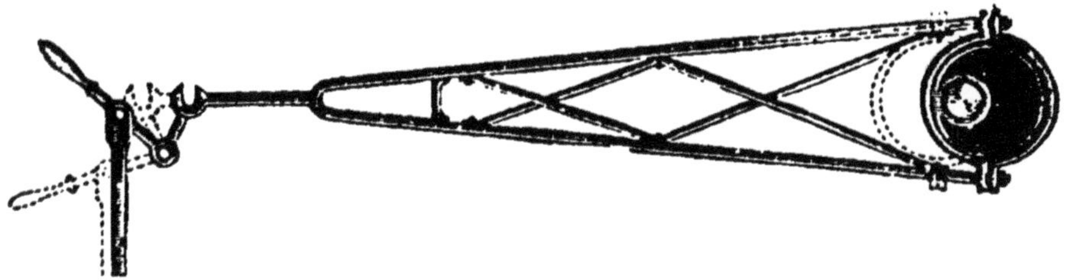

Fig. 252. — Excentrique commandant le mouvement du tiroir.

ou de haut en bas, soit de droite à gauche ou de bas en haut : mais sa vitesse n'est pas égale à tous les instants de sa course; elle est très grande à l'extrémité et très faible au milieu, ce qui permet d'obtenir le résultat désiré.

95. Transmission du mouvement. — Dans toute machine, le mouvement de va-et-vient du piston doit communiquer un mouvement circulaire continu à un *arbre de couche*. Pour opérer cette transformation, on met en œuvre plusieurs systèmes; le plus ancien, employé déjà par Watt, c'est le *balancier* avec son *parallélogramme articulé*, sa *bielle* et sa *manivelle*.

Le *balancier* est une sorte de gros levier mobile autour d'un axe horizontal qui passe par son milieu. La tige du piston agit sur une des extrémités pendant que l'autre commande une grande pièce appelée *bielle*, qui commande elle-même la manivelle calée sur l'arbre de couche. La bielle est fixée directement sur le balancier. Il ne peut en être de même de la tige du piston, qui doit se mouvoir en ligne droite et qui ne peut, par suite, être attachée à un point décrivant un arc de cercle comme l'extrémité du balancier.

La tige du piston est attachée à l'une des branches du **parallélogramme articulé** de Watt, dont la figure 253 indique la marche.

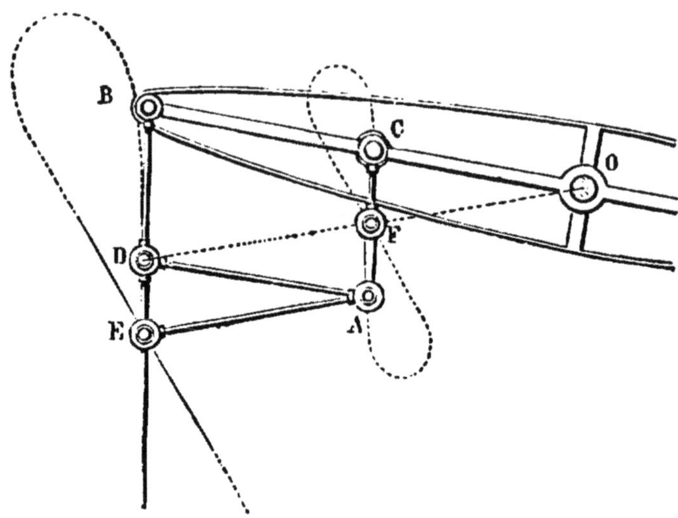

Fig. 253. — Parallélogramme articulé.

Pendant que le piston monte dans le cylindre, l'une des extrémités du balancier monte aussi; l'autre, celle qui porte la bielle, descend, fait descendre la manivelle d'un demi-cercle et fait faire un demi-tour à l'arbre. Au moment où le piston redescend, la bielle tend à remonter, à entraîner la manivelle et à produire le second demi-tour de l'arbre. Mais il faut pour cela une impulsion qui détermine la continuation du mouvement dans le même sens et qui permette à la manivelle de franchir les points *morts*, c'est-à-dire les positions dans lesquelles la bielle et la manivelle étant en ligne droite, le mouvement est aussi bien possible dans un sens que dans l'autre. C'est par le **volant** qu'on obtient ce résultat; c'est une lourde roue de fonte fixée sur l'arbre de couche; dans le premier demi-tour de la manivelle, cette roue acquiert une certaine vitesse et continue à se mouvoir en vertu de sa vitesse acquise au moment du point mort; elle fait donc dépasser cette position à la manivelle et le mouvement continu de l'arbre de couche est assuré.

Le *régulateur à force centrifuge*, imaginé par Watt, a pour but de remédier dans une certaine mesure à l'accélération que la machine pourrait prendre, si pendant sa marche on diminuait l'effort qu'elle doit vaincre. Il se compose d'une tige verticale portant deux tiges obliques articulées, qui elles-mêmes sont en rapport avec deux tiges fixées à un anneau ou collier qui monte ou descend sur la tige principale (fig. 254).

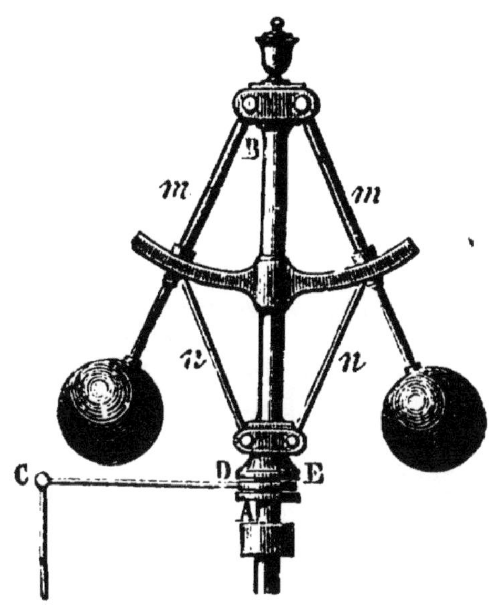

Fig. 254. — Régulateur à force centrifuge.

C'est la *machine verticale* complète (fig. 255) que nous venons de décrire. Il y en a d'autres, verticales ou horizontales, sans balancier, où la tige du piston est fixée à la bielle : il faut, comme dans le cas précédent, que la tige du piston ait un mouvement en ligne droite; c'est pour obtenir ce mouvement que la tête de la tige est munie d'une pièce qui se meut entre deux règles parfaitement dressées que l'on nomme des glissières.

Nous nous en tiendrons à ces deux exemples et nous renverrons aux traités de mécanique pratique, si l'on a besoin de plus de détails.

96. Détente. — Quand on laisse entrer la vapeur d'un côté du piston pendant toute la course de celui-ci, on dit que la machine est à pleine vapeur. Pendant la marche il y a une notable économie à ne laisser pénétrer la vapeur sous le piston que pendant une partie de la course du piston. La vapeur introduite augmente de volume, *se détend* en diminuant de pression. Si cette détente n'est pas trop considérable, la vapeur conserve

24.

encore, quand le piston arrive à l'extrémité du cylindre, une pression supérieure à celle qui règne sur l'autre face ; elle a donc continué à pousser le piston pendant toute

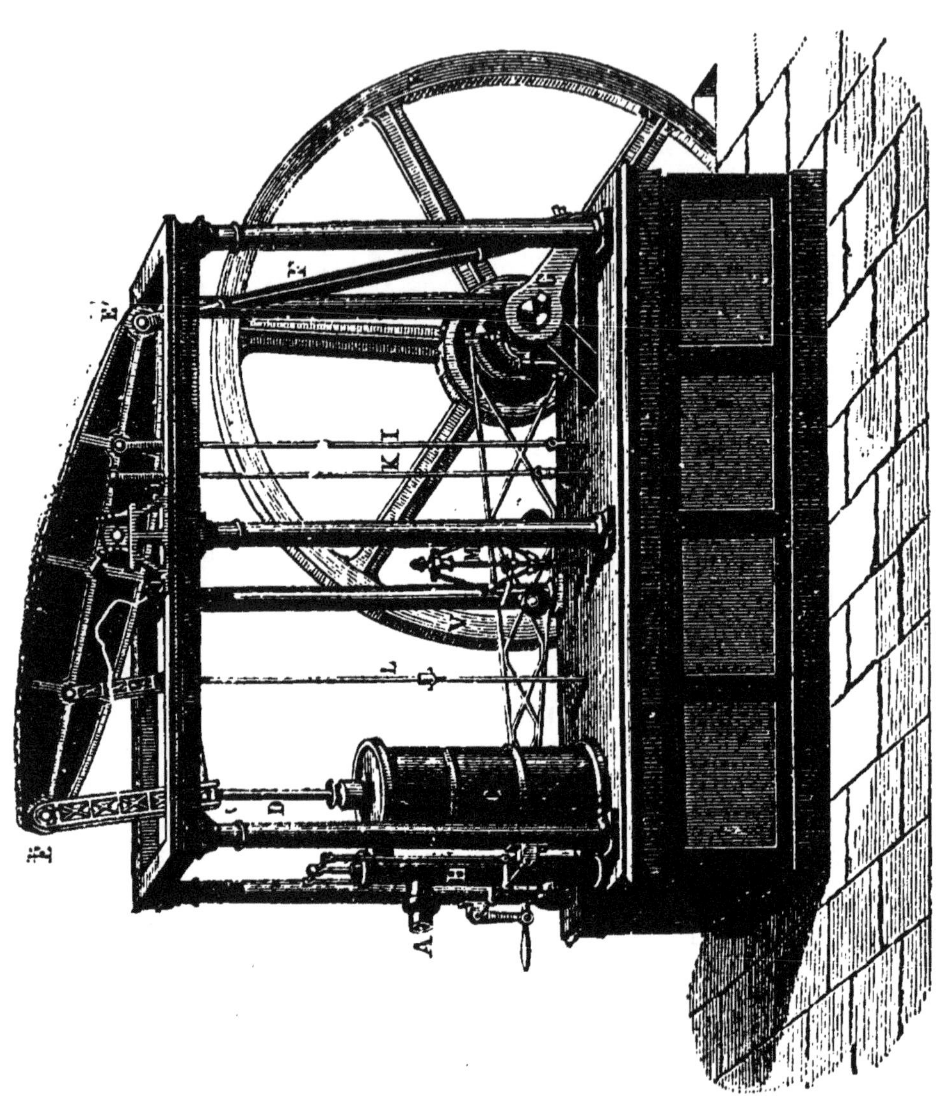

Fig. 255. — Vue d'ensemble de la machine verticale.

sa course. L'effort produit sur le piston est moins grand que si la machine fonctionnait à pleine vapeur, puisque la différence de pression existant sur les deux faces du piston va en diminuant à partir du moment où commence la détente jusqu'à la fin de la course du piston, mais la dépense est beaucoup moins considérable.

Il y a bien des manières d'obtenir la détente à un moment donné de la course du piston. Une des dispositions employées est celle du *tiroir à recouvrement* que représente la figure 256. En combinant la largeur des pièces de recouvrement avec le mouvement du tiroir on arrive à faire varier la détente à volonté. Dans certaines machines on fait commander la détente par le régulateur de vitesse, de façon à obtenir que la détente diminue, c'est-à-dire qu'il entre plus de vapeur, quand le mouvement commence à se ralentir.

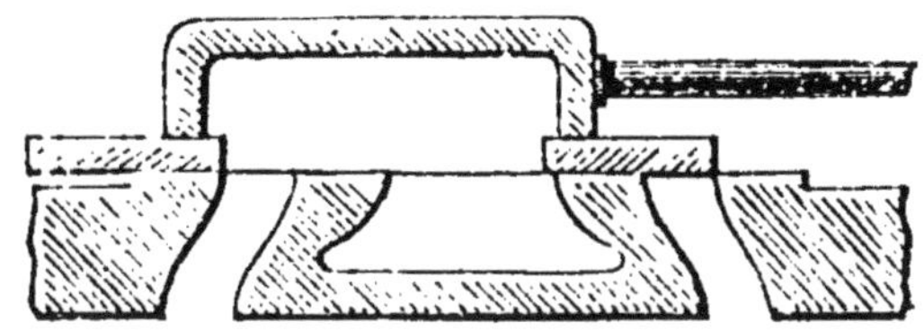

Fig. 256. — Tiroir à recouvrement.

97. Locomotive. — Une locomotive se compose d'une longue chaudière tubulaire, puis de deux cylindres

Fig. 257. — Locomotive.

horizontaux agissant simultanément sur un essieu qui fait fonction d'arbre de couche. La vapeur se rend d'abord dans un dôme où elle se débarrasse des gouttelettes d'eau entraînées, puis elle va aux deux boîtes à distribution; quand elle sort des cylindres elle est rejetée dans l'atmosphère par un tuyau qui débouche dans la cheminée.

Parfois une seule paire de roues est commandée par les pistons, les autres roues ne servant qu'à porter la machine. Mais souvent les trois paires de roues sont reliées entre elles.

Il faut pouvoir à un moment donné renverser le sens du mouvement, faire, comme on dit : machine arrière;

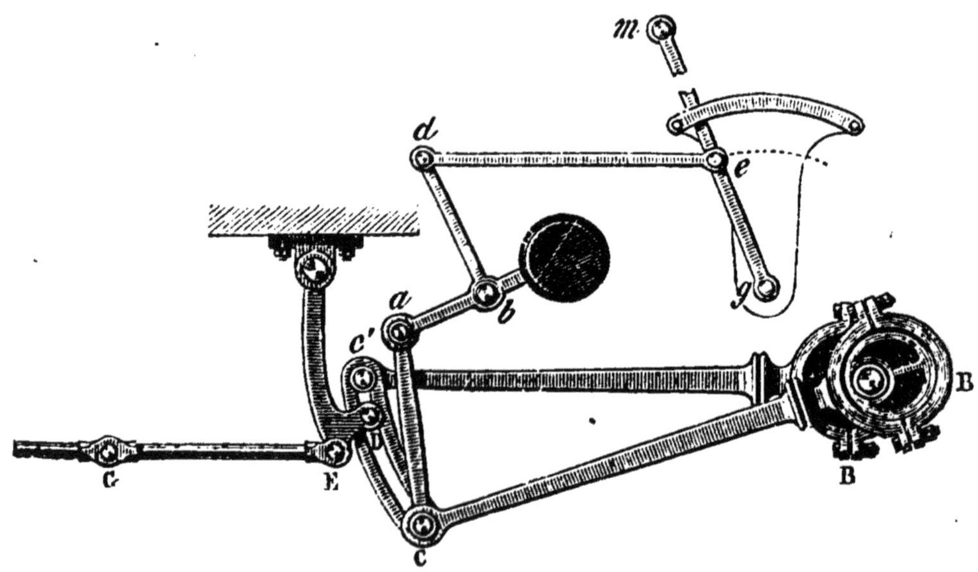

Fig. 258. — Coulisse de Stephenson.

on y parvient à l'aide d'une pièce spéciale appelée la *coulisse de Stephenson*. Deux excentriques BB' sont fixées sur l'essieu de la roue principale et disposées à 180° l'un de l'autre, de manière que leur mouvement soit inverse et que le milieu de la coulisse qui joint les deux boutons *c* et *c'* reste immobile (fig. 258). La tête D de la tige DEG, qui fait mouvoir le tiroir, est engagée dans cette coulisse. Le mécanicien peut, par des leviers *cabdeg*, à l'aide de la tige *m*, placer le bouton D en un point quelconque de la coulisse *cc'*. Si le bouton D est au milieu de la coulisse, la tige du tiroir reste immobile, l'admission de la vapeur est suspendue et la machine s'arrête. Au contraire, plus le bouton D est près de C ou de C' plus ses mouvements sont grands, par conséquent plus il entre de vapeur dans les pistons et plus la marche est rapide. On peut donc donner à la machine toutes les vitesses depuis la plus faible jusqu'à la plus grande qu'elle puisse prendre.

Veut-on renverser le sens du mouvement? on commence par supprimer l'arrivée de la vapeur, puis on amène le bouton D à C s'il était en C', et on ouvre de nouveau l'arrivée de la vapeur; le mouvement que prend la machine est le contraire de celui qu'elle avait avant.

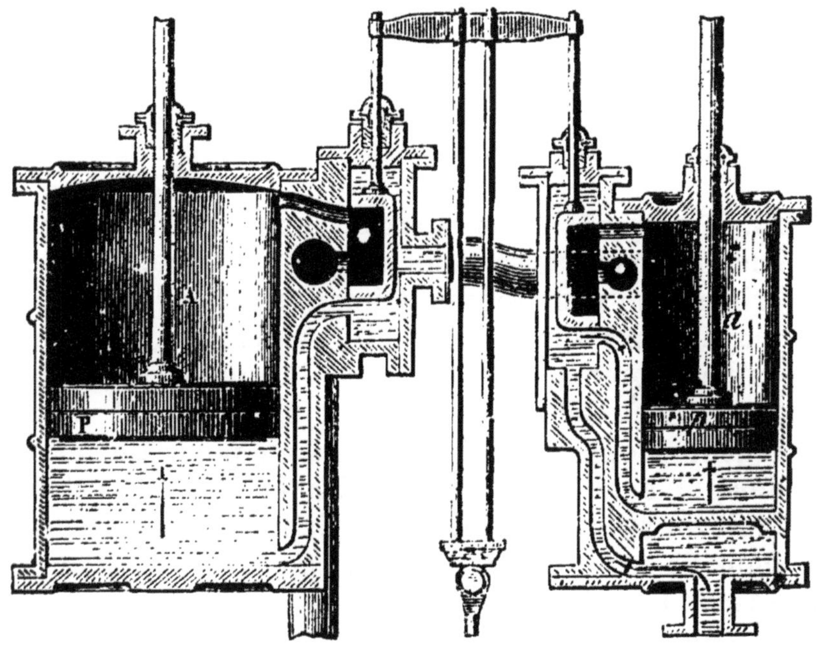

Fig. 259. — Machine compound.

98. Machines Corliss et machines compound. — Les machines *Corliss* diffèrent des autres par le mode de distribution : au lieu d'un tiroir, il y a devant les lumières d'entrée et de sortie de la vapeur des soupapes à tiges qu'une roue à came soulève brusquement et qu'un ressort fait refermer au moment voulu. L'entrée et la suppression de la vapeur sont ainsi beaucoup plus brusques qu'avec les tiroirs.

On donne le nom de machines *compound* aux machines à plusieurs cylindres quand la vapeur passe de l'un dans l'autre. La vapeur venant de la chaudière agit à pleine pression sur le piston (*p*) du petit cylindre (*a*) (fig. 259) ; en même temps la vapeur contenue dans le petit cylindre est envoyée à la partie inférieure du grand cylindre A dont la portion supérieure est en communication avec le condenseur ; ainsi les deux pistons accomplissent le même mouvement et leurs effets s'ajoutent s'ils sont réunis au même balancier ou à la même bielle. Il en est même quand les deux tiroirs ou les deux déclanchements ont changé de position et que la vapeur agit au-dessus des deux pistons. Cette disposition a le grand avantage de permettre une détente notable et d'économiser ainsi la vapeur et par suite le combustible.

99. Travail des machines à vapeur. — Quand une machine est appelée à vaincre une résistance extérieure, on peut toujours imaginer qu'elle peut être employée à produire un effet utile équivalent, mais facile à évaluer, comme d'élever un poids à une certaine hauteur; dans ce dernier cas, l'effet utile produit est évidemment proportionnel à la fois au poids du fardeau soulevé et à la hauteur dont il a été élevé. C'est à ce produit du poids du fardeau par la hauteur qu'on donne le nom de *travail*, en prenant comme unité celui qui correspond à un poids de 1 kilogramme élevé de 1 mètre.

Mais quand il s'agit d'une machine à vapeur, il faut introduire une autre notion, celle du temps que la machine a mis à développer un travail. L'unité adoptée est le *cheval-vapeur*, qui correspond à un travail de 75 kilogrammètres par seconde. Une machine de 10 *chevaux* serait capable d'élever 750 kilogrammes à 1 mètre de hauteur en une seconde. Ce serait une erreur de croire qu'un cheval travaillant effectivement peut produire un travail équivalent à un cheval-vapeur; un cheval attelé à une voiture ne produit généralement qu'un effort d'un demi-cheval-vapeur, et si l'on tient compte du repos, on arrivera à cette conclusion, c'est que pour produire d'une manière continue un travail équivalent à 1 cheval-vapeur, il faudrait employer 4 ou 5 chevaux.

On fait des machines pour les grands navires qui atteignent la puissance de 3,000 à 4,000 chevaux-vapeur.

Dans les moteurs à vapeur, on brûle du charbon et on produit du travail; la vapeur a été l'agent intermédiaire. Une partie de la chaleur du combustible, un quart environ, est perdue dans la chaudière ou emportée avec la fumée. De ce qui reste, une partie seulement peut être transformée en travail d'après le principe de Carnot; enfin une partie du travail produit par la vapeur est dépensée en frottement ou en mouvement des organes accessoires, de sorte que le travail réellement utilisable n'est qu'une fraction de celui que développe la vapeur.

Il nous faudrait rechercher ici quelles sont les meilleures machines au point de vue du travail produit et du combustible dépensé à le produire. De nombreuses expériences ont été faites dans ce sens sur tous les genres de machines, sur les machines à basse pression où la vapeur ne dépasse pas une atmosphère et demie, sur les machines à moyenne pression, où la force élastique de la vapeur va jusqu'à 4 atmosphères, et sur les machines à haute pression où la force élastique de la vapeur varie de 4 à 10 atmosphères.

Il nous suffira de noter que la dépense de charbon par *cheval-vapeur* et *par heure* varie, suivant les machines, depuis 1 kilogramme jusqu'à 5 et 6 kilogrammes. Au point de vue théorique, il faudrait, pour obtenir des machines une plus grande quantité de travail, écarter les limites de température entre lesquelles la vapeur entre sous le piston et sort du condenseur. Mais on ne peut songer à élever beaucoup la température de production de la vapeur parce que la force élastique s'accroît trop vite. Alors on a essayé d'employer la *vapeur surchauffée*. On fait passer la vapeur, au sortir de la chaudière, dans des tubes où elle est portée à une température élevée et où sa pression n'augmente que comme celle d'un gaz; on a pu ainsi accroître le rendement de la machine.

Fig. 260. — Moteur à gaz.

100. Moteurs à gaz. — Dans les moteurs à gaz, le cylindre ne diffère pas sensiblement de celui des machines à vapeur. On y introduit, par un tiroir spécial, un mélange détonant de gaz d'éclairage et d'air auquel on met le feu à un moment donné. Le piston est poussé par les gaz portés à une haute température au moment de l'explosion et le mouvement peut être obtenu si les explosions se succèdent régulièrement.

Parmi les moteurs à gaz, l'un des plus en vogue est celui de Otto (fig. 260). Le cylindre horizontal, la tige à glissières et le volant le font ressembler à une petite machine à vapeur. Le piston au bout de sa course ne touche pas le fond du corps de pompe, il laisse entre lui et ce fond un espace appelé *chambre de compression*.

Dans un premier coup de piston, le cylindre se remplit d'un mélange convenable d'air et de gaz que le piston refoule dans la chambre de compression; alors un tiroir découvre un bec allumé qui met le feu au mélange et le piston est chassé par l'explosion; en revenant il expulse les produits de la combustion.

La force motrice produite par les gaz enflammés n'agit donc pas à chaque coup de piston, mais le mouvement est entretenu par le volant.

Ces moteurs emploient un combustible cher, le gaz d'éclairage, qui coûte encore plus de 0 fr. 20 le mètre cube; mais ils peuvent être arrêtés à un moment quelconque en supprimant la dépense, ce qui est un très grand avantage pour des travaux intermittents. On commence à les employer dans beaucoup de cas où il y a de fréquentes interruptions de travail et lorsqu'il ne faut que peu de force; ils sont alors beaucoup plus avantageux que ne pourraient l'être des machines à vapeur de petites dimensions.

Exercices.

72. Quel poids d'eau faut-il vaporiser pour alimenter pendant 10 heures une machine à vapeur dont l'arbre fait 2 tours par minute; le corps de pompe a $1^m,20$ de hauteur et 0,60 de diamètre; la vapeur y arrive à la température de 150°?

73. Quel poids de charbon faudra-t-il brûler pour réduire en vapeur à 150°, 10 litres d'eau prise à 20°, sachant qu'un kilogramme de charbon peut donner 4000 calories utilisables et que la chaleur nécessaire pour réduire 1^{kg}. d'eau prise à 0° en vapeur à $t°$ est $607 + \frac{1}{3}t$?

Questionnaire.

A qui est dû le premier appareil utilisant la force de la vapeur Comment était conçue la première machine de Papin? Comment fonctionnait la première machine dite atmosphérique? A qui est due l'invention de la machine à double effet?

Quel est le principe du condenseur? En quoi consiste le condenseur? Comment aide-t-il à la bonne marche de la machine?

Comment classe-t-on les machines à vapeur? Comment divise-t-on l'étude d'une machine à vapeur?

Quelles sont les principales formes des chaudières? Quels sont les accessoires dont toute chaudière doit être munie?

Quelle est l'utilité de la soupape de sûreté, du flotteur et du sifflet d'alarme, du tube indicateur de niveau?

Comment agit la vapeur sur le piston? Quelle est la forme la plus simple de la distribution?

Quels sont les organes qui transforment le mouvement de la tige du piston en un mouvement circulaire continu?

Quelle est l'utilité du volant, du régulateur?

Qu'est-ce que la détente?

Quels sont les principaux organes d'une locomotive?

En quoi consistent les machines compound?

Comment fonctionnent les moteurs à gaz?

Devoirs.

1. Quelles sont les principales formes des chaudières des machines à vapeur?
2. Comment fait-on agir la vapeur successivement sur les deux faces du piston?
3. Comment agit la vapeur dans les machines à deux cylindres?

CHAPITRE XIII

IMAGES DES OBJETS PAR LES LENTILLES

101. Diverses sortes de lentilles. — Les lentilles sont des masses transparentes généralement en verre, limitées par deux surfaces sphériques ou par une surface sphérique et une surface plane. On les distingue en deux groupes :

1° Les *lentilles à bords minces*, plus épaisses au milieu qu'au bord et qu'on appelle aussi lentilles **convergentes** parce qu'elles augmentent la convergence des rayons qui les traversent. Il y en a trois variétés : la lentille *biconvexe* (fig. 261, 1), la lentille *plan-convexe* 2, et le *ménisque convergent* 3.

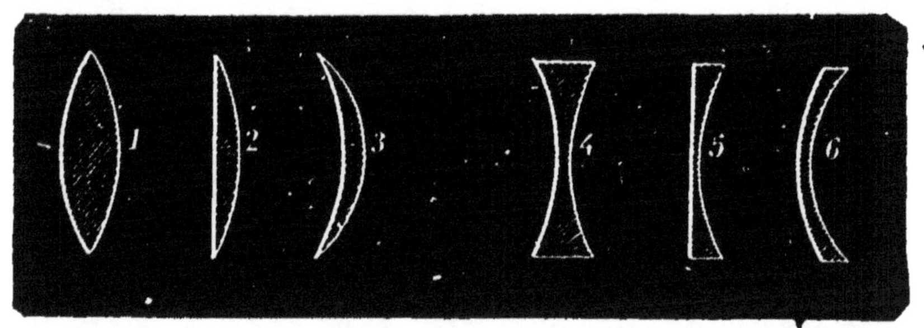

Fig. 261. — Diverses formes des lentilles convergentes et divergentes.

2° Les *lentilles à bords épais* dont l'épaisseur diminue des bords vers le milieu et qu'on appelle aussi lentilles **divergentes** parce qu'elles augmentent la divergence des rayons qui les traversent. Il y en a aussi trois variétés : la lentille *biconcave* 4 ; la lentille *plan-concave* 5, et le ménisque divergent 6.

Dans les unes et les autres l'*axe* est la ligne qui joint les centres des surfaces sphériques, ou si l'une des faces est plane, c'est la perpendiculaire abaissée du centre de la face sphérique sur la face plane.

Pour montrer que la lentille biconvexe est *convergente* et la lentille biconcave *divergente*, on les expose toutes deux aux rayons solaires de manière que l'axe principal soit dirigé vers le soleil ; on voit dans la lentille biconvexe le faisceau de rayons parallèles se réunir derrière la lentille et former un cône à double nappe dont le sommet est en *f* sur l'axe (fig. 262). En ce point se trouvent rassemblées toute la lumière et toute la chaleur, si bien qu'un écran qui y est placé s'échauffe fortement et peut même prendre feu ; on donne le nom de *foyer principal* à ce point de concours des rayons qui tombent sur la lentille parallèlement à l'axe.

Avec la lentille biconcave, les rayons qui ont traversé la

Fig. 262. — Marche d'un faisceau parallèle à l'axe dans les deux genres de lentilles.

lentille s'écartent les uns des autres, ils divergent; ils forment un cône, mais dont le sommet serait sur le prolongement des rayons émergents et en avant de la lentille.

102. Lentille convergente. — Foyer principal. — Foyers conjugués. — Les rayons lumineux qui arrivent parallèles sur une lentille convergente perdent leur parallélisme en traversant la lentille et finalement vont tous couper l'axe.

Pour être complet il faudrait montrer que tout rayon incident parallèle à l'axe principal vient après réfraction couper l'axe au même point F qui est le **foyer principal**, qu'en ce point se joignent tous les rayons qui sont tombés sur la lentille parallèlement à l'axe ; on peut se contenter dans un cours élémentaire d'avoir constaté ce résultat par l'expérience.

Supposons qu'on place une bougie allumée sur l'axe principal d'une lentille convergente et assez loin de la lentille ; puis qu'on promène un écran de l'autre côté de la lentille, on trouve une position de l'écran pour laquelle il se fait une image renversée de la bougie. De tous les points de la bougie il est parti des rayons lumineux qui ont traversé la lentille ; ces rayons émanés d'un point lumineux se sont donc réunis après leur passage dans la lentille, ils se sont rassemblés en un même point de l'image : ce point où sont rassemblés les rayons émanés d'un point lumineux, c'est le *foyer conjugué* du point lumineux ; l'image de la bougie contient les foyers conjugués de tous les points qui ont fourni de la lumière. L'image de la bougie est renversée. La grandeur et la position de l'image dépendent de la distance à laquelle est placé l'objet lui-même, comme on peut s'en convaincre par l'expérience et par une construction.

103. Image d'un objet. — Soit AB un objet linéaire placé devant une lentille L (fig. 263). L'axe secondaire AO traverse la lentille sans déviation ; le foyer conjugué de A est sur cette ligne ; pour trouver sa véritable position, du point A menons le rayon AI parallèle à l'axe principal, il va passer après sa réfraction en F′ et détermine le point *a* image du point A. Faisons de même pour le point B : menons l'axe secondaire BO, puis le rayon parallèle à l'axe BI′F′, et nous trouvons *b* image de B, en joignant *ab* nous avons l'image de AB.

Cette construction s'applique dans tous les cas, n'importe où soit l'objet par rapport à la lentille.

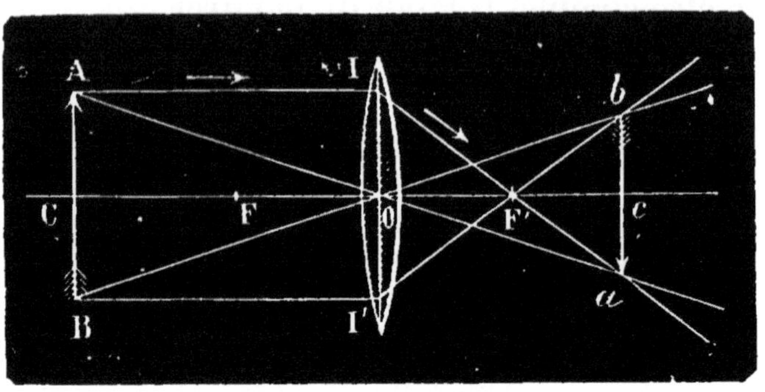

Fig. 263. — Construction de l'image d'un objet.

L'expérience montre qu'un objet très éloigné fait son image de l'autre côté de la lentille tout près du foyer, que cette image est très petite et renversée, qu'à mesure que l'objet se rapproche de la lentille, l'image s'en éloigne et s'agrandit; que si l'objet est en avant de la lentille au double de la distance focale, l'image est de l'autre côté aussi au double de la distance focale et qu'elle est égale à l'objet; que si l'objet se rapproche du foyer l'image s'éloigne et devient plus grande que l'objet.

Le calcul permet de trouver pour tous les cas les rapports de position et de grandeur de l'image et de l'objet.

Convenons d'appeler F' le foyer de la lentille où passe le rayon parallèle à l'axe mené de l'extrémité de l'objet, et désignons :

Par l la distance de l'objet au foyer F,
— l' — de l'image au foyer F'.
— f — focale de la lentille.

Appelons C le milieu de l'objet AB et c le milieu de l'image ab.

Dans les deux triangles IOF' et F'ac, on peut écrire

$$\frac{ac}{IO} = \frac{cF'}{OF'},$$

et si l'on remarque que IO = AC, qu'on multiplie par 2 les deux termes du premier rapport, on écrira, en remplaçant les lettres par leur valeur :

$$\frac{\text{image}}{\text{objet}} = \frac{l'}{f}. \qquad (1)$$

Mais si l'on considère les deux triangles semblables ABO et Oab, on a

$$\frac{\text{image}}{\text{objet}} = \frac{l'+f}{l+f}$$

on peut donc écrire

$$\frac{l'}{f} = \frac{l'+}{l+f}$$

et en réduisant

$$l' = \frac{f^2}{l}.$$

Si l'on porte cette valeur dans l'égalité (1), il vient

$$\frac{\text{image}}{\text{objet}} = \frac{f}{l}.$$

D'où l'on tire .

$$\text{image} = \text{objet} \times \frac{f}{l}.$$

Cette dernière formule permet d'énoncer le rapport de grandeur de l'image à l'objet pour toutes les positions de celui-ci.

1° *L'image est égale à l'objet* quand le rapport $\frac{f}{l} = 1$, c'est-à-dire quand $l = f$.

Dans ce cas l'objet doit être à une distance du foyer F égale à la distance focale, c'est-à-dire à une distance de la lentille égale au double de la distance focale. L'image doit être à une distance du foyer F′ égale à f et à une distance de la lentille égale aussi au double de la distance focale. Il y a donc quatre fois la longueur focale entre l'image et l'objet.

2° *L'image est plus petite que l'objet* quand le rapport $\frac{f}{l}$ est < 1, c'est-à-dire quand l est plus grand que f.

Alors l'objet est à une distance de la lentille plus grande que le double de la distance focale.

3° *L'image est plus grande que l'objet* quand le rapport $\frac{f}{l}$ est > 1, autrement dit quand l est plus petit que f.

Alors l'objet peut occuper deux groupes distincts de positions :

Ou bien il est entre le double de la distance focale et le foyer, au delà du foyer par conséquent, et l est plus petit que f;

Ou bien il est entre le foyer et la lentille.

La construction nous montrera que dans le premier cas l'image est *réelle et renversée* et que dans le second elle est *droite mais virtuelle*.

Cas de l'image virtuelle. — Soit l'objet AB placé entre le foyer F et la lentille. Appliquons la construction déjà employée, menons l'axe secondaire AO, puis le rayon AI parallèle à l'axe et qui passe en F'; ces deux rayons ne peuvent se rencontrer à droite de la lentille (fig. 264).

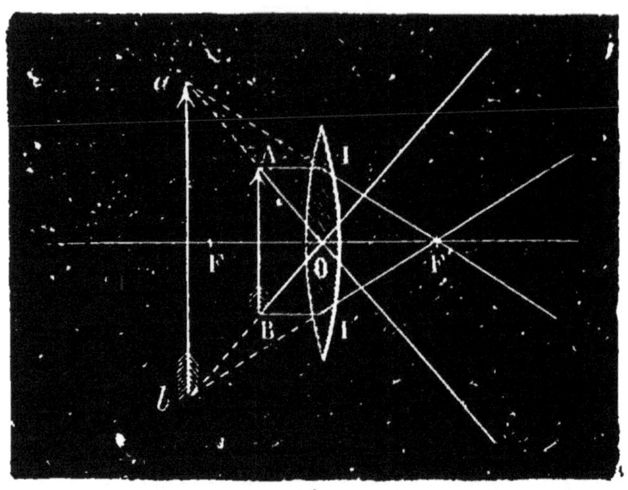

Fig. 264. — Image virtuelle produite par une lentille.

Il en est de même des rayons analogues menés du point B. Mais si l'œil les reçoit, il suit leur prolongement géométrique et il rapporte la position du point A en *a* et celle du point B en *b;* il voit donc, au lieu de l'objet, une *image ab, de même sens que l'objet* et *plus grande* que lui. Cette image qui n'existe que pour l'œil qui la regarde, qui n'est pas formée par la rencontre de rayons lumineux, mais seulement par leurs prolongements, c'est l'*image virtuelle.*

La lentille grossit alors l'objet, elle fonctionne comme une *loupe.*

104. Lentilles divergentes. — Les lentilles divergentes ou à bords épais dont la lentille biconcave est le type ont un *foyer principal virtuel :* tous les rayons parallèles à l'axe tombés sur la lentille y subissent une double réfraction (fig. 265) et sortent comme s'ils venaient d'un point lumineux F'; tel est le rayon SI; on voit nettement qu'il subit deux réfractions dont chacune d'elles a pour but de l'écarter de sa première direction.

Un rayon venant d'un point lumineux pris sur l'axe, s'écarte aussi en sortant de la lentille, il a un foyer con-

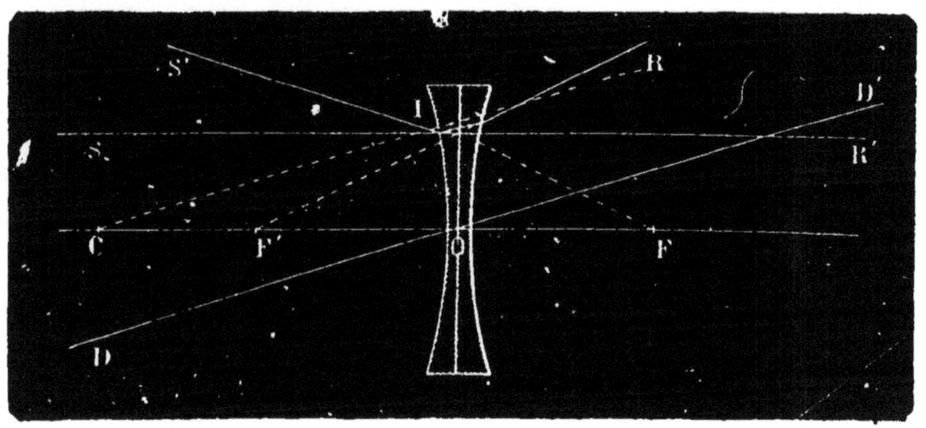

Fig. 265. — Marche de la lumière dans une lentille divergente.

jugué, mais un *foyer conjugué virtuel* formé par les prolongements des rayons qui ont traversé la lentille et non par les rayons eux-mêmes.

La figure 266 représente le tracé de l'image. AB est l'objet; on mène l'axe secondaire AO du point A; de ce même point on mène le rayon AI parallèle à l'axe qui sort de la lentille comme s'il venait du foyer F'; ces deux rayons ne se rencontrent pas de l'autre côté de la lentille; mais si l'œil les reçoit tous deux il voit le point lumineux au point *a* où se rencontrent leurs prolongements. On agit de même pour le point B et on trouve son image *b*.

Un objet A'B' placé plus près de la lentille donne une image *a'b'*.

Si l'on prend soin de marquer de la lettre F' le foyer par lequel passe le prolongement du rayon qui, venu de l'objet, est tombé sur la lentille parallèlement à l'axe, on trouve les mêmes triangles que dans le cas de la

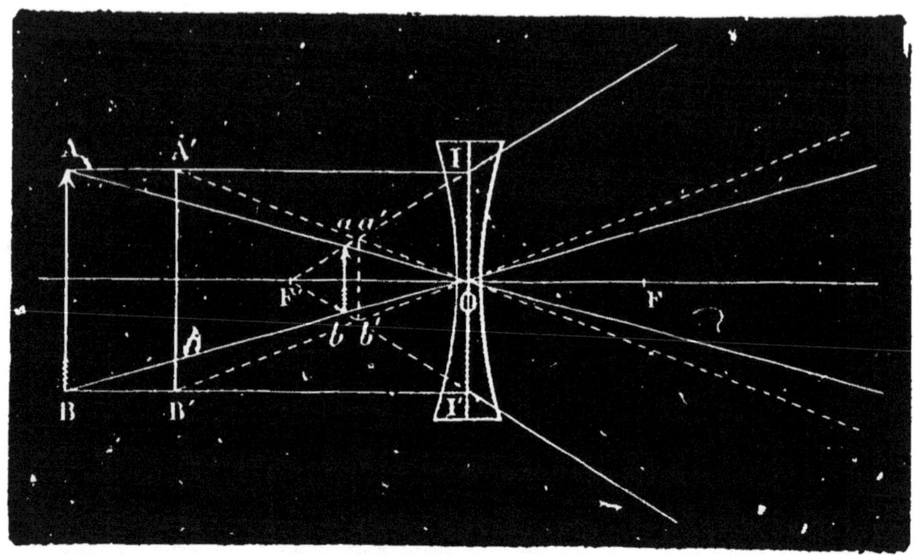

Fig. 266. — Image d'un objet dans une lentille biconcave.

lentille biconvexe pour établir les rapports entre l'objet et l'image. Les rapports de grandeur sont donnés par la formule

$$\text{image} = \text{objet} \times \frac{f}{l}.$$

Comme l est la distance de l'objet au foyer F et que dans ce cas, d'après la remarque qui précède, le foyer F est de l'autre côté de la lentille, il s'ensuit que pour toutes les positions de l'objet, en avant d'une lentille biconcave, l est plus grand que f; donc l'image est toujours *plus petite* que l'objet; elle est toujours *droite* et *virtuelle*.

Les usages des lentilles sont très variés, ainsi que nous le verrons au chapitre des instruments d'optique.

Exercices.

74. On place un objet de 0m,60 de hauteur à 2m,20 en avant d'une lentille biconvexe de 0m,20 de distance focale, quelle sera la grandeur de l'image et à quelle distance de la lentille se fera cette image?

75. On place un objet de 0m,20 à 0m,30 en avant d'une lentille biconvexe de 0m,15 de distance focale, quelle sera la grandeur de l'image et sa place derrière la lentille?

76. Devant une lentille biconcave de 0m,40 de distance focale on place un objet de 0m,80 d'abord à 4m,60 de la lentille, puis à 2m,10, trouver pour chaque cas la grandeur de l'image et sa position.

Questionnaire.

Quelles sont les principales formes des lentilles? Pourquoi les unes sont-elles appelées convergentes et les autres divergentes? Que remarque-t-on quand on expose au soleil une lentille biconvexe? Qu'est-ce que le foyer principal?

Qu'appelle-t-on foyer conjugué d'un point lumineux?

Comment trouve-t-on l'image d'un objet? Quel est le rapport qui lie la grandeur de l'image à la grandeur de l'objet?

Comment construit-on l'image dans le cas où l'objet est entre la lentille et son foyer?

Où se forme l'image dans les lentilles divergentes?

Quels sont les principaux usages des lentilles?

Devoir.

Faire la construction de l'image d'un objet : 1° quand l'objet est loin de la lentille; 2° quand l'objet est au double de la distance focale de la lentille; 3° quand l'objet est entre la lentille et son foyer; 4° quand la lentille est biconcave.

CHAPITRE XIV

ŒIL ET INSTRUMENTS D'OPTIQUE

105. Description de l'œil. — L'œil a la forme d'une sphère un peu bombée à l'avant. Il est enveloppé par une membrane dure, la **sclérotique** S qui à l'avant est transparente et forme la **cornée** C (fig. 267). En arrière de la cornée est un écran I ordinairement coloré, l'**iris**, percé d'une ouverture P circulaire chez l'homme et constituant la **pupille**. Derrière l'iris et environ au tiers de la profondeur de l'œil est une lentille convergente, le **cristallin** E, qui est destinée à la formation des images dans le fond de l'œil. Le cristallin, retenu tout autour par des muscles, partage l'œil en deux chambres, la *chambre antérieure* limitée par la cornée et

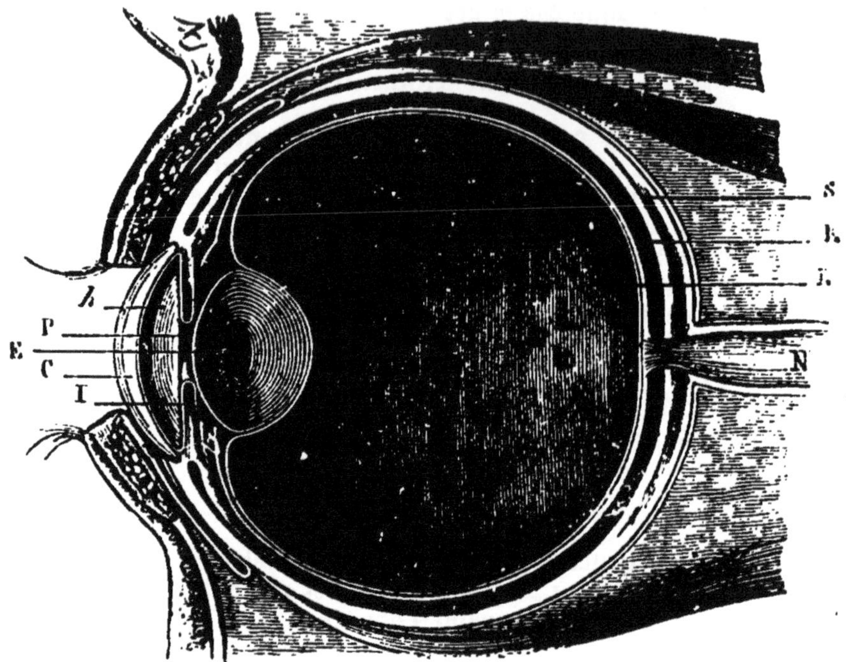

Fig. 267. — Coupe de l'œil humain.

contenant un liquide très fluide appelé l'*humeur aqueuse*, la *chambre postérieure* tapissée par une membrane opaque K, la **choroïde** qui en fait une chambre noire et sur le fond de laquelle s'étendent les ramifications du nerf optique sous forme d'une fine membrane R, la **rétine ;** cette dernière chambre contient un liquide transparent ayant la consistance du blanc d'œuf et appelé le *corps vitré* ou l'humeur vitrée.

106. Mécanisme de la vision. — Accommodation. — L'œil fonctionne comme une chambre noire dont la pupille est l'ouverture mobile et le cristallin la lentille ; et quand on le dirige vers un objet éloigné, l'image donnée par le cristallin se fait sur le fond de l'œil, c'est-à-dire sur la rétine qui en transmet l'impression au cerveau par le nerf optique.

Les images se font renversées dans l'œil; on peut s'en convaincre aisément en disséquant un œil de bœuf dont on amincit la sclérotique de manière à la rendre transparente. Si l'on place devant l'œil, à 50 centimètres, une bougie allumée, on voit sur le fond de l'œil une image réelle et renversée, très petite. Bien que les images se fassent renversées dans notre œil, nous percevons les objets dans leur véritable position, d'abord parce que toutes les images étant renversées, leurs rapports sont les mêmes que ceux des objets, et ensuite parce que nous rapportons la sensation lumineuse à la direction suivant laquelle elle nous est venue.

La pupille joue le double rôle d'un diaphragme; elle se contracte et diminue son ouverture quand la quantité de lumière est grande et pourrait nuire à l'œil; elle se dilate au contraire quand la quantité de lumière est faible. En tous cas elle ne laisse tomber sur le cristallin que des rayons avoisinant l'axe de la lentille.

Si les différentes parties de l'œil, le cristallin et le fond, conservaient la même position, les images ne se feraient sur le fond de l'œil que pour des objets placés à une distance déterminée et dépendant de la distance focale du cristallin. Mais l'œil jouit de la propriété de s'*accommoder* à la distance et de percevoir avec une égale netteté les images d'objets très inégalement éloignés; en cela surtout il diffère de la chambre noire. Voici le mécanisme de cette accommodation. Dans un œil normal, les courbures du cristallin sont telles que son foyer principal soit sur la rétine quand les muscles ne sont pas contractés; les objets éloignés sont donc visibles puisque leur image se fait sur la rétine. Si l'objet se rapproche, son image s'éloigne un peu du foyer, elle tend à se faire plus loin que la rétine; mais alors les muscles qui agissent sur le cristallin le bombent, font diminuer sa distance focale d'une quantité convenable pour que l'image se fasse encore exactement sur la rétine. Et c'est ainsi qu'on distingue nettement les objets jusqu'à une distance de l'œil qui est d'environ 15 à 20 centimètres et que l'on a appelée la *distance minimum de vision distincte.*

107. Myopie. — Presbytie. — Besicles. — Un œil *myope* est celui dont les courbures sont telles pendant le relâchement des muscles qu'il ne voit nettement que les objets situés à une petite distance; l'accommodation n'a lieu qu'entre cette distance et l'œil; les objets plus éloignés font leur image en avant de la rétine

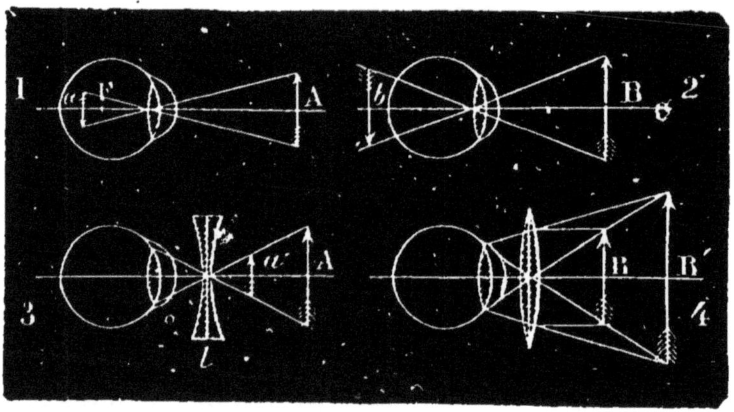

Fig. 268. — Œil de myope, œil de presbyte. — Usage des lunettes ou besicles.

(fig. 268, 1), et ne sont pas nettement visibles; le cristallin est trop convergent, sa distance focale est trop petite.

L'œil *presbyte* voit bien les objets éloignés; mais son accommodation ne se fait pas jusqu'à 20 et 15 centimètres comme dans l'œil ordinaire mais seulement à partir d'une distance plus grande, 1 mètre et plus. Le cristallin manque de convergence pour amener sur le fond de l'œil l'image des objets placés près de l'œil; cette image se fait au delà de la rétine (fig. 268, 2).

On remédie à ces imperfections au moyen de lentilles placées contre l'œil et appelées *lunettes* ou *besicles.*

Pour l'œil myope, un objet placé à 30 ou 40 centimètres est déjà hors du champ d'action de l'œil; on place devant l'œil une lentille *biconcave* (fig. 268, 3) qui substitue à l'objet A une image *a*, plus petite que lui mais suffisamment rapprochée pour qu'elle se trouve dans le champ d'action de l'œil et que l'image définitive s'en fasse sur la rétine même. La distance focale de la lentille à employer est liée à la distance minimum de la vision distincte du myope. On corrige donc la vue myope au moyen de lentilles divergentes, plus épaisses aux bords qu'au centre.

Pour un œil presbyte, le champ d'action ne commence qu'à une certaine distance de l'œil; un objet plus près fait son image derrière la rétine. On met devant l'œil une lentille *biconvexe* qui substitue à l'objet B placé trop près, une image B' plus éloignée et reportée dans le champ d'action de l'œil de manière que l'image définitive se fasse exactement sur la rétine (fig. 268, 4). Les verres pour vues presbytes sont donc convergents.

108. Lanterne magique. — Donner sur un écran, dans une chambre obscure, l'image très agrandie

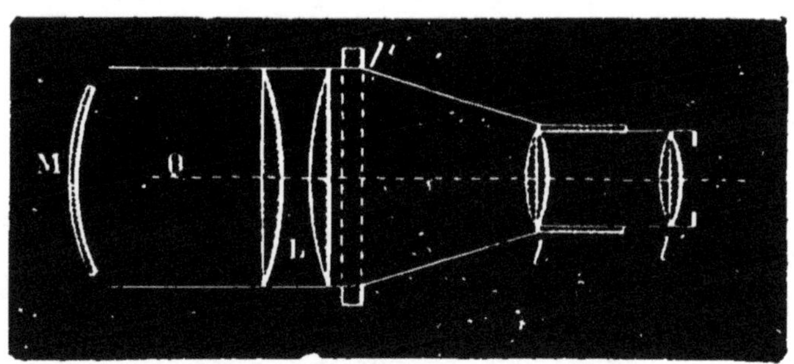

Fig. 269. — Coupe des différentes parties de la lanterne magique.

et suffisamment éclairée de petits objets, tel est le rôle des *appareils de projection*. Le plus ancien est la **lanterne magique** dont l'invention remonte au XVIIe siècle.

Dans tout appareil à projection il y a deux choses très distinctes ; 1° un système éclaireur qui projette sur l'objet transparent le plus de lumière possible; 2° un objectif qui donne de l'objet (placé un peu au delà du foyer) une image réelle, agrandie et renversée.

Dans la lanterne magique, la source de lumière est une lampe placée en O dans une lanterne close (fig. 269); le système éclaireur comprend un miroir réflecteur derrière la lampe M et devant la lampe une demi-boule de verre ou un système de lentilles L qui concentre la lumière. L'objectif *ll'* fonctionne comme une lentille convergente convenablement diaphragmée.

L'objet est un dessin peint ou photographié sur lame de verre. On le place dans une rainure *p* où il reçoit la lumière de la lampe concentrée par la lentille L. Pour que l'image se forme sur l'écran placé à distance de l'objectif, il faut *mettre au point*, c'est-à-dire approcher ou éloigner l'objectif de l'objet de manière que celui-ci soit un peu au delà du foyer du système projetant. On renverse l'objet afin que l'image soit *droite* pour le spectateur.

On construit aujourd'hui un petit appareil à usage des classes primaires ou élémentaires; la source de lumière est une lampe à pétrole à plusieurs mèches.

Dans les grands laboratoires, on emploie comme source lumineuse la lampe oxhydrique, parfois même un foyer électrique.

109. Loupe. — On appelle **loupe** une lentille convergente que l'on place entre l'œil et un objet pour avoir de celui-ci une image droite et agrandie. Nous avons vu qu'il faut pour cela que l'objet soit mis entre la

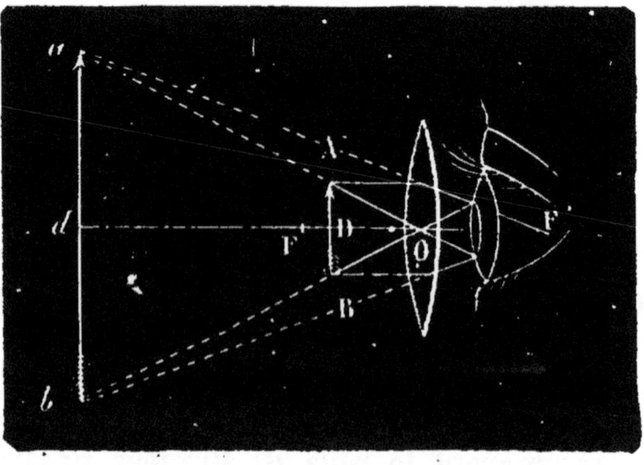

Fig. 270. — Image d'un objet dans une loupe.

lentille et son foyer. La figure 270 montre la marche des rayons pour déterminer l'image *ab* d'un objet AB placé entre la lentille et son foyer F. Les rayons envoyés par l'objet sur la lentille semblent, après leur réfraction, provenir d'un objet *ab*. L'œil placé contre la loupe verra donc, non pas l'objet réel AB, mais son image droite, virtuelle et agrandie *ab*.

Il est facile de montrer l'utilité de la loupe. Un objet qui n'a que de petites dimensions ne donne dans notre œil qu'une trop petite image si nous le plaçons pour le regarder à la distance, de la vision distincte. Avec la loupe nous lui substituons une image agrandie, à la distance de vision distincte, et donnant sur la rétine une impression mieux définie, une image définitive plus grande. L'effet de la loupe équivaut à un grossissement de l'objet.

Une loupe est d'autant plus grossissante que sa distance focale est plus courte. On fixe habituellement sur le même support des loupes dont les distances focales sont différentes et dont les unes grossissent beaucoup plus que les autres (fig. 271).

Fig. 271. — Loupes.

Mais on ne peut diminuer la distance focale sans augmenter la courbure des faces de la lentille et sans s'exposer, ou à n'avoir que des images déformées ou à n'employer que la partie centrale de telles lentilles; aussi pour des grossissements assez considérables a-t-on recours au microscope composé.

110. Microscope composé. — Le microscope composé, dans sa forme la plus simple, est constitué par deux lentilles convergentes, l'une l'**objectif** placée près de l'objet, destinée à donner des très petits objets, une image réelle agrandie; l'autre l'**oculaire**

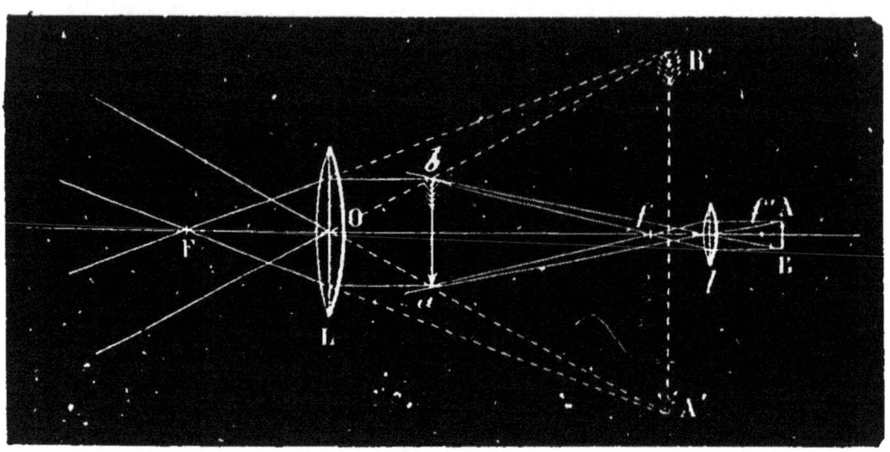

Fig. 272. — Marche des rayons lumineux dans le microscope composé.

contre laquelle on met l'œil et qui doit fonctionner par rapport à la première image comme une loupe, c'est-à-dire donner une image définitive encore plus agrandie que la première image.

La formation de ces images est indiquée dans la figure 272. L'objet AB doit être placé près de l'objectif *l* un peu au delà du foyer, entre ce foyer et le double de la distance focale; alors il se produit en *ab* une image réelle, renversée et agrandie de l'objet. L'oculaire L est placé à une distance de l'image *ab* inférieure à sa distance focale; les rayons qui sont venus former l'image par leur croisement sont par rapport à l'oculaire comme s'ils venaient des points *ab;* l'oculaire fonctionne donc comme une loupe par rapport à la première image *ab*. Les rayons qui sortent de l'oculaire sont comme s'ils émanaient des points de A'B'; et l'œil placé contre l'oculaire voit l'image virtuelle en A'B'.

En réglant convenablement d'abord la distance de l'objectif à l'objet, puis la distance de l'oculaire à l'objectif, on amène l'image virtuelle définitive à se former à la distance minimum de vision distincte de l'observateur.

L'oculaire et l'objectif sont portés aux deux extrémités d'un tube métallique supporté à l'aide d'un collier par une colonne. Les objets, assujettis entre deux lames de verre mince, sont placés sur une plaque appelée le *porte-objet* et percée en son milieu. Ils sont habituellement transparents; on les éclaire en dessous par la lumière des nuées ou celle d'une lampe, renvoyée sur l'ouverture du porte-objet et dans le corps de l'instrument par un miroir concave M (fig. 273). Dans le cas où les objets sont opaques, on les éclaire en dessus en projetant sur eux de la lumière à l'aide d'une lentille L. Tout le tube portant les deux lentilles peut être approché ou éloigné de l'objet au moyen de vis V et *v* qui commandent le collier du tube sur la colonne formant le support. Ce support est à charnière, ce qui permet d'incliner tout l'instrument et de le mettre dans la position la plus commode pour l'observation.

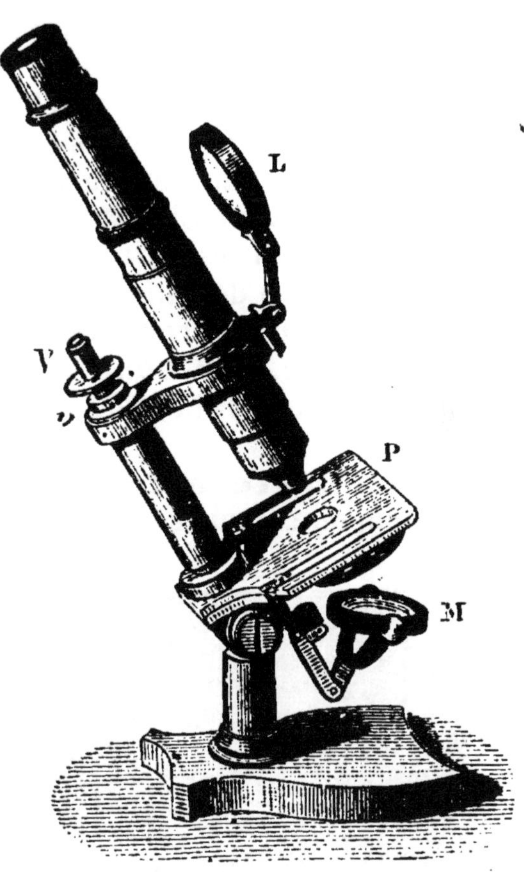

Fig. 273. — Microscope.

L'objectif n'est pas formé d'une seule lentille; il faudrait la prendre à trop courte distance focale; elle aurait les faces trop convexes et produirait des phénomènes d'aberration trop gênants; on le forme ordinairement de deux ou trois lentilles accouplées, montées dans la même garniture et produisant un ensemble à plus courte distance focale que chacune d'elles. L'oculaire est également formé d'une loupe composée. Chaque instrument comporte quelques oculaires différents et une série d'objectifs que l'on substitue les uns aux autres pour obtenir des grossissements variables.

Le *grossissement* est le rapport des dimensions apparentes de l'image définitive et de l'objet.

On a fait des microscopes où le grossissement dépasse 500 en diamètre, c'est-à-dire que le diamètre de l'image apparaît comme s'il était 500 fois le diamètre de l'objet.

111. Lunette astronomique. — La lunette astronomique, comme son nom l'indique, est destinée à

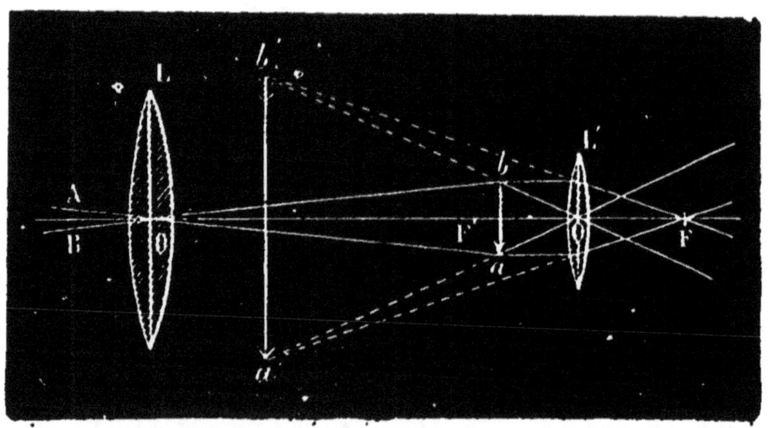

Fig. 274. — Marche de la lumière dans la lunette astronomique.

observer les astres et en général des objets très éloignés. Elle se compose, comme le microscope, de deux verres, un **objectif** qui donne une image renversée de l'objet, et un **oculaire** qui agit comme une loupe pour agrandir cette image. L'objectif est une lentille à grande surface qui peut recevoir beaucoup de lumière; elle est aussi à longue distance focale.

La figure 274 représente la marche des rayons qui forment l'image. L'objet AB est supposé très éloigné; il donne une image petite et renversée *ab* près du foyer principal de l'objectif (on n'a mené pour cette image que les axes secondaires des extrémités). L'oculaire a son foyer un peu en deçà de cette image; il en reçoit les rayons et il donne finalement une image virtuelle *a'b'*, plus grande que la première image, mais bien plus petite que l'objet. On place l'oculaire pour que l'œil, recevant les rayons qui en sortent, voie l'image *a'b'* à sa distance de vision distincte; cette image est plus grande que ne le serait l'image directe de l'objet, elle paraît près de l'œil; aussi dit-on que la lunette *rapproche* et *agrandit*.

La figure montre que l'image est renversée par rapport à l'objet, ce qui n'a pas d'inconvénient pour l'observation des astres. Elle montre aussi que la longueur totale de la lunette est sensiblement égale à la somme des longueurs focales de l'objectif et de l'oculaire.

Fig. 275. — Lunette astronomique munie de son chercheur.

L'objectif est porté à l'extrémité d'un long tube métallique; dans l'autre extrémité s'engagent des tubes à tirage d'un diamètre plus petit et dont le dernier porte l'oculaire (fig. 275); une vis V permet de manœuvrer ces tubes pour mettre au point, c'est-à-dire, pour obtenir que l'oculaire donne une image visible à la distance de vision distincte de l'observateur. Cette grande lunette est ordinairement surmontée d'une plus petite *l* appelée *chercheur* qui lui est parallèle et que l'on dirige d'abord vers l'objet pour amener celui-ci plus rapidement dans le champ de la grande lunette.

Réticule et ligne de visée. — La lunette astronomique ne sert pas seulement à l'observation des astres; elle sert encore à mesurer des angles, à déterminer une direction horizontale ou la direction dans laquelle se trouve un point donné. Il faut donc avoir dans la lunette une ligne fixe que l'on appelle la ligne de visée ou encore l'*axe optique* de l'appareil. On y parvient en plaçant à l'intérieur du tube, dans le plan focal de l'objectif où se forme l'image réelle d'un point très éloigné, un *réticule*. C'est un disque percé d'une ouverture circulaire dans laquelle sont tendus deux fils très fins perpendiculaires entre eux. Lorsqu'on dirige la lunette vers un objet dont on obtient une image nette, il y a un point de l'objet dont l'image est couverte par le croisement des fils du réticule. La ligne qui joint ce point de l'espace au point de croisement du réticule passe par le centre optique de l'objectif. On voit donc que le point de croisement des fils détermine avec le centre optique de l'objectif une ligne de visée, liée à la lunette elle-même, c'est cette ligne qu'on appelle l'*axe optique*. L'angle de deux points de l'espace avec un point d'observation est l'angle des deux positions de l'axe optique dans chacune desquelles chacun des points vient faire son image au croisement du réticule.

Quand la lunette astronomique munie de son réticule doit servir aux appareils de nivellement, elle est montée dans deux anneaux qui reposent sur un plan. La ligne des centres de ces anneaux est l'*axe géométrique* de la lunette, que l'on met horizontal en amenant le plan de support à l'être exactement. Il reste à rendre aussi horizontale la ligne de visée, c'est-à-dire l'axe optique : elle l'est quand en faisant tourner la lunette sur elle-même, on aperçoit au croisement du réticule toujours le même point d'un objet visé. Si ce résultat n'est pas atteint, on cherche à l'obtenir en déplaçant légèrement l'un des fils du réticule et en recommençant l'observation précédente.

La lunette astronomique donne des images renversées des objets; son emploi serait incommode pour l'observation des objets terrestres. Il a donc fallu chercher des dispositions qui permissent de redresser les images pour constituer des lunettes faisant voir les objets dans leur sens réel. Ces *lunettes* sont dites *terrestres* ou *longues-vues*.

112. Lunette de Galilée. — La lunette de Galilée que l'on emploie habituellement comme lorgnette de spectacle, donne des images droites avec un objectif et un oculaire sans l'interposition de verres supplémentaires, et elle présente en outre l'avantage d'être d'une moindre longueur que les lunettes précédentes.

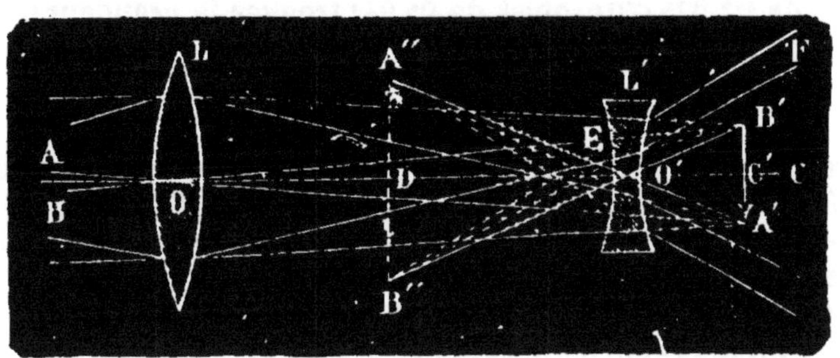

Fig. 276. — Formation de l'image dans la lunette de Galilée.

Elle a un objectif biconvexe et un oculaire biconcave. L'objectif seul donnerait, un peu au delà de son foyer F′, une image A′B′ d'un objet AB placé à une assez grande distance de lui (fig. 276). Mais cette image ne se forme pas; les rayons rencontrent la lentille biconcave avant d'aller se réunir pour former A′B′. Tout se passe donc comme si A′B′ était considérée comme un *objet virtuel* par rapport à la lentille oculaire L′.

La figure montre que la longueur de l'instrument est

sensiblement égale à la différence entre la distance focale de l'objectif et la distance focale de l'oculaire. La lunette est donc plus courte pour le même grossissement qu'une lunette terrestre et même qu'une lunette astronomique ; aussi est-elle employée de préférence à la longue-vue quand on veut un instrument portatif.

La *lorgnette de spectacle* se compose de deux lunettes de Galilée, réunies parallèlement, à une distance convenable pour que l'on puisse regarder en même temps par les deux yeux. Une même vis fait mouvoir les deux tubes qui portent les deux oculaires pour les écarter ou les rapprocher des objectifs afin que l'image se forme à la distance de vision distincte de l'œil de l'observateur.

Exercices.

77. Devant une lentille de 0m,04 de distance focale, on place un objet de 0m,02 à une distance de 0m,042 de la lentille, quelle sera la grandeur de l'image?

78. On place une loupe de 0m,02 de distance focale à une distance de 1m,875 d'un objet de 0m,04 ; trouver la grandeur de l'image et le grossissement.

Questionnaire.

Quelles sont les principales parties du globe de l'œil? Comment se font les images dans l'œil? Comment explique-t-on que l'œil puisse voir distinctement des objets très inégalement éloignés? Qu'est-ce qui se modifie dans l'œil pour cette accommodation à la distance? En quoi consiste la myopie, la presbytie? Quelles formes de lentilles faut-il pour corriger ces défauts?

Comment est composée la lanterne magique? Que faut-il dans tout appareil de projection?

Qu'est-ce qu'une loupe?

Comment est formé le microcospe composé? Quel est le rôle de l'objectif, celui de l'oculaire?

Comment est formée la lunette astronomique? A quoi sert le réticule? A quoi emploie-t-on la lunette?

De quels verres est formée la lunette de Galilée dite jumelle?

Devoir.

1. Faire la construction des images d'un objet dans le microscope.

2. Quelle est la différence entre la lunette astronomique et la lunette de Galilée?

CHAPITRE XV

COMPARAISON DES SOURCES LUMINEUSES

113. Comparaison de l'intensité de deux lumières. — A mesure qu'on s'éloigne d'une source lumineuse, l'éclairement que présente une même surface diminue rapidement.

Comment varie la quantité de lumière reçue normalement par une surface avec la distance de cette surface à la source qui l'éclaire? Elle diminue *en raison inverse du carré de la distance.* Ainsi la même surface placée d'abord à 1 mètre d'une source, puis à 4 mètres recevra 16 fois moins de lumière dans le second cas que dans le premier.

Cette proposition s'établit par le raisonnement et se vérifie par l'expérience.

On suppose que toute la lumière d'une source est reçue par une sphère décrite du point lumineux comme centre et présentant d'abord un rayon d'un mètre, puis un rayon de 2 mètres. Si Q est la quantité de lumière qui tombe sur chacune des deux sphères, S la surface de la première sphère et S' la surface de la seconde, $\frac{Q}{S}$ et $\frac{Q}{S'}$ expriment la lumière reçue par un point de chacune des deux sphères; or S' est 4 fois plus grande que S; un point de la seconde sphère reçoit 4 fois moins de lumière qu'un point de la première à une distance double.

Les diverses sources lumineuses ont deux caractères distincts : l'éclat et la couleur. Lorsque deux sources différentes, mais de même couleur, produisent sur l'œil la même impression, on dit qu'elles ont même *intensité.*

Il importe de pouvoir comparer entre elles les intensités des diverses sources de lumière.

On admet que l'intensité d'une source lumineuse est définie par l'éclairement que produit cette source sur une surface donnée placée à l'unité de distance.

Deux sources ont la même intensité lorsqu'elles éclairent également deux surfaces égales placées à l'unité de distance.

Une source B est deux, trois fois, plus intense qu'une autre A quand elle produit sur une surface placée à l'unité de distance le même éclairement que deux ou trois sources égales à A placées dans des conditions identiques.

Si l'on dispose de deux sources égales, qu'on place l'une à 1 mètre d'un écran, l'autre à 2 mètres, la lumière reçue de cette dernière sur l'écran sera 4 fois moindre que la lumière de la première source. Et si l'on voulait que l'éclairement produit sur l'écran par chacune des sources soit le même, il faudrait mettre, aux lieu et place de la seconde source une lumière 4 fois plus forte.

On en conclut que les *intensités de deux sources lumineuses qui produisent le même éclairement sur deux surfaces égales sont proportionnelles aux carrés des distances qui les séparent de ces surfaces éclairées*. C'est le principe sur lequel on s'appuie pour comparer les sources lumineuses les unes aux autres.

On place les deux sources de manière qu'elles produisent le même éclairement sur une même surface; on mesure leurs distances à cette surface; le quotient des carrés de ces distances donne le nombre de fois que l'une des sources vaut l'autre. Les appareils employés pour faire cette comparaison portent le nom de **photomètres**.

114. Photomètres. — Le photomètre le plus simple à construire est celui de Rumford (fig. 277); il se compose d'une tige noircie que l'on place verticalement devant un écran vertical translucide comme une feuille de verre dépoli, de porcelaine fine, même de papier huilé.

Au delà de la tige on place les deux sources, de manière que les ombres qu'elles produisent sur l'écran soient assez voisines. Chacune des ombres reçoit de la lumière de l'autre source lumineuse; aussi sont-elles tout d'abord différentes l'une de l'autre en intensité.

On éloigne ou l'on rapproche l'une des sources lumineuses sans toucher à l'autre, de manière à obtenir que les deux ombres apparaissent bien avec le même éclat, ce qui a lieu quand elles reçoivent autant de lumière l'une que l'autre. On mesure alors les distances D et D' de cha-

Fig. 277. — Comparaison de deux lumières par le photomètre de Rumford.

cune des sources à l'écran; supposons qu'on ait comparé une lampe et une bougie, qu'on ait trouvé pour D 20cm et pour D' 60cm. Si l'on appelle I l'intensité de la bougie, I' celle de la lampe, c'est-à-dire l'éclairement produit par chacune des deux sources à l'unité de distance, l'éclairement de la bougie à la distance 20 sera $\frac{I}{20^2}$

— de la lampe — 60 — $\frac{I'}{60^2}$

comme ces deux éclairements sont égaux, on écrira :

$$\frac{I}{20^2}=\frac{I'}{60^2}$$

ou

$$\frac{I}{I'}=\frac{20^2}{60^2}=\frac{400}{3600}=\frac{1}{9}$$

et si l'on prend la bougie pour unité,

$$I'=9\,I$$

on en conclura que l'éclairement de la lampe est égal à celui que produiraient neuf bougies sur une même surface à l'unité de distance.

Il est d'ailleurs facile de vérifier le théorème par l'expérience : on coupe une bougie en cinq morceaux égaux; on en place un à une distance D de l'écran et les quatre autres ensemble à une distance double et on constate le même éclairement sur l'écran.

Le photomètre de Bouguer, modifié par *Foucault*, est beaucoup plus employé que le précédent. Il se compose d'une boîte à deux cloisons noircies à l'intérieur, ouvertes à l'avant et fermées à l'arrière par un châssis au centre duquel est une surface translucide formée d'un verre lacté (fig. 273). Lorsqu'on place deux lumières, l'une et l'autre en avant de chacune des deux moitiés du photomètre, le verre lacté apparaît séparé en deux parties par l'ombre de la cloison médiane et ses deux moitiés sont inégalement éclairées. Pour mieux les observer, on opère d'abord dans une chambre noire et de plus on couvre le fond du photomètre d'un grand linge noir sous lequel l'opérateur se place et s'enferme pour juger de l'éclairement du verre translucide. On avance ou l'on recule l'une des sources que l'on compare, l'autre restant fixe. En éloignant convenablement la cloison médiane, à l'aide d'une vis placée sur le haut de la boîte, on arrive à faire disparaître la ligne d'ombre portée sur l'écran et à amener au contact les deux régions éclairées. Il devient alors facile de juger si l'éclairement de chaque moitié est le même. Quand ce résultat est obtenu, on mesure la distance de chaque source à l'écran; on fait le carré de ces deux distances et le rapport des carrés indique le rapport des intensités des deux sources.

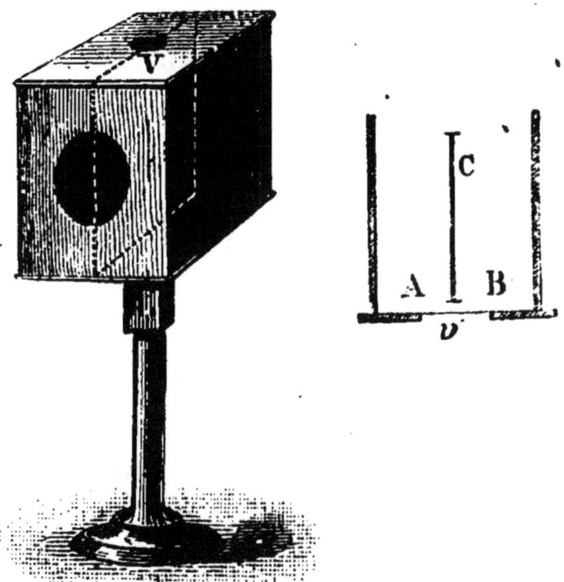

Fig. 278. — Photomètre de Foucault.

Le photomètre de Bunsen est aussi fréquemment employé. Il se compose d'une feuille de papier blanc tendue sur un cadre et portant au centre un filigrane ou plus simplement une tache faite avec un corps gras. Si on éclaire cette feuille d'un côté et qu'on la regarde de l'autre, la tache paraît plus brillante que le reste du papier, parce qu'elle est translucide; au contraire, si on la regarde du côté où elle reçoit la lumière, elle paraît sombre au milieu d'une surface éclairée. On place alors cet écran entre les deux sources lumineuses que l'on compare, et on le déplace vers l'une ou vers l'autre jusqu'à ce que la tache ne paraisse ni plus éclairée ni moins que le reste du papier, qu'elle disparaisse par conséquent pour les deux côtés. Quand cette condition est remplie, l'écran reçoit sur chacune de ses faces un éclairement égal. Il ne reste plus qu'à mesurer la distance de chacune des lumières à l'écran. Le rapport des carrés de ces distances donne le rapport des intensités.

115. Unité de lumière. — L'unité admise jusqu'ici en France a été la lumière d'une lampe Carcel brûlant par heure 42 grammes d'huile épurée. On l'emploie journellement pour la constatation du pouvoir éclairant du gaz d'éclairage. On l'a employée aussi à l'étude de la puissance lumineuse des principaux foyers électriques, et on estime cette puissance en *carcels :* un foyer de 500 *carcels* produit à l'unité de distance le même éclairement que produiraient 500 lampes comme celle que nous venons de définir.

En Angleterre, l'unité est une bougie de blanc de baleine; elle porte le nom de *candle ;* il en faut 7 pour égaler l'intensité d'un *carcel.*

L'extension de la lumière électrique a fait reconnaître l'insuffisance de ces deux unités. On peut bien en effet opérer avec quelque exactitude quand les lumières que l'on compare sont de même *coloration* et ont des intensités peu différentes; mais les photomètres que nous avons décrits ne sont plus des instruments exacts quand il s'agit de puissantes sources qui n'ont pas la même coloration que nos lampes ordinaires. On a proposé de prendre comme terme de comparaison la lumière donnée par un centimètre carré de platine incandescent tenu en fusion; cette unité paraît devoir être adoptée; mais quelque temps encore, *la lampe carcel* servira pour les petites sources.

116. Sources lumineuses. — Les sources de lumière que l'homme emploie pour remplacer la lumière du soleil sont empruntées à la combustion des corps solides, liquides ou gazeux, ou encore à l'incandescence de certains corps solides portés à une haute température. Les plus communes utilisent les corps gras liquides comme les huiles, et les corps gras solides, comme le suif dans la chandelle, ou l'acide stéarique dans la bougie. D'autres procèdent de la combustion des carbures d'hydrogène; telles sont les lampes à pétrole, tel est le gaz de houille si répandu aujourd'hui comme gaz d'éclairage.

Les sources qui utilisent l'incandescence sont la lumière de Drummond et les dernières lampes électriques. Dans celle-ci un filet de charbon est rendu lumineux par le passage du courant électrique. Dans la lumière Drummond, c'est un morceau de chaux ou de magnésie que l'on porte au blanc éblouissant sur un point en y envoyant le dard d'un chalumeau où du gaz d'éclairage et même de l'hydrogène est brûlé dans un courant d'oxygène. On peut aussi ranger dans le premier ordre la lumière produite par la combustion d'un fil de magnésium. Quant à la lumière électrique, elle procède à la fois de l'incandescence et de la combustion du charbon traversé par un fort courant.

Exercices.

79. On compare au photomètre une lampe et une bougie. Il faut placer la bougie à 0,15 et la lampe à 0,37 de l'appareil. Combien de fois l'intensité de la lampe vaut-elle l'intensité de la bougie?

80. On compare au photomètre de Foucault une source électrique à une lampe carcel. Quand la source est à 4m,20 du photomètre, il faut placer la lampe à 0,30, quelle est l'intensité de la source électrique?

Questionnaire.

Comment varie l'éclairement d'une surface avec la distance de la source qui lui envoie de la lumière? Quand dit-on que deux sources lumineuses ont même intensité? Qu'une source est 2, 3 fois plus intense qu'une autre?

Comment compare-t-on deux sources lumineuses de même coloration? Quelle est l'unité de lumière?

Quels sont les principaux photomètres et comment s'en sert-on?

Quelles sont les sources de lumière?

Devoir.

Expliquer comment on peut comparer l'intensité lumineuse d'un bec de gaz à l'intensité d'une bougie, et en général l'intensité de deux sources de même coloration?

FIN

TABLE DES MATIÈRES

DEUXIÈME ANNÉE

TROISIÈME ANNÉE

Devoirs à faire, à la fin de chaque chapitre.
Exercices numériques, à la fin des principaux chapitres.

FIN DE LA TABLE.

Paris. — Imp. E. Capiomont et Cie, rue des Poitevins, 6.

Paris. — Imp. E. CAPIOMONT et Cⁱᵉ, rue des Poitevins, 6.

www.ingramcontent.com/pod-product-compliance
Ingram Content Group UK Ltd.
Pitfield, Milton Keynes, MK11 3LW, UK
UKHW022322190726
13856UKWH00001B/154